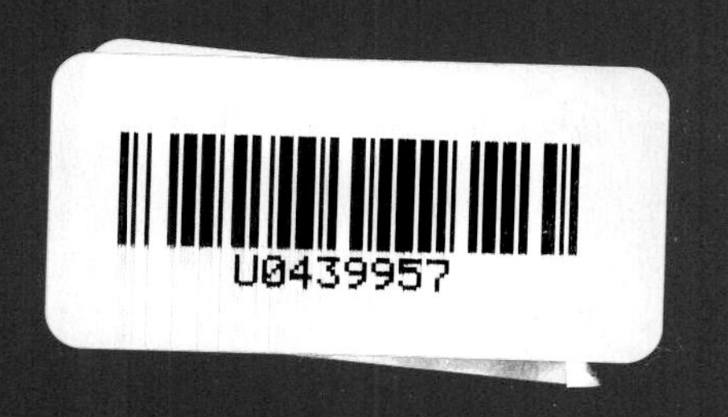

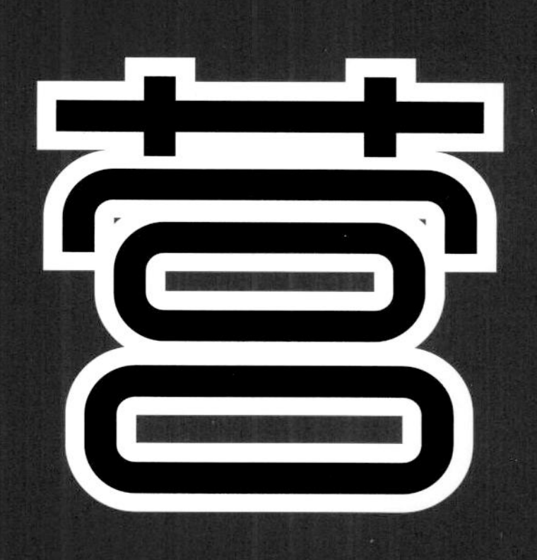
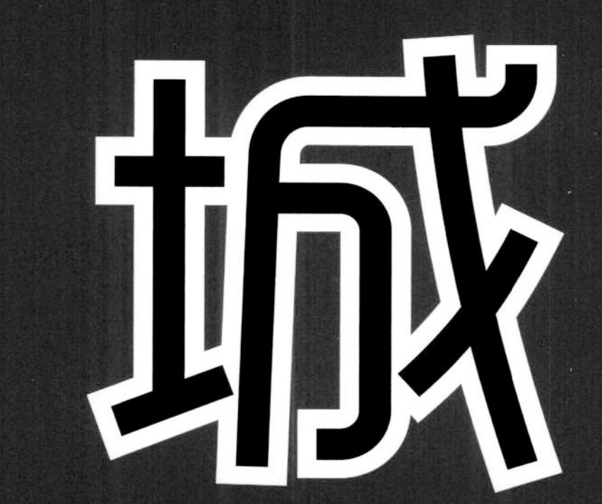

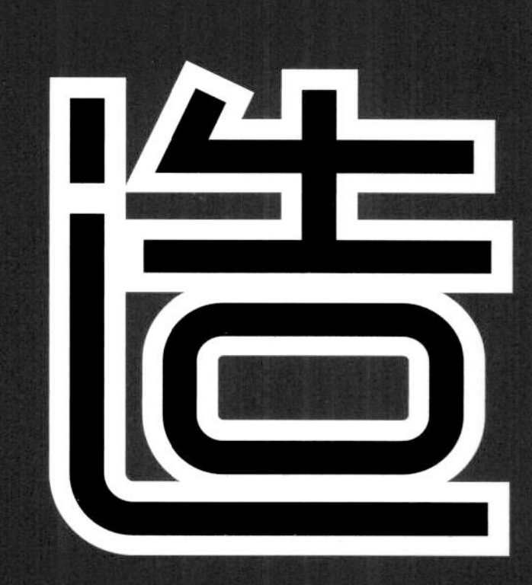
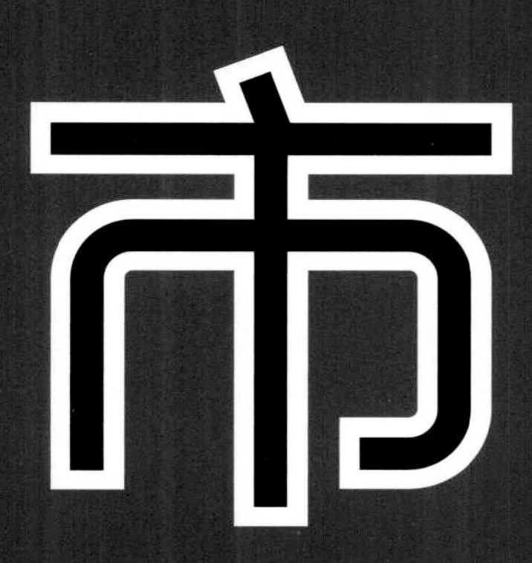

营城造市

TOWN AND CITY CONSTRUCTION

当代中国建筑方案集成 2（文化）

同筑国际◎主编

中国林业出版社

图书在版编目(CIP)数据

营城造市. 文化 / 同筑国际 主编. -- 北京 : 中国林业出版社, 2013.11

ISBN 978-7-5038-7232-7

Ⅰ. ①营… Ⅱ. ①同… Ⅲ. ①文化建筑-建筑设计-作品集-中国-现代 Ⅳ. ①TU206

中国版本图书馆CIP数据核字(2013)第243748号

本书编委会

主 编: 李岳君 孔 强

副主编: 杨仁钰 郭 超 王月中 孙小勇

编写成员: 王 亮 文 侠 王秋红 苏秋艳 刘吴刚 吴云刚 周艳晶 黄 希 朱想玲 谢自新 谭冬容 邱 婷 欧纯云 郑兰萍 林仪平 杜明珠 陈美金 韩 君

中国林业出版社
责任编辑: 李 顺 唐 杨
出版咨询: (010)83223051

出 版: 中国林业出版社(100009 北京西城区德内大街刘海胡同7号)
网 址: http://lycb.forestry.gov.cn/
印 刷: 北京卡乐富印刷有限公司
发 行: 中国林业出版社发行中心
电 话: (010)83224477
版 次: 2014年1月第1版
印 次: 2014年1月第1次
开 本: 889mm×1194mm 1/16
印 张: 19
字 数: 200千字
定 价: 320.00元

前言

营城造市，一般指在现代城市建设中的超级大盘。美国城市规划学家埃罗·沙里宁曾说：“城市是一本打开的书，从书中可以看到他的抱负”。那我们认为，大盘就是书中的章节，从他的整个开发设计中可以窥究城市的发展。

在一座城市的营建改造过程当中，一定是多种完善的配套建筑共同构成，这其中包括城市规划、市政工程、大型商业综合体（写字楼、医院、学校、购物中心、主题公园、酒店、旅游度假、住宅、公寓等等）来共同组建而成。《营城造市》丛书在当代中国的建筑近几年的作品当中甄选了大量的实际案例，全方位地向世人展示了现代中国建筑师们充满智慧的创作作品，充分体现了他们多元化的设计风格：新西洋式建筑、纯乡土的设计、民族地域形式，亦有前卫的智能化的设计。而无论哪种形式的建筑设计，最终都要服从于功能，而节能、实用、美观、坚固、环保必是今后城市发展长期的趋势和需求。

本套丛书信息量巨大，涉及的内容也非常广泛，编者在收集、整理过程中尽量做到遴选认真，切实反映每个项目的全貌，但因水平有限，书中难免出现纰漏，恳请读者不吝指正，为本系列书的不断进步提出宝贵意见。

本书编委会

2013 年 10 月

目录 CONTENTS

佛山市南海博物馆 002 Foshan Nanhai Museum

上海崧泽遗址博物馆 006 Shanghai Songze Culture site Museum

天津博物馆 010 Tianjin Museum

南京博物院 016 Nanjing Museum

广东省博物馆新馆 020 New Guangdong Provincial Museum

龙门农民画博物馆 024 Longmen farmers' Paintings with the Museum

Shanghai Natural History Museum 028 上海自然博物馆

Yushu Museum 032 玉树博物馆

Chinese Jade Culture Museum 036 中华玉文化博物馆

Sanya Maritime Museum 040 三亚海洋博物馆

神农大剧院 042 Shennong Theatre

上海保利大剧院 044 Shanghai poly Theatre

遂宁大剧院 046 Suining Grand Theatre

遵义大剧院 050 Zunyi Grand Theatre

成都金沙艺术剧院 054 Chengdu Jinsha Art Theater

Lanzhou Concert Hall 056 兰州音乐厅

Beichuan Theater 060 北川影剧院综合项目

Shengjing International Performing Arts Center 066 盛京国际演艺中心

Chongqing International Circus City 068 重庆国际马戏城

内蒙古演艺中心 070 Inner Mongolia Arts Center
重庆国泰大剧院 074 Chongqing Guotai Grand Theatre
内蒙古科技馆 078 Inner Mongolia science and Technology Museum
广州增城科技文化博物馆 082 Guangzhou Zengcheng science and Technology Museum
山西省科学技术馆新馆 086 Shanxi Provincial science and Technology Museum

Shaoxing science and Culture Center 090 绍兴科文中心
Tangshan Youth Palace, Museum of science and technology 094 唐山青少年宫、科技馆
Yulin science and Technology Museum 098 榆林市科技馆
Yunnan science and Technology Museum 102 云南省科技馆

钱学森图书馆 106 Hsueshen Tsien Library
菏泽市图书馆 110 Heze City Library
台州市图书馆 116 Taizhou City Library
长春中医药大学图书馆 120 The library of Changchun University of Chinese Medicine
黑龙江省图书馆新馆 126 New Heilongjiang Library
丽水文化艺术中心 132 Lishui culture and Art Center

Yancheng culture and Art Center 138 盐城文化艺术中心
Shandong Provincial capital culture and Art Center 144 山东省会文化艺术中心
Shennong Art Palace 148 神农艺术宫
Liu Haili Art Museum relocation project 150 刘海粟美术馆迁建工程

目录 CONTENTS

云南文化艺术中心 154 Yunnan culture and Art Center
南通城市展览馆 160 Nantong Urban Exhibition Hall
海门市文化展览馆 164 Haimen culture exhibition hall
龙江艺术展览中心 172 Longjiang Art Exhibition Center
太仓市规划展示馆 182 Taicang Planning Exhibition Hall
北京国际花卉物流港—中国第七届花卉博览会展馆 186 Beijing International Flower Logistics Port - The Seventh China Flower Expo

Shijiazhuang International Conference and Exhibition Center 194 石家庄国际会展中心
Tianjin Daqiuzhuang demonstration town city planning exhibition hall 200 天津市大邱庄示范镇城市规划展览馆
Changsha, Sihu Conferce and Exhibition Center 204 长沙梅溪湖会展中心
Xinjiang International Conference and Exhibition Center 208 新疆国际会展中心

永定河生态文化新区规划展示中心 212 The Yongding River Ecological Cultural District Planning and Exhibition Center
郑州市城市规划展览馆 216 Zhengzhou City Planning Exhibition Hall
中国工艺美术馆及非物质文化遗产展览馆 220 Chinese arts and crafts and Non-material Cultural Heritage Museum
宁夏工人文化宫 222 Ningxia Workers' Cultural Palace
广州国际体育演艺中心 226 Guangzhou international sports and entertainment center

Culture Center and Art Gallery in Nanshan, Shenzhen 232 深圳南山文化（美术）馆
Taicang City Cultural Center 236 太仓市文化中心
construction project of Qingyuan four unity museum 242 清远四馆合一建筑项目
Fukang Culture and Sports Center 244 阜康市文体中心

辛亥革命馆 248 Xinhai Revolution Museum

黑龙江农垦总局文化中心 252 Heilongjiang Reclamation Cultural Center

南山文体中心 256 Nanshan Culture and Sports Center

日照岚山文化中心 260 Arashiyama Cultural Center

Culture and Arts Center of Cixi Cultural Business District 264 慈溪文化商务区文化艺术中心

Qingyun Cultural Center 274 庆云县文化中心

Yantai Cultural Center 286 烟台文化中心

Sichuan Suining Cultural Center (Opera) 292 四川遂宁文化中心（歌剧院）

Cultural Center and Gallery in Tianjin Binhai New Area 294 天津滨海新区文化中心及美术馆

佛山市南海博物馆

工程档案

建筑设计：广州市设计院
项目地址：广东佛山
用地面积：38879m²
建筑面积：13560m²
容积率：0.35

设计理念

1. 建筑外观体量意象

广东自古有“南番顺”之说，南海历史悠久，文化底蕴深厚，是岭南文化、广府文化的重要代表地区。

南海区博物馆位于风景名胜区——西樵山南麓山脚下，背山面水，自然环境条件十分优越，有别于普通城市环境中的建筑，依靠与周边已有建筑的对比来体现自身尺度，在巍巍山脚的博物馆建筑，我们希望以坚实的雕塑般的建筑体块组合，来寻求与自然山体的谐调与平衡，有如山脚下伸展出的岩石，形成山脉的自然延续。

西樵山采石遗址，最充分体现了南海厚重、深远的历史文化，建筑设计从南海西樵山地区极具代表性的石燕岩、滴水岩等古采石遗址中吸取灵感，将建筑体量纵横交错、相互层叠搭砌，形成了堆砌的石块、层叠的山石意象，隐喻了南海古老的采石文化。引发人们对南海历史的记忆，并产生强烈的本土文化认可感。

2. 建筑精神内涵的体现

中国传统文化有“美石为玉”之说，在《说文解字》中注释曰：“玉者，石之美者”。在建筑设计中借鉴美玉这一美好的传统文化观念来提升南海区博物馆的精神内涵。石代表着南海悠远的历史，而玉则象征了南海美好的未来，由石到玉的转变、升华，也正昭示着南海人发展奋斗的历程，寄予了对南海美好未来的无限憧憬与希望。

3. 建筑整体用色意象

追求中国传统泼墨山水之意境，以黑、白、灰为主控色调来指导建筑总体用色，同时借鉴岭南画派“折衷中西、融合古今”的思想精髓，在一些关键部位如门厅处，大胆引入了传统红色，以秉承广府文化和色彩意象。

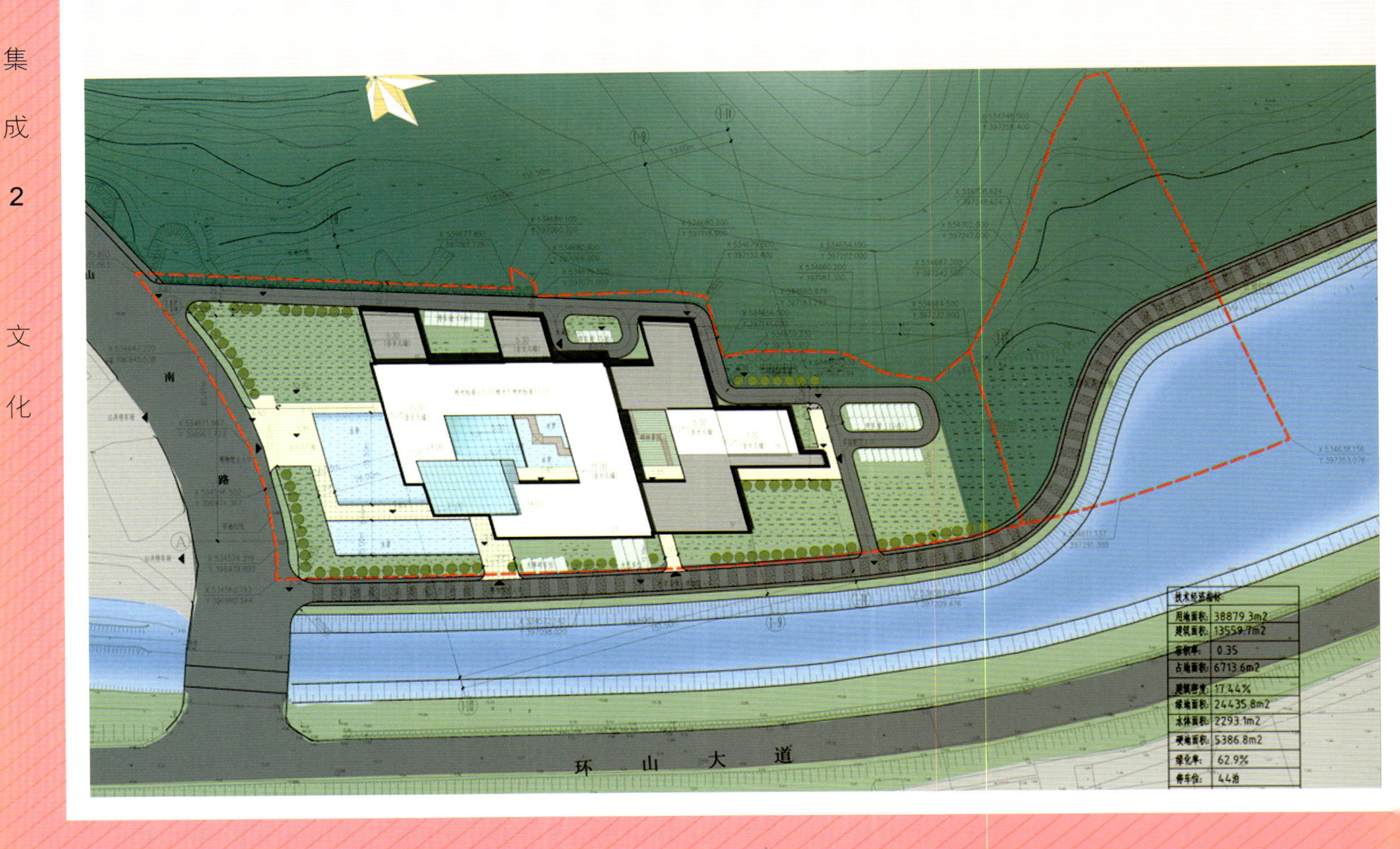

鸟瞰图效果 2

主入口夜景效果图

主入口效果图

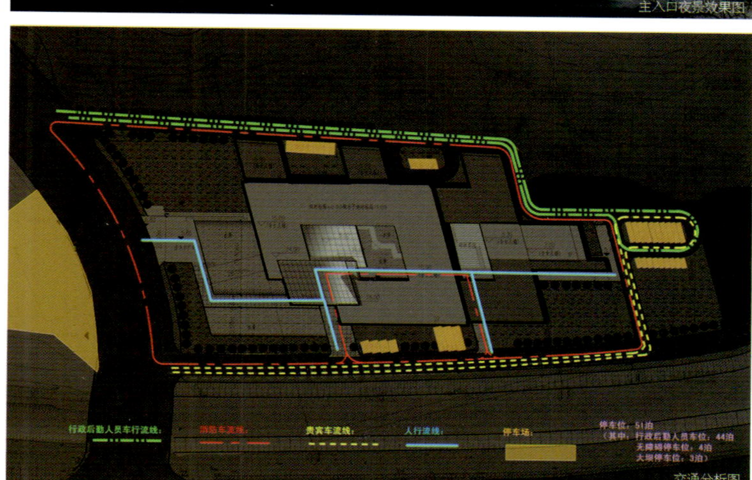

交通分析图

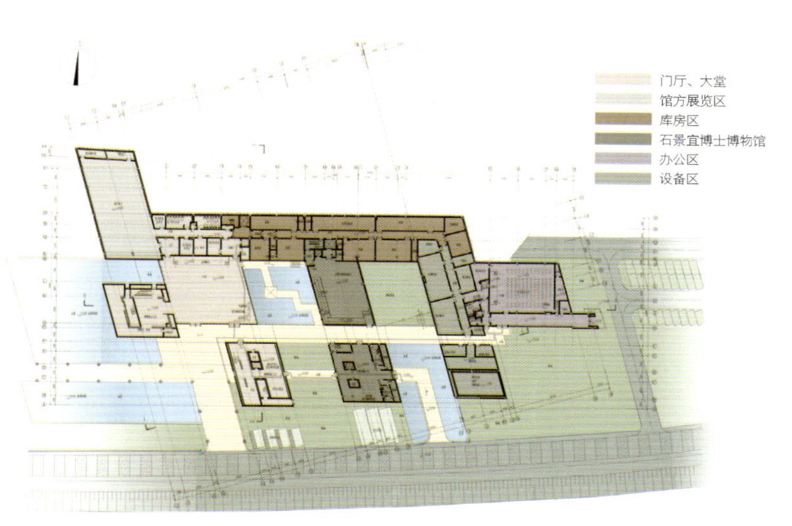

负一层平面图

首层平面图

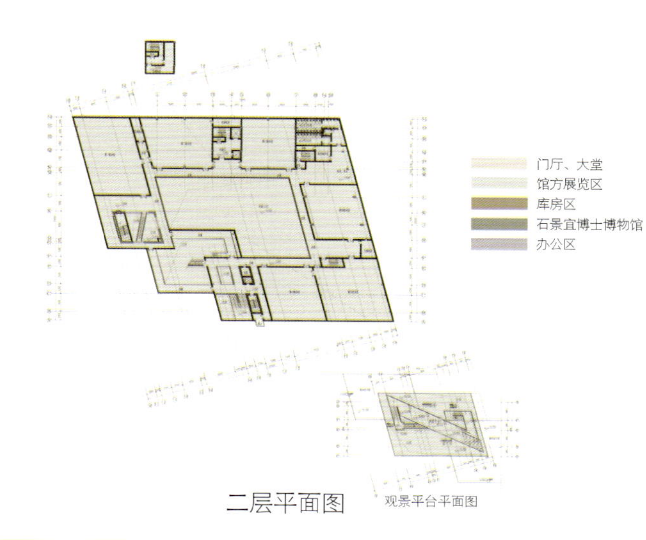

二层平面图 观景平台平面图

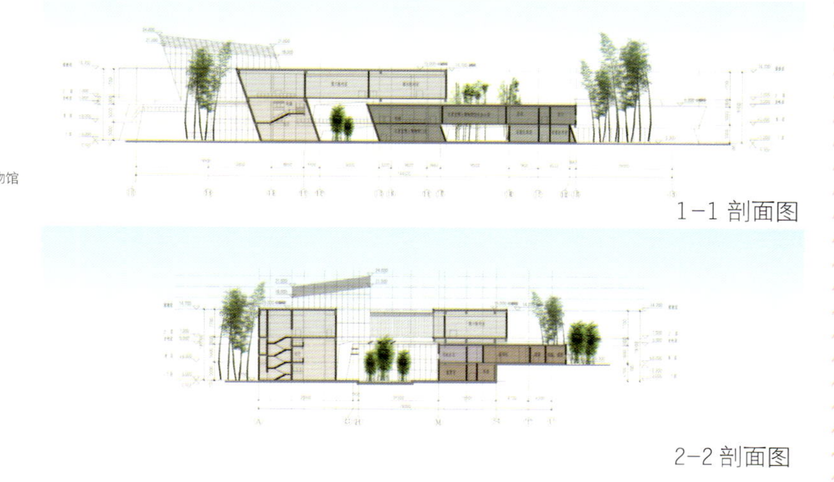
1-1 剖面图

2-2 剖面图

3-3 剖面图

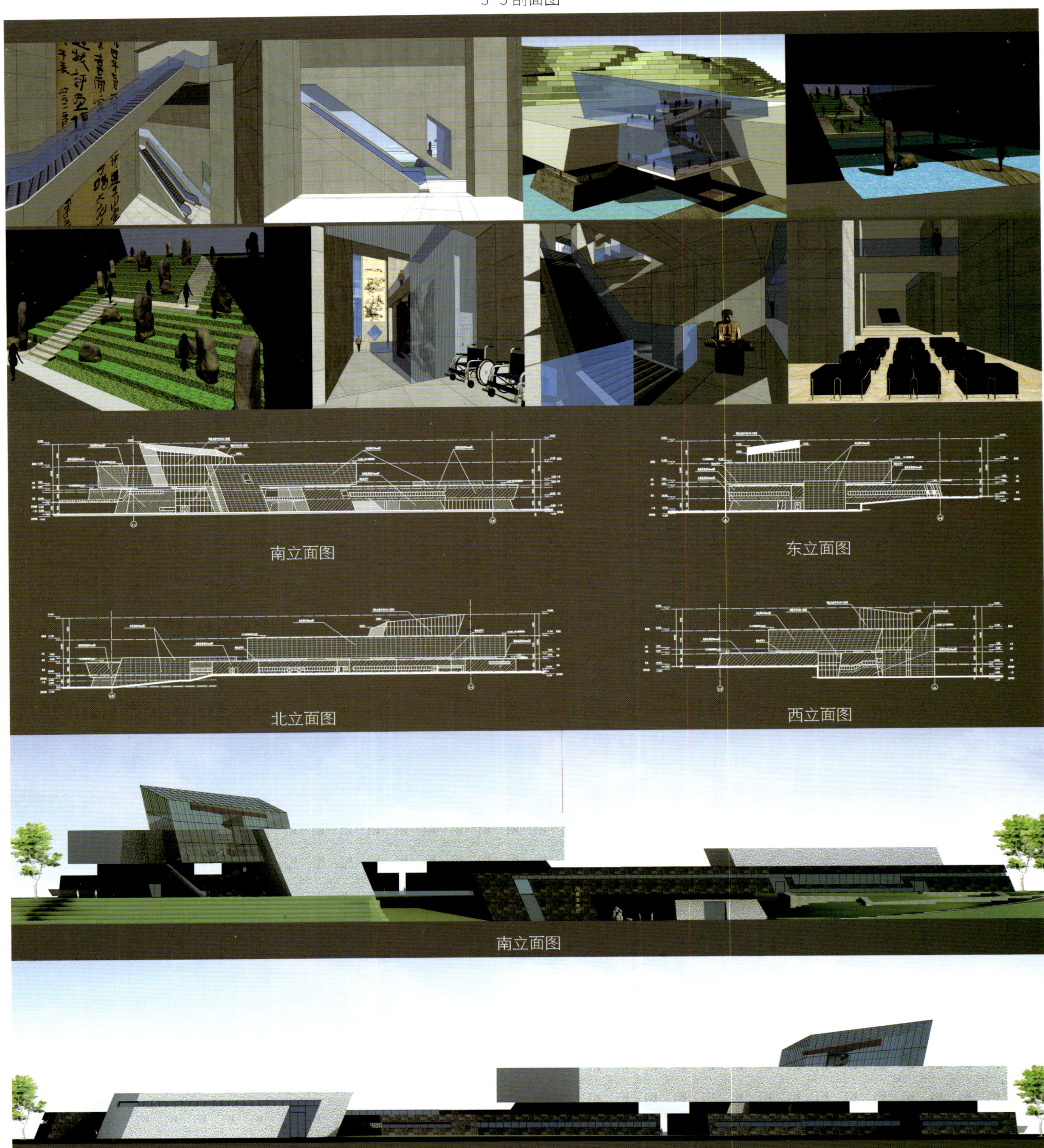

南立面图　东立面图

北立面图　西立面图

南立面图

北立面图

西主入口模型
景观庭院模型
多功能厅入口模型
整体鸟瞰模型
东北侧鸟瞰模型
西北侧鸟瞰模型
玉石中庭模型
整体鸟瞰夜景模型
西主入口夜景模型
多功能厅夜景模型
玉石中庭夜景模型
景观水庭院模型
沿街夜景模型
石景宜博士博物馆入口模型

上海崧泽遗址博物馆

工程档案

建筑设计：同济大学建筑设计研究院
项目地址：上海崧泽
用地面积：13621㎡
建筑面积：3680㎡
容积率：0.27

设计理念

本项目设计取意“历史的剪影”，将高低错落，体量各异的建筑元素叠合交错，仿佛将散落时间长河的珠玉重新汇集一体。

建筑整体造型丰富多变，错落的体量如古老村落的缩影，亲和而温馨，画面感跃然而出。契合青浦周边江南水乡的人文地貌及水系纵横的自然地貌，以小桥、流水、村落和庭院的画面剪影将现代与历史定格在遗址博物馆，为博物馆赋予浓郁的地域与人文气息。体块划分呼应考古发掘的探方尺度，对遗址的考古特点加以刻划，也更好地把文化与时间的概念通过建筑语言表达出来。

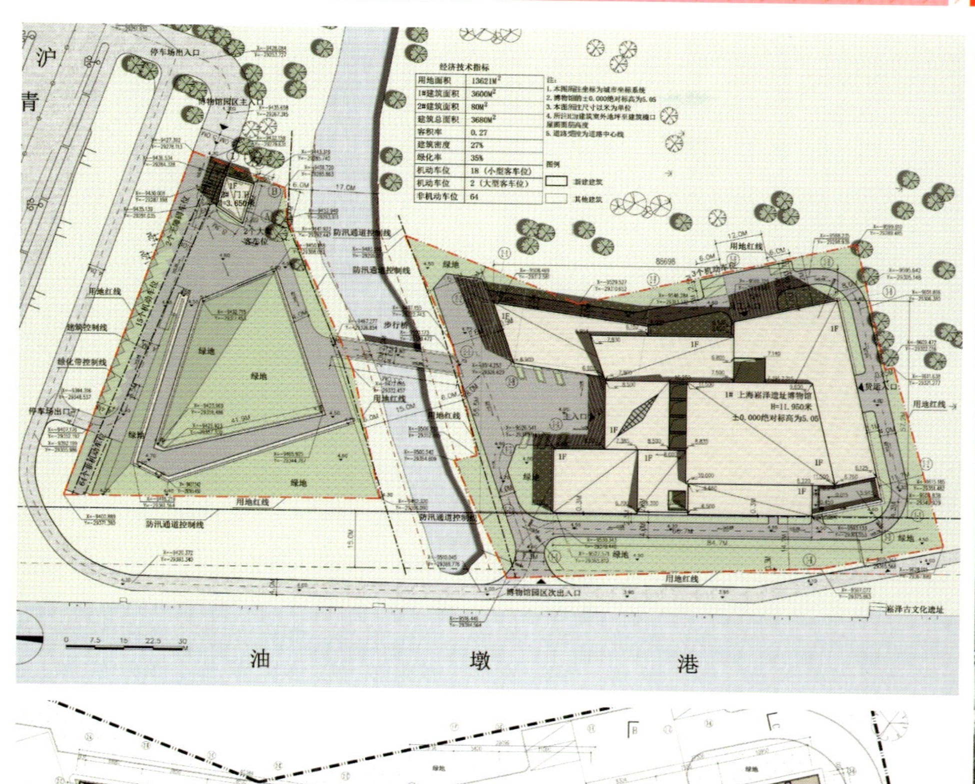
油
墩
港

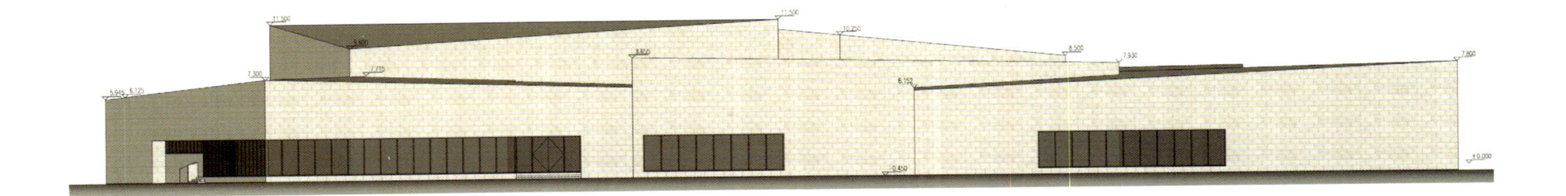

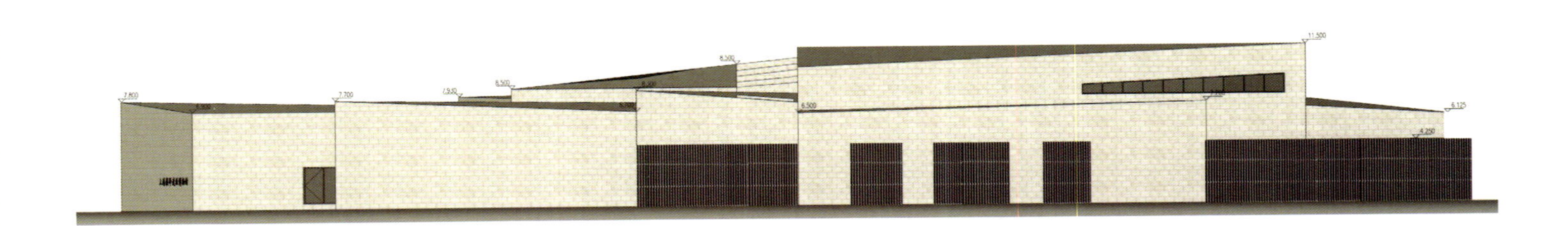

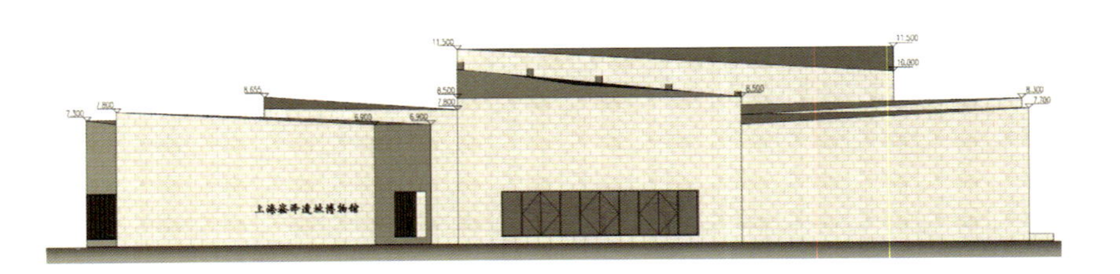

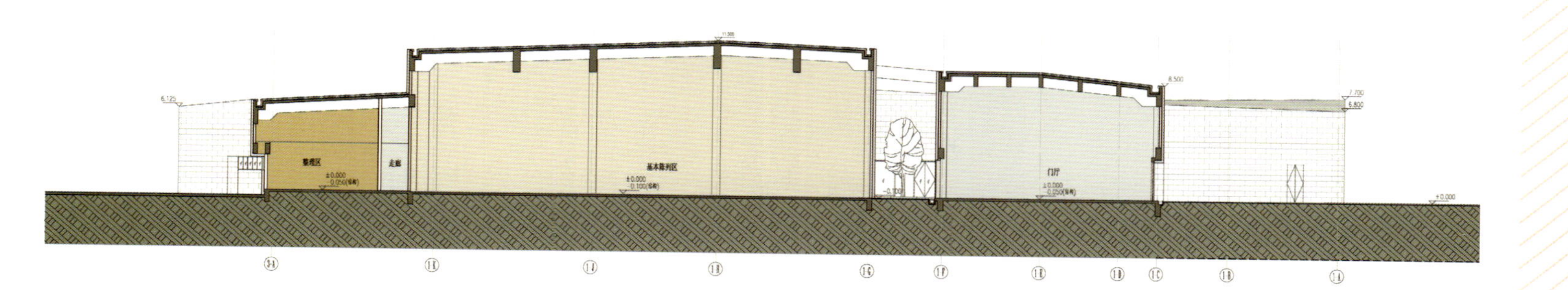
6.125
整理区
±0.000
走廊
基本陈列区
±0.000
0.100(结构)
门厅
±0.000
0.050(结构)
8.500
7.700
6.800
±0.000

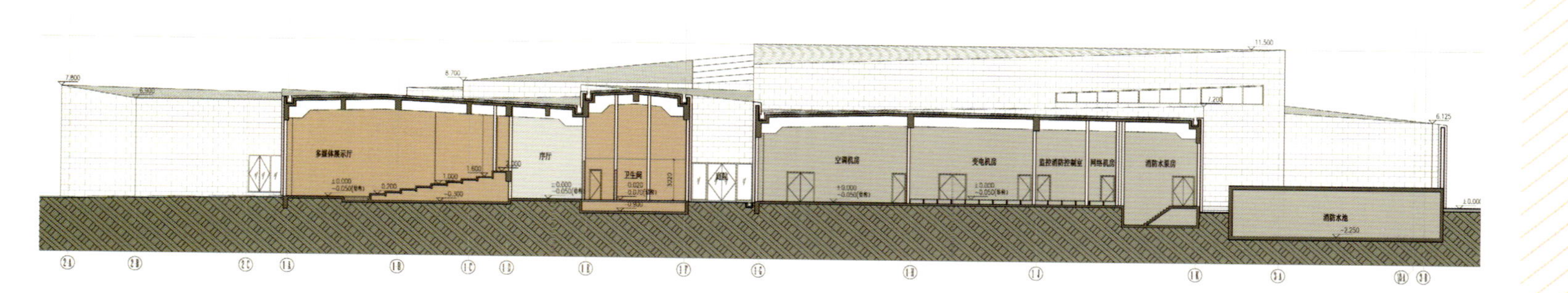
7.800
6.900
8.700
11.500
7.200
6.125
多媒体展示厅
±0.000
-0.050(结构)
0.200
1.000
1.600
-0.300
序厅
±0.000
-0.050(结构)
卫生间
3320
空调机房
±0.000
-0.050(结构)
变电机房
±0.000
-0.050(结构)
监控消防控制室
网络机房
消防水泵房
消防水池
-2.250
±0.000

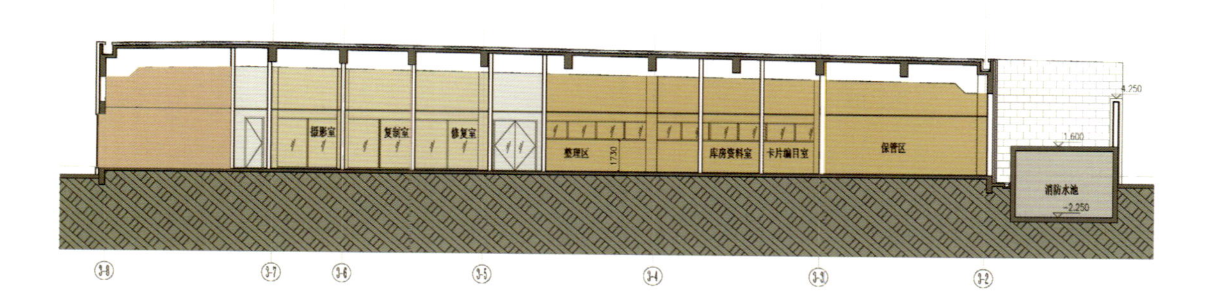
摄影室
复制室
修复室
整理区
1730
库房资料室
卡片编目室
保管区
4.250
1.600
消防水池
-2.250
3-8
3-7
3-6
3-5
3-4
3-3
3-2

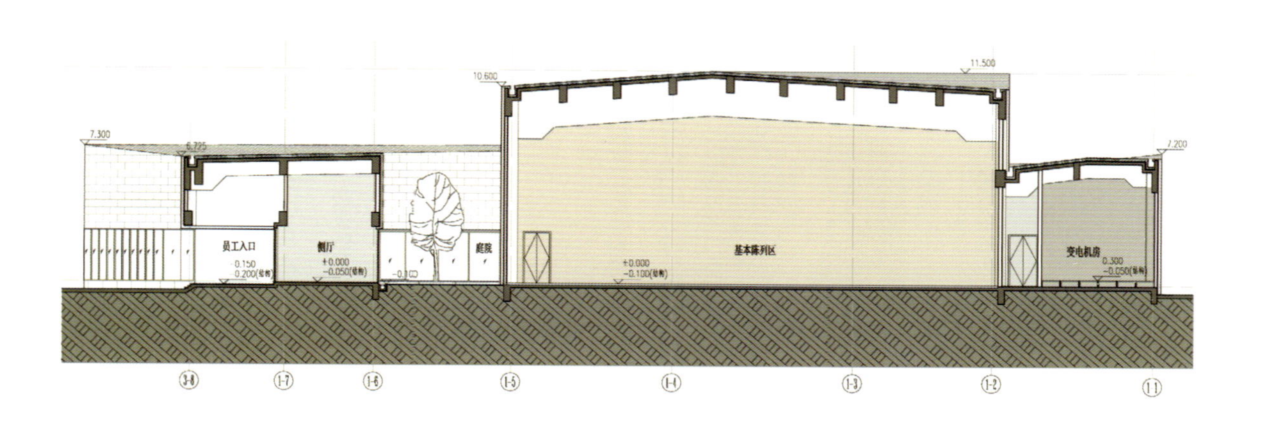
7.300
6.725
10.600
11.500
7.200
员工入口
0.150
0.200(结构)
侧厅
±0.000
-0.050(结构)
庭院
基本陈列区
±0.000
-0.100(结构)
变电机房
0.300
-0.050(结构)
3-8
1-7
1-6
1-5
1-4
1-3
1-2
1-1

天津博物馆

工程档案

建筑设计：华南理工大学建筑设计研究院
项目地址：天津
建筑面积：55000m²
占地面积：40000m²

项目概况

在天津博物馆的设计中我们以“世纪之窗”为空间主题，再现天津的悠久历史和重要地位。

“世纪之窗”是贯穿博物馆，联系各个展厅的宽敞、宏大的公共大厅：博物馆南向主入口以6层逐渐放大的叠涩象征天津设卫建城600年悠久历史；公共大厅纵向逐级上升，层层叠叠，仿若时光隧道，依次连接古代、近代、现代展厅，带领公众游历天津的文明和历史发展；大厅在北端横向展开成110m宽宏大的全景大厅，充分展现天津文化中心和城市景色，预示着天津的美好未来。

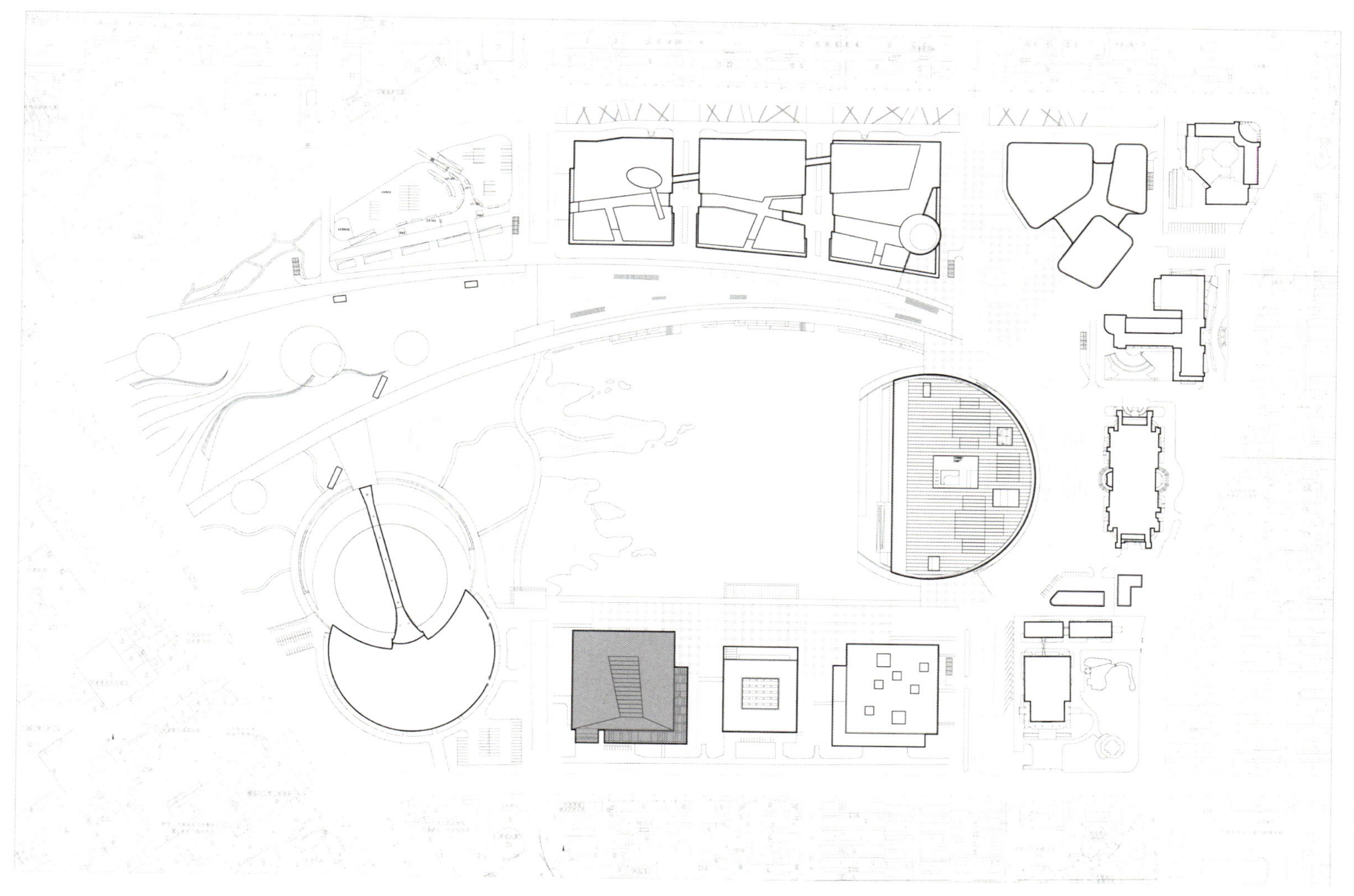

总平面图

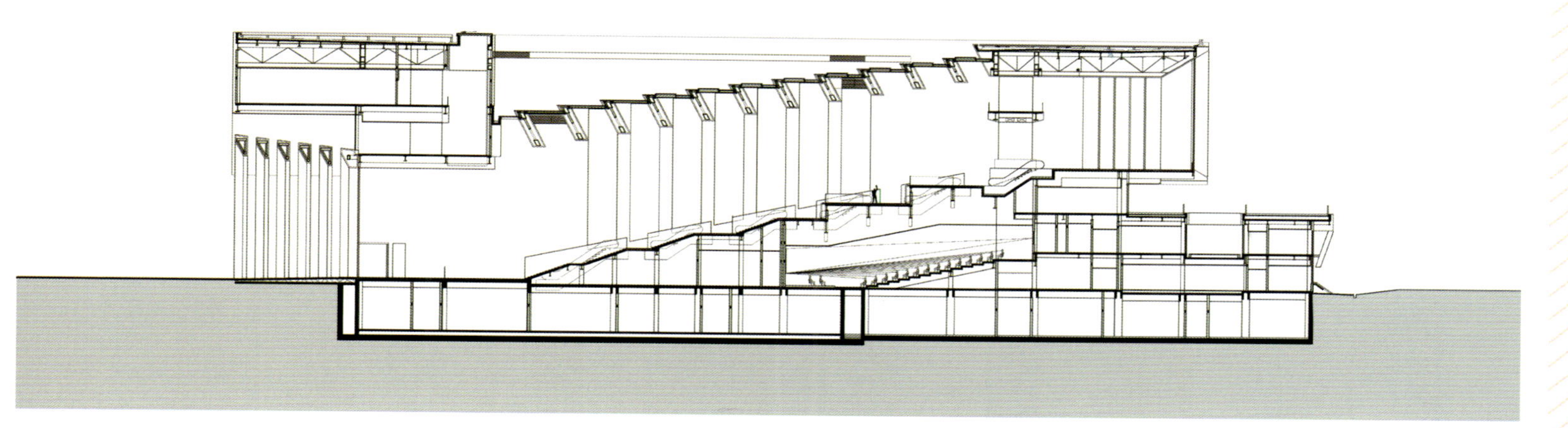

剖面图

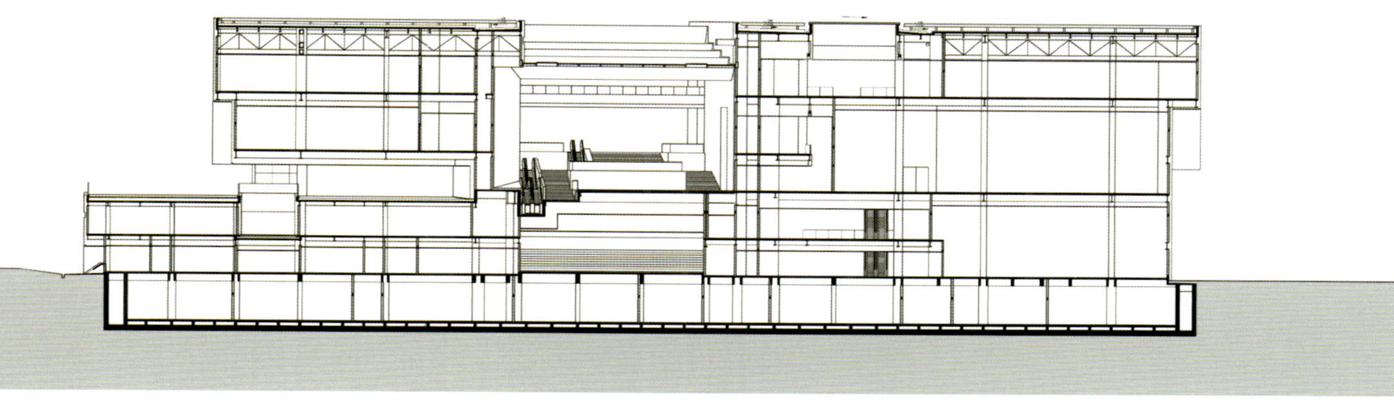

剖面图

立面图

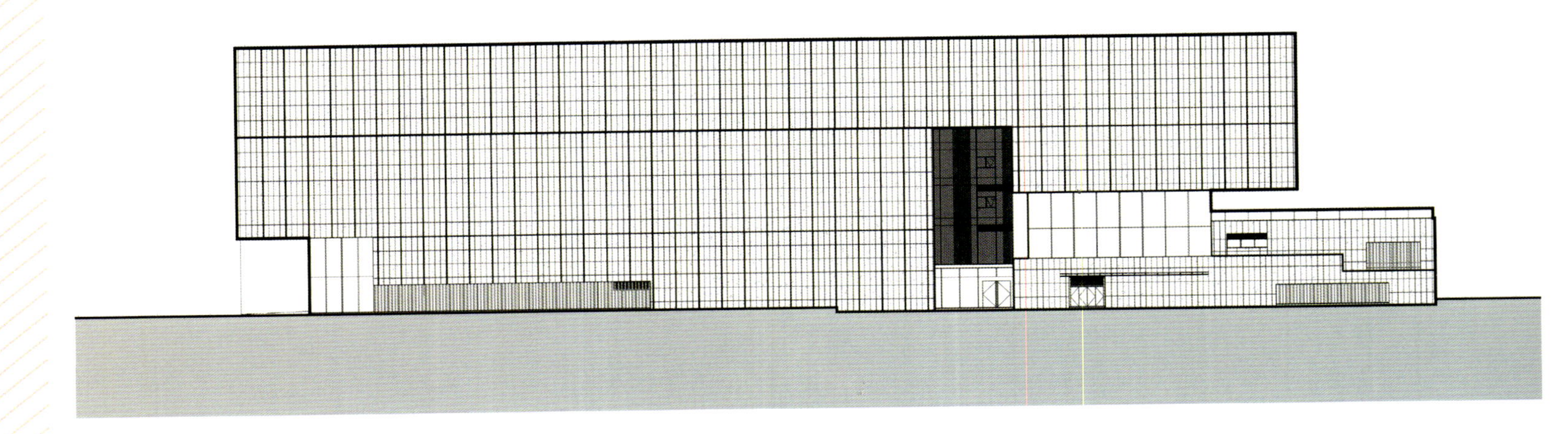

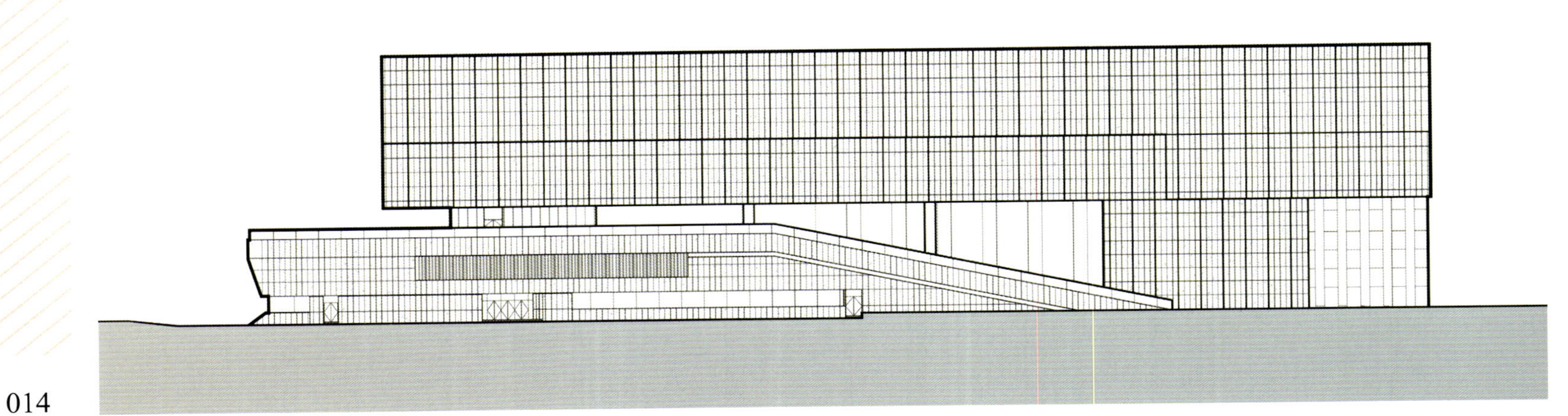

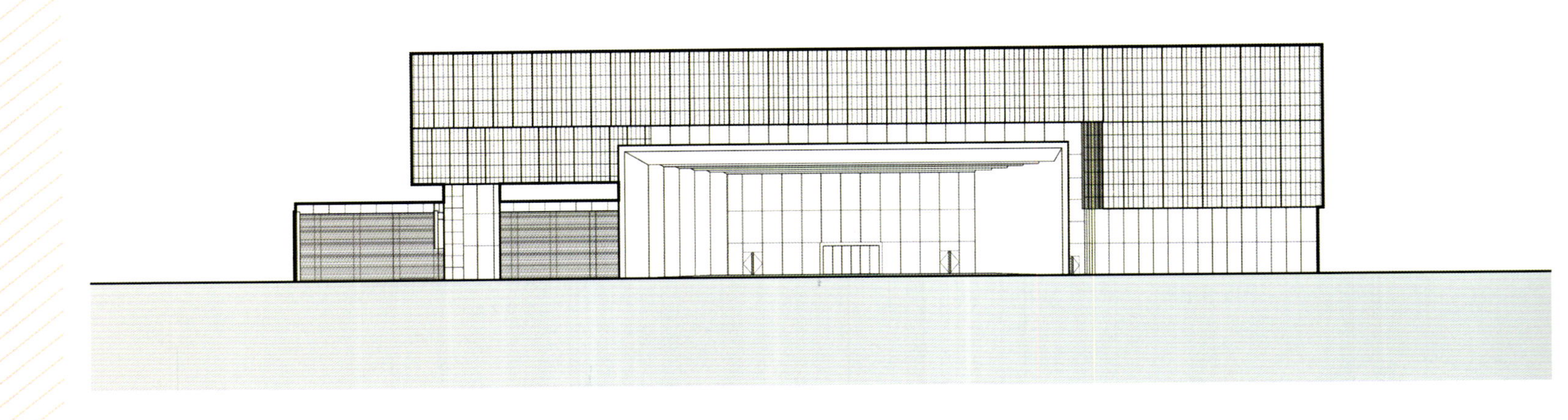

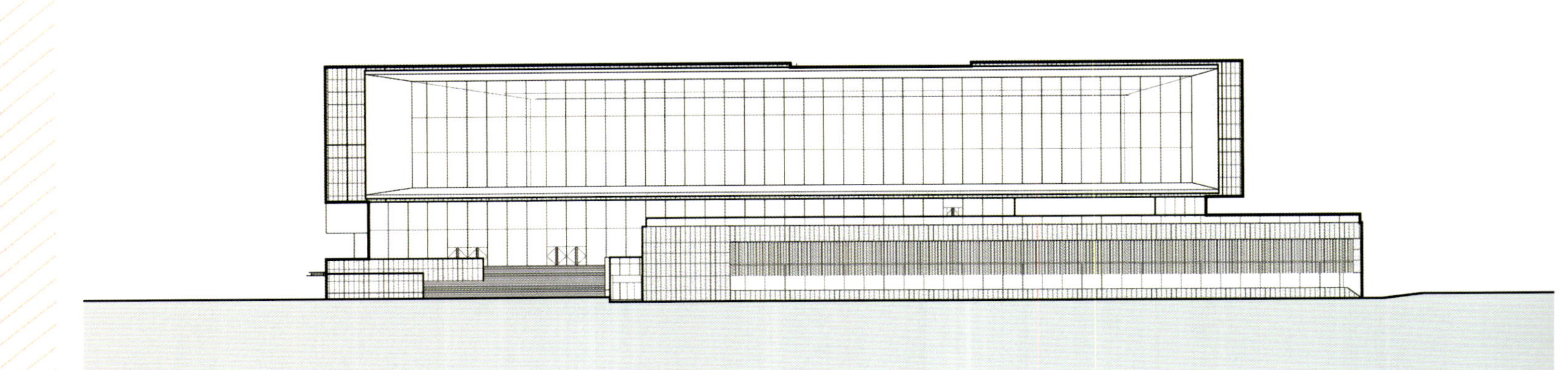

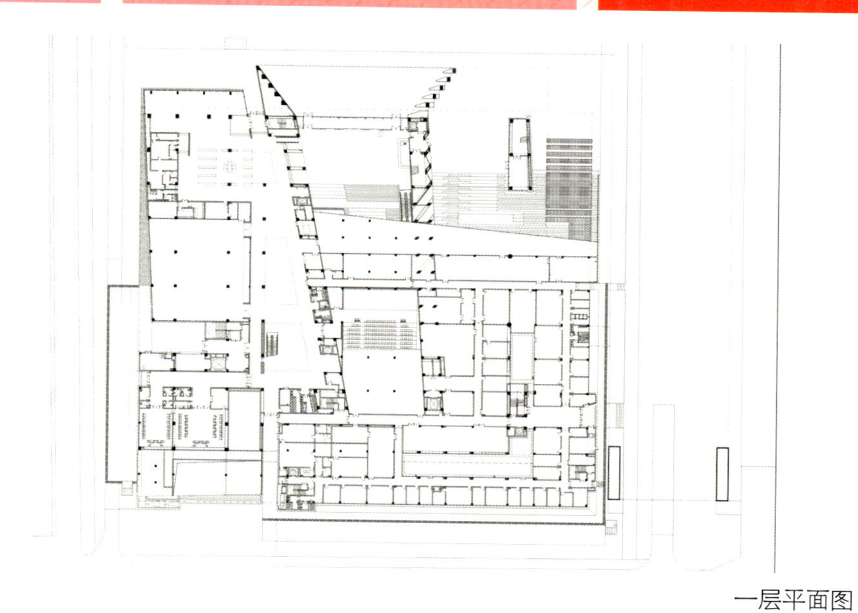

一层平面图

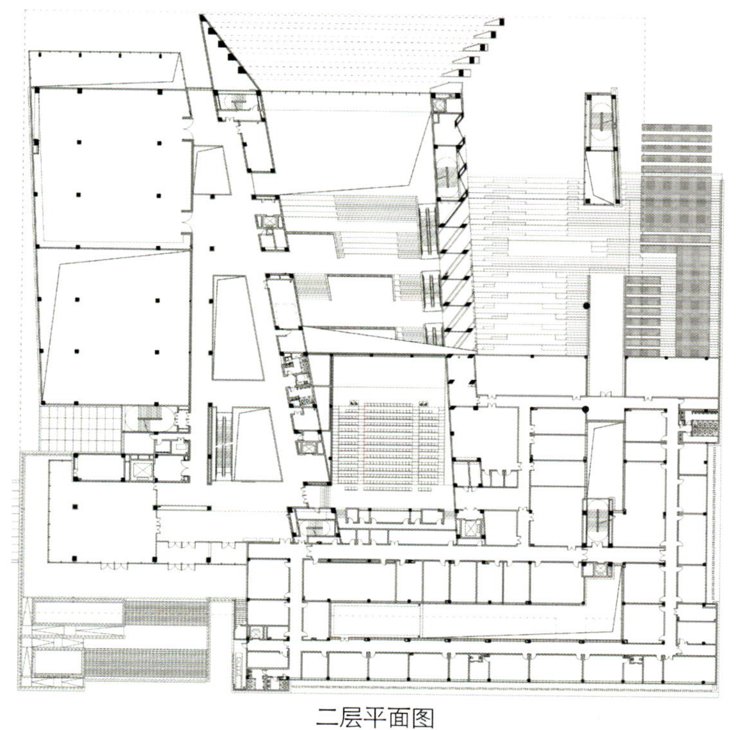

二层平面图

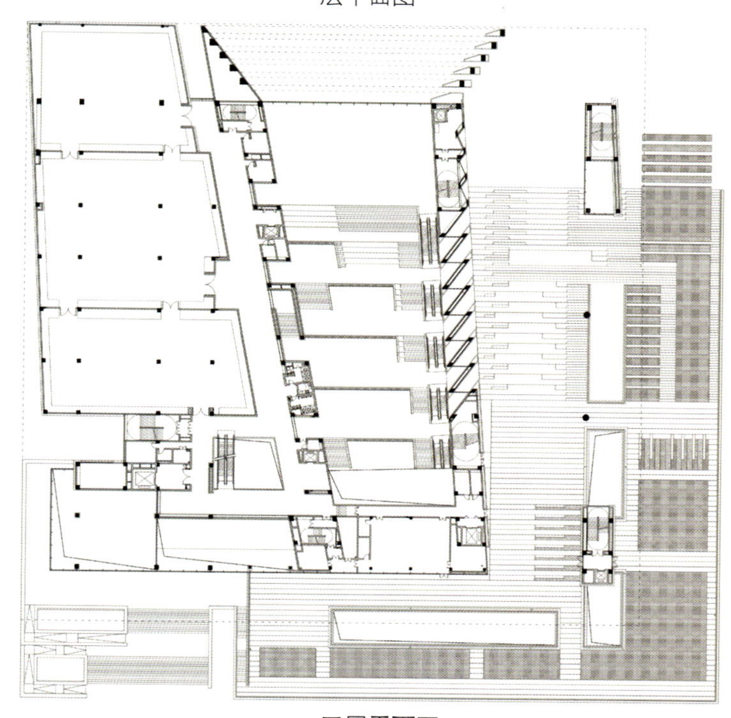

三层平面图

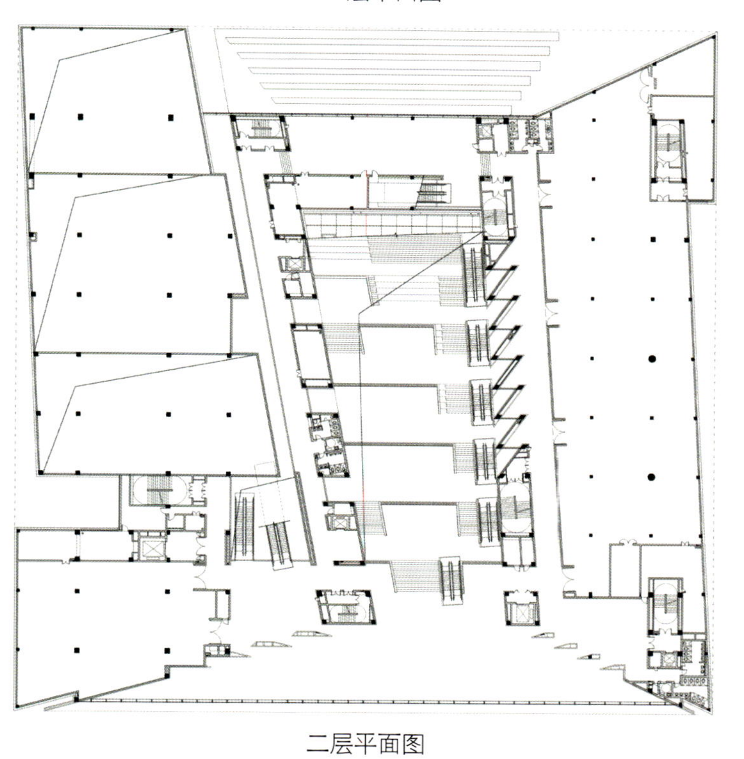

二层平面图

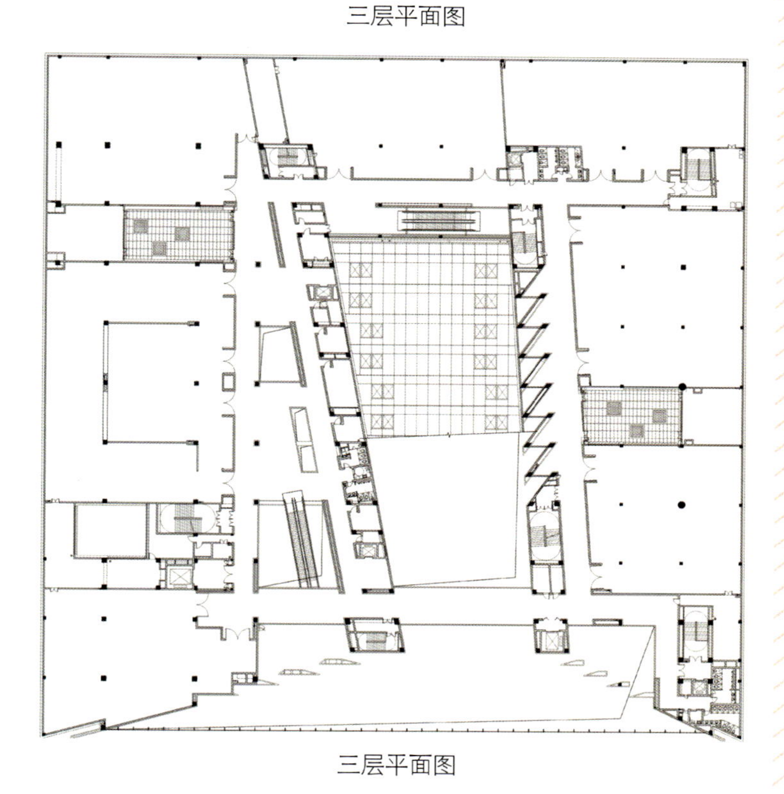

三层平面图

南京博物院

工程档案

建筑设计：中联筑境建筑设计有限公司
项目地址：江苏南京
建筑面积：84655m²

设计原则

1.乱中寻序。对整个博物院新老建筑的功能布局、交通流线、内外空间、建筑形式、休闲文化等五大部分进行了整合，使南博做到功能完备、设施先进、展藏研究与文化休闲一体化，从而与其作为重点博物院的地位相匹配。

2.在建筑形象上，强调在不影响原有中轴线空间氛围的前提下，注重新、老馆在文化气质上的融合。与此同时，也注意了新馆建筑的整体性。新馆建筑庄重典雅，有明显中国文化内涵，体现了新老馆不同的时代特征。

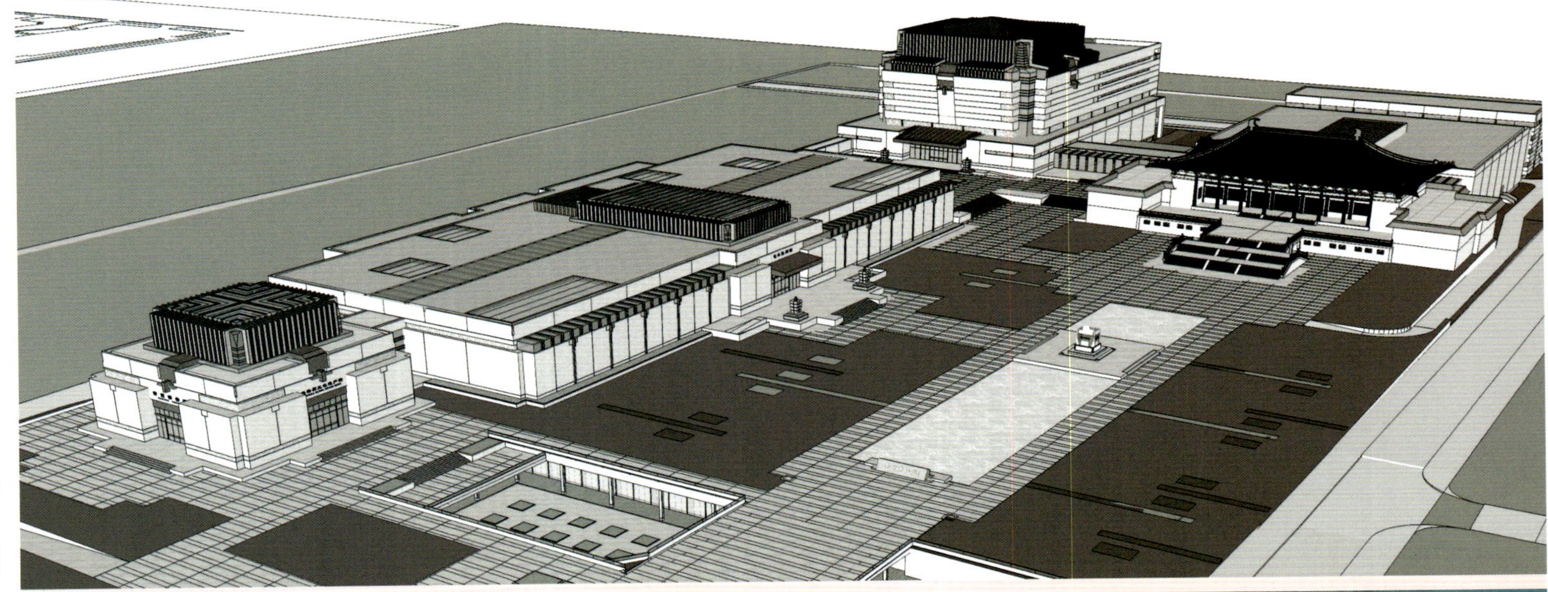

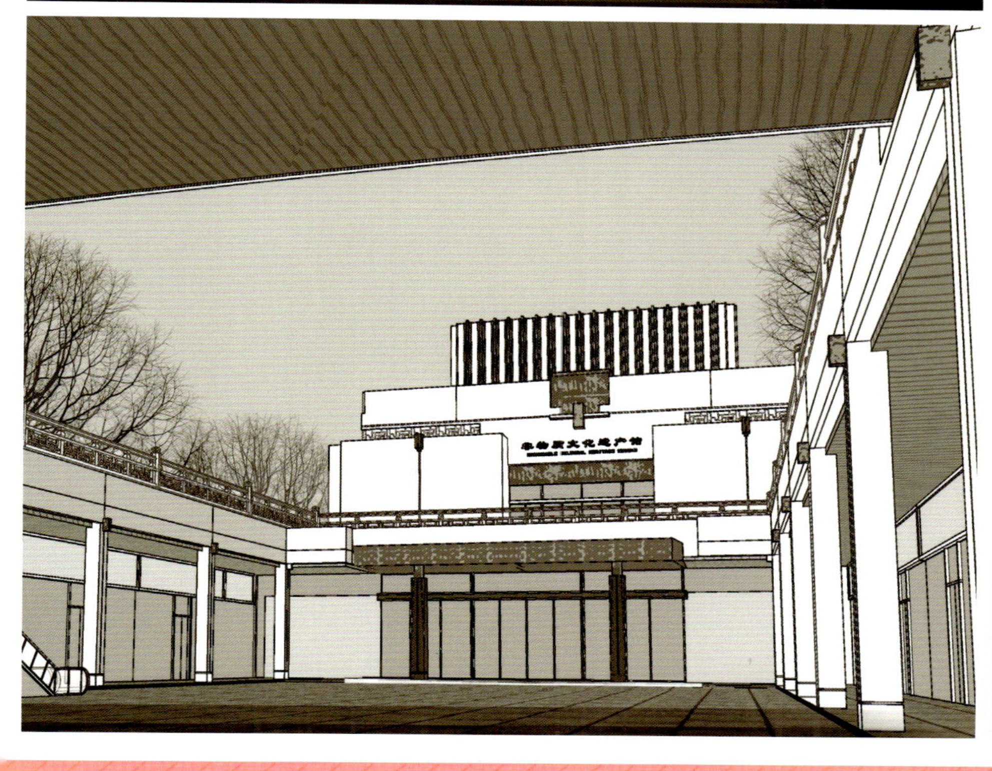

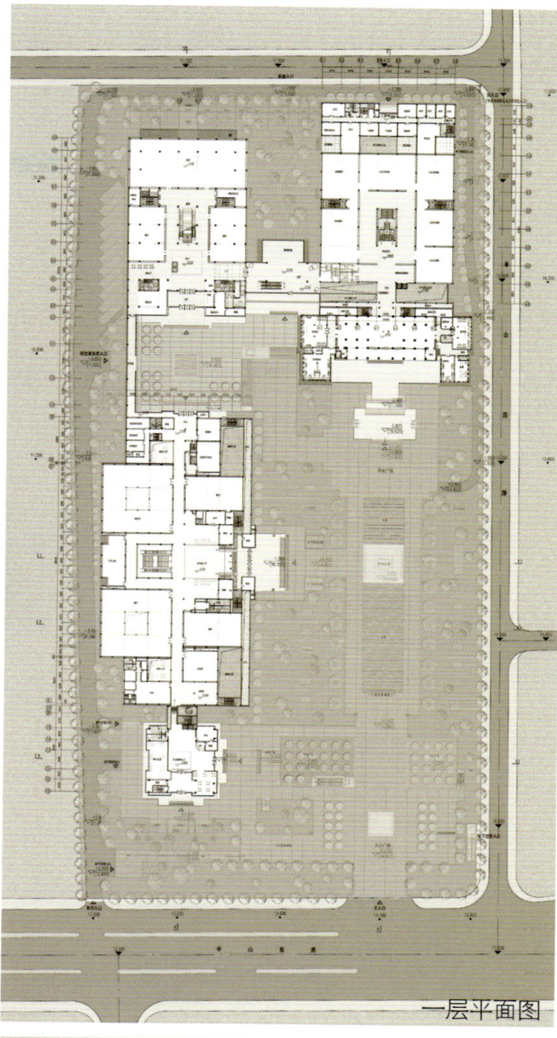

一层平面图

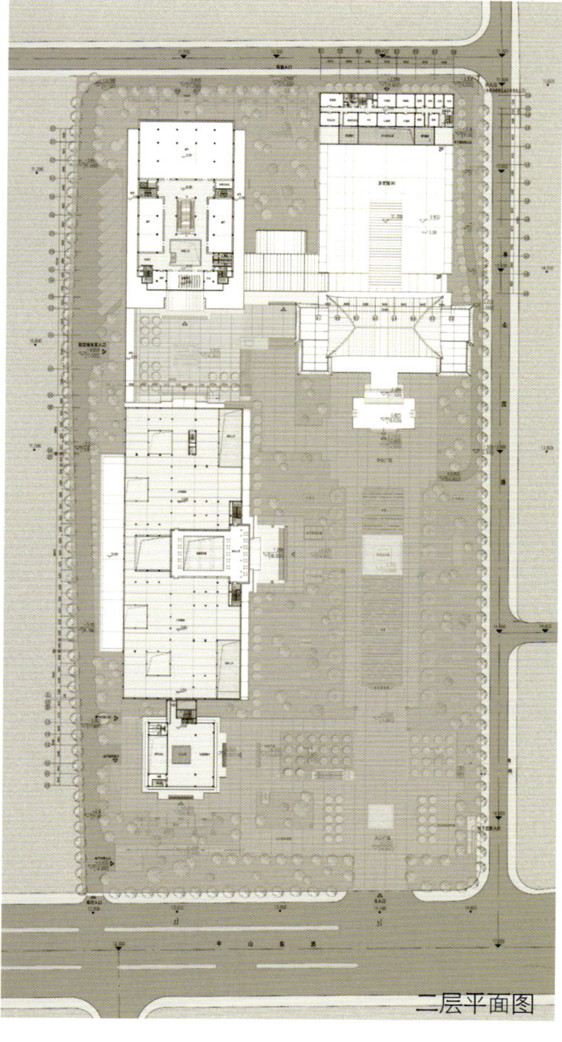

二层平面图

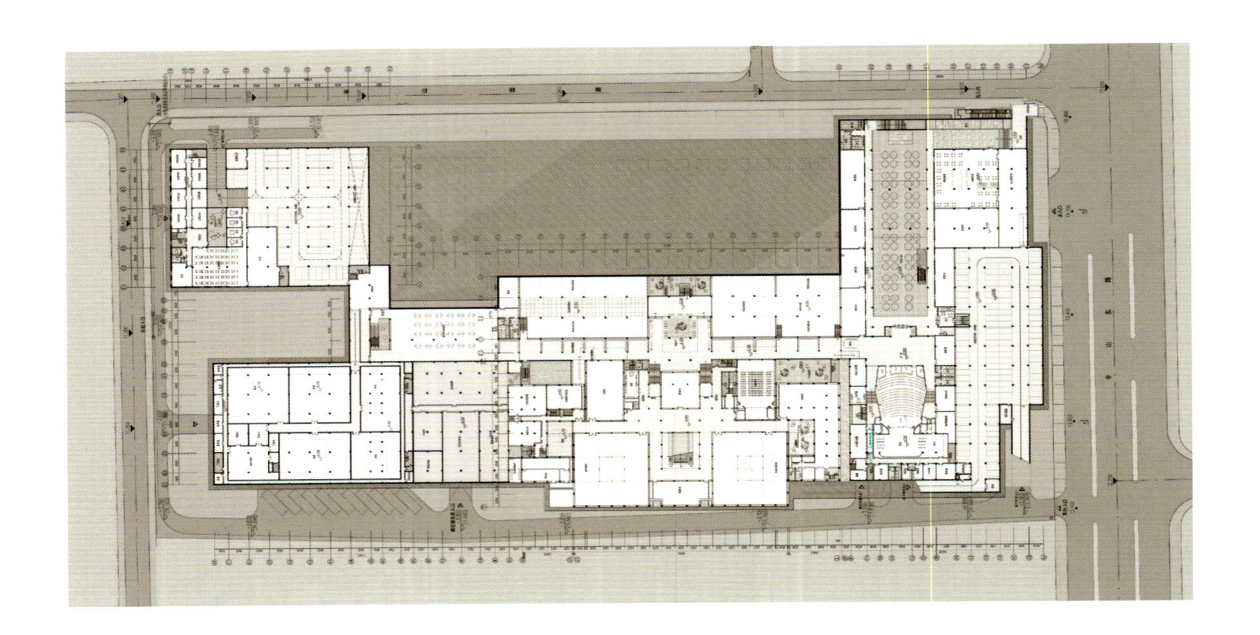

地下层平面图

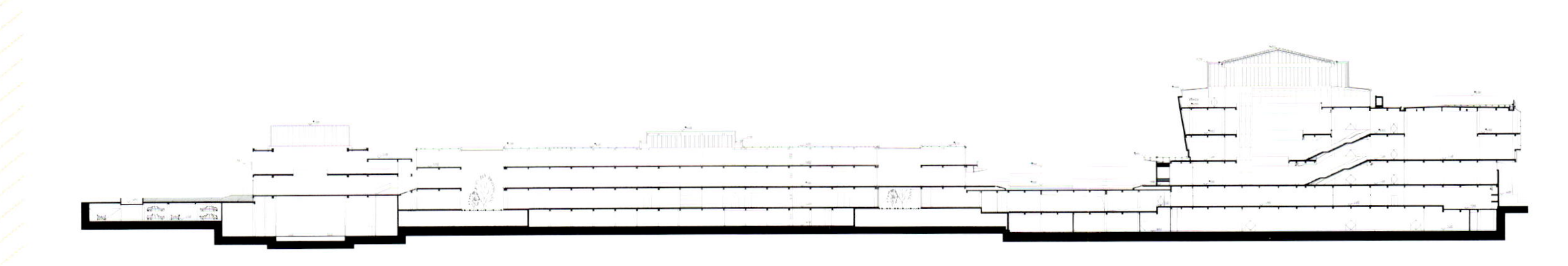

剖面图

东立面图 1:300

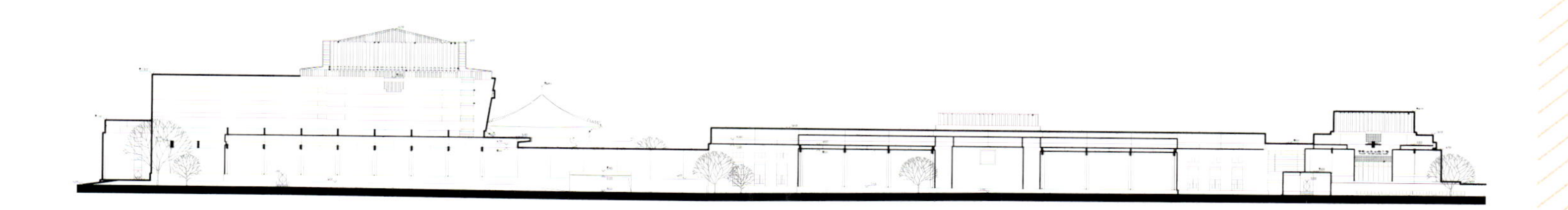

西立面图 1:300

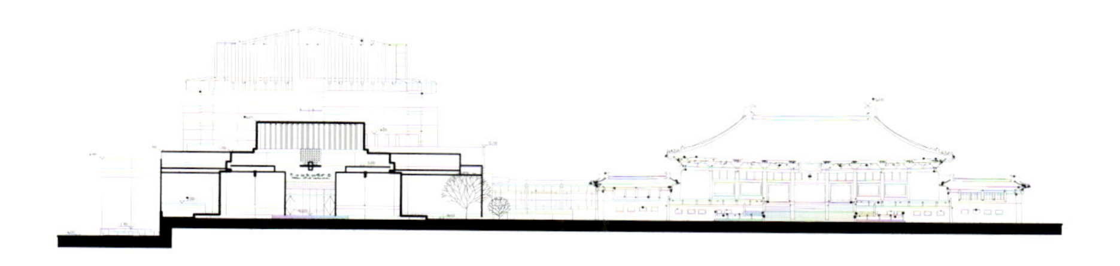

南立面图 1:300

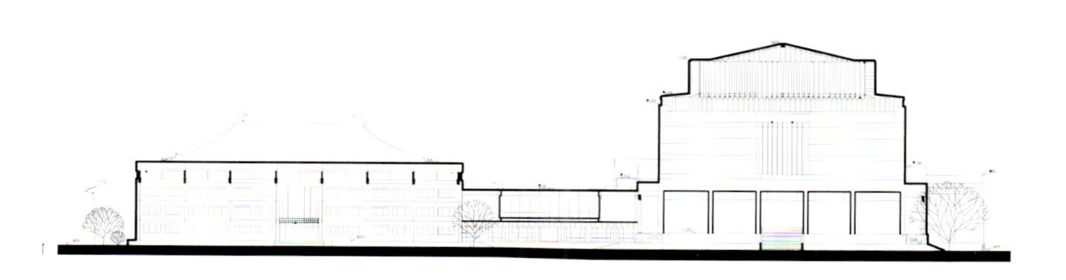

北立面图 1:300

广东省博物馆新馆

工程档案

建筑设计：广东省建筑设计研究院
许李严建筑师有限公司
项目地址：广东广州
建筑面积：66891m²
占地面积：41027m²
建筑高度：45.25m

项目概况

广东省博物馆新馆选址位于广州市新城市中心“珠江新城”中轴线南端东侧，濒临珠江，与广州歌剧院、广州市第二少年宫、广州图书馆等三座文化建筑并列于新城市中心轴线两侧，和中央林荫大道、滨江绿化带共同形成未来广州的文化艺术广场。作为一所大型综合博物馆，整个项目主要由九大系统组成，包括展览陈列、研究教育及文物保护等。

广东省博物馆新馆的造型仿佛一件雕通的宝盒，这一设计意念源于广东传统的工艺品——象牙球，博物馆的空间组织就像象牙球镂空的工艺，内部功能层层相扣，展厅、回廊、中庭与整体结构紧密结合，由内向外逐层展开，利用虚实变换的隔断吸引观众层层而进，功能流线自然而生，使形式和功能形成统一的有机整体。

回廊

走廊与吊杆

大堂

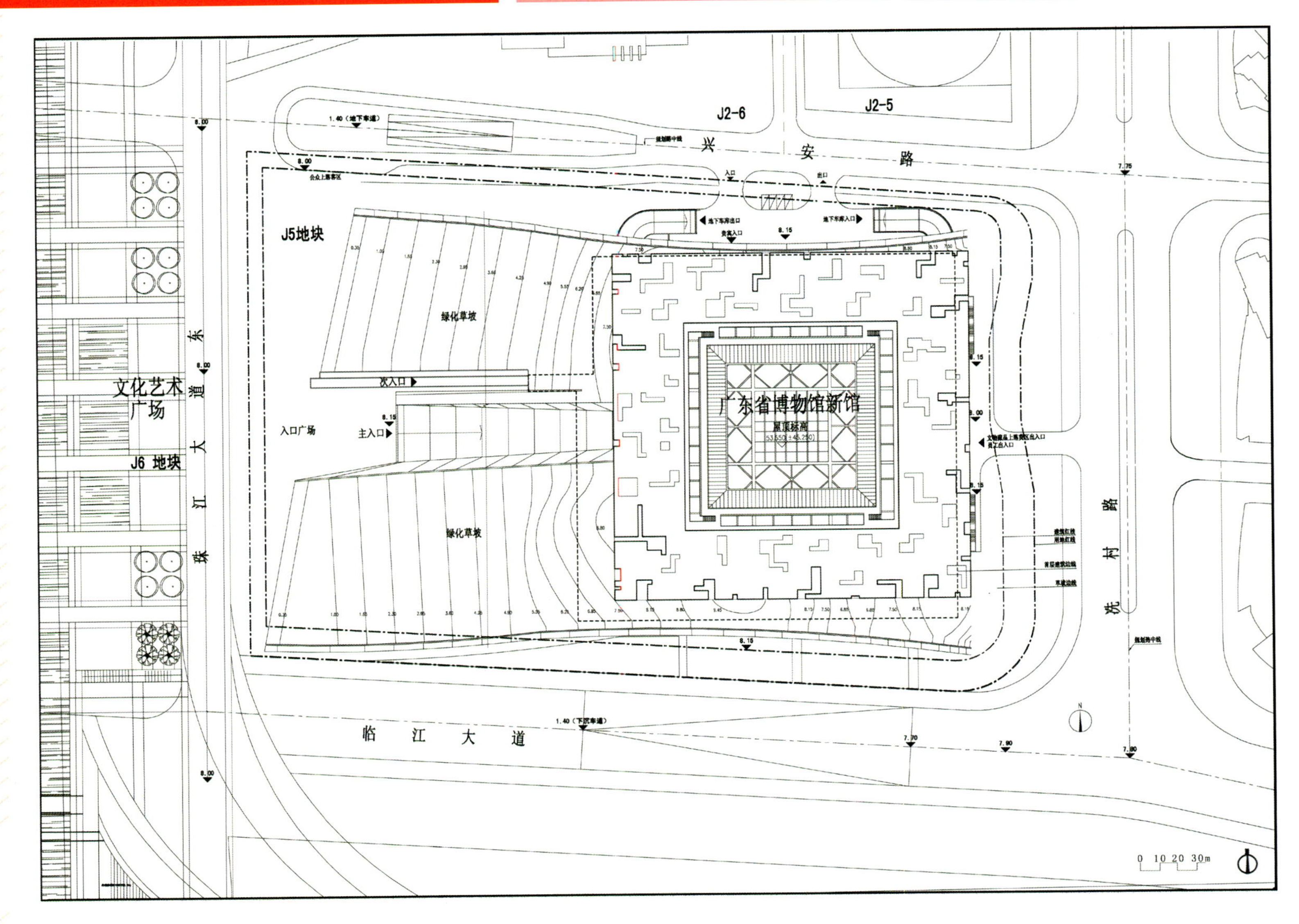

总平面图

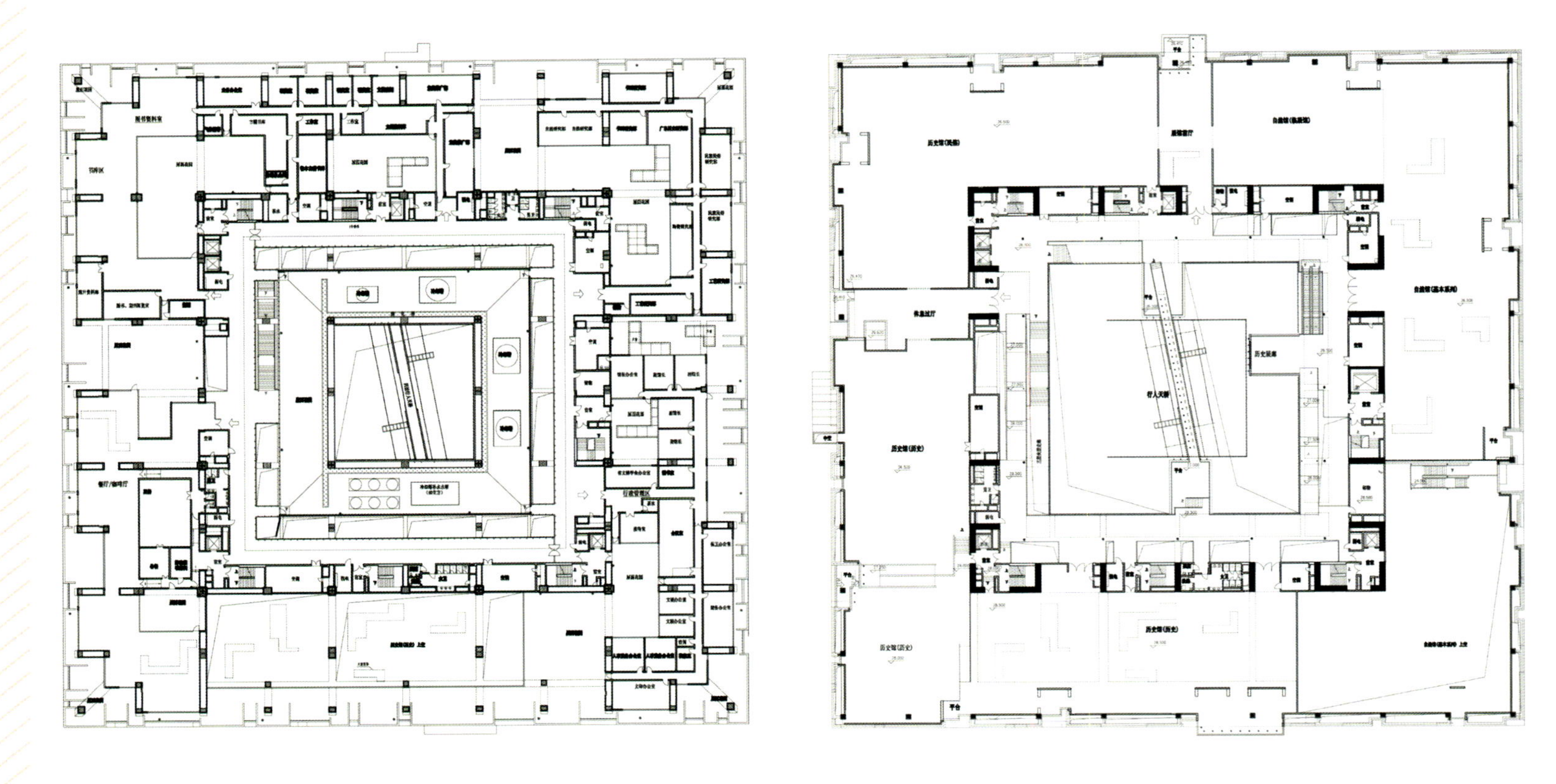

五层平面图

四层平面图

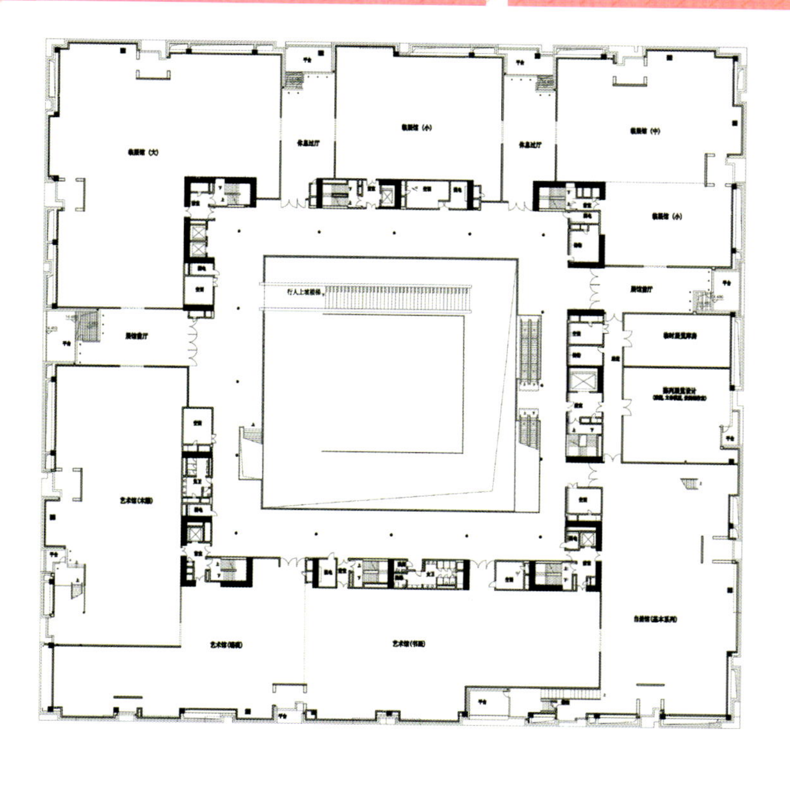

三层平面图

绿化空间
贵宾室
纪念品商店/书店
中央大厅
入口前厅
行人上坡楼梯
咖啡厅
行人上坡
0 5 10 15 20m

二层平面图

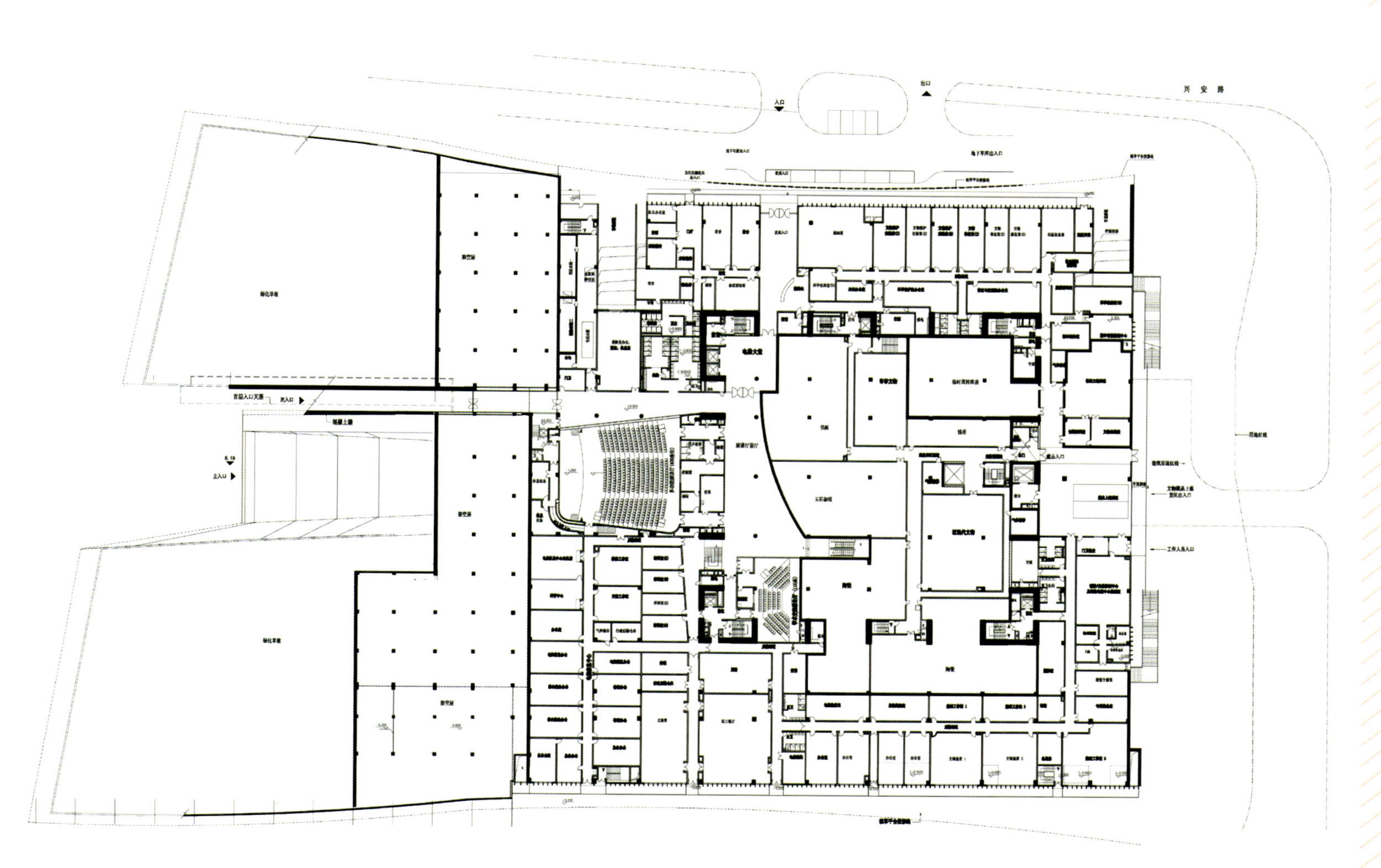

首层平面图

龙门农民画博物馆

工程档案

建筑设计：深圳大学建筑设计研究院
项目地址：广东龙门
建筑面积：7940m²
占地面积：10000m²
建筑高度：13.6m

项目概况

博物馆东靠山坡，南临用地边界，西侧隔一景广场与别墅及客家围屋相望，北接内部别墅区，其基地中部现有三棵保留树木。本设计出发点即从这三棵树开始，以三棵树形成的庭院为中心，形成院落式布局，一方面形成灵活、流畅的空间变换，另一方面也可形成较为集中和共享的内部环境，塑造良好的视觉效果和功能空间。

设计理念

此建筑充分考虑山地地区的环境特点，凸显建筑稳重、通透、明快的现代感，主要设计包括：A、主体采用深灰色仿石面砖；B、建筑体形虚实呼应虚的部分采用LOW-E玻璃围合形体，形成通透、明快的视觉效果；C、建筑两侧外廊采用白色氟碳喷涂轻钢结构，形成轻盈、现代的时尚感；D、建筑周边挡土墙及勒脚采用当地天然石材，强调建筑原始、自然、环保的设计理念。

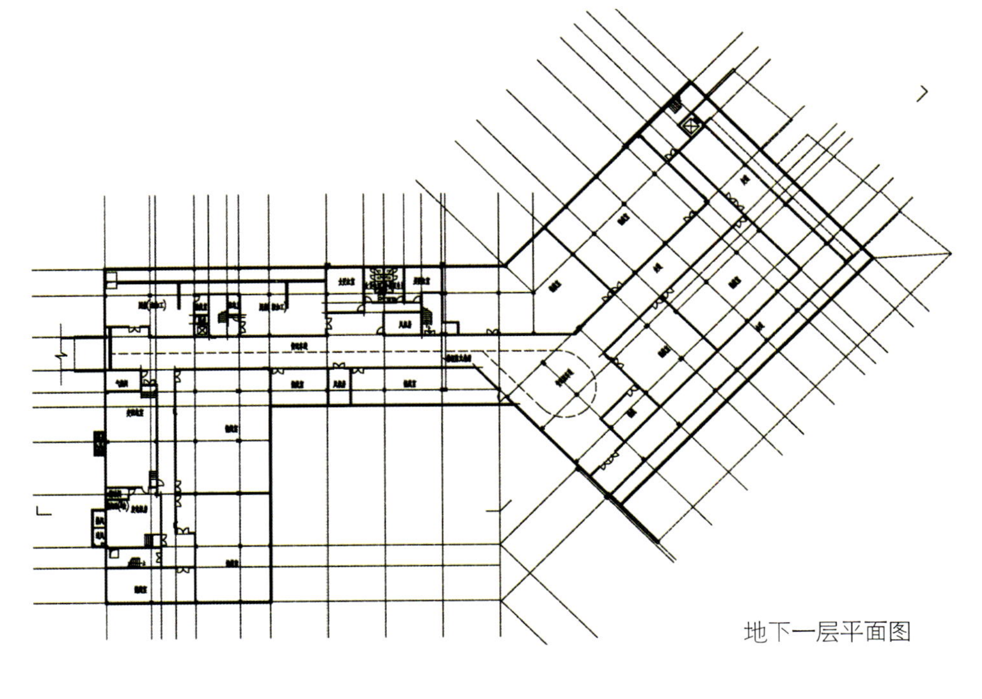
地下一层平面图

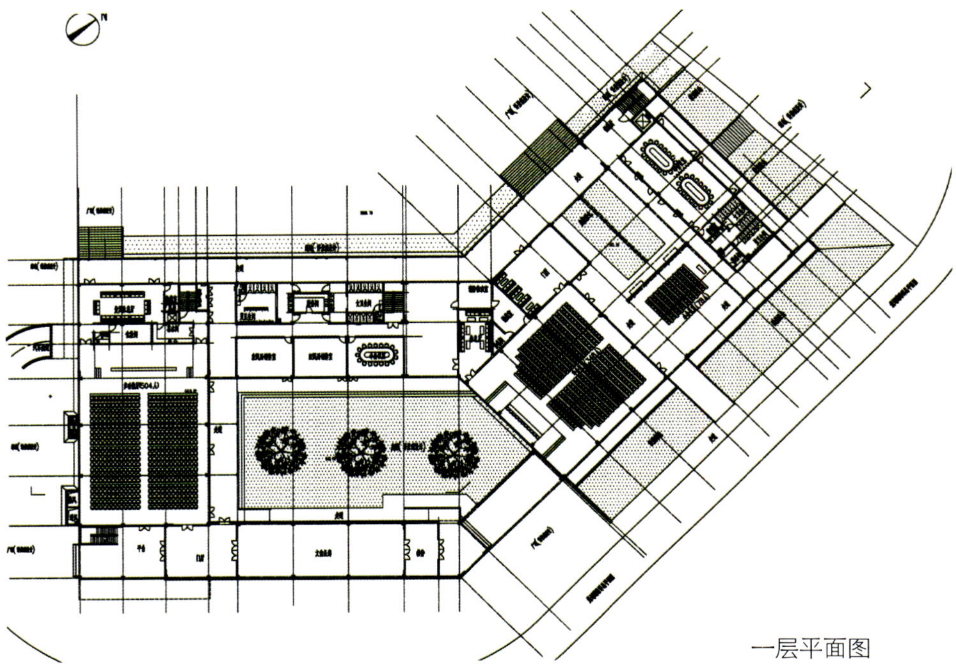
一层平面图

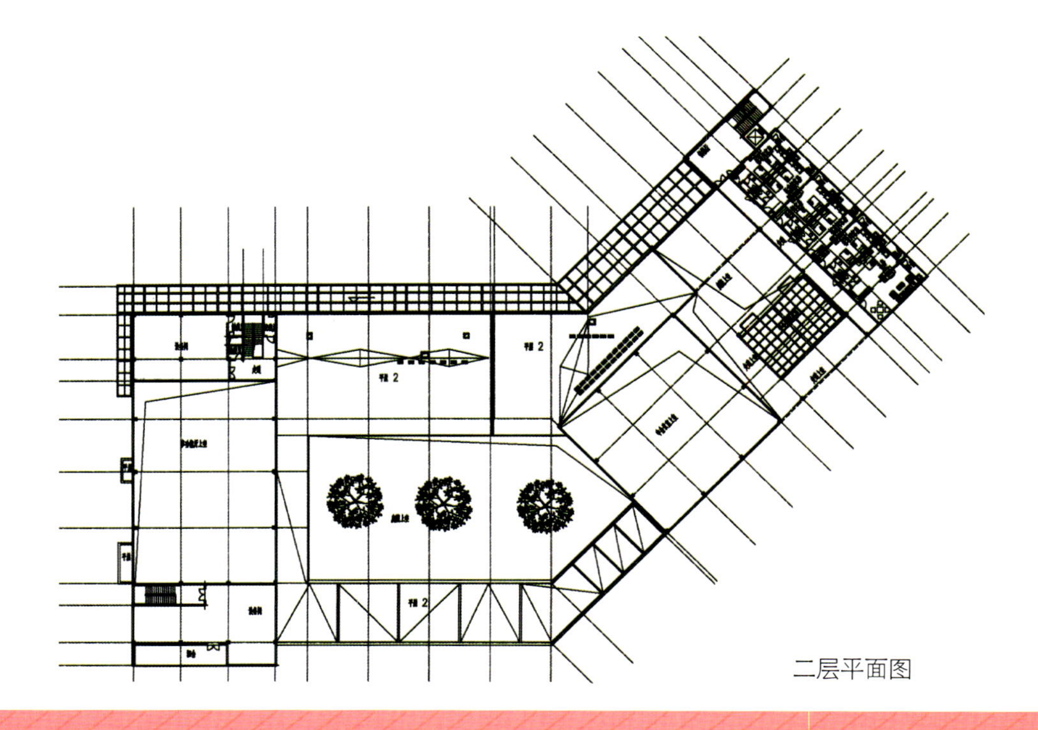
二层平面图

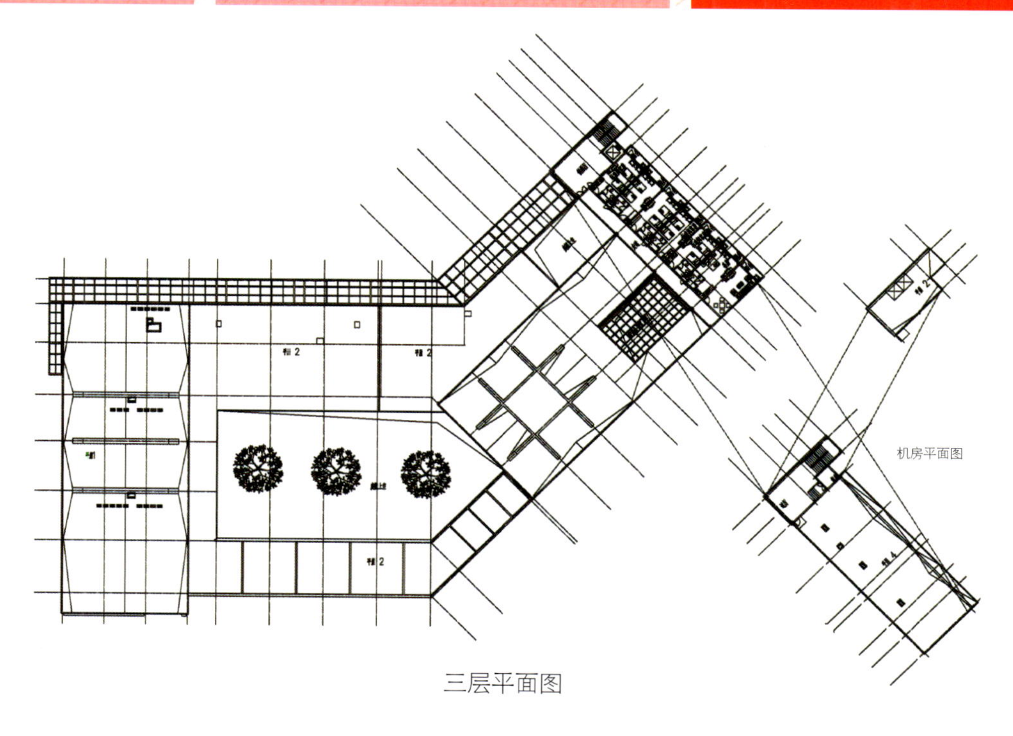

三层平面图

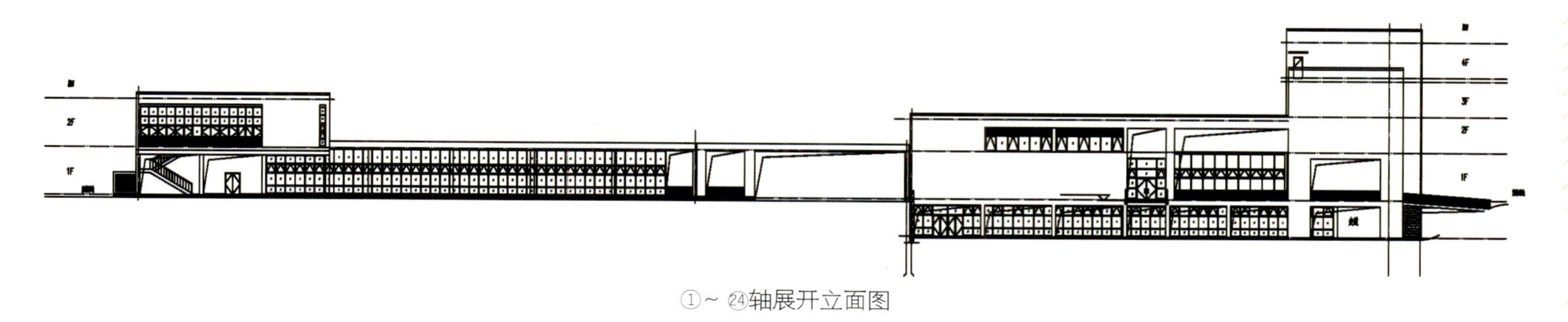

①~ ㉔轴展开立面图

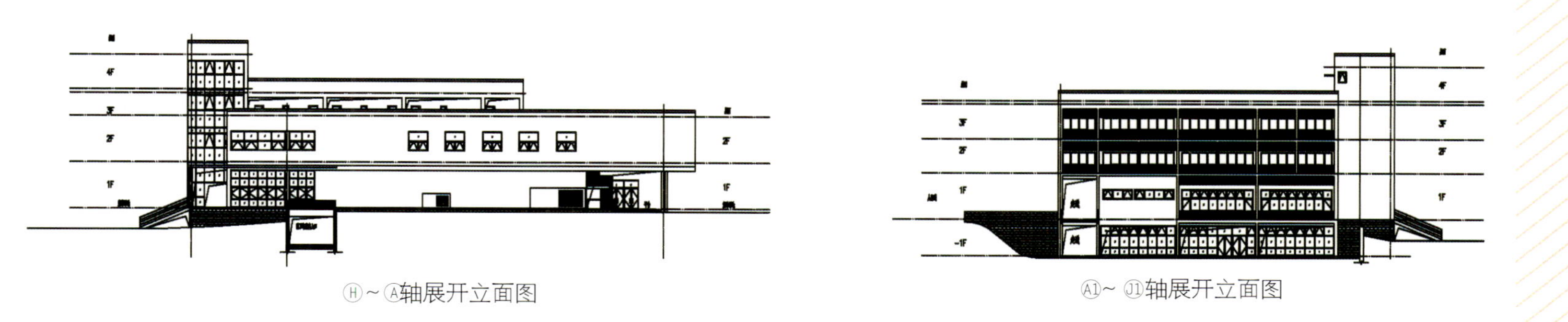

Ⓗ~Ⓐ轴展开立面图

Ⓐ1~ Ⓙ1轴展开立面图

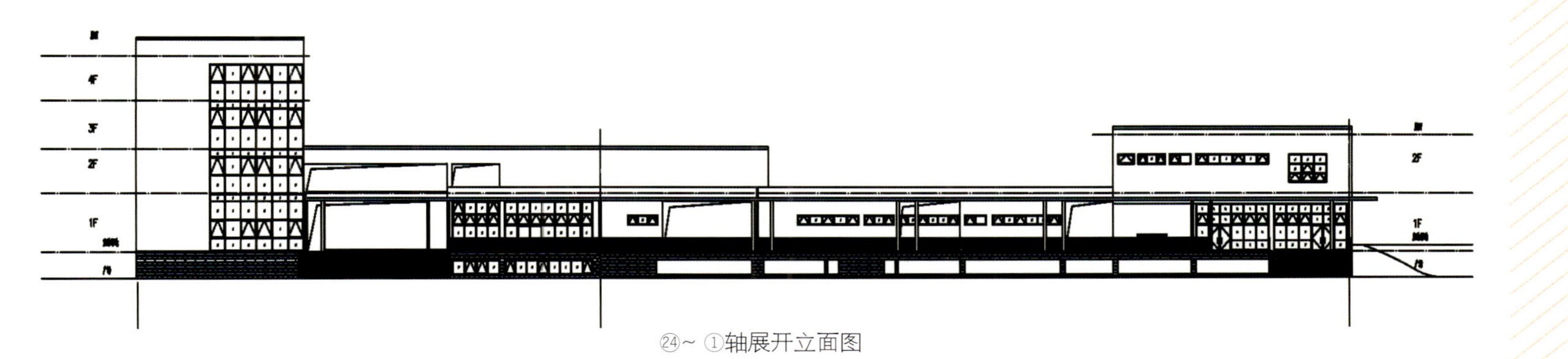

㉔~ ①轴展开立面图

上海自然博物馆

工程档案

建筑设计：同济大学建筑设计研究院
项目地址：上海静安
建筑规模：45000m²

项目概况

上海自然博物馆坐落于上海市静安区北京西路、石门二路处在雕塑公园北部，北临上海关路，将成为该区域的重要公共建筑。设计运用现代城市设计思想，充分考虑基地周边城市空间，旨在建成既具标识性又融于周边环境的新型地标建筑。新博物馆通过建筑形体、景观和公共空间设计与周边的雕塑公园紧密结合、融为一体。同时为前来博物馆的参观者提供一种独特的体验，以加强建筑承载的信息和使命。

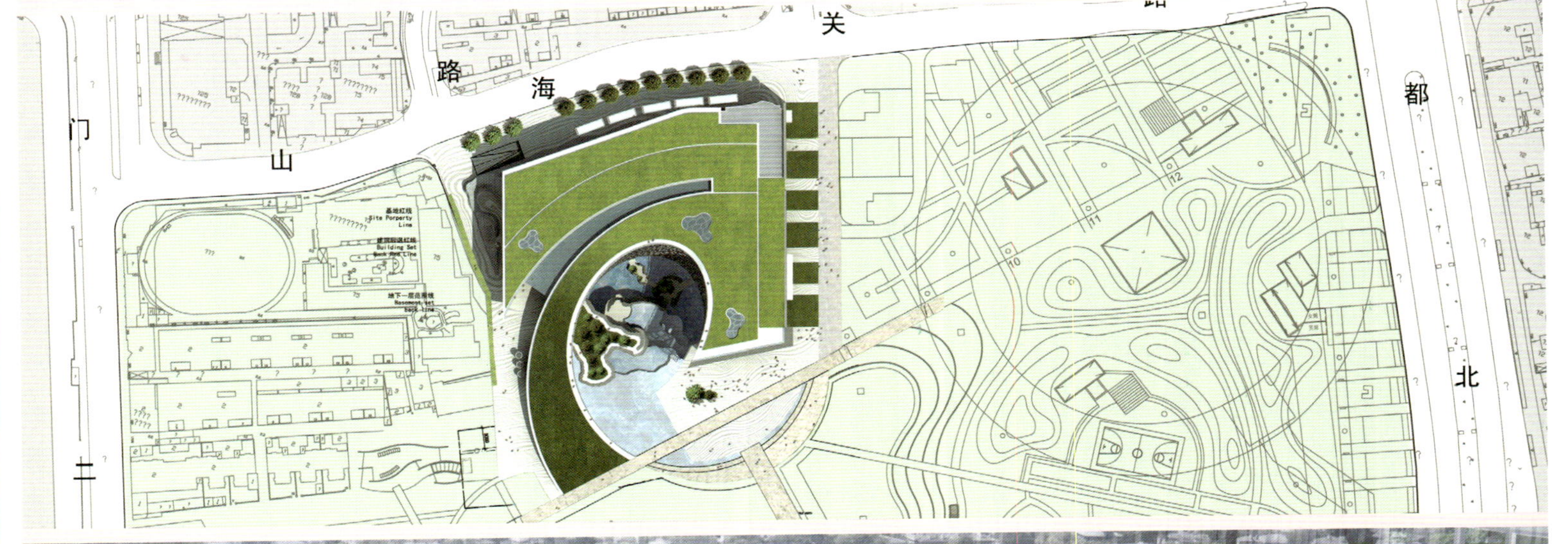

上海自然博物馆方案的设计主题是体现人与自然的和谐关系，使建筑成为基地中自然生长的一部分。自然和建筑结合，是对中国传统园林设计中的“山水园林”理念的呼应。设计运用现代的技术和永续性的结构对传统加以新的诠释。

设计从自然地基本元素：山、水、陆地、岩石中提炼出景观和建筑材料语汇，使建筑的外观形式和景观配置都反映出自然博物馆的展览主题和特色，使博物馆成为教育的载体。同时还形成了城市中结合展览、教育、社交和自然体验一体的新型公共活动场所。

绿螺——人与自然地和谐结合

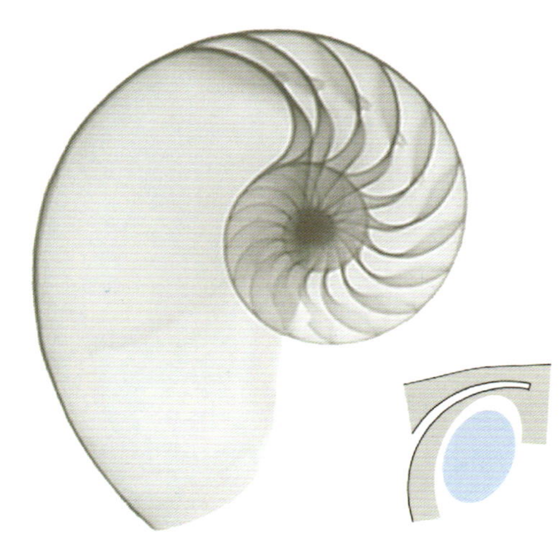

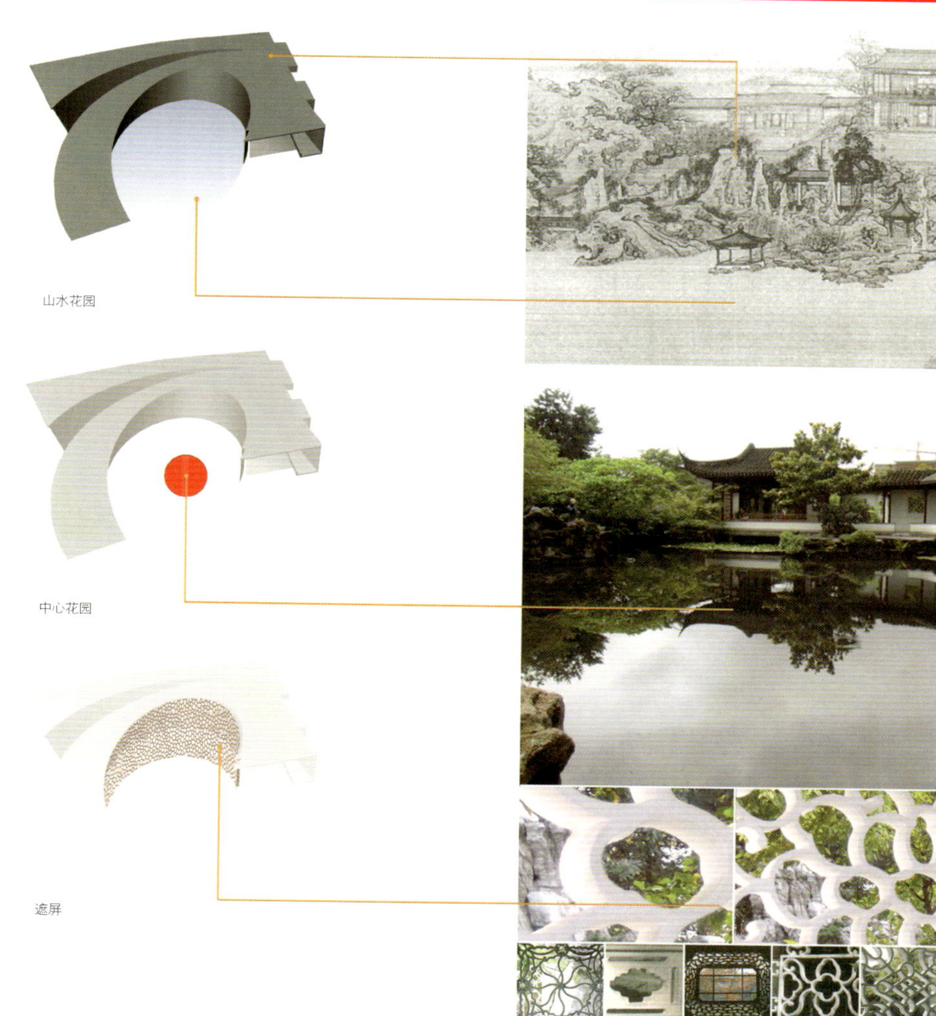

建筑的整体形态灵感来源于螺的壳体形式，而这一永恒的形式已持续存在几百万年。内部参观流线围绕中心景观布置，博物馆的各展厅组织在螺旋式的空间秩序中，将内部功能与外观形式完全统一。螺旋上升的绿色屋面从雕塑公园内升起，使人联想到螺壳体的和谐形式和构成比例。

博物馆的功能被安排在这一绿色长带下的空间中，并围合出一面椭圆形水池，成为贯穿整个建筑的参观流线所围绕的中心焦点。参观流线从正四米标高沿着向下的路径开始，并组织在螺旋式的空间秩序中，同时也呼应了螺内部的空腔结构。

展览面积共：2560m²
其中：
13-18 米高：1180m²
6 米高：1380m²

一层平面图

展览面积：1053m²

二层平面图

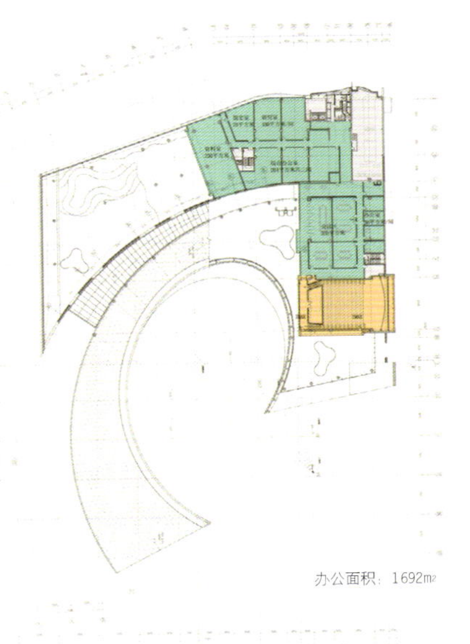

三层平面图

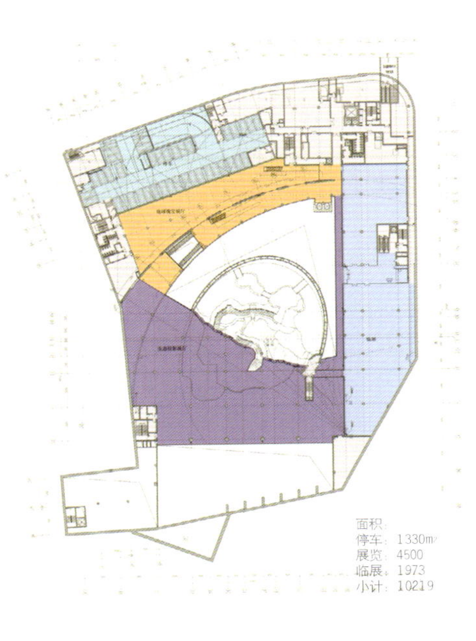

地下一层平面图

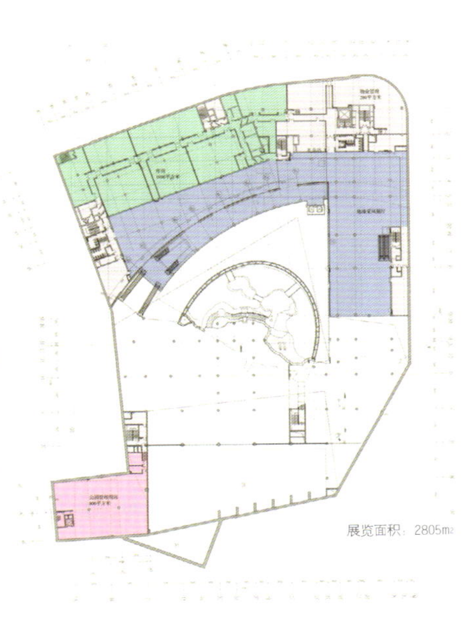

地下二层夹层平面图

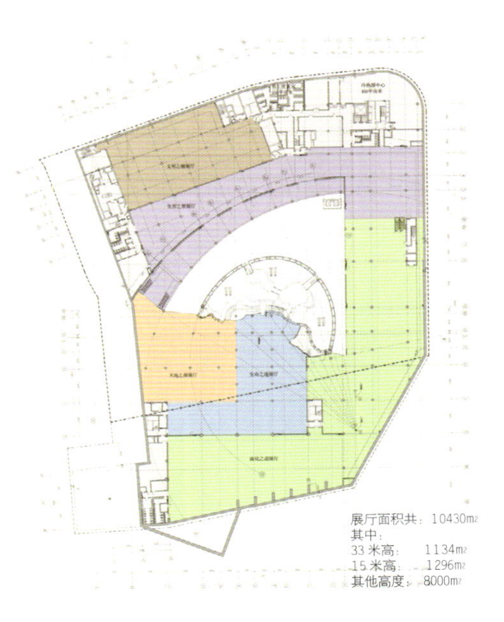

地下二层平面图

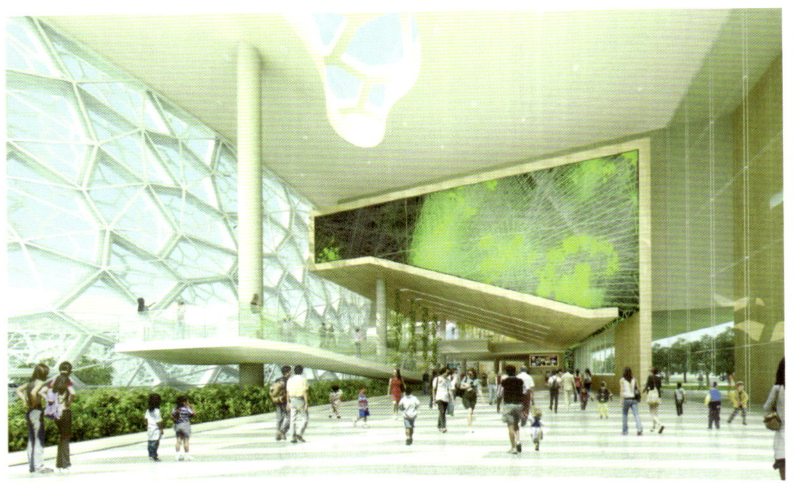

自然博物馆作为一个以“分析自然地奥秘、展现自然与人的和谐与矛盾、激发人类对自然地好奇心与责任感”为主题的建筑项目，将不仅仅通过展品和其它科普活动发挥教益作用，更致力于在自身场馆建设上集成与博物馆建筑特点相适应的生态节能技术，成为人与自然和谐相处的典范，成为绿色、生态、节能、智能建筑的典范。

根据项目的建设、功能和定位，自然博物馆生态节能技术应用方案结合主动式节能技术、被动式节能技术、新能源应用技术、智能监控技术等，集成建筑节能围护结构、太阳能光伏发电、节能空调、高大公共空间气流组织，自然光光导利用、雨水回收、建筑节能智能化集成控制技术等七大系统，关注各系统的技术优势及各系统的关联性，以整体设计方式实现自然博物馆生态节能建筑的可行性和先进性。

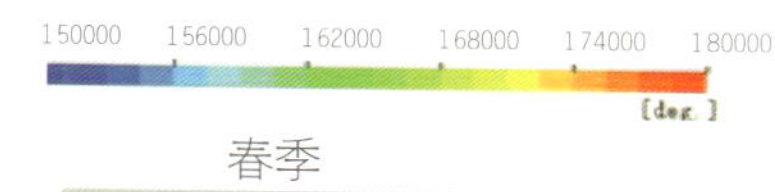

春季 秋季

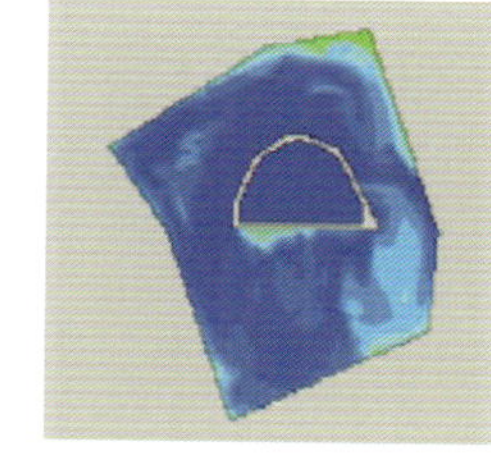
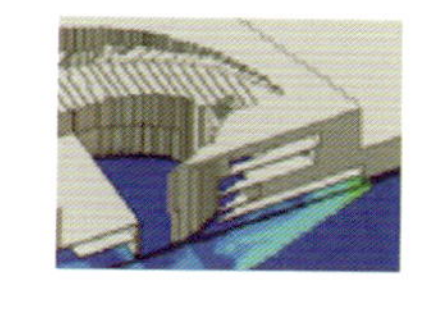
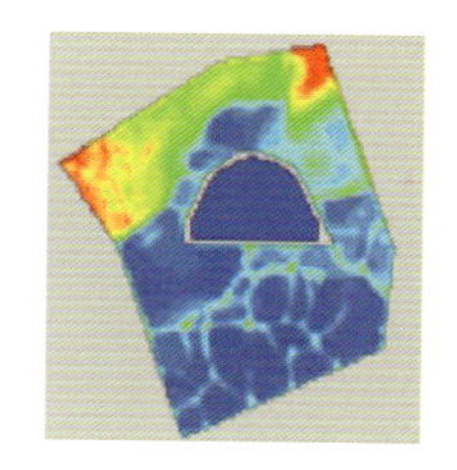

FL-14m 处温度分布

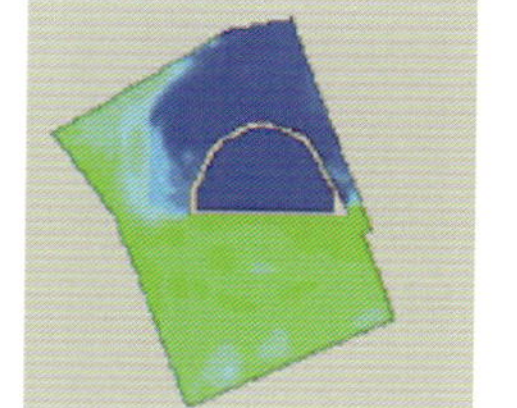
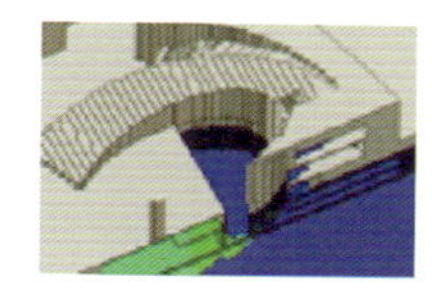

FL-5m 处温度分布

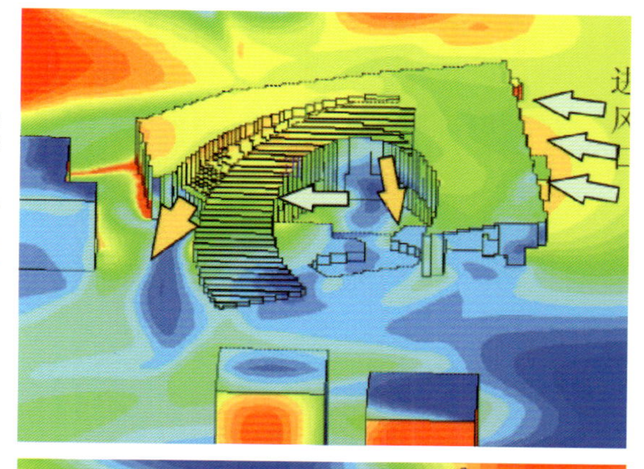

春季工况（东南风）

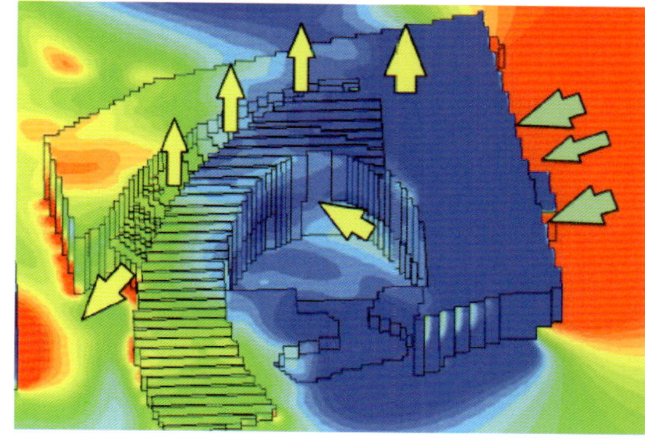

秋季工况（东风）

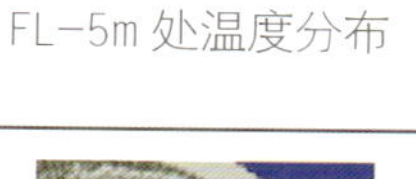
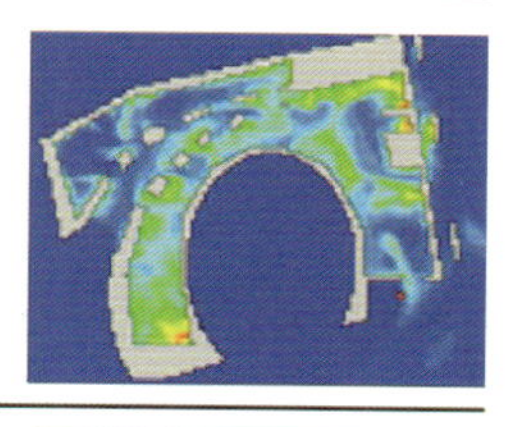
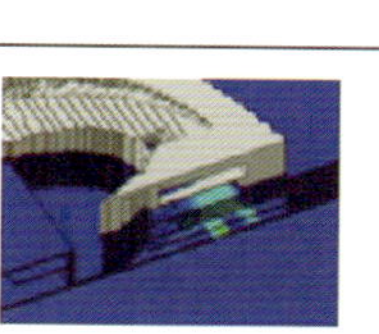
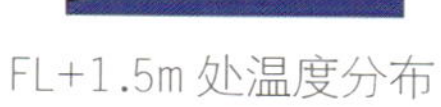

FL+1.5m 处温度分布

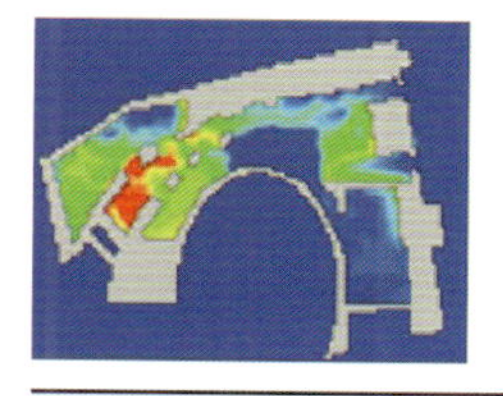
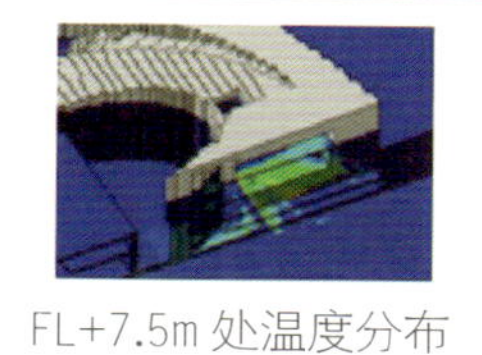
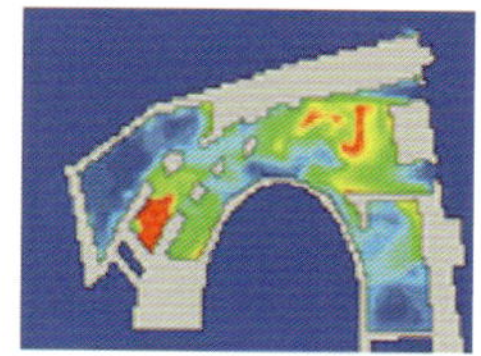

FL+7.5m 处温度分布

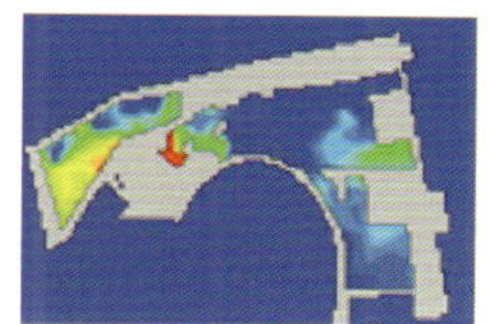
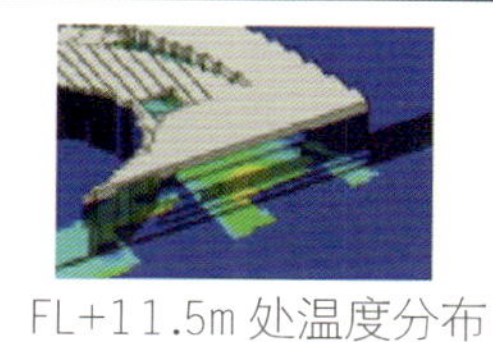
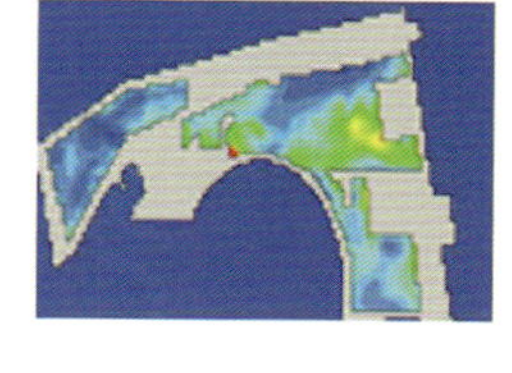

FL+11.5m 处温度分布

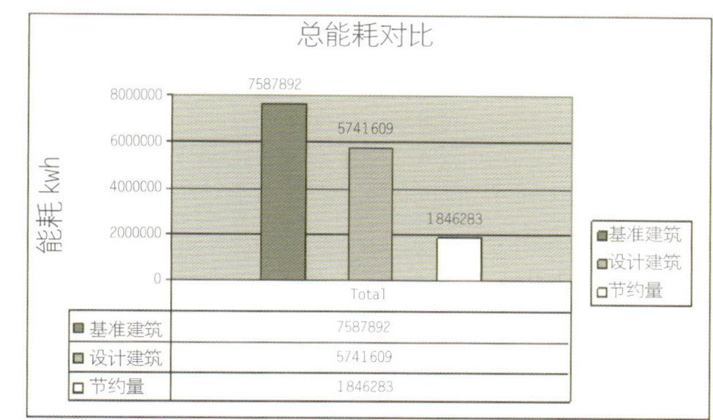

	Total
基准建筑	7587892
设计建筑	5741609
节约量	1846283

玉树博物馆

工程档案

建筑设计：华南理工大学建筑设计研究院
项目地址：青海玉树
用地面积：16077m²
建筑面积：11000m²

项目概况

玉树州博物馆作为玉树州十大标志性建筑之一，是纪念玉树千年历史文化的博物馆。该项目位于玉树州结古镇核心区，民主路、红卫路和胜利路交叉口，规划用地面积 16077m²，建筑面积 11000m²。主体建筑由陈展区、技术及办公用房、观众服务设施等部分组成。在设计上，严格按照“高起点规划、高水平设计、高标准建设”的要求，明确设计建设要真正体现“民族特色、地域风貌、时代特征”。并注重其建筑本体的庄重和民族文化特征，充分体现康巴文化特色和时代精神。

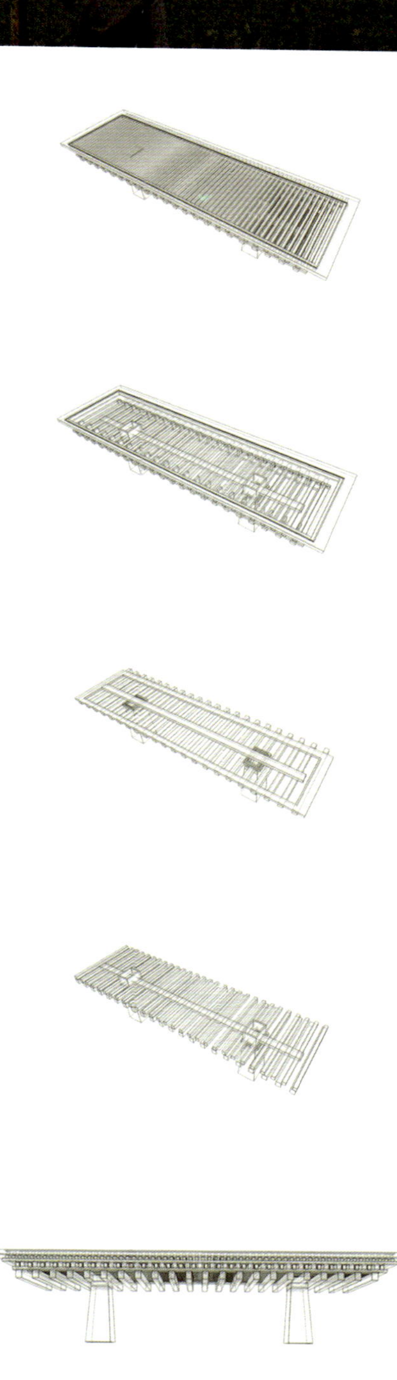

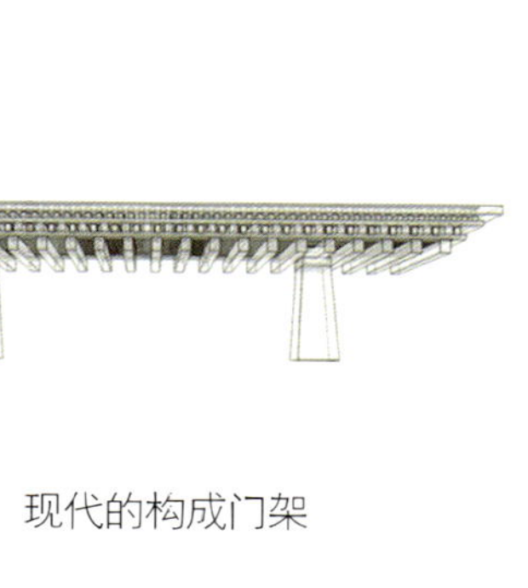

现代的构成门架

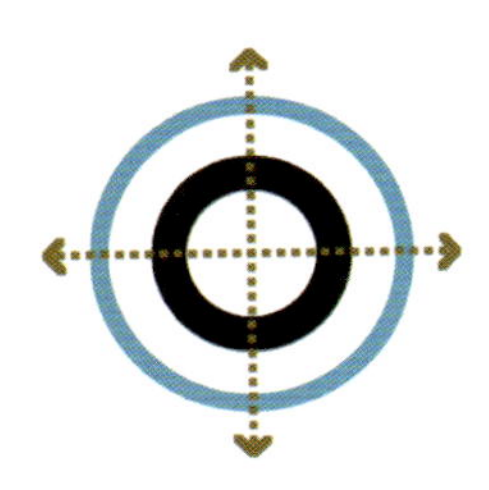

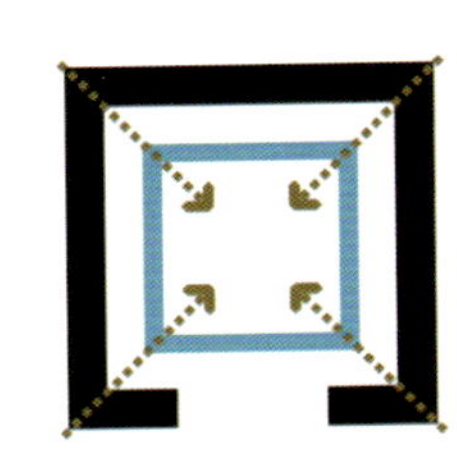

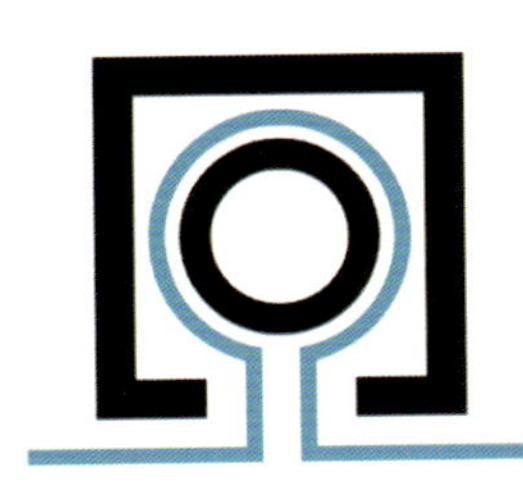

玉树博物馆
YuShu BoWuGuan
藏地·文脉·场所

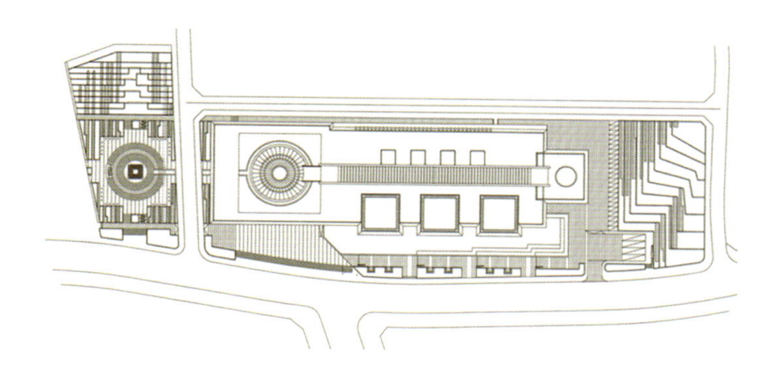

总平面图

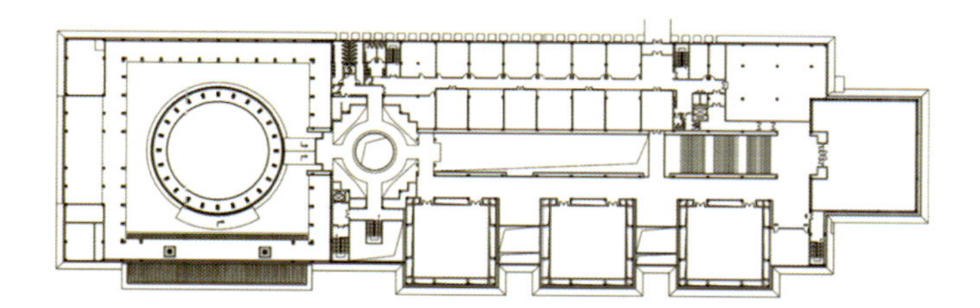

首层平面图

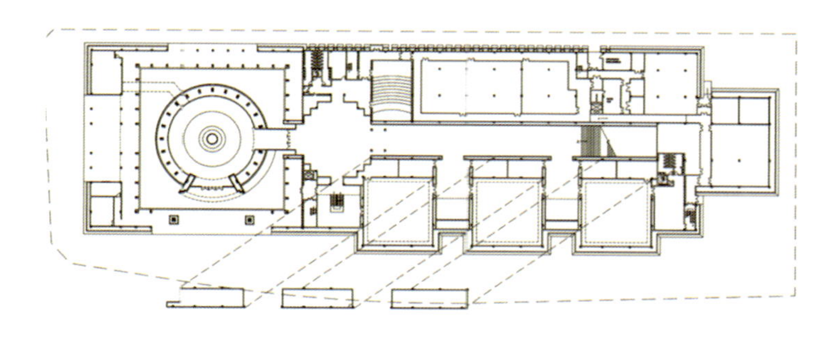

二层平面图

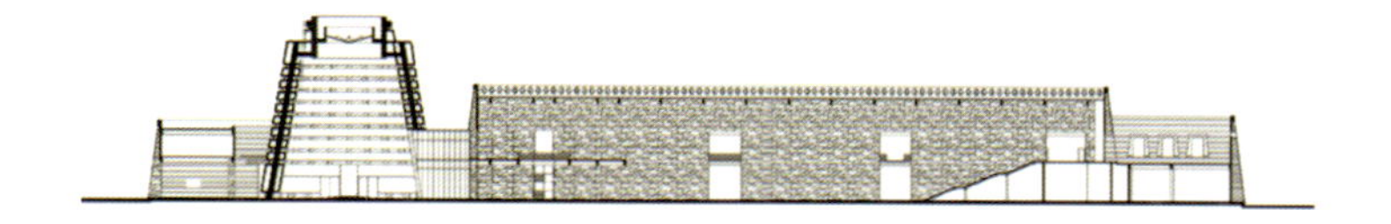

剖面图

中华玉文化博物馆

工程档案

建筑设计：同济大学建筑设计研究院
项目地址：河南南阳石佛寺镇
建筑面积： 23749m²

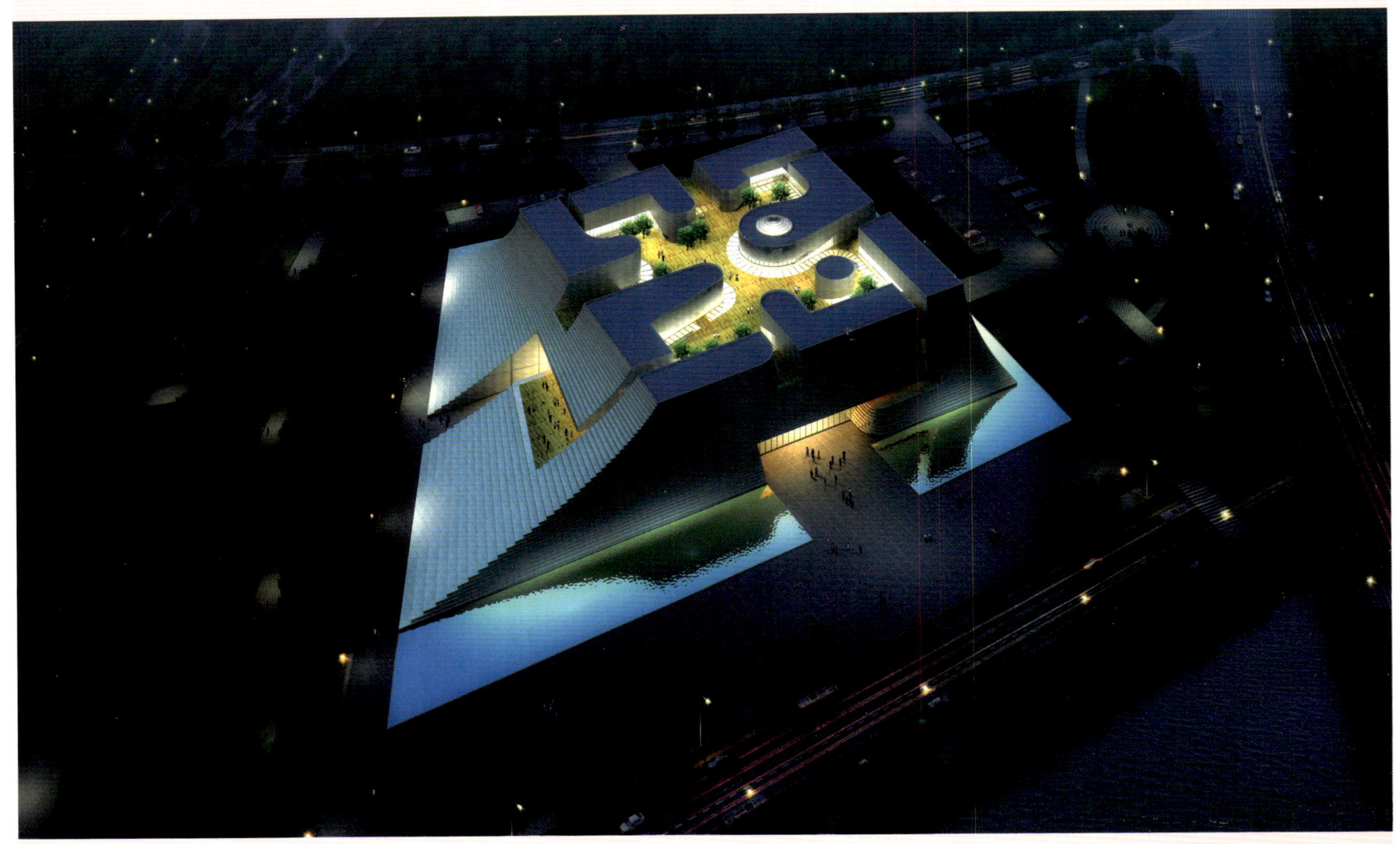

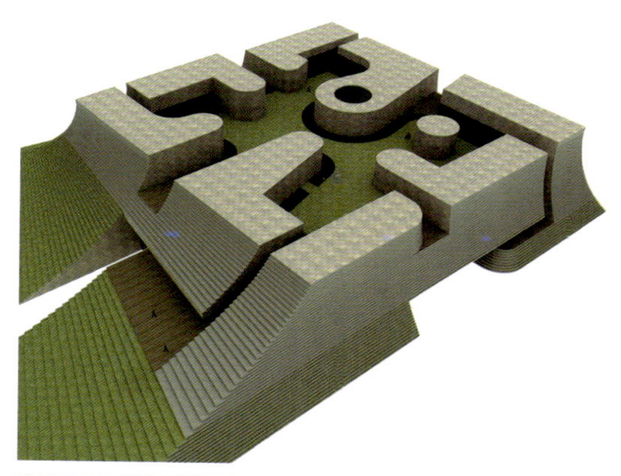

璞玉雕刻

建筑的最后空间关系呈现出一种“玉”与“石”的交织状态：建筑内部为玉雕般流动，圆润的空间状态，外部的台阶，裂缝侧寓意包裹在玉外的石衣。

新馆概念生成

内部空间

一层大厅室内透视

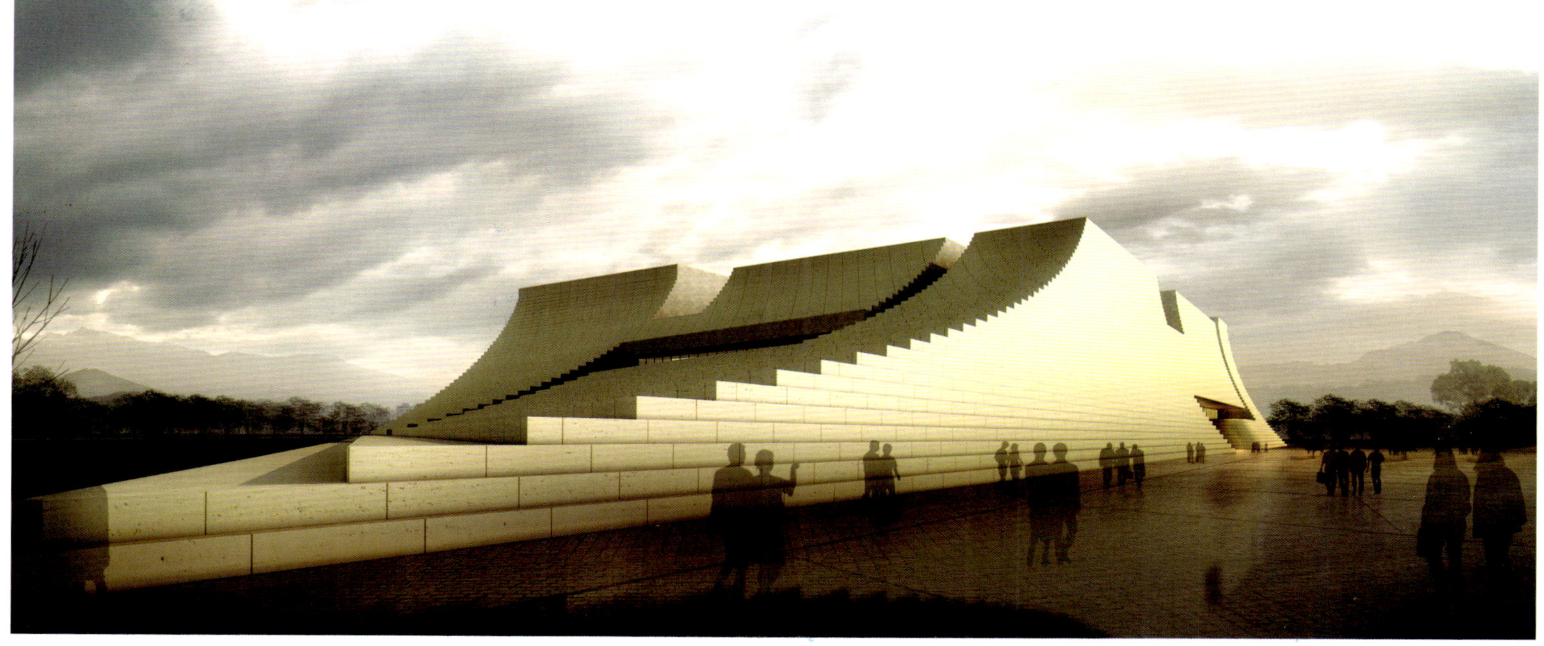

故宫太和殿

故宫建筑群

建筑西北侧的大台阶为人们提供朝向景观绿地及“天下玉源”的理想观景平台，也为大型的露台集会提供了适宜的演出场地，成为增加建筑活力的重要因素。

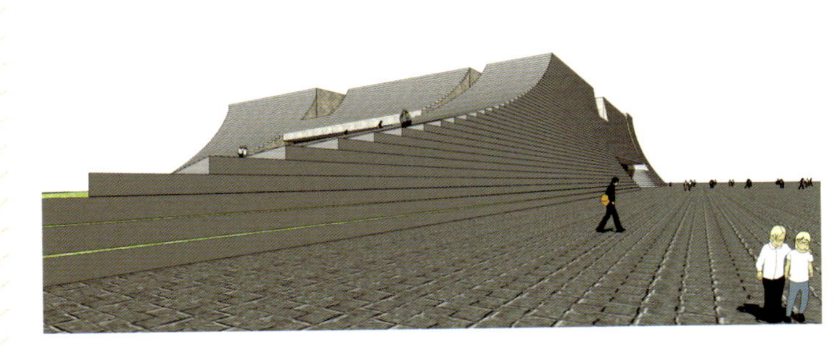

规模宏大的高台是汉魏建筑的重要特征之一，大量出现在当时的宫殿、陵墓等建筑类型当中，能形成豪华壮丽的效果，成为提升建筑气势的重要手法。高台建筑的特点是台上台下能形成鲜明的虚实、轻重对比，其侧边往往呈陡坡而非垂直于地面，从而加大透视变形，强化高大巍峨的形象。在本方案的形象设计中，将“高台”作为体现传统意象的关键点之一，并试图以现代材料与手法加以阐释。生成的层层台阶又与南阳的地形地貌形成相互呼应，使得建筑造型具有一定的地域特色。

阿房宫前殿遗址

上林苑四号遗址高台建筑

南阳群山

南阳梯田

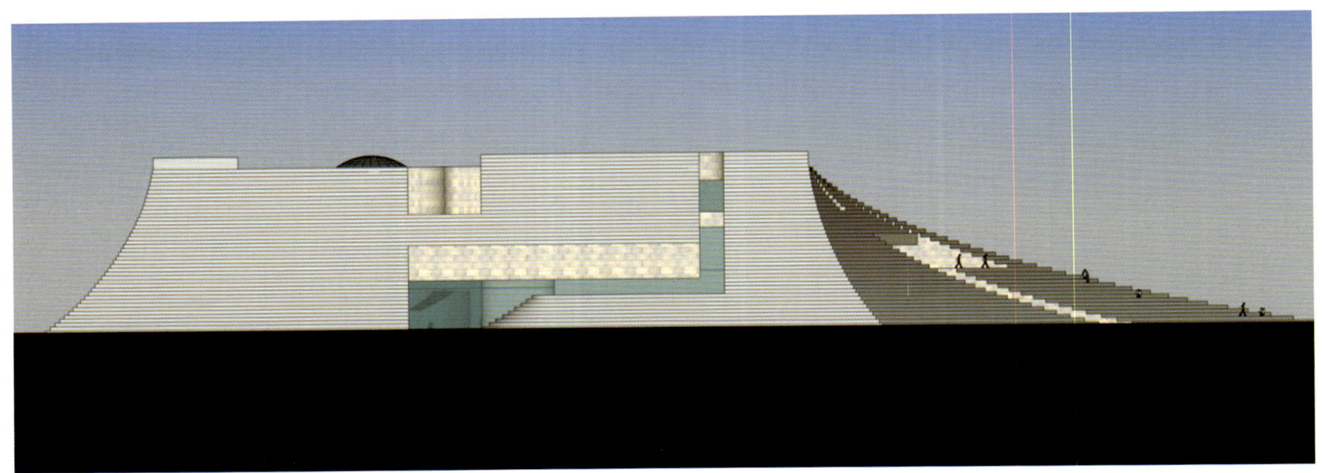

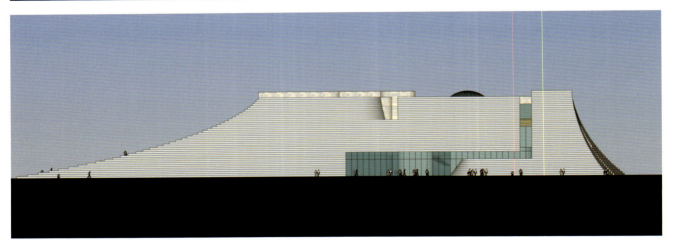

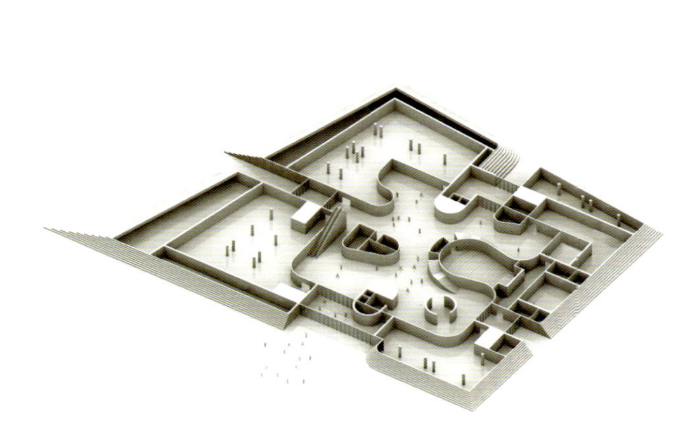

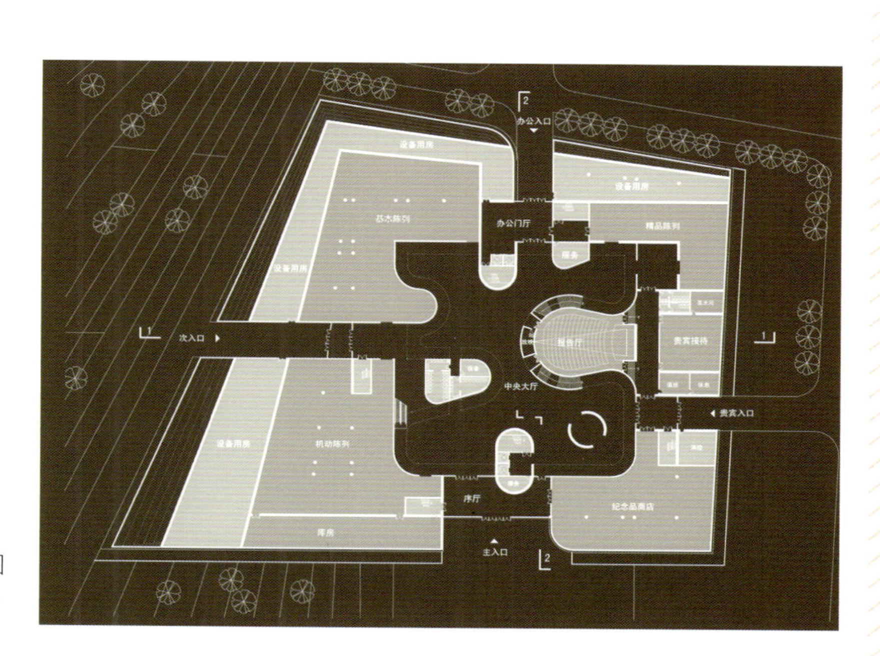

一层平面图

本层建筑面积：10799.4m²

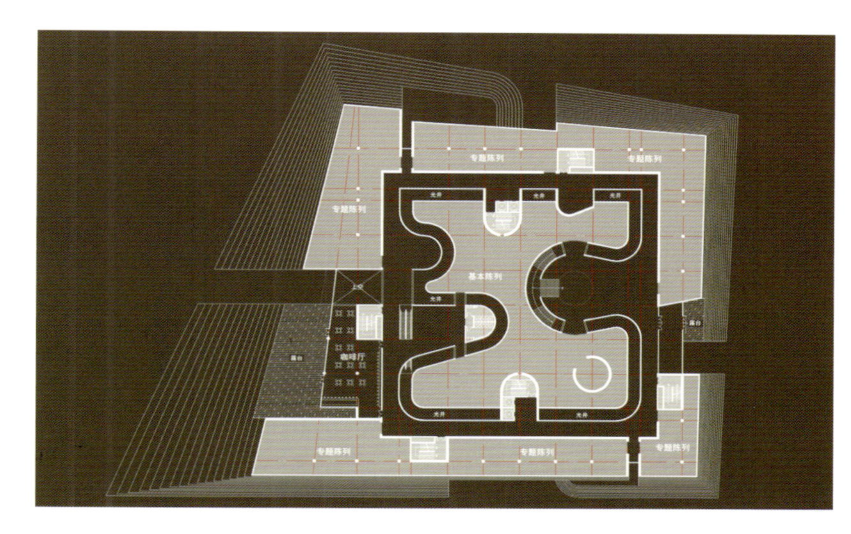

二层平面图

本层建筑面积：8108.5m²

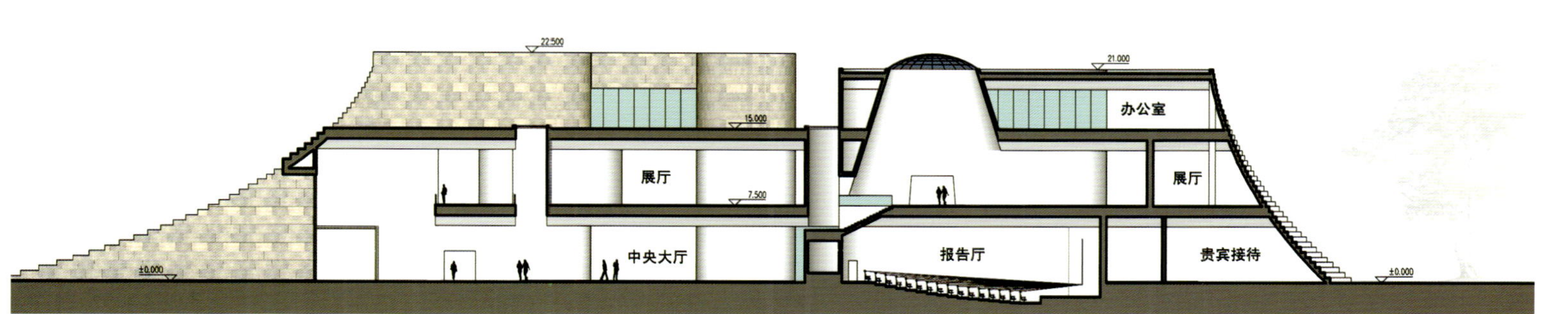

1-1 剖面图

三亚海洋博物馆

工程档案

建筑设计：中国建筑设计研究院
项目地址：海南三亚
项目规划区域面积：约 20hm²

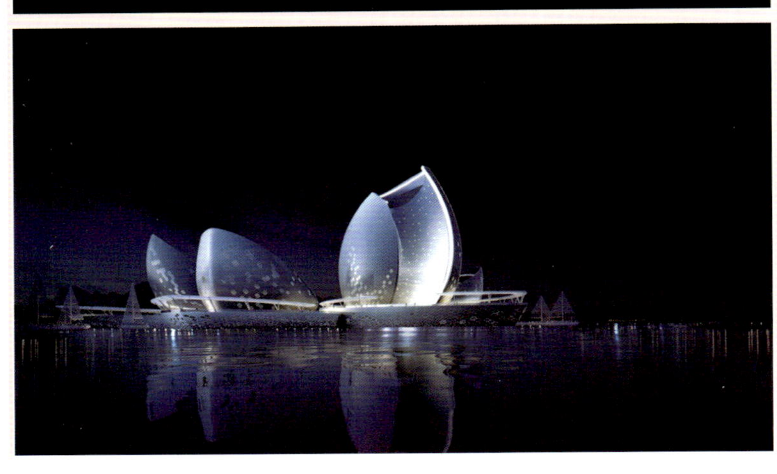

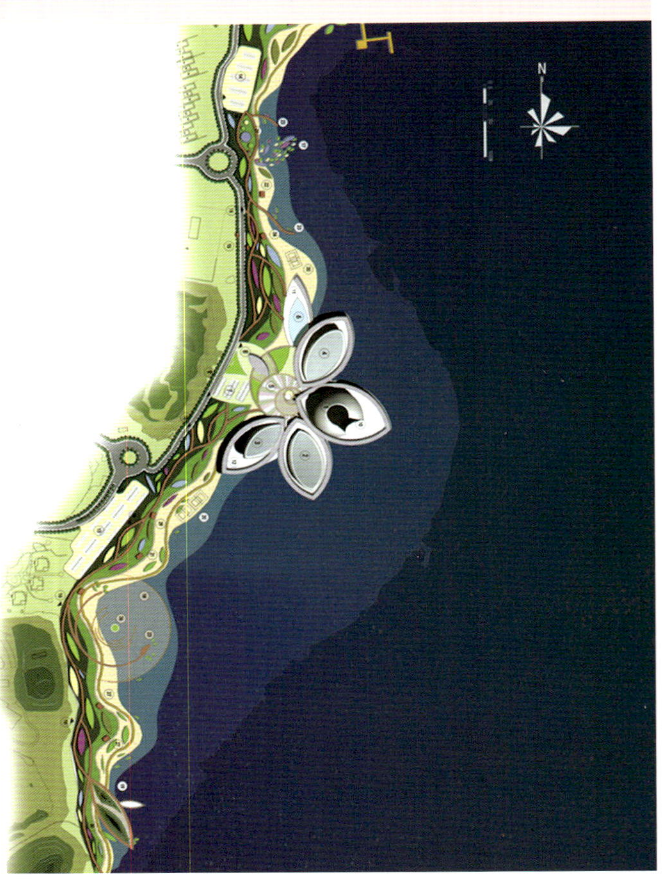

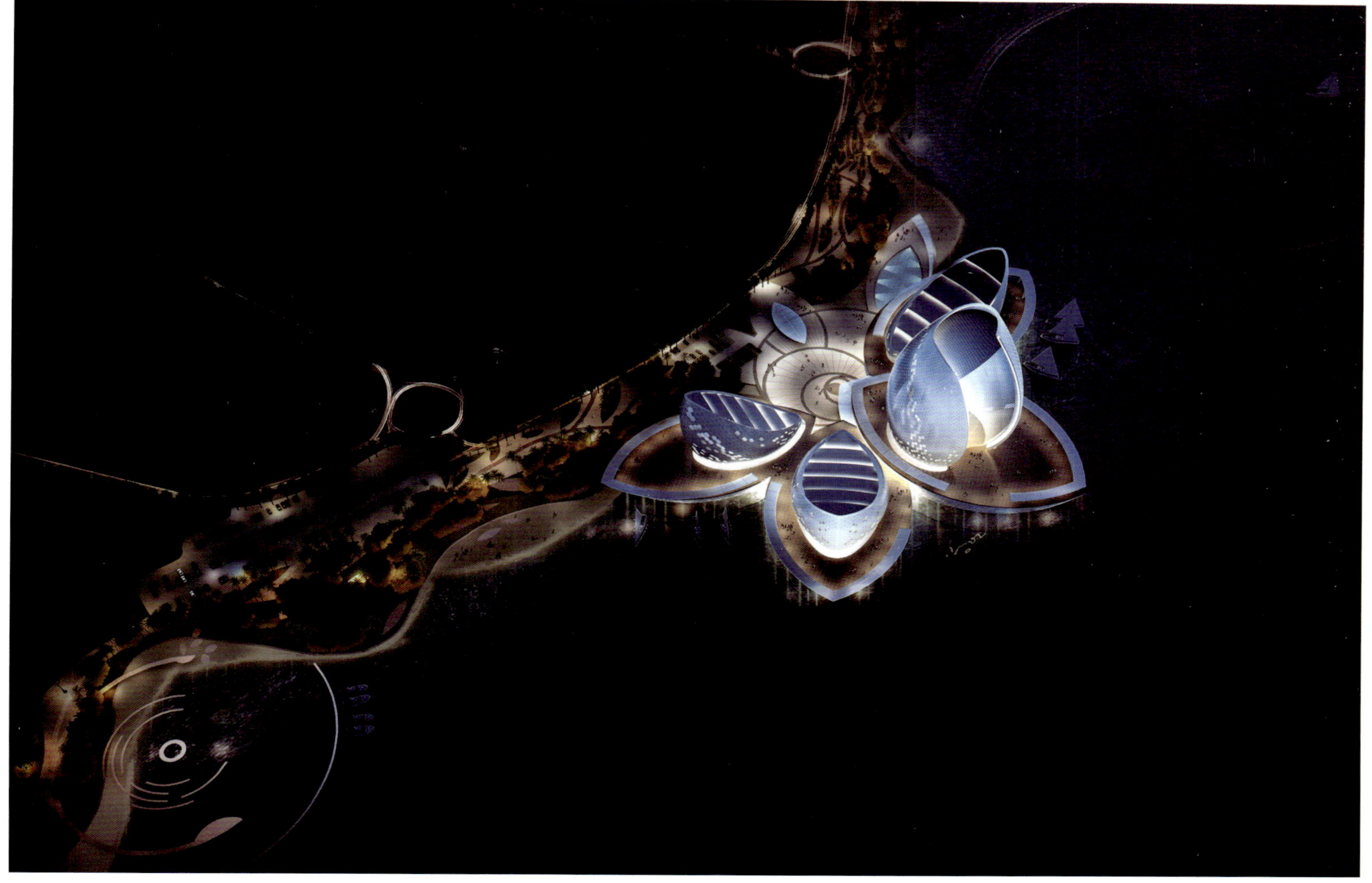

神农大剧院

工程档案

建筑设计：中国中元国际工程有限公司
项目地址：湖南株洲
建筑面积：42232m²
建筑高度：102m

项目概况

神农大剧院位于湖南株洲，建筑造型采用“人”字的螺旋上升的态势。建筑与环境紧密结合，在起伏的山丘上一座曲线优美的建筑拔地而起，象一座圣火燃烧的圣坛，热情奔放，活力四射，似现代文明为褪去的台地拔起的峰峦，是神农文化与株洲城市精神的有机结合，极具标志性与纪念性。

整个建筑造型采用刚、木、玻璃等绿色环保建材，体现绿色生态理念。

在功能上，不仅设有大剧院、音乐厅、小剧场等既定的功能，而且充分利用建筑的公共空间，设置多功能复合式的空间，结合地形，在建筑室外设计了露天剧场，共享剧院的资源，为市民提供了一处交往聚会的低成本文化活动空间，极大地增加了区域的城市活力，最大化了神农大剧院的社会效益。

设计理念

神农大剧院以“山高人为峰”为主题，以勇敢自由、坚强进取的神农精神和自强不息、热情奔放的生活精神来表达对神农氏的敬仰与纪念，从而使神农大剧院在更深的层次上表达出神农的精神本质与神农文化的本质特征。

上海保利大剧院

工程档案

建筑设计：同济大学建筑设计研究院
项目地址：上海
建筑面积：56000m²

项目概况

保利大剧院和西侧的商业文化中心基本上采用相同的 100m²×100m² 体块，体块中心对齐，分别设置于各自的基地中。这样的配置使得两者既保持相对的独立性，又可相互呼应。两个功能区中间联系的人工天桥从商业中心开始，跨过环湖路，不但连接了剧院和商业中心，而且使得公共空间可以向远香湖缓缓展开。

大剧场为 100m²×100m² 的正方形平面，在基地中央构成了中心。同样大小的建筑体块隔着道路相互呼应，在各个建筑体块中贯通的圆筒在人行天桥上交错对应。人行天桥与正方形构成 45 度的锐角向湖面展开宽阔的公共空间。

设计理念

文化的万花筒

如同将周围的光线导入，通过漫反射展现绚烂夺目光影效果的万花筒一般，剧场和文化设施也应该作为自然与人、与文化碰撞的华丽场所来对其定位。19 世纪巴黎的歌剧院自从落成以来，剧场不但成为演员的舞台，更加成为了观众们展现自身的特殊舞台。在这里各种经典故事层出不穷，展现了其非日常性的、豪华、盛大的空间场所特征。市民将怀着期待、兴奋的心情聚集在这样一个特别的空间场所，我们希望将其演绎成衣蛾充满崭新的、充满跃动感的空间，并建议将其命名为“文化的万花筒”。

与自然对话的建筑

我们一直在设计能够与光、水、风等自然要素以及美丽的环境，市民的喧嚣等周围环境对话的建筑。在由简单的几何学构成的空间中，生成多样性的空间。我们希望在这里聚集的人们可以和自然风景对话，和各个年龄层的人对话，将空间成为文化交流的场所。

遂宁大剧院

工程档案

建筑设计：同济大学建筑设计研究院
项目地址：四川遂宁
建筑基底面积：13830.9m²
用地面积：99529m²
容积率：0.415

项目概况

遂宁大剧院的规划和设计立足于满足功能要求为基础，以遂宁浓厚的文化底蕴为支撑，突出遂宁市地方特色为目标，是一项完善城市功能，构建区域可持续发展格局的重要基础设施建设。建成后不仅将成为遂宁市开展各类文化活动和广大市民娱乐、休闲、游艺的中心场所，而且也能在经济、旅游、文化交流与宣传，以及发展文化产业等方面产生多重效能。

大剧院在整体布局和建筑单体设计中，力争使景观建设和标志性建筑相结合，将实体建筑融于自然与人文环境中，使大剧院成为遂宁的城市客厅。

方案充分尊重用地的自然环境和城市的历史底蕴，并以此作为规划的灵感源泉，设计将规划、建筑、景观融为一体。为使文化事业真正成为促进城市区域整体活力的重要元素，采用多重功能复合设计的策略。基地南侧为遂宁大剧院，东北侧为巴蜀文化博览园。两条景观轴线由东自西贯穿其中，商业空间相互渗透，形成集文化设施、市民活动、休闲购物与娱乐协调共存、相互促进的空间布局，使整个地块成为城市催化剂，成为代表遂宁新时代城市的门户空间。

建筑设计运用现代建筑设计手法抽象形体意念和视觉感受，结合大剧院内部各功能体对于空间的不同要求，塑造大气、整体、纯净的建筑形象，建筑造型既似扬帆起航，又似雄鹰展翅，具有强烈的现代特征，体现了遂宁人民满怀希望，破浪前行的新时代精神面貌。

大剧院公共空间采用半室外的处理手法，将室外景观引入建筑内部，实现建筑——景观一体化的设计理念，同时有利于良好的自然通风，降低了高额的空调运营成本，符合低碳、绿色的设计原则。外立面设计采用双层表皮，内层玻璃幕墙，保证通风、采光要求，外层穿孔金属表皮具有有效的遮阳作用，通过参数化设计，以圆形作为基本单位，形成有序渐变的肌理。

大剧院演出厅部分主要由观众观演区、公共活动区等前台功能区域，以及表演舞台区、表演后场区、行政办公区、排练区、贵宾区等后台区域组成。观众观演区与表演舞台区为大剧院核心部分，可容纳观众 1491 人，公共活动区即门厅大堂、休息厅、交通走道等，公共流通空间环绕观众厅，面向北侧城市客厅与西侧培江开放。

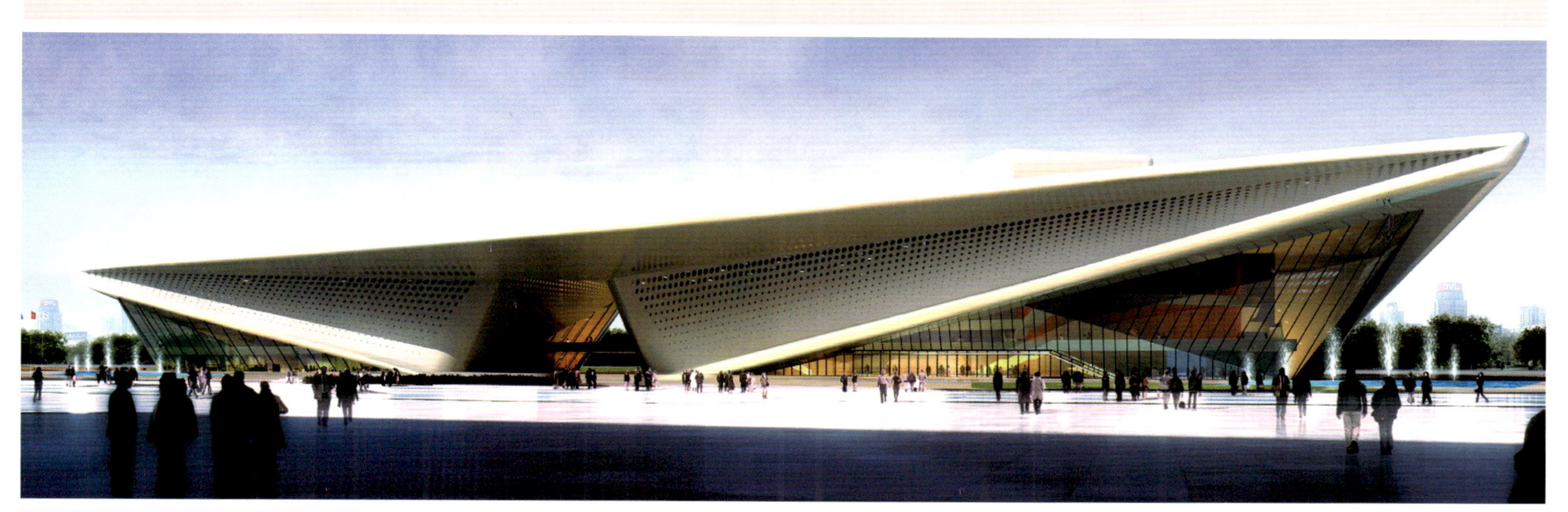

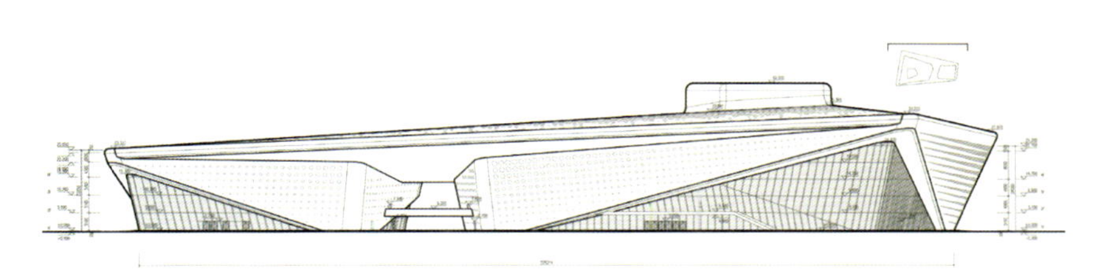

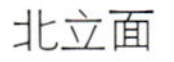

北立面

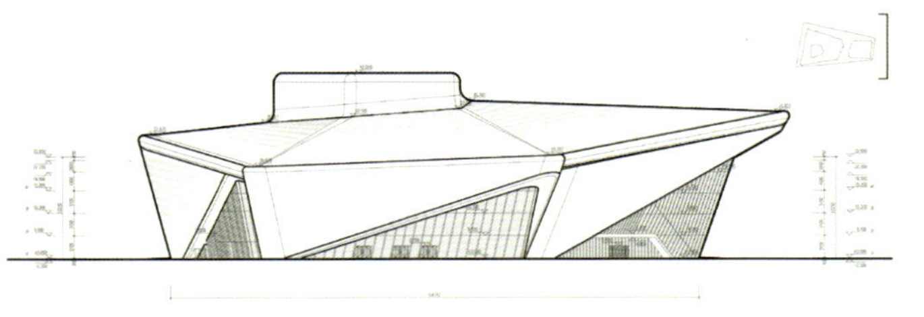

东立面

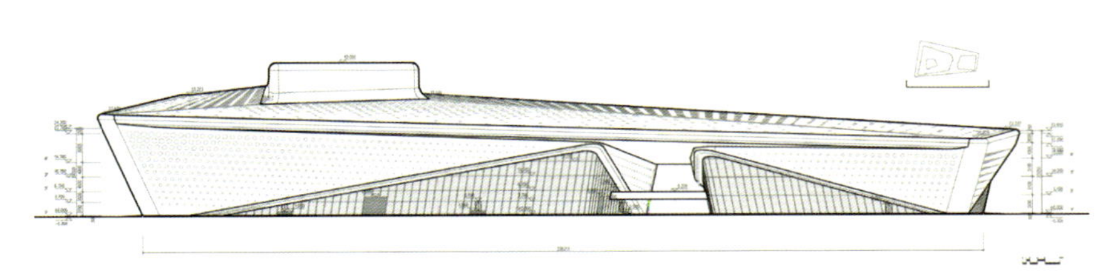

南立面

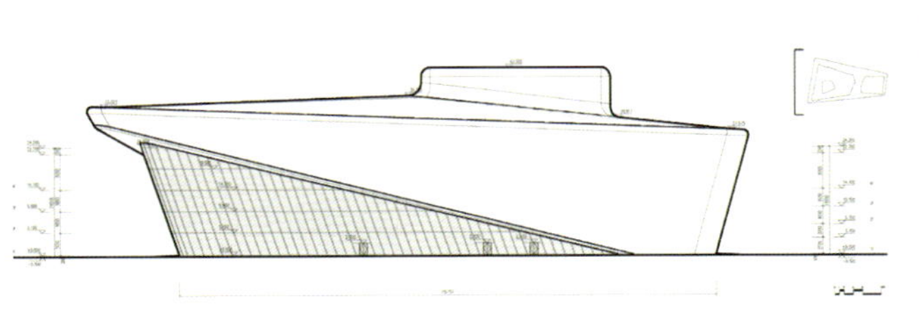

西立面

遵义大剧院

工程档案

建筑设计：同济大学建筑设计研究院
项目地址：贵州遵义
建筑规模：30000m²

项目概况

规划中的遵义大剧院位于新蒲新区行政中心主轴线的北侧，占地约 3hm²。作为遵义市的文化名片，大剧院的地位不言而喻，必将成为遵义崭新的标志性文化建筑。

作为高起点的剧院，方案充分尊重用地的自然环境和城市的历史底蕴，并以此作为规划的灵感源泉。设计采用多重功能复合设计的策略，将规划、建筑、景观融为一体，也利于运营中各厅单独运营，从而降低成本。

大剧院作为主轴重要一环与主轴两侧的各文化建筑相互呼应，形成集文化设施、市民活动相互促进的空间布局，塑造出对于主轴的向心感。

建筑的天际轮廓线同意以观演厅的剖面形体为设计依据进行优化设计，在形成优美造型的同时尽量减少无用的边角空间。

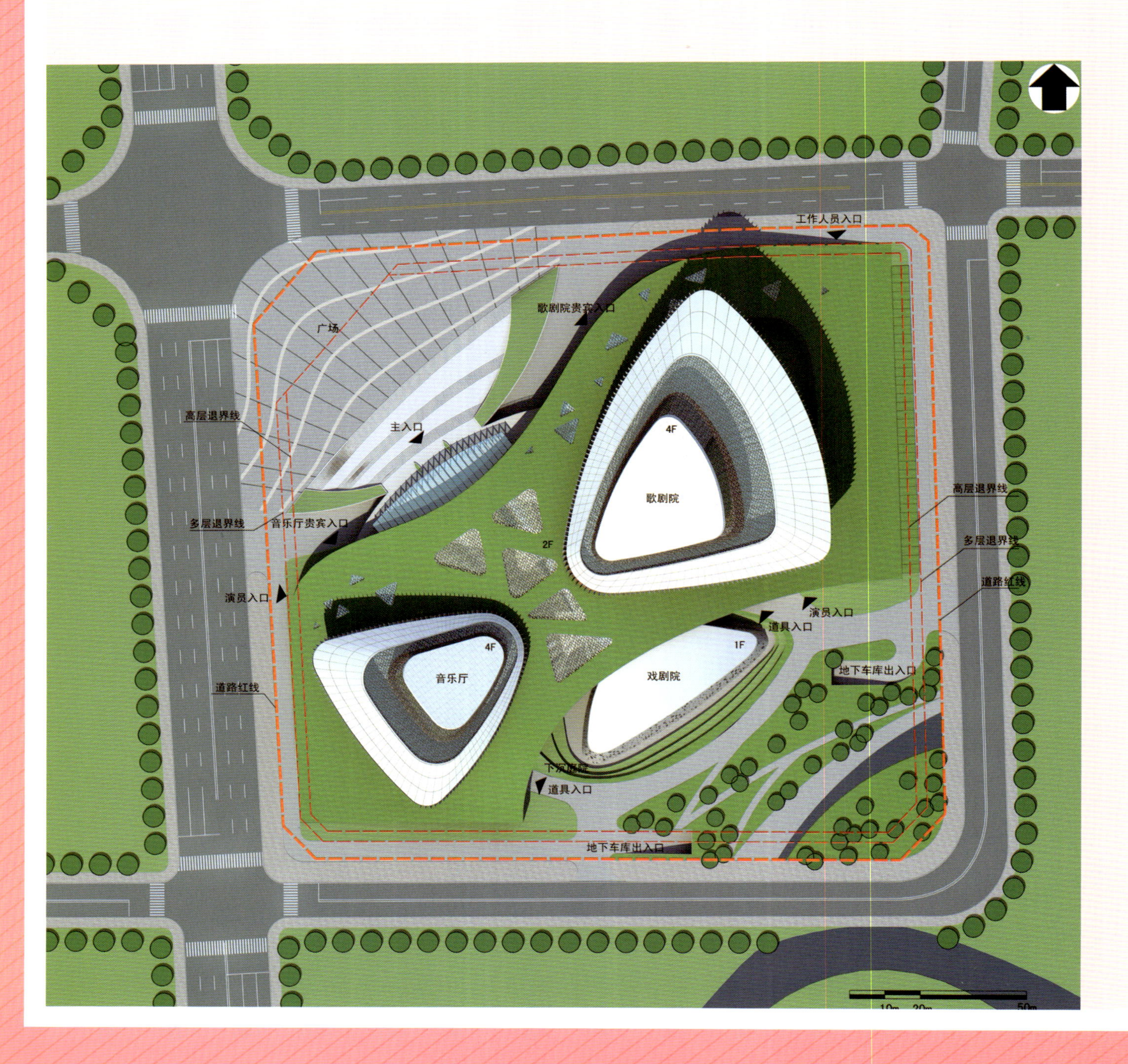

设计立意一：遵义的独特地貌：山高水长

“北依娄山横亘山岭为壁，内附乌江幽深河水为池”。遵义市的地理地貌正如诗句中所述，山岭纵横密布，水系源远流长，更有蜚声世界的丹霞奇景。如巍峨山岭般坚毅，如延绵流水般灵动，山高水长正是遵义大剧院的设计立意，以简洁明快的形态成为人们对遵义大剧院的设计立意，以简洁明快的形态成为人们对遵义秀美山河遐想的载体。歌剧厅和音乐厅形体高耸，雄浑如山，门厅屋顶则轻盈舞动，形成柔和流畅的曲线，如江水源远流长。共同形成一个动感而富有张力的建筑造型。

设计立意二：遵义的红色文化：星星之火可以燎原

遵义作为中国的红色之都，有着独特而厚重的红色文化积淀。从遵义开始，革命的星星之火终成燎原之势，席卷全国。大剧院的门厅屋顶与中庭上分布着大小与形态各异的天窗，结合广场及场地上的景观地灯，灯光如繁星点点，从外围向内逐渐集中到灯火辉煌的歌剧厅和音乐厅，象征着在遵义这片革命圣地，革命的星星之火逐渐汇聚为熊熊圣火，照亮未来。日落长河时，大剧院美轮美奂的灯火闪亮，在遵义动人的夜空下，与璀璨的漫天星光共同塑造着遵义市灿烂美丽的夜景。

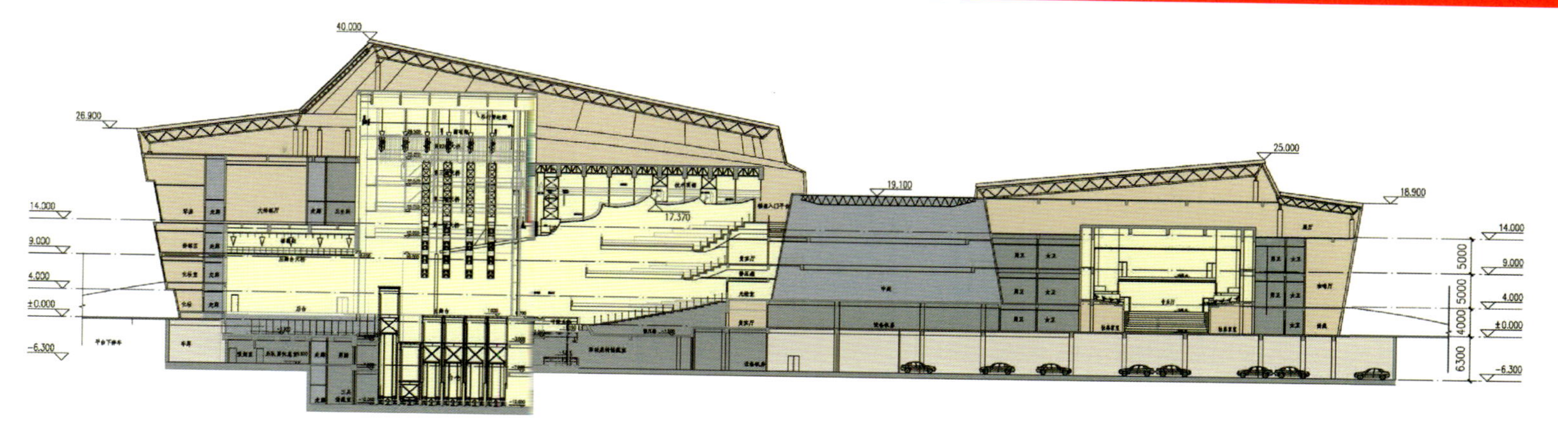

观众厅的水平视角控制在 33 度到 87 度之间，保证绝大部分观众都有较好的视角范围。观众厅的升起采用每排升起法，可获得优良的视角效果。观众厅最大视距 30m，保证了良好视听效果。

通过周密的声学处理，观众厅具有丰富的早期反射声和侧向反射声、声场分布均匀扩散。中频满场混响时间为 1.6 秒，低频较中频升至 1.8 秒，高频略下降。观众厅为歌剧、芭蕾舞和综合文艺演出提供具有足够清晰度和丰满度的声音效果。

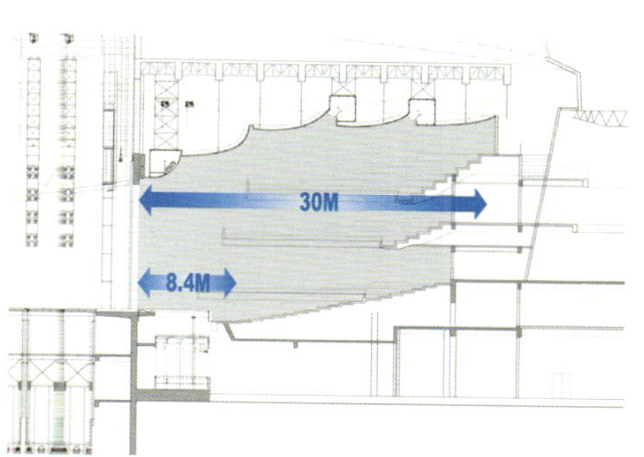

观众厅视距分析

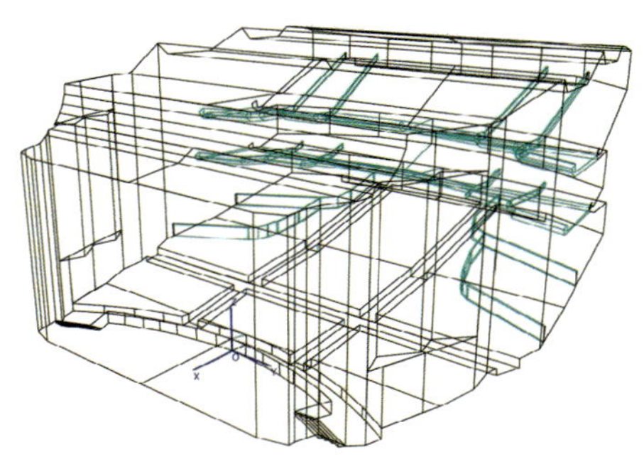

剧场观众厅声学模型

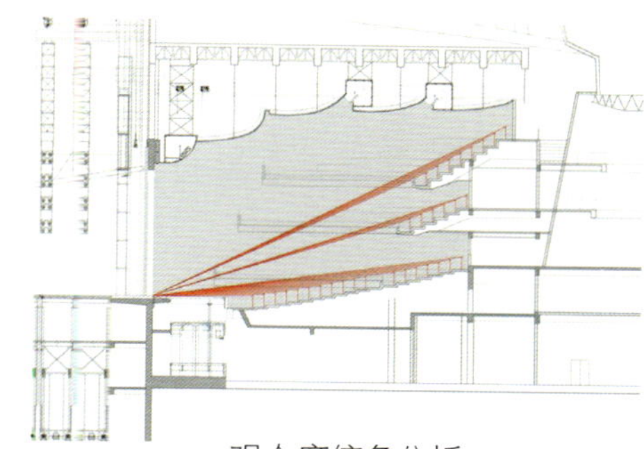

观众席俯角分析

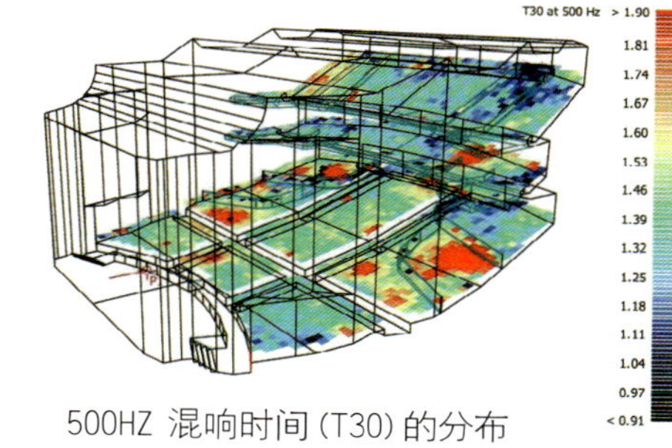

500HZ 混响时间（T30）的分布

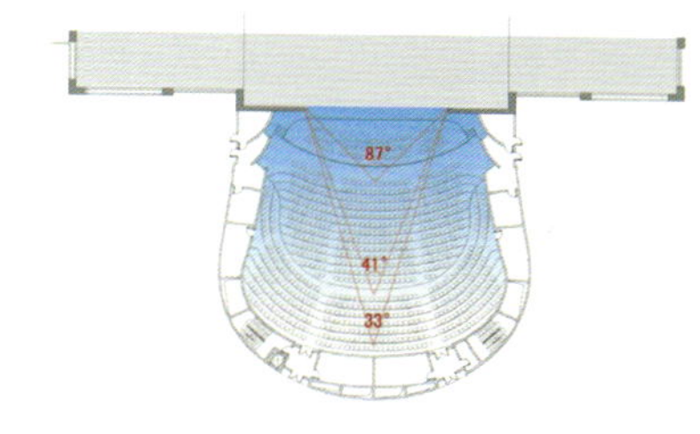

观众厅水平视角分析

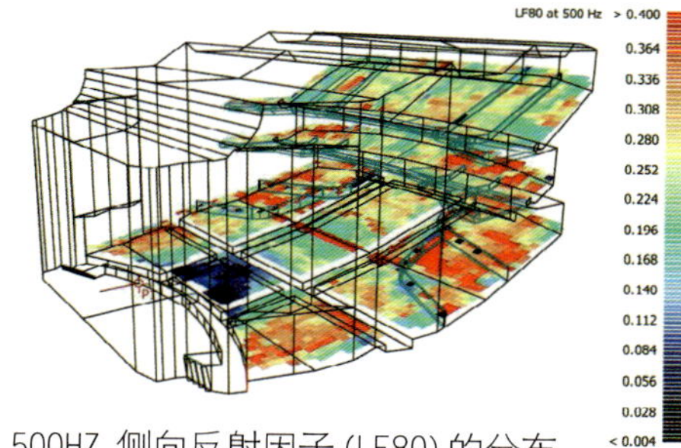

500HZ 侧向反射因子（LF80）的分布

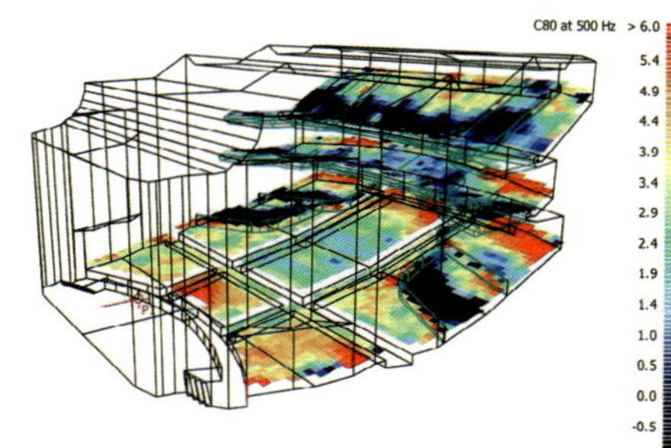

500HZ 明晰度（C80）的分布

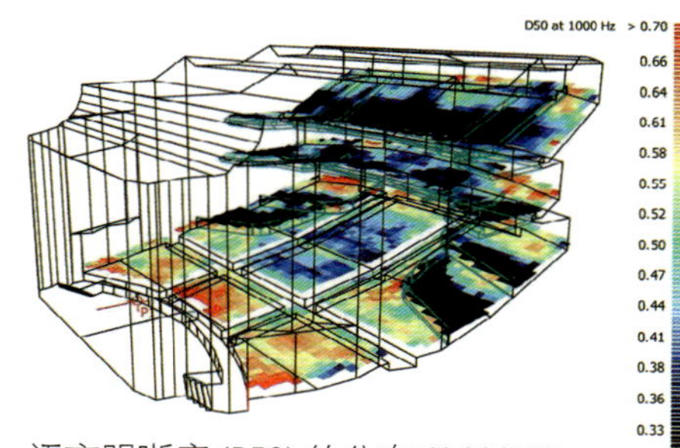

语言明晰度（D50）的分布（1000HZ）

成都金沙艺术剧院

工程档案

建筑设计：广州市城市规划勘测设计研究院
项目地址：四川成都
建筑面积：40000m²

项目概况

成都金沙艺术剧院旅游实景剧场和杂技剧场项目位于西三环路四段摸底河北侧，建筑面积约 4 万 m²，主要包括一个 1000 座的旅游实景剧场和一个 1300 座的杂技剧场。建成后，这里将成为集文化艺术、娱乐休闲、教育培训、排练练功为一体的文化演艺中心，同时，也是弘扬传统民族文化、促进精神文明建设、推动国际文化交流的重要场所。

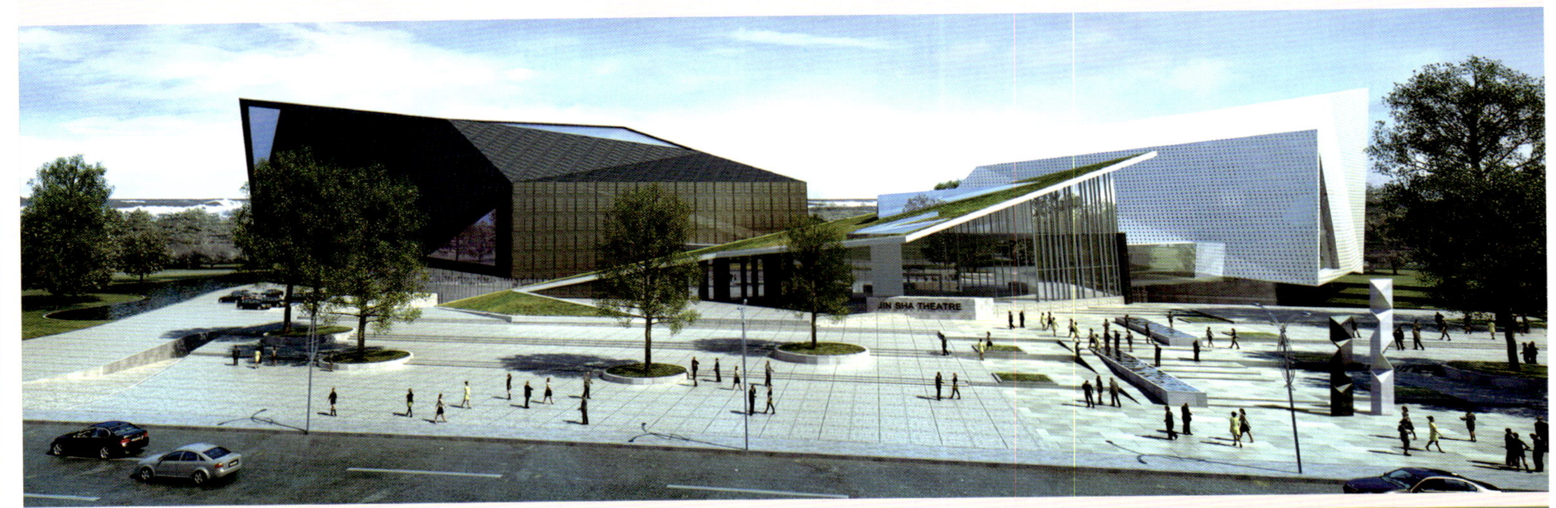

兰州音乐厅

工程档案

建筑设计：清华大学建筑设计研究院
项目地址：甘肃省兰州市
建筑面积：59000m²

设计理念

帐幔

剧院这一文化与艺术的结合体尝试在历史与未来之间展示现代兰州城市并传承历史语言的意象。“帐幔石壁”稳重通透，特征鲜明，构成城市特色地标。此形象成为城市的一个亮点，一处人们蜂拥而至的休闲场所、流连忘返的精神家园。通透与稳重贯穿“帐幔石壁”的每一部分，加强“文化语言”的可识别性；色彩一方面连接中国古代建筑色彩之精华，另一方面形成与周边环境的强烈对比。

形态

建筑的编制形态体现着“渊源共生，和谐共融”的理念，传达着祥和、上升的精神，蕴含了中国积淀千年的文化特色。以具有地方特色的帐幔来表达层次及形态构成建筑形体。形成形态特色。融合建筑不同的功能布局，将其进行整合，并进行不同虚实表达，使建筑整体既有坚韧扎根于土地，坚定稳健的形态，又有若隐若现于城市之中，神秘飘逸的气息。

材质

建筑外表面材质以石材为主，传达出悠久的历史文化及具有传奇色彩的石窟文化，其形式在视觉上具有优雅的曲线编织感，结合着石材自身的原始感及自然感，展示出具有本土特色的手工雕刻民族传统技艺。综合文化与技艺的“石帘”在建筑的外表皮在整个建筑外围形成极具个性的“帐幔”，更加丰富了建筑的空间结构，形成具有视觉识别性及地方代表性的建筑语言。

Sally Hansen
CHAN
swatch

北川影剧院综合项目

工程档案

建筑设计：中国航空规划建设发展有限公司
项目地址：四川北川县
建筑面积：9650m²

项目概况

北川羌族自治县影剧院、艺术团、文化艺术学校项目位于新县城中心区，建筑的北面是抗震纪念园、西侧是永昌河景观带。整组建筑由一个 800 座的剧场、两个 80 座的小电影院、一个川剧团，包含排练和办公以及艺术学校组成。

在沿着纪念园的地方形成完整的城市界面，具有一定的庄重感。同时在有演出的夜晚人们在休息厅里面的活动，或者交谈的场景，在室内灯光的映衬下可以透过面向纪念园的玻璃幕墙显示出来。

建筑文化的体现表现在三个方面，第一就是墙体的收分；其次就是类似羌寨的墙面开洞；另一个特征就是将凸窗和室外机的机位采用了类似望楼的处理方式。

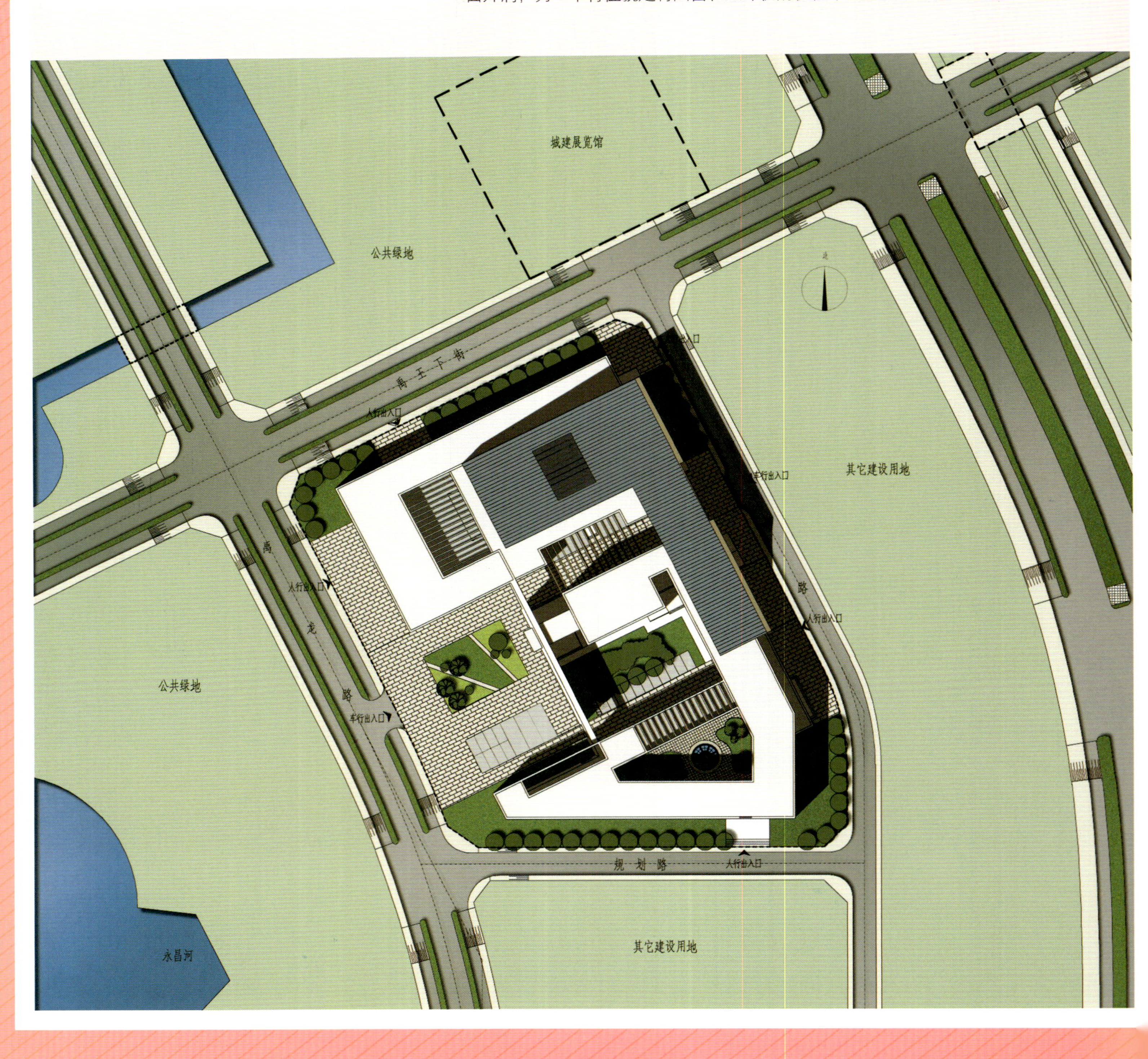

设计理念

契合整体规划的城市肌理
延续羌族传统的生活气息
营造市民轻松的休闲场所
展示新城现代的艺术空间

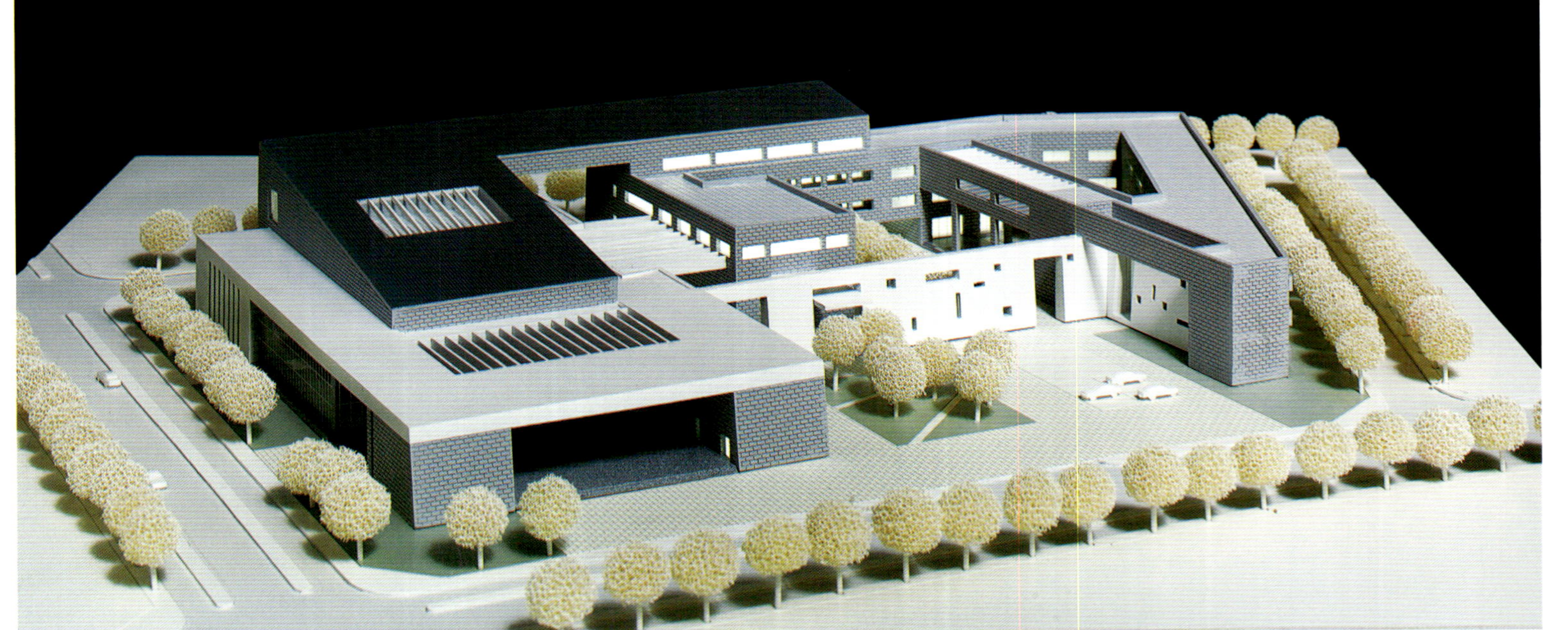

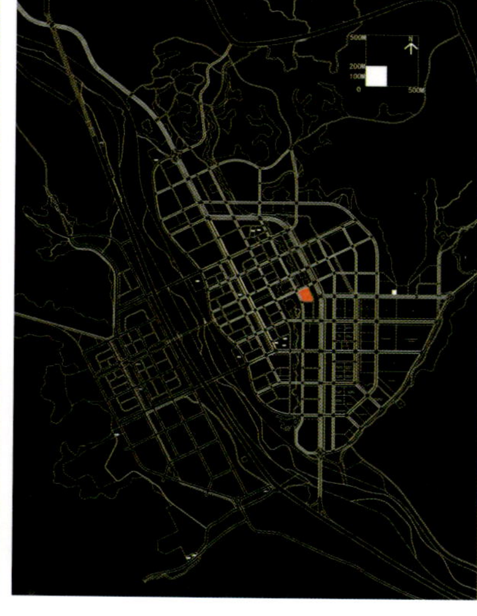

用地位于新城的中心区域，北向城市纪念公园南临幼儿园用地，东临企业办公用地，西向城市开放绿化带。

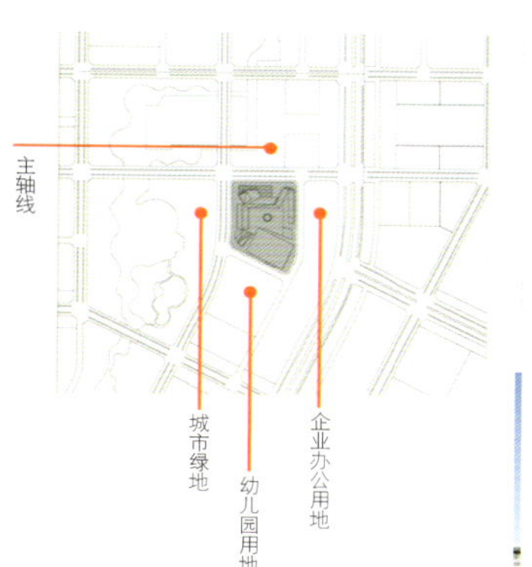

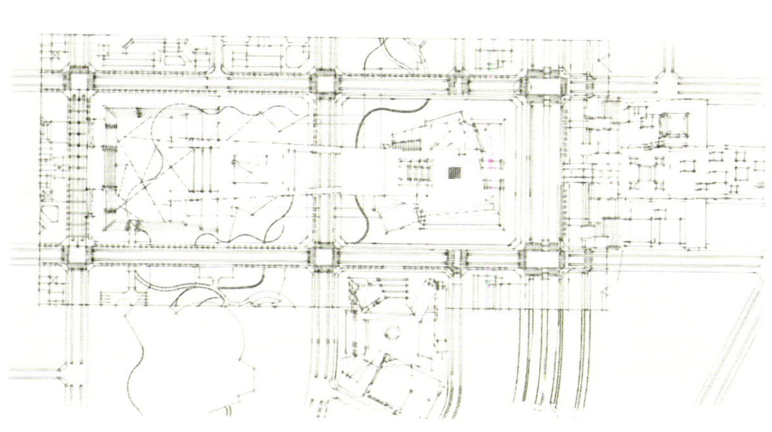

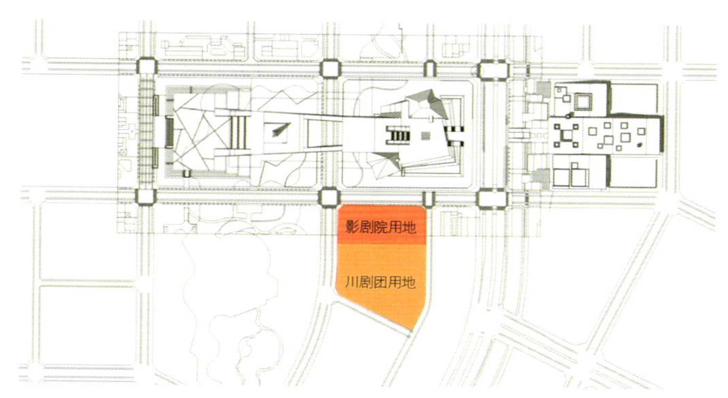

原影剧院用地靠近纪念公园，由于影剧院本身建筑体量较大，对纪念园中建筑会带来较大影响，综合考虑后将两者用地进行调整。

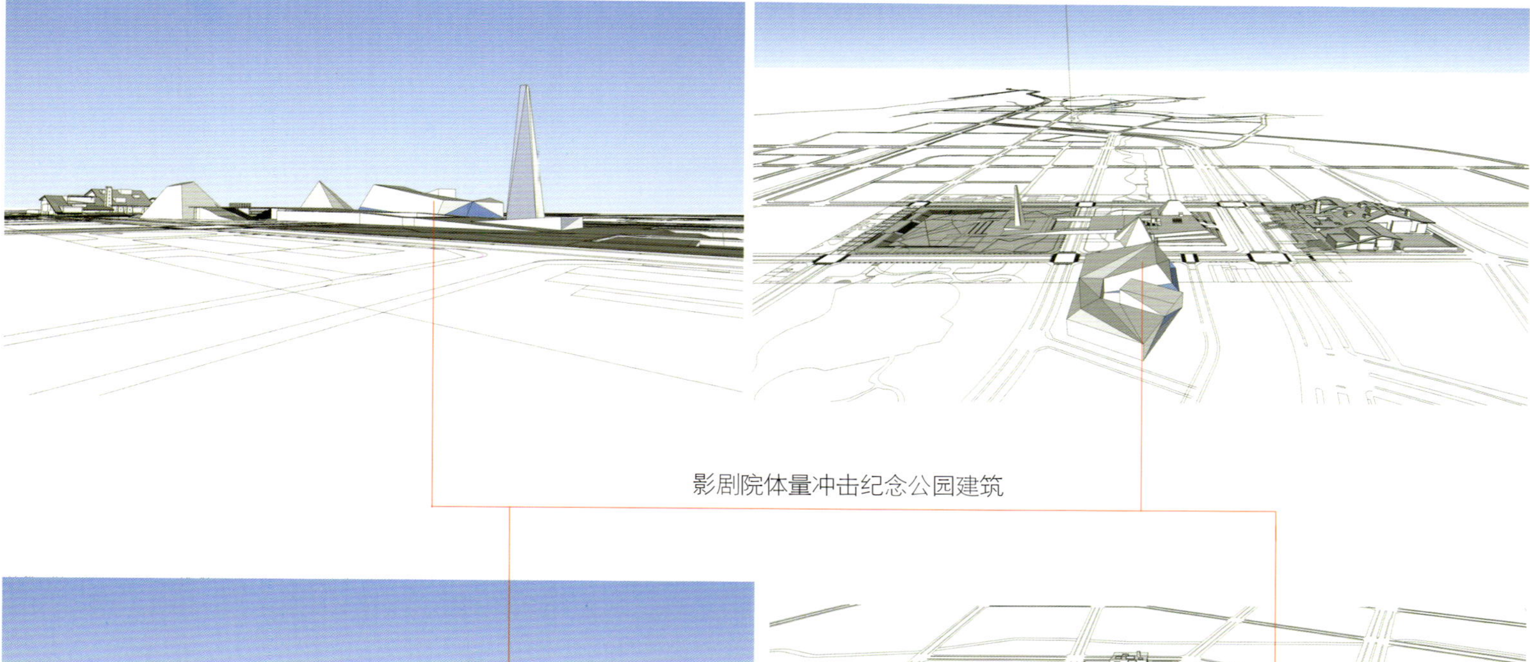

影剧院体量冲击纪念公园建筑

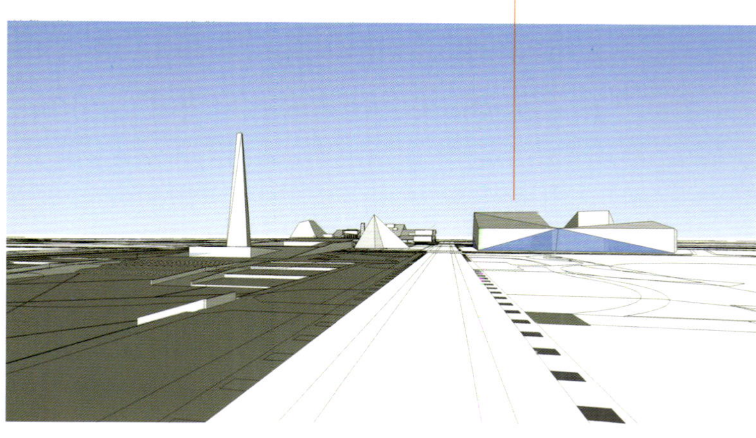

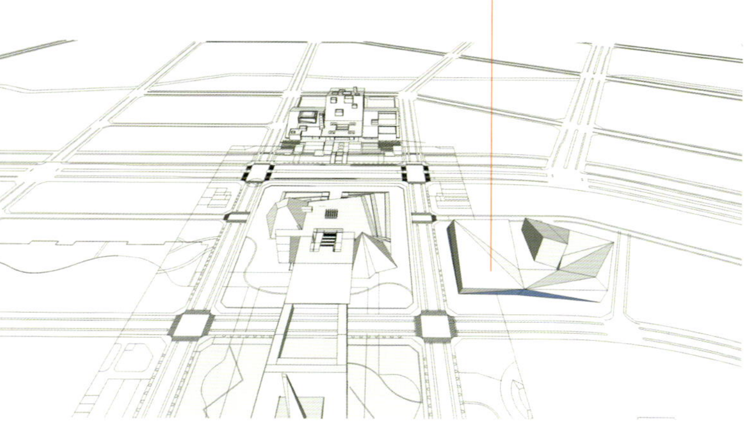

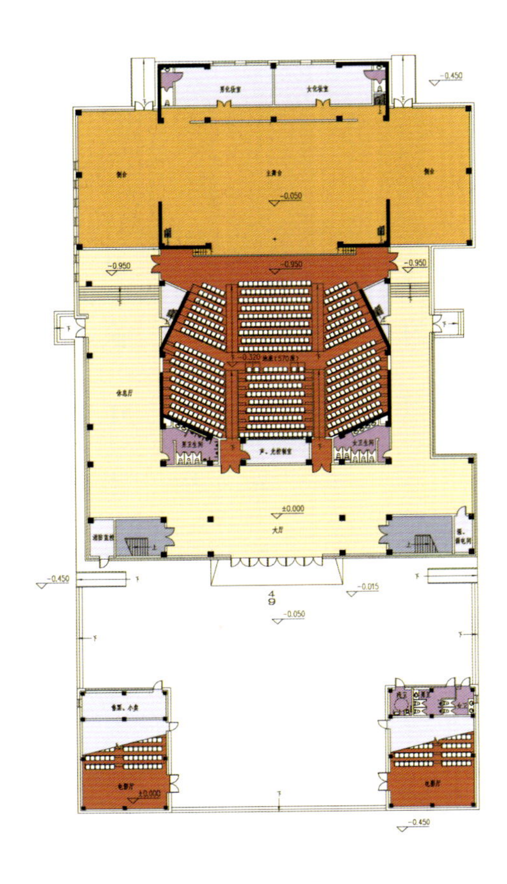

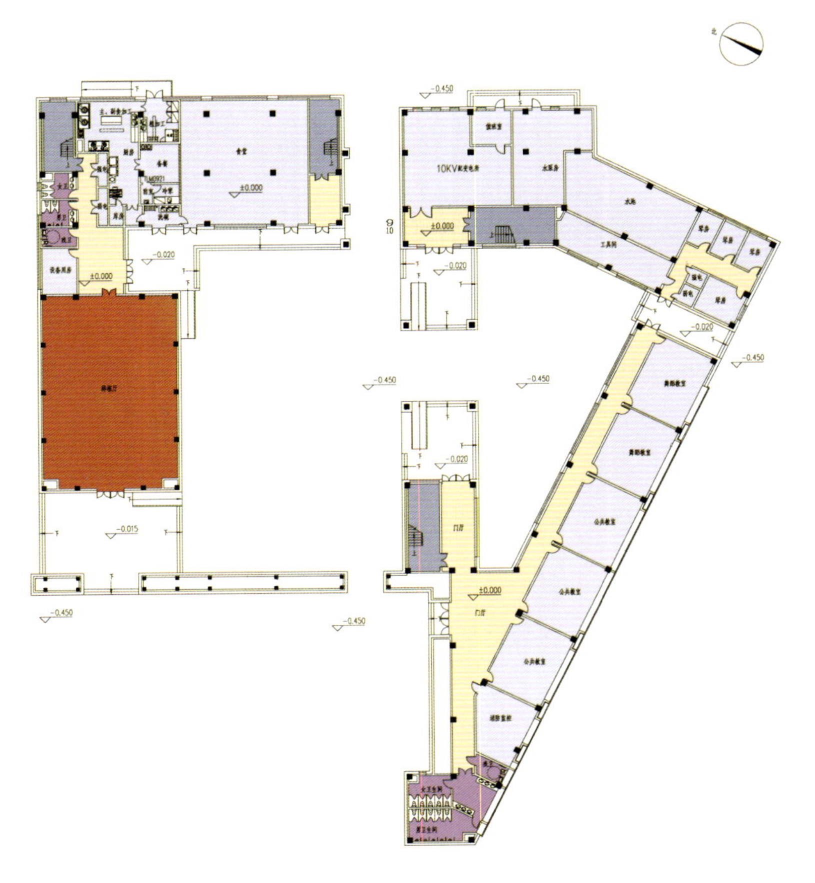

一层平面图

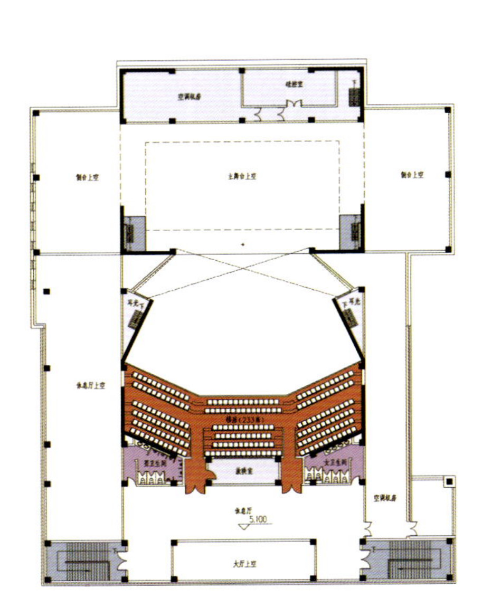

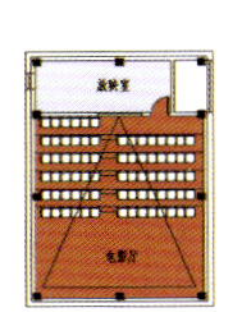

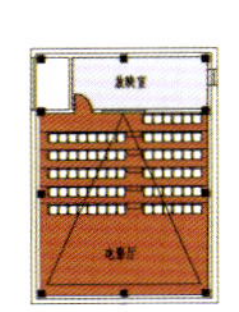

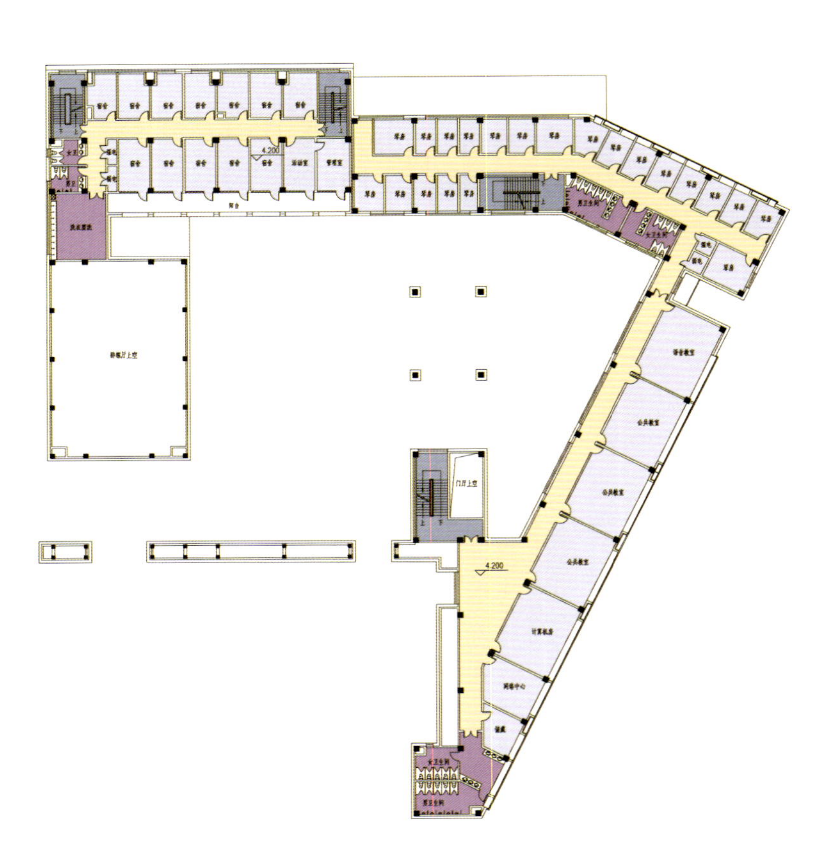

二层平面图

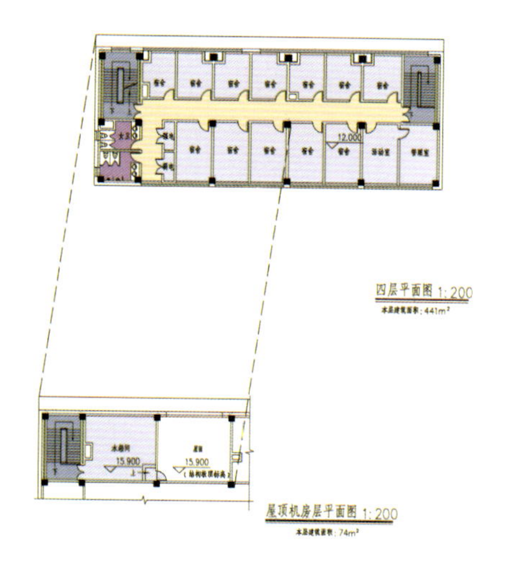
四层平面图 1:200
屋顶机房层平面图 1:200

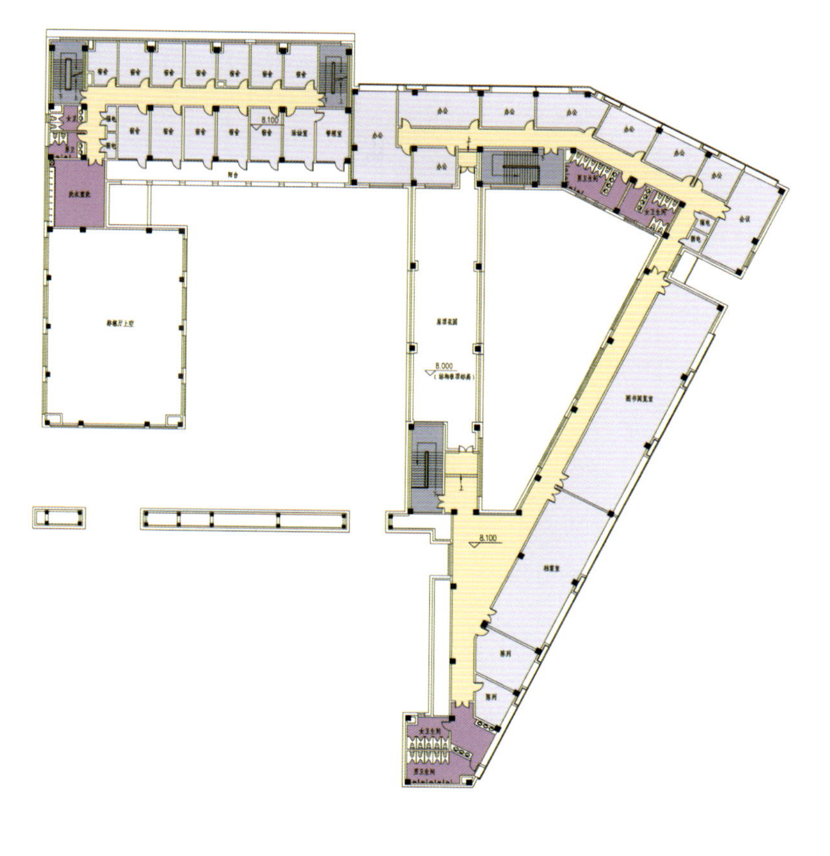

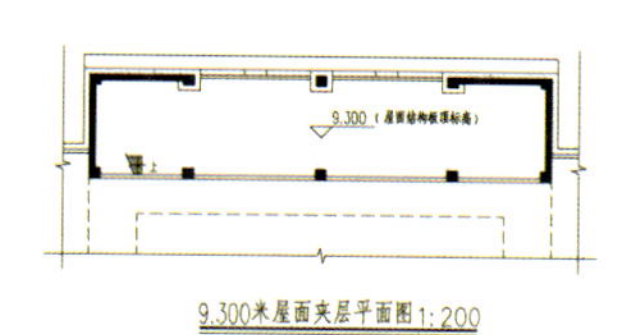
9.300米屋面夹层平面图 1:200

三层平面图

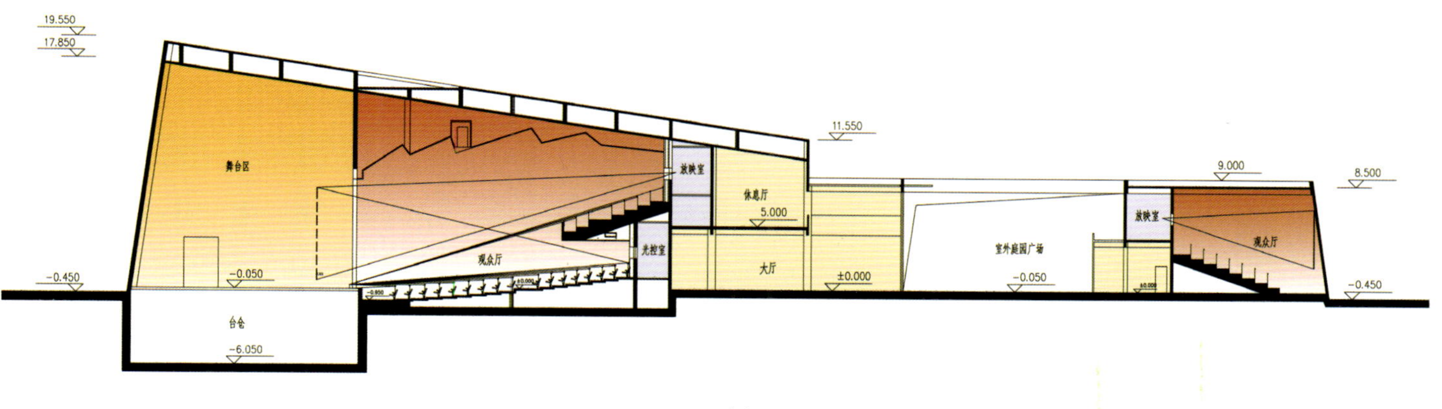
19.550
17.850
舞台区
放映室
休息厅
5.000
光控室
观众厅
大厅
±0.000
11.550
室外庭园广场
9.000
8.500
放映室
观众厅
-0.450
-0.050
台仓
-6.050
-0.050
-0.450

1-1 剖面图

盛京国际演艺中心

工程档案

建筑设计：中建国际（深圳）设计顾问有限公司
项目地址：辽宁沈阳
建筑面积：310261m²
占地面积：45600m²
用地面积：154400m²
建筑密度：30%
容积率：1.5
绿地率：35%

设计理念

盛京国际演艺中心将以沈北新区的整体规划作为基础，紧跟道义新区的发展思路，充分发挥地理位置的重要性。

演艺中心满足多功能使用需求，既可举办重大体育赛事，集各类综艺表演、庆典集会、体育比赛，小型展览，餐饮娱乐等的多功能为一体的大型综合性场馆，满足现代文化体育演艺中心设施的表演化、娱乐化、国际化、商业化、现代化功能的公共娱乐服务中心要求。

我们将太阳的理念赋予集体育盛事、演艺活动为一体的主体育馆，不仅是在建筑形象上体现设计概念，更是因为主体育馆天赋的使命便是为道义新区的建设和发展注入第一缕阳光，是整个新区生命力的开始。

而将龙的形象赋予周边的商业建筑群，从建筑形象上通过连续流畅的形体和起伏有致的姿态来呈现设计概念，体现腾龙欲飞、连绵不断的气势，并且商业建筑本身也是带动道义新区这条巨龙经济、人脉的主要驱动力。

每一次旭日东升都是城市历史的再一次刷新，沈阳这座辽沈太阳之城将在这轮新生的红日升起之时翻开生命的新篇章。

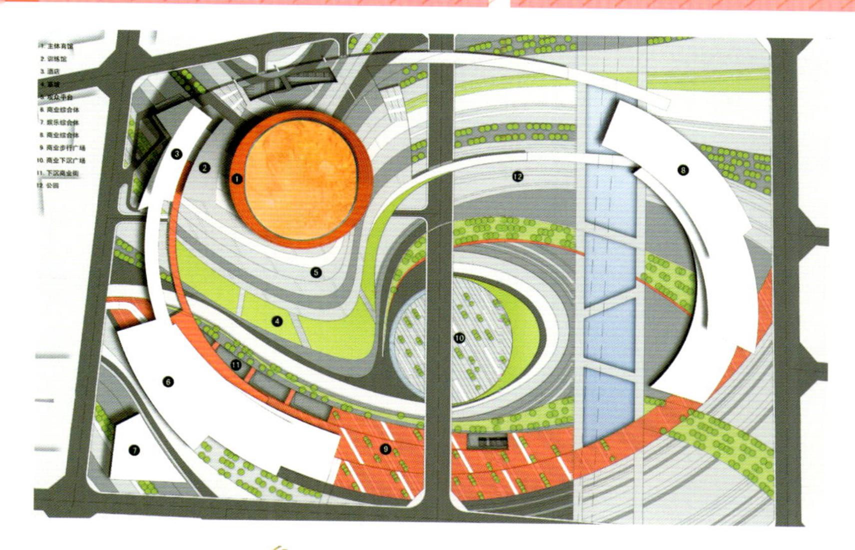

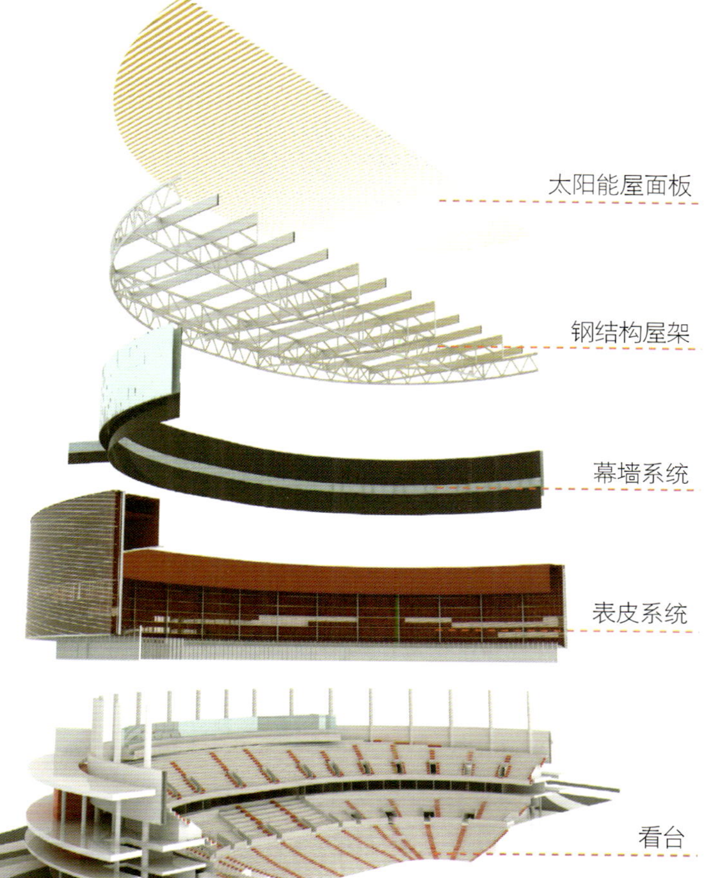
太阳能屋面板
钢结构屋架
幕墙系统
表皮系统
看台

重庆国际马戏城

工程档案

建筑设计：北京市建筑设计研究院
项目地址：重庆
建筑面积：33300m²
建筑功能：主表演馆、配套服务设施、动物驯养用房、办公公寓等

项目概况

重庆国际马戏城位于重庆市主城区弹子石组团 A 标准分区，是重庆十大文化建筑之一。建筑功能包括主表演馆、配套服务设施、动物驯养用房、办公公寓等四个部分，将成为重庆市的一张文化名片。方案设计理念来源于马戏表演动静和谐、亦真亦幻的效果呈现。造型中两条扭动流转的曲线契合了重庆山环水绕的城市景观与自然肌理，隐喻连绵起伏的群山与曲转流长的长江，以其独特的外观效果成就了建筑自身的标志性。

鉴于项目的复杂性，我们借助于 BIM 软件来实现其建筑形体的表达与深化。标准是要求模型能进行施工指导和定位。

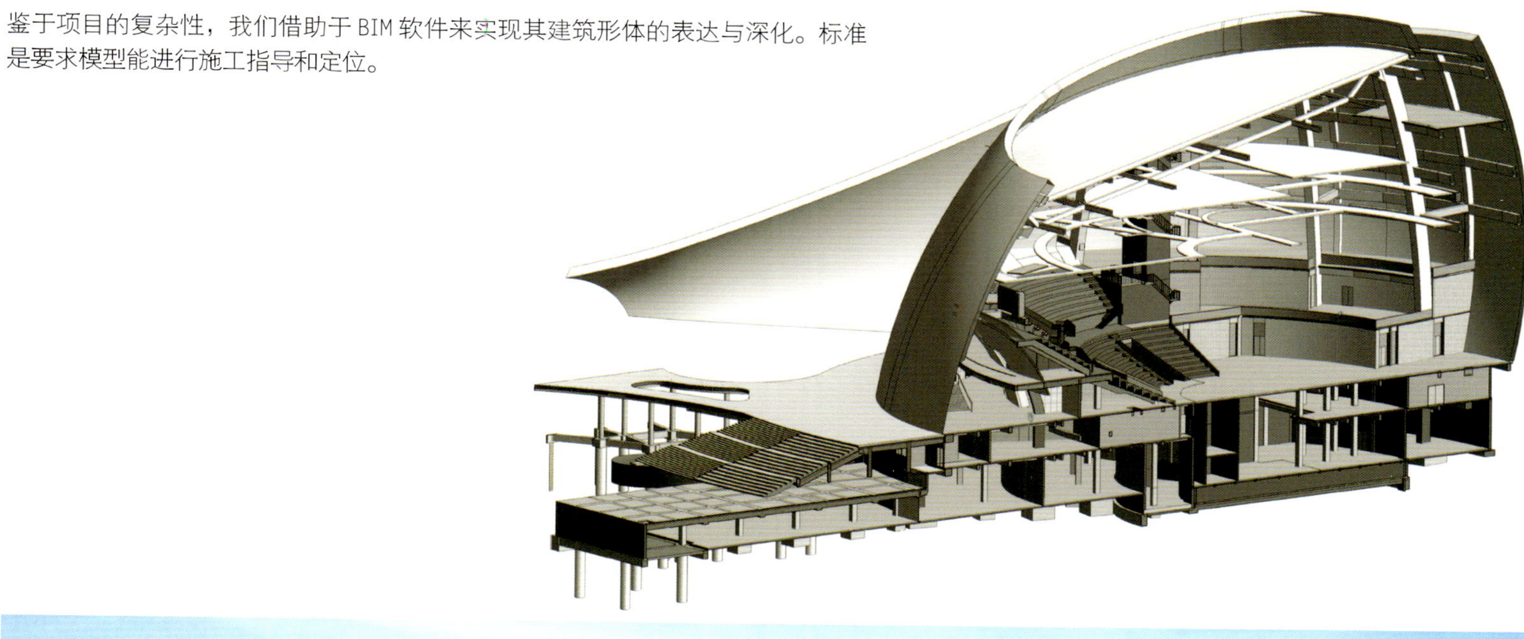

内蒙古演艺中心

工程档案

建筑设计：同济大学建筑设计研究院
项目地址：内蒙古呼和哈特
建筑面积：38860m²
用地面积：29614m²
占地面积：10350m²
建筑密度：34.95
容积率：1.31
绿地率：30%

项目概况

内蒙古演艺中心位于塞外名城呼和浩特市，居新华东街北侧和东二环西侧。这是一个集办公、排练、文艺演出、文化事业推广等业务的综合性建筑，建成后将与周边的博物馆、乌兰恰特大剧院、科技馆形成一组大型文化、科教中心，将成为呼市标志性公共文化建筑，展现出独特的魅力。

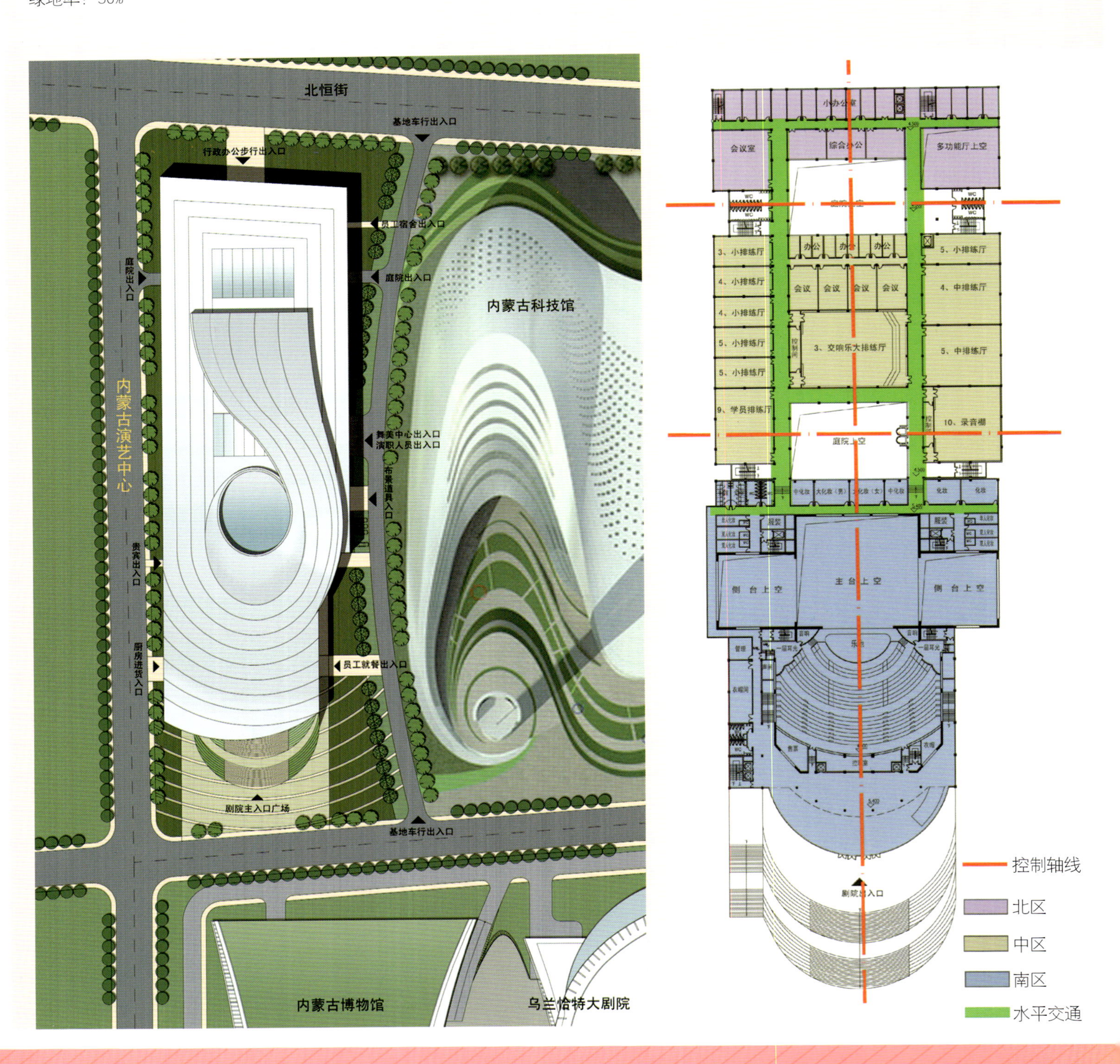

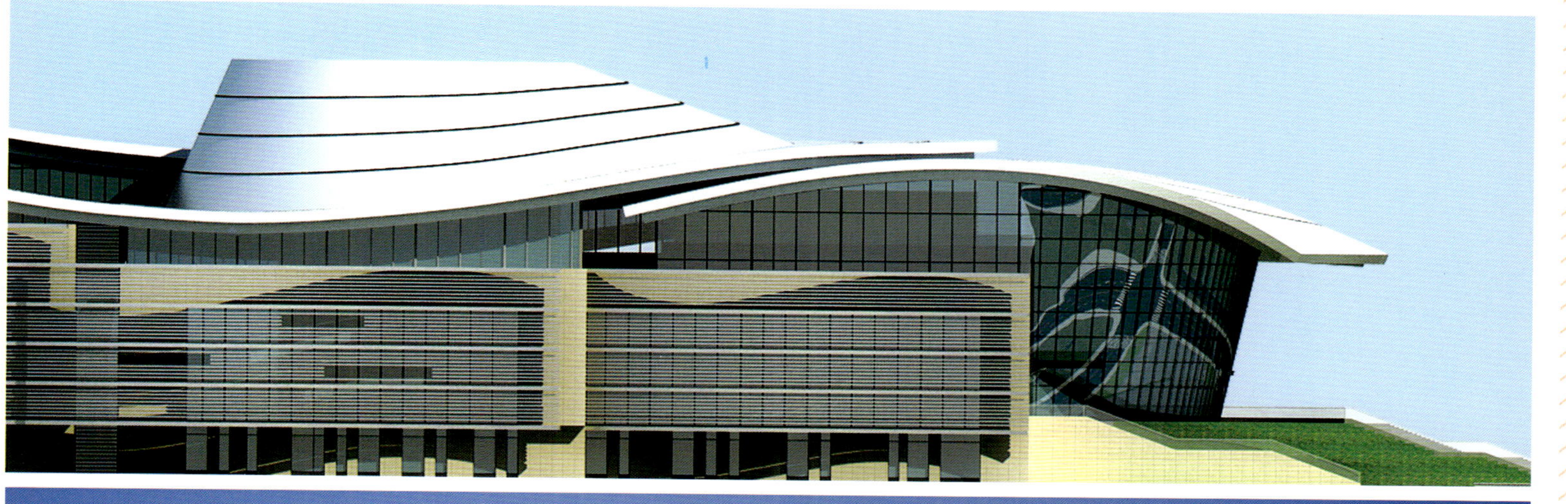

设计理念 1：草原蒙古风

提取了内蒙古最具特色的地方文化元素，凸现草原文化气质。南北伸展的型体契合基地形状，北指大青山，南连博物馆与乌兰恰特大剧院、呈圆台状升起的舞台屋面如大青山的轮廓剪影，与东侧的科技馆主入口型体形成相互咬合的拓扑关系，弧线型波浪起伏的屋面如草原蒙古风，至最南侧的剧院主入口屋面出挑深远、轮廓优美，如头颅高昂的骏马奔向南侧洒满阳光的绿色“草原”。东西立面上同样波浪状起伏延伸的石质百叶表达出音乐的欢快柔美，以延绵河流和苍劲山川的建筑化写意构筑出蒙古的美好河山。

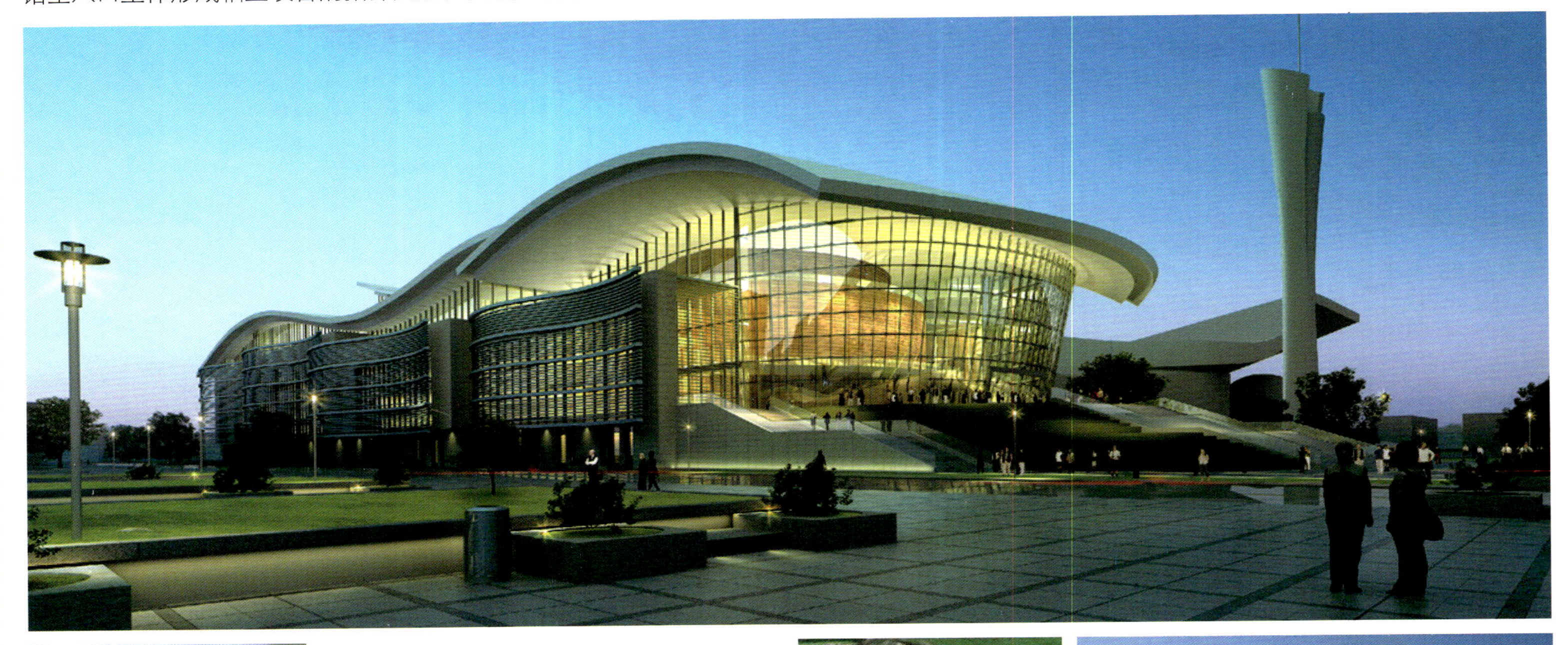

设计理念 2：跳动的音符、飘扬的哈达

作为一门独特的艺术、音乐表述的是人类心灵最深处的情愫，它贯穿了我们的真个设计——舞者的身姿，化解为流畅优美的形态，悠扬的旋律，荡漾期间，稀疏相间的水平遮阳百叶如五线谱般流动、弧形屋面如随风飘扬的哈达，弧形的入口大台阶、弧形的广场铺装如交错起伏的挥舞曲线，以流畅、典雅的建筑形象，呈现在呼和浩特这个更大的城市舞台，建筑与音乐、艺术浑然一体，宛若天成，为现代城市谱写一曲诗情画意、浪漫优雅的乐章。

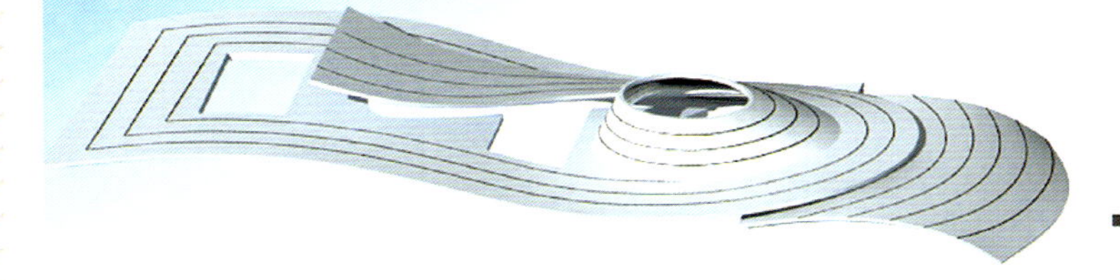

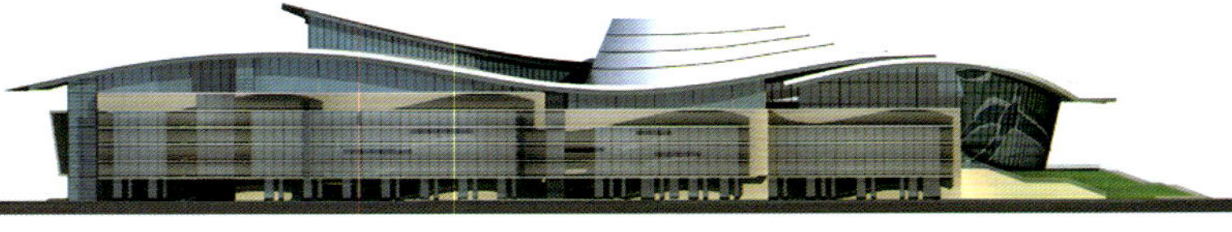

总体布局

演艺中心是集办公、排练、文艺演出、文化事业推广等业务的综合性建筑，共分为六大功能区：排练教学区、合成演出区、舞台美术中心区、行政办公区、杂技排练区及公寓生活区。设计尊重基地现状，坚持资源共享、协调周边建筑的原则，结合各区功能特点，将建筑布局南北伸展，用两处20×30见方的绿化庭院将建筑分为北、中、南三区，用东西两条90cm，长40cm宽的长廊将三区联接为一个可分可合的整体。演艺中心的外部形态具有强烈的可识别性，流动的体量使所处城市空间充满活力，并巧妙的将功能分布与外观造型结合的浑然天成。

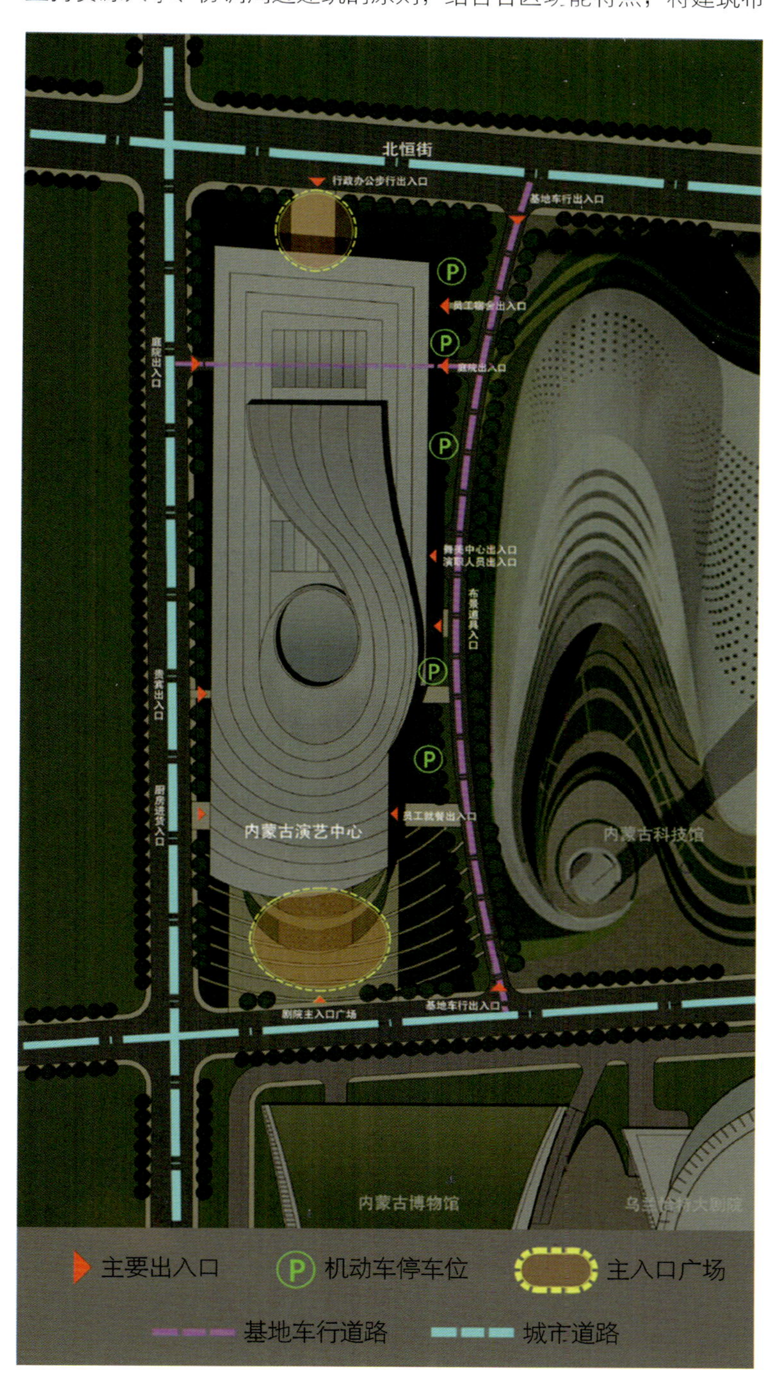

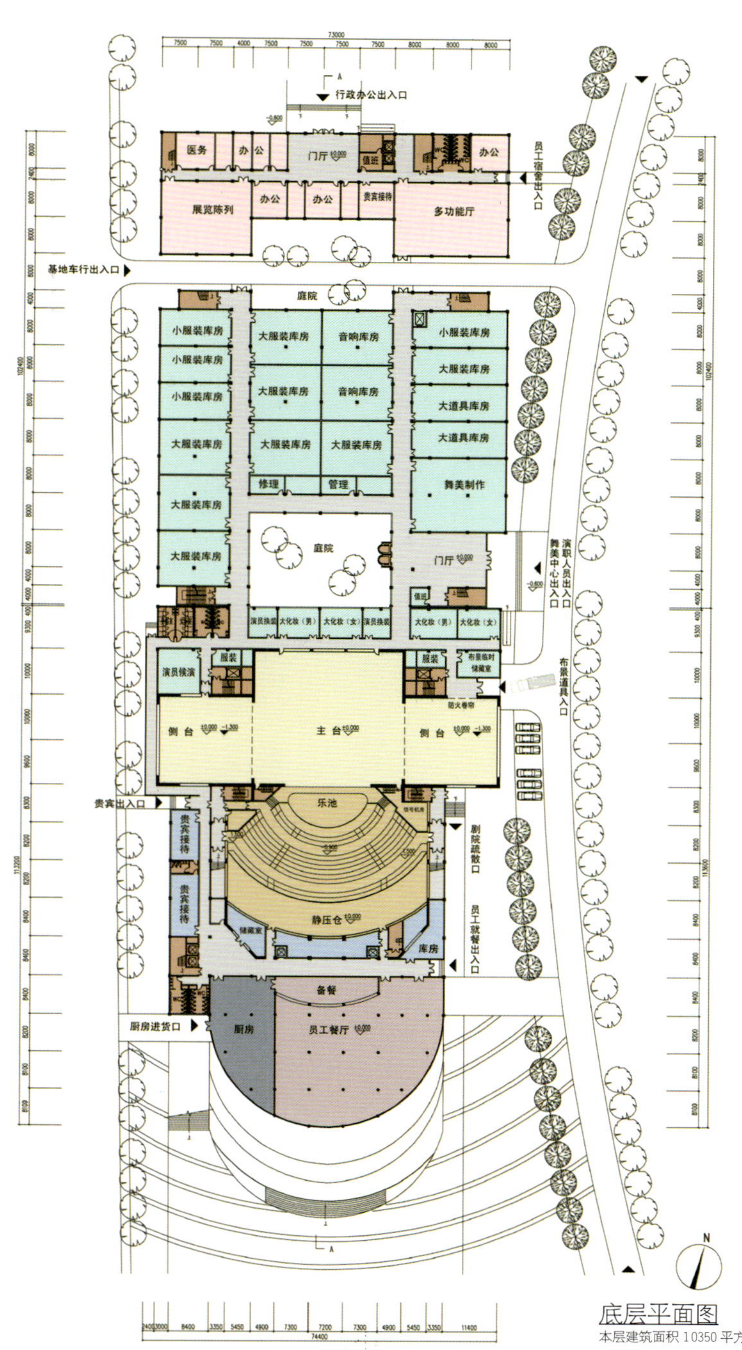

底层平面图
本层建筑面积 10350 平方米

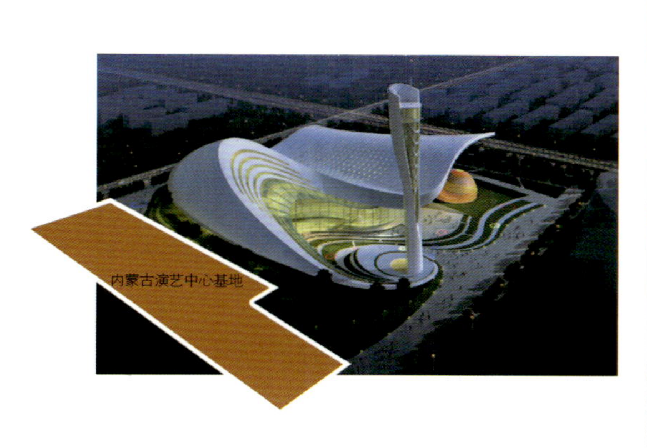

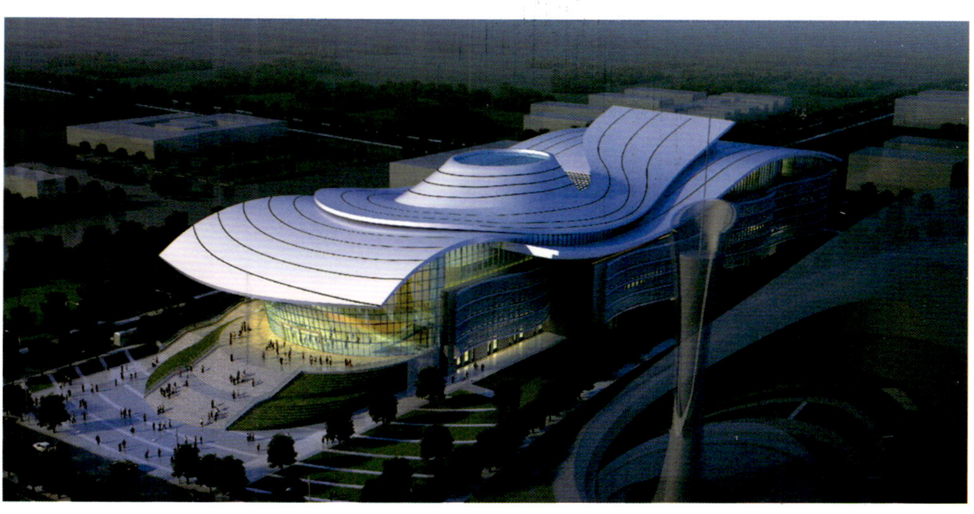

重庆国泰大剧院

工程档案

建筑设计：重庆大学建筑城规学院
项目地址：重庆渝中区
建筑规模：35000m²

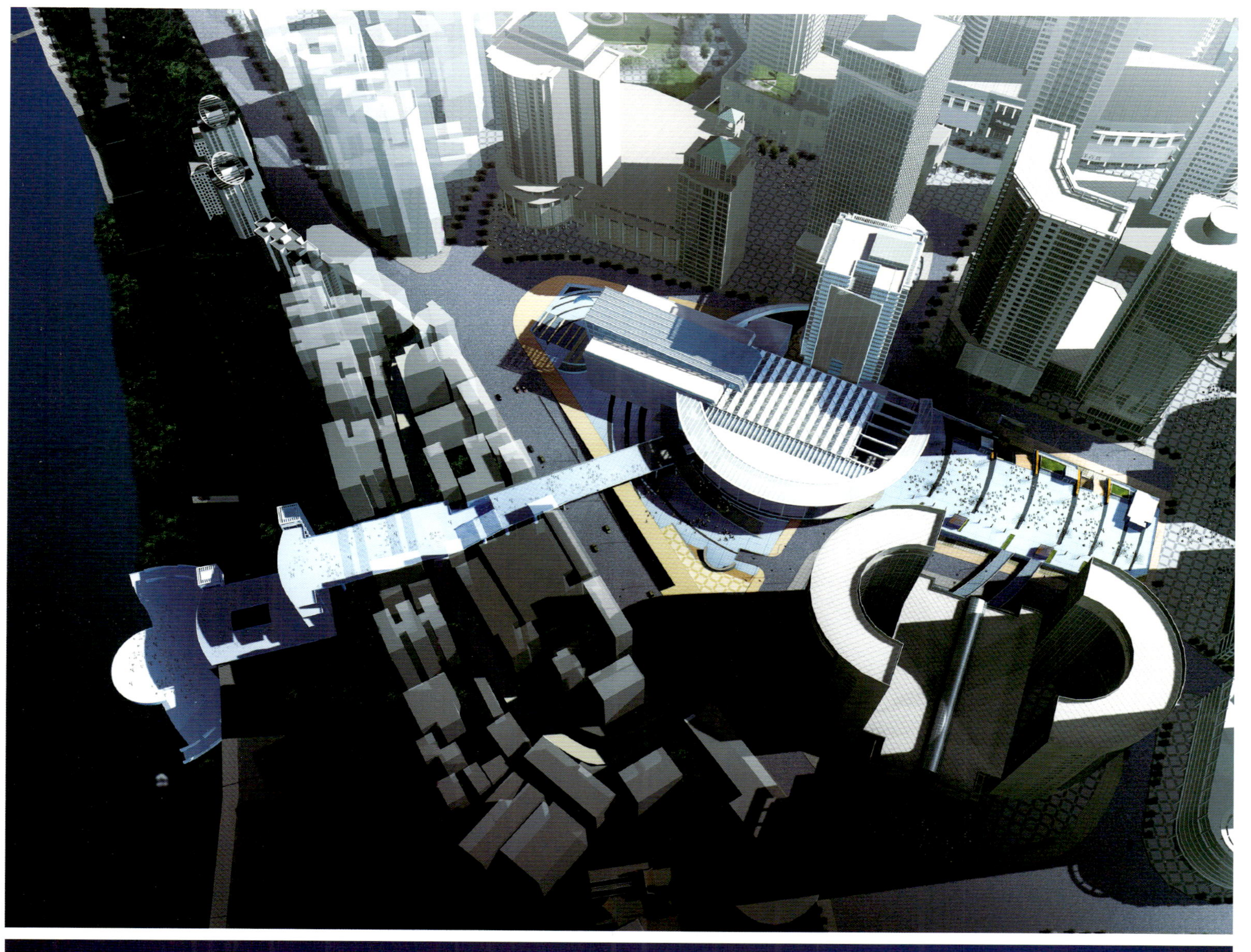

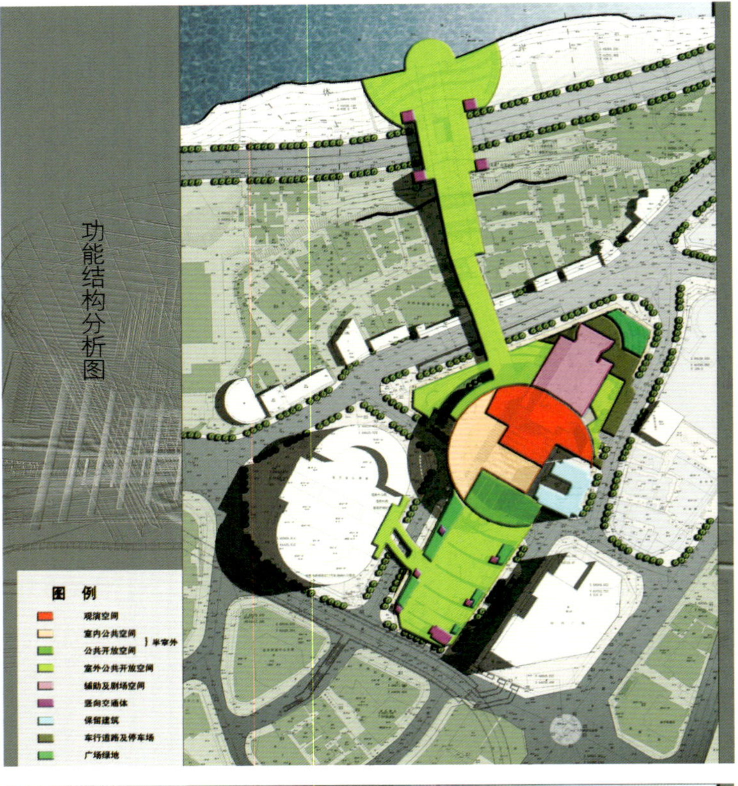
功能结构分析图
图例
观演空间
室内公共空间
公共开放空间
半室外
室外公共开放空间
辅助及剧场空间
竖向交通体
保留建筑
车行道路及停车场
广场绿地

交通流线分析图
图例

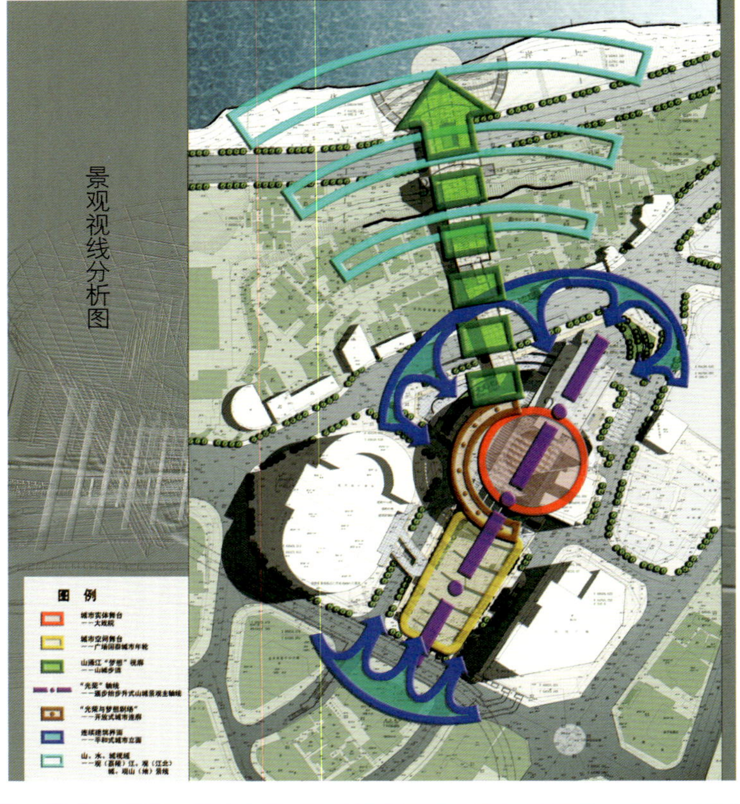
景观视线分析图
图例
城市实体舞台
——大剧院
城市空间舞台
"光荣"轴线
"光荣与梦想剧场"
——开放式城市走廊

图例

基地内保留建筑
观演空间
公共商业空间
观演辅助空间
中庭

一层平面图

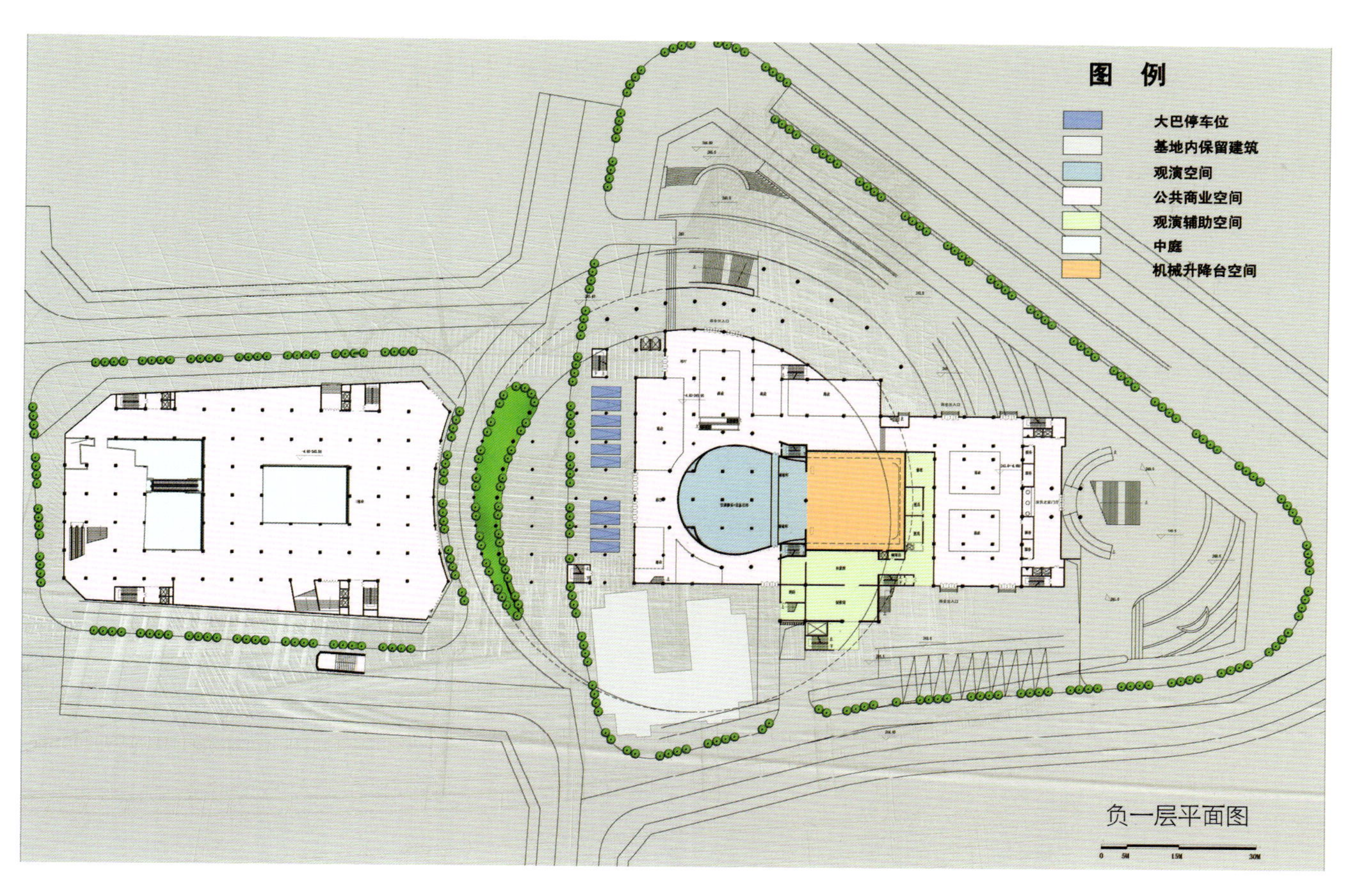

内蒙古科技馆

工程档案

建筑设计：中国中元国际工程有限公司
项目地址：内蒙呼和浩特
建筑面积：48300m²

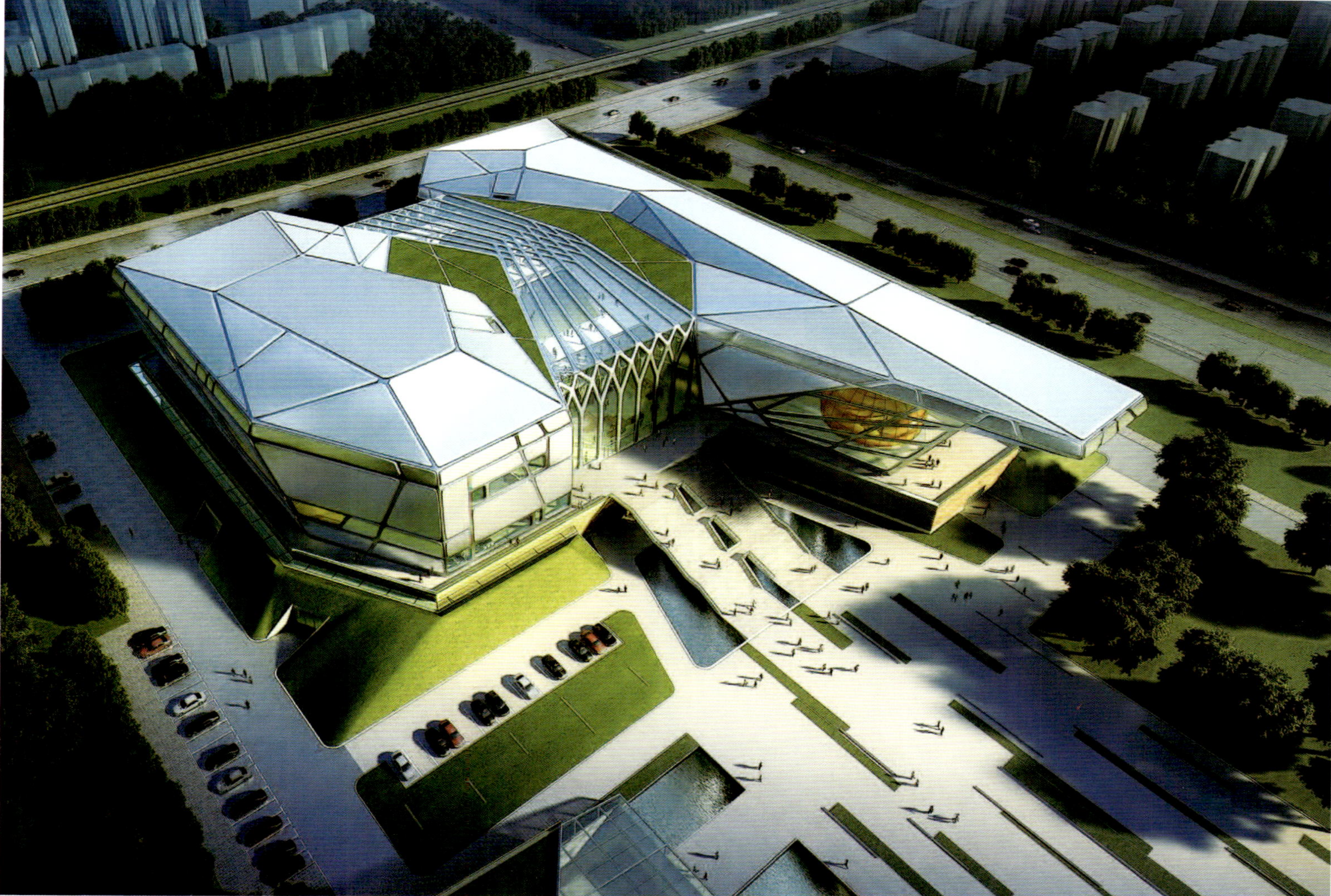

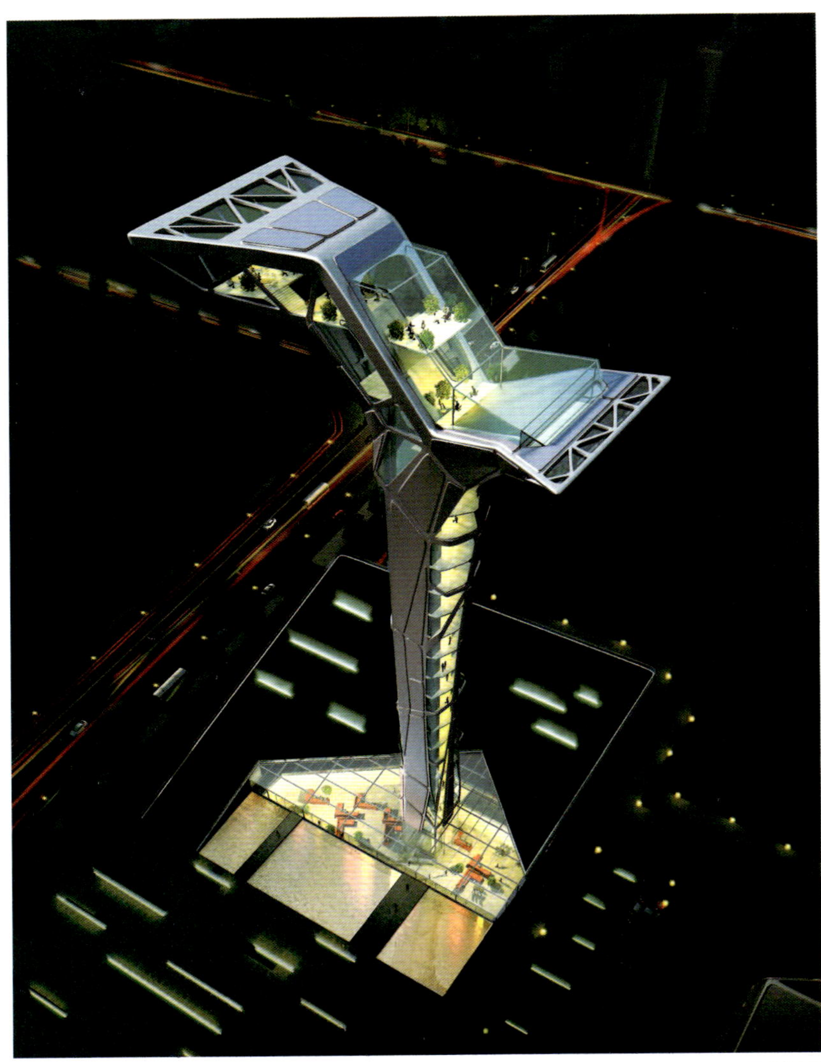

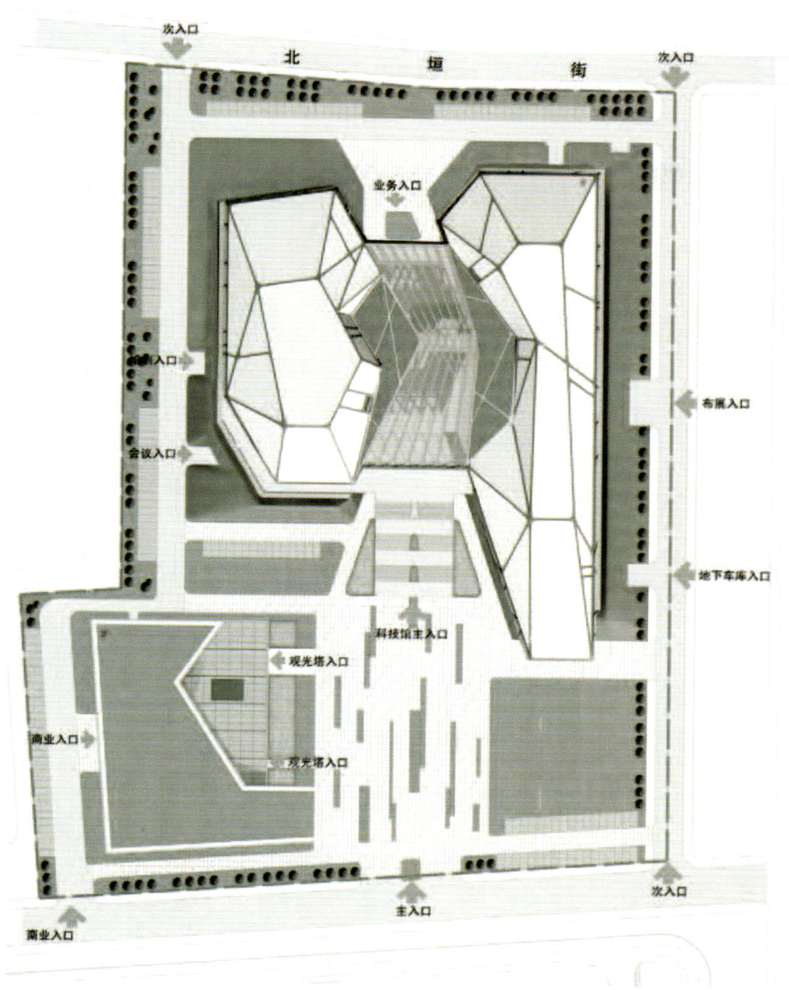
次入口
北 垣 街
次入口
业务入口
布展入口
会议入口
地下车库入口
科技馆主入口
观光塔入口
商业入口
观光塔入口
次入口
主入口
商业入口

广州增城科技文化博物馆

工程档案

建筑设计：华南理工大学建筑设计研究院
项目地址：广东广州
建筑面积：约 43000m²

设计特色

建筑主体架于基座之上，体块之间通过穿插、架空、叠加和悬挑等现代立体结构手法体现，将“通”、“透”、“灵”的岭南建筑空间主体充分地发挥出来。空间抽象的几何造型，体现了现代科技所特有的力量感和发展动势，运用强烈的视觉冲击力和空间变化来回应和感受历史沧桑的变迁。同时配合特色陶板和通透玻璃的对比效果，随着光线的变化呈现出微妙的色彩变幻，将传统与现代相互碰撞的隐喻意念充分地诠释出来，映射出其丰富多彩的文化内涵。设计中始终强调将增城特有的生态文化和气候特点融入建筑的整体。

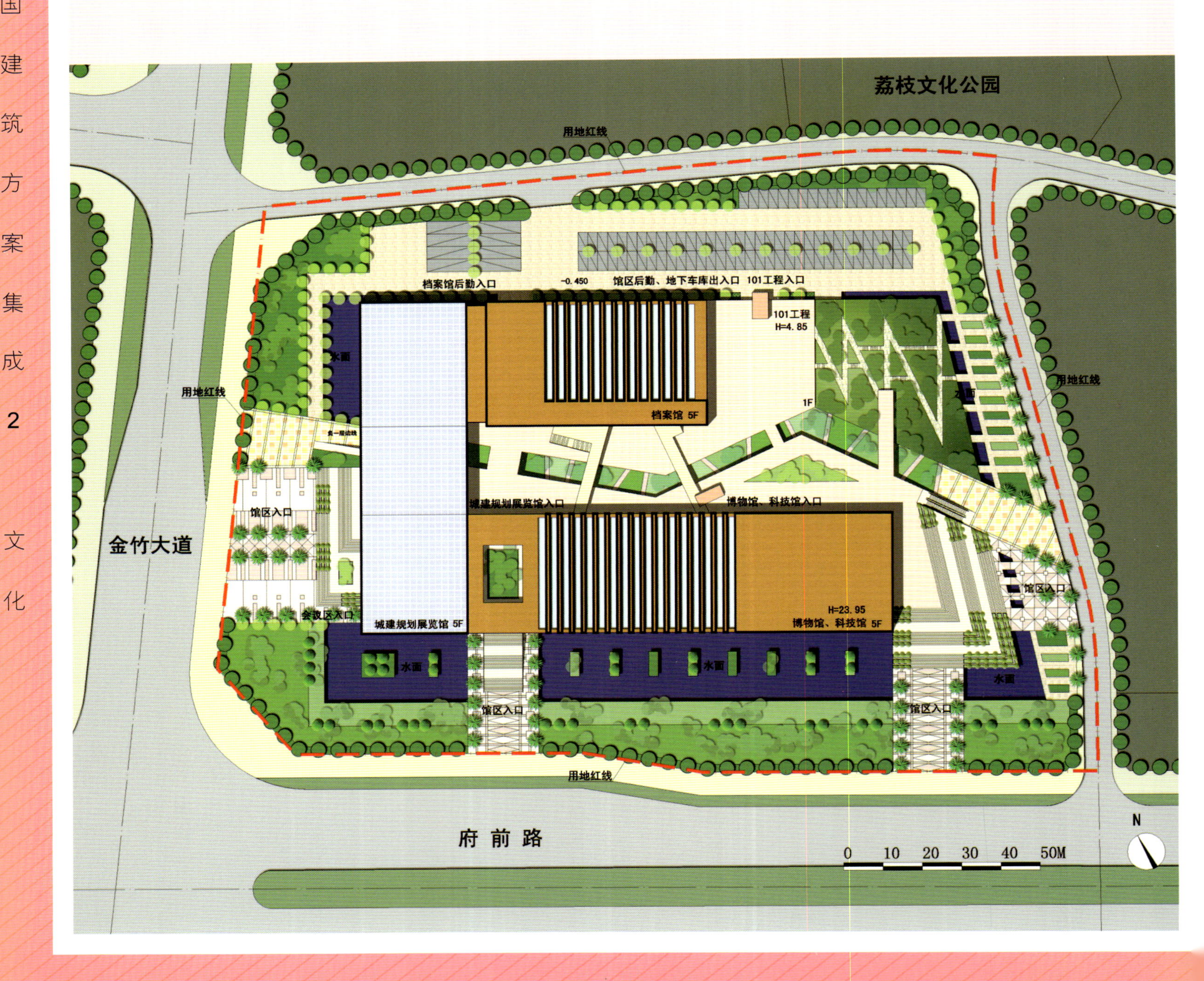

建筑功能
集约
集约功能模型
复合
复合
复合功能模型
集约

设计理念 1：多元——多功能集约发展

本项目的设计系统地将科技馆、博物馆、城建规划展览馆和档案馆整合到一个建筑综合体内，不但满足了个体独立的展览功能需求，还能够相互补充、相互依托，从传统的单一展览模式提高到创新的多种展览功能一体化阶段。高度集约化的功能格局，相对于单一的展览建筑，使得整体的公共空间节省了超过 50% 的面积，许多相似的展示、服务和配套功能内容能够融为一体，能够提供观展者多层次的文化科技知识，充分体现了多元与集约的优势。

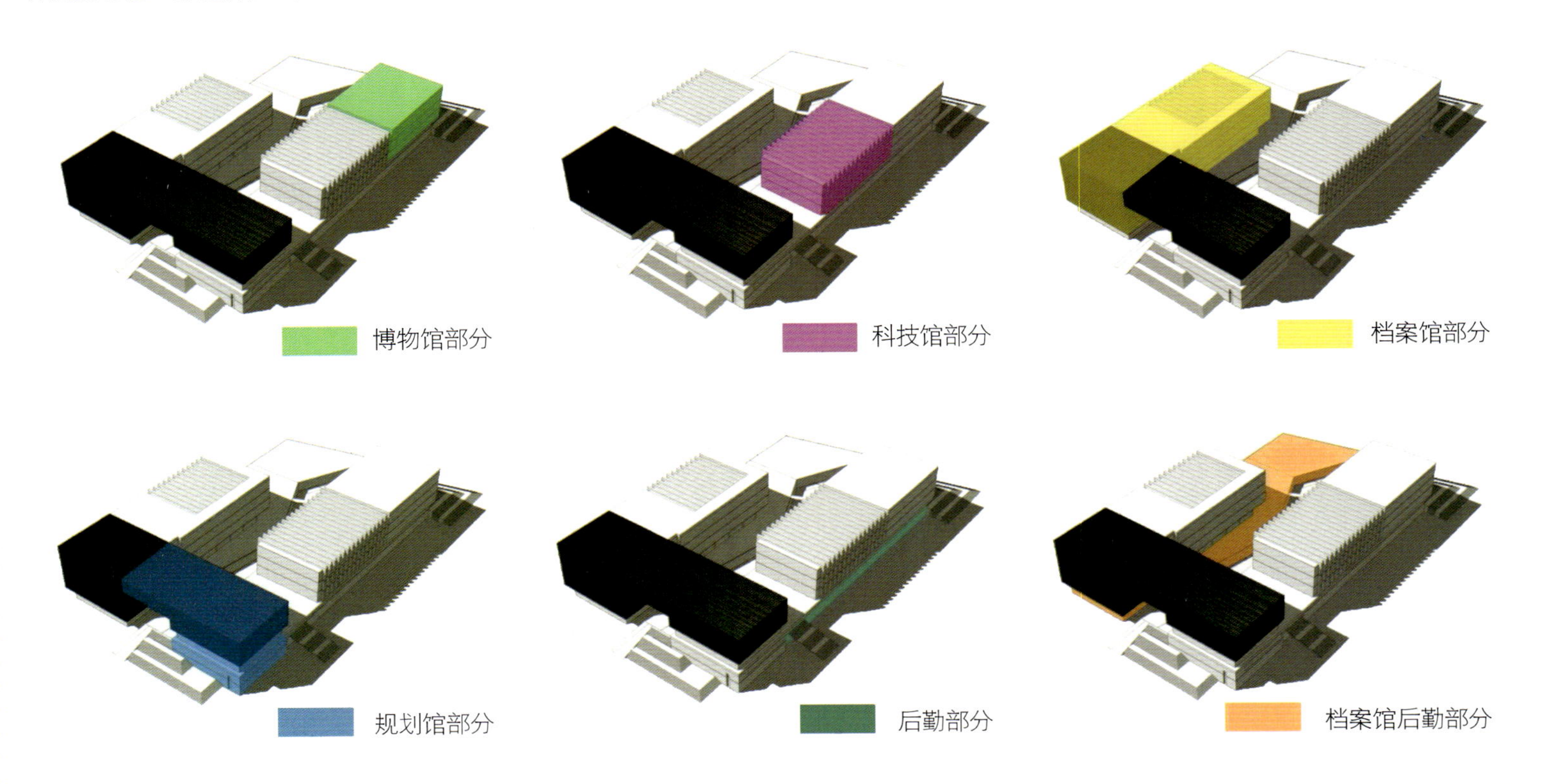

设计理念 2：生态——充分引入自然光与风

建筑设计充分考虑当地的气候特点与周边山体环境。以小体量方式加大自然采光面，同时以中心步行空间和庭院形成贯穿建筑内部的风廊，积极调节建筑内部和建筑周边的微气候，并通过计算机软件模拟风环境效果来进行设计的验证与优化。各馆的设计强调与园林布局的融合，辅以系统的遮阳措施，大幅度降低建筑能耗，建筑屋顶与场地设置雨水回收系统，从而大大节约了建筑用水。建筑物以自然通风和天然采光为主，局部辅以人工采光和机械通风。

生态技术

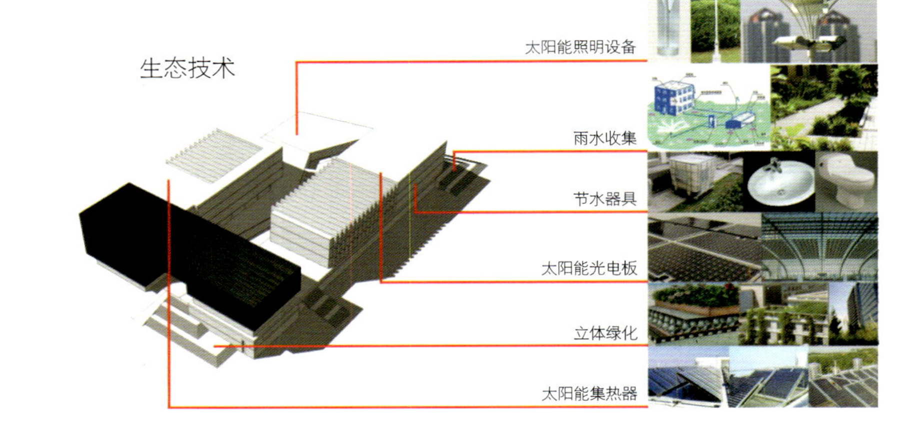

设计理念 3：开放——城市的公共客厅

设计从城市空间关系的大局出发，结合建筑本身的公共性意义，同时关注远期城市发展、自然生态环境与地域人文需求，融合周边商业、山体、荔枝公园和增城图书馆，形成充满吸引力的城市公共空间体系。通过东西走向的结合城市生态轴线额空间“廊道”，建立真正具备文化、休闲、观景和交往等多项功能意义的“城市客厅”。

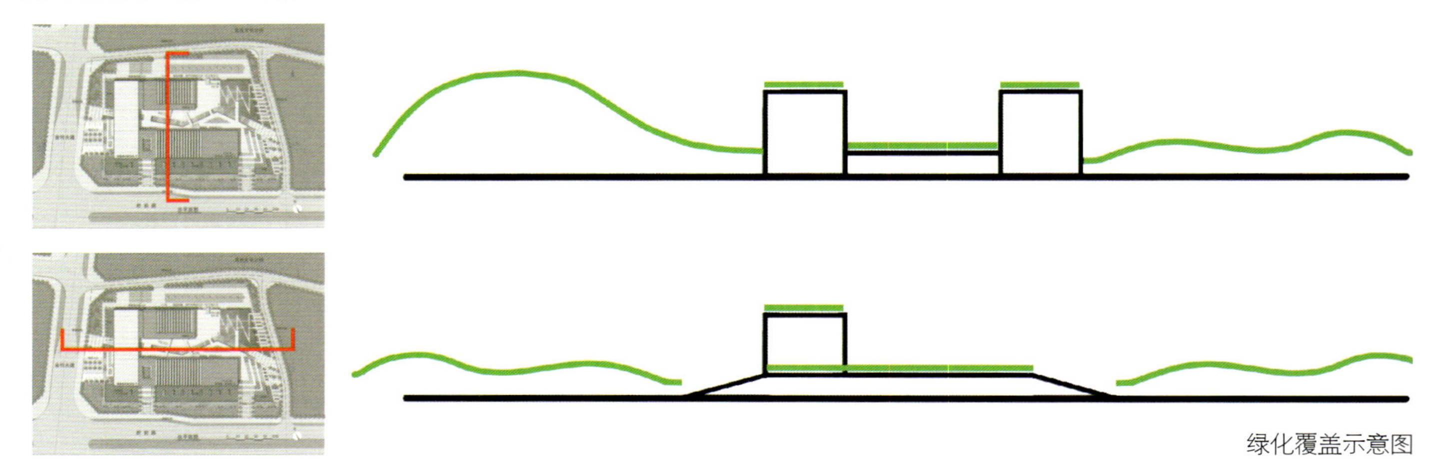

绿化覆盖示意图

山西省科学技术馆新馆

工程档案

建筑设计：中国航空规划建设发展有限公司
项目地址：山西太原
建筑面积：28000m²

项目概况

山西省科学技术馆新馆位于太原市长风商务文化区，总建筑面积2.8万平方米，新馆在设计上体现科技文化寓意，呈现地域风格特色，建成后将成为科技与艺术结合的精品，省城的标志性建筑。新馆将以常设科普展览为主，短期临时科技展览为辅，兼有科技培训、学术交流、影视放映、科普展品研发及综合服务的功能。

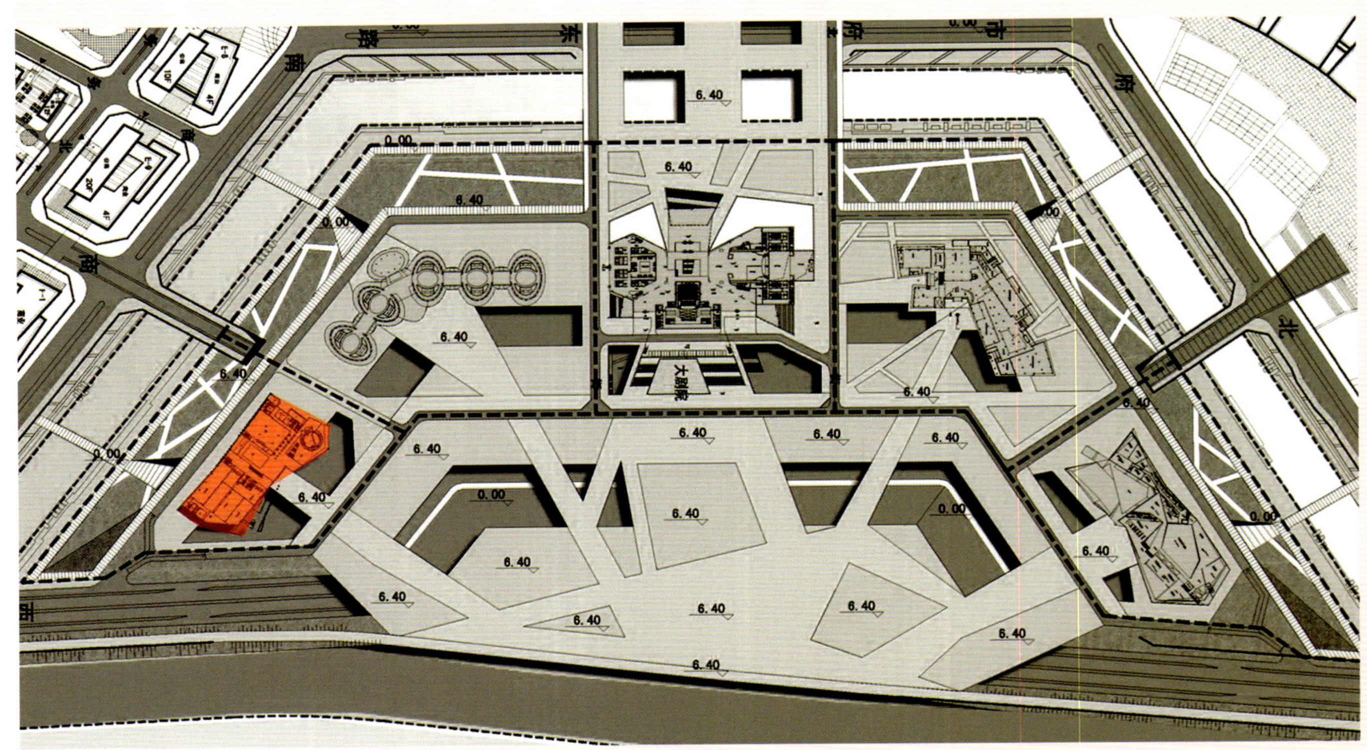

设计理念

本方案设计理念取意于“时间切片”，由时间和空间所形成的时空可分解成许多的时间段落，而静止的时间段落即为“时间切片”，在科技馆的设计里，科技馆的馆体被抽象为这一状况的空间载体，每一个切片都寓意着一个时期、一个朝代繁盛的科技状况。山西科技史在中国乃至时间科技史上占有重要而独特的地位，赋予了“时间切片”概念的山西科技馆记载着人类探索未知世界科技文明发展的历史，也表达了人们对美好未知时间想象与探索的愿望。

建筑用地呈梯形，北侧短边面对文化广场，建筑做凹角，呈倒“八”字形，对广场形成围合感，强调了广场及入口空间，形体上成为文化广场的收尾。穹幕影院位于广场东北角，外置玻璃幕墙，使整个文化广场的建筑序列在科技馆处形成高潮。建筑南侧与梯形南侧长边平齐，使整个文化广场的边界归正有序，符合规划对整个文化岛的要求。

科技馆的造型追求建筑的整体性，强调文化岛内5大建筑的协调统一，以简单的形体呼应与大剧院的对位关系，使之成为建筑群中的一部分。形体通过扭动、削切等手法，使建筑既简单又凸显了个性，也展现了自身的力量美和韵律美。建筑的立面处理紧扣“时间切片”的设计理念，用切片的形式来组织整个建筑，形成独特的建筑语言，切片通过渐变的手法，在整体统一中求变化，进一步强化建筑的韵律感。同时这种渐变的变化与科技馆的内部空间相结合，两侧切片尺寸较大，遮挡住大部分的室外光线，满足对展陈的需求，而公共空间部分切片尺寸相对较小，加大玻璃采光面积，使公共空间光线充沛，光影变化丰富。

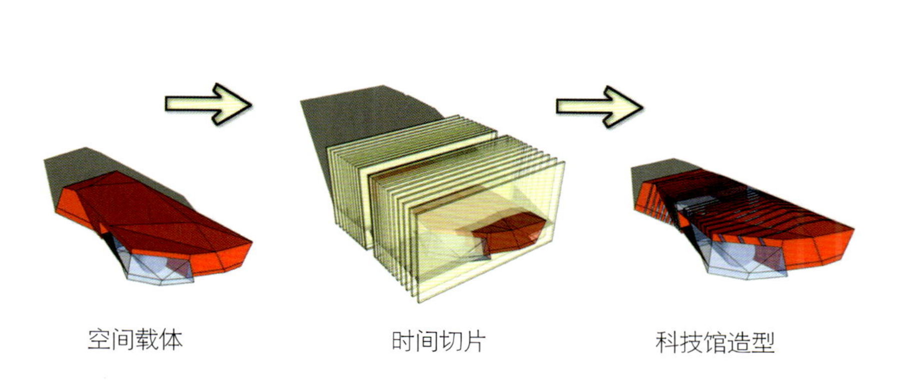

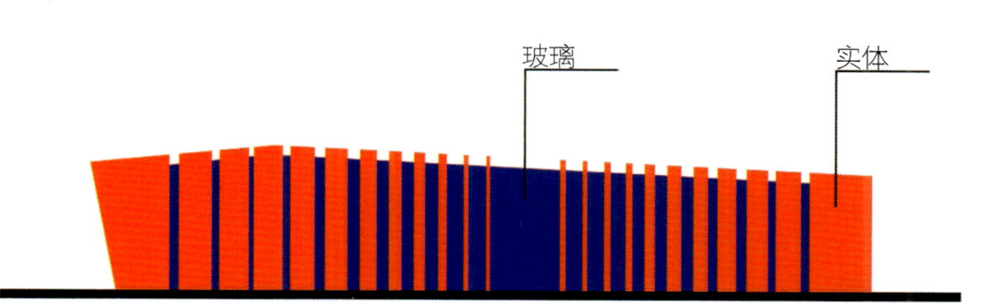

长风商务区文化岛整体效果

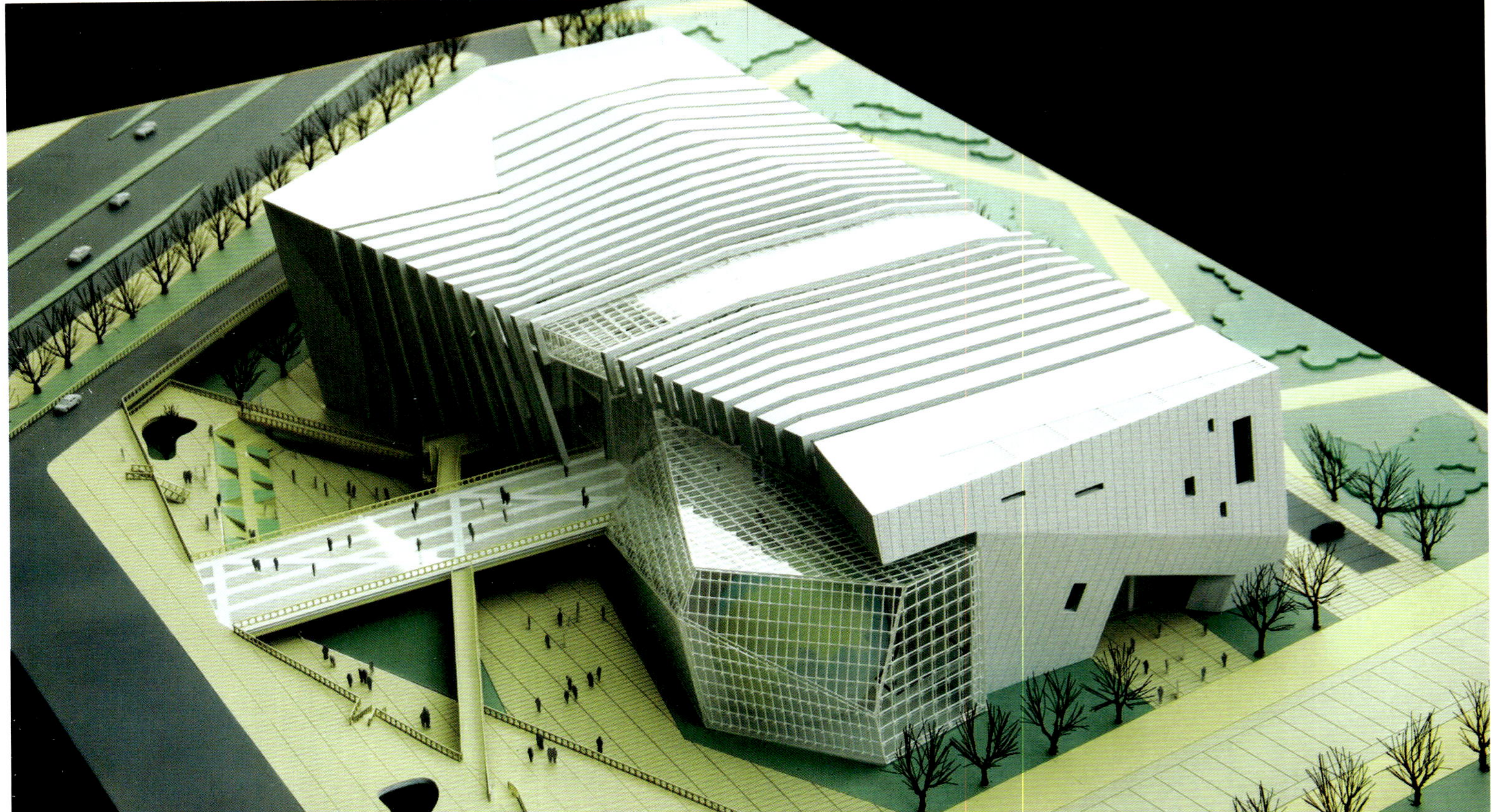

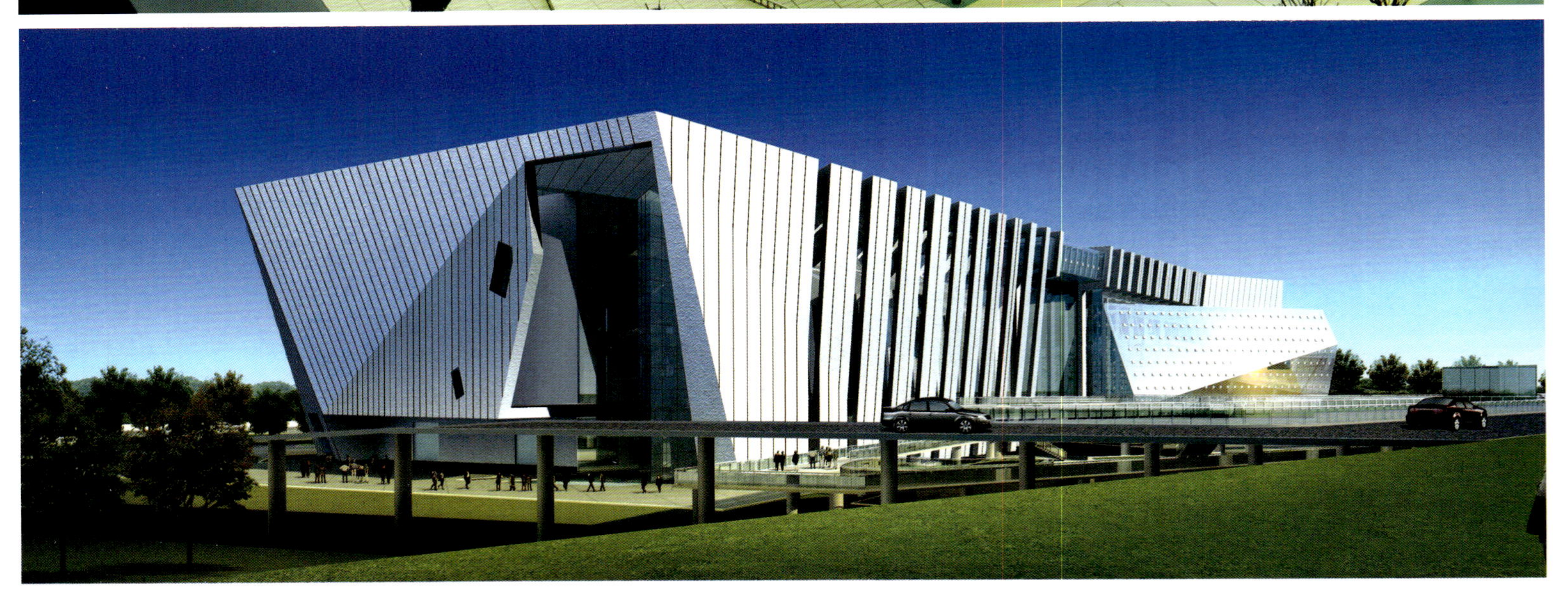

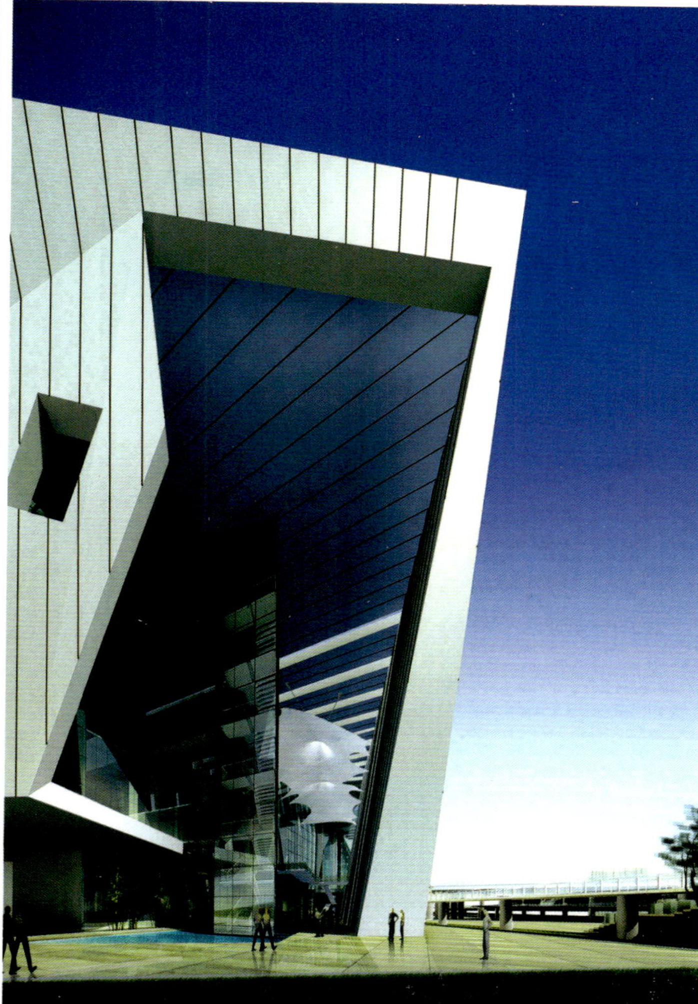

ART FOYER
CHINA INTERNATIONAL MILITARY AND CIVIL TECHNOLOGY EXHIBITION

绍兴科文中心

工程档案

建筑设计：中国航空规划建设发展有限公司
项目地址：浙江绍兴
建筑面积：86000m²
用地面积：80000m²
容积率：1.1

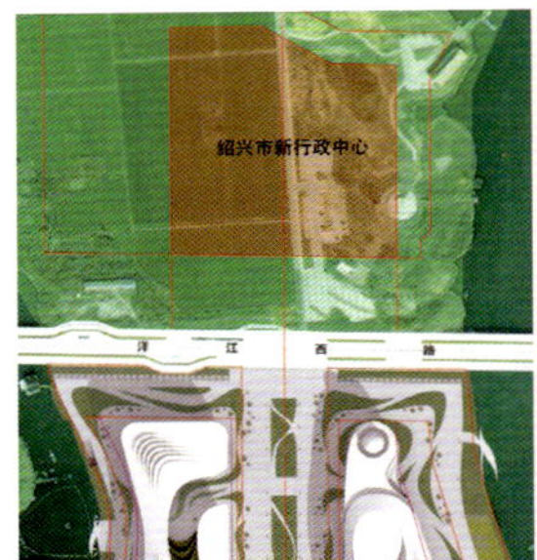

项目概况

文化中心和科技馆的建筑语言都采取了流畅飘逸的曲线风格，其形态令人联想到水乡婉转秀丽的自然景色，又如王羲之飘逸流畅的书法，表达出绍兴独有的飘逸秀美的自然景观和文化特色。两个建筑的曲线相互呼应，和谐而又赋予特色。

两各建筑在形体和色彩上又有所区别和对比，文化中心取山脉峰峦之形，屋顶造型起伏变化较大，曲折掩映；科技馆取水之形，强调水平的流长曲线，如层层涟漪，波光潋滟。文化中心色彩以深灰色为主，如山之青黛，科技馆以银灰色为主，如水之澄澈。

整个建筑的风格既和谐统一，相互对话，又形成了各自的个性，并表达了绍兴的地域特色。

总图设计综合考虑了与城市环境的关系，文化中心和科技馆之间的广场设计强调了南北向的中轴线，该轴线向北贯穿行政中心，并指向梅山，是整个镜湖新区的中轴线，位于中轴线上的行政中心与南侧中轴线两侧的文化中心、科技馆形成品字形格局，并通过标志性的建筑形象强化了镜湖新区新城市中心的形象。

总图设计也考虑了与东西两侧水系的关系，两建筑的轮廓均呈柔美的曲线，与水岸曲线相呼应，形成流畅优美的滨水景观空间，滨水空间的设计强调优美自然和亲水性，两建筑都设置了底层架空的空间，将东西两侧的滨水空间和两建筑间的广场沟通连接起来，并形成一条景观视廊，从西侧的指状水体指向东侧景色优美的半岛，形成通透、连贯、丰富的景观效果。

设计理念

“山阴道上行，如在镜湖游”，绍兴自古就以其逶迤的水乡风光闻名于世。“千岩竞秀”的会稽山，一平如镜，澄澈轻灵的鉴湖，更是典型地代表了绍兴山明水秀的自然景观特色，体现出绍兴的灵气神韵，或许正是在这样得天独厚的风土之中才孕育出绍兴绵长深远的文化和灿若星河的杰出人才。

科技馆和文化中心的总体设计取意于稽山鉴湖，西侧的文化中心形如连绵起伏，峰峦竞秀的会稽山，而东侧的科技馆则如温柔绮丽、烟波浩渺的鉴湖，一山一湖，勾勒出绍兴的风土灵韵。

孔子云：仁者乐山、智者乐水。山代表了仁，隐喻着厚重深远的人文精神；水代表了智，概括了人类活跃灵动的思维和对宇宙永不停息的探索，二者分别与文化中心和科技馆的内容相对应，隐喻地表达了建筑的功能和内涵。

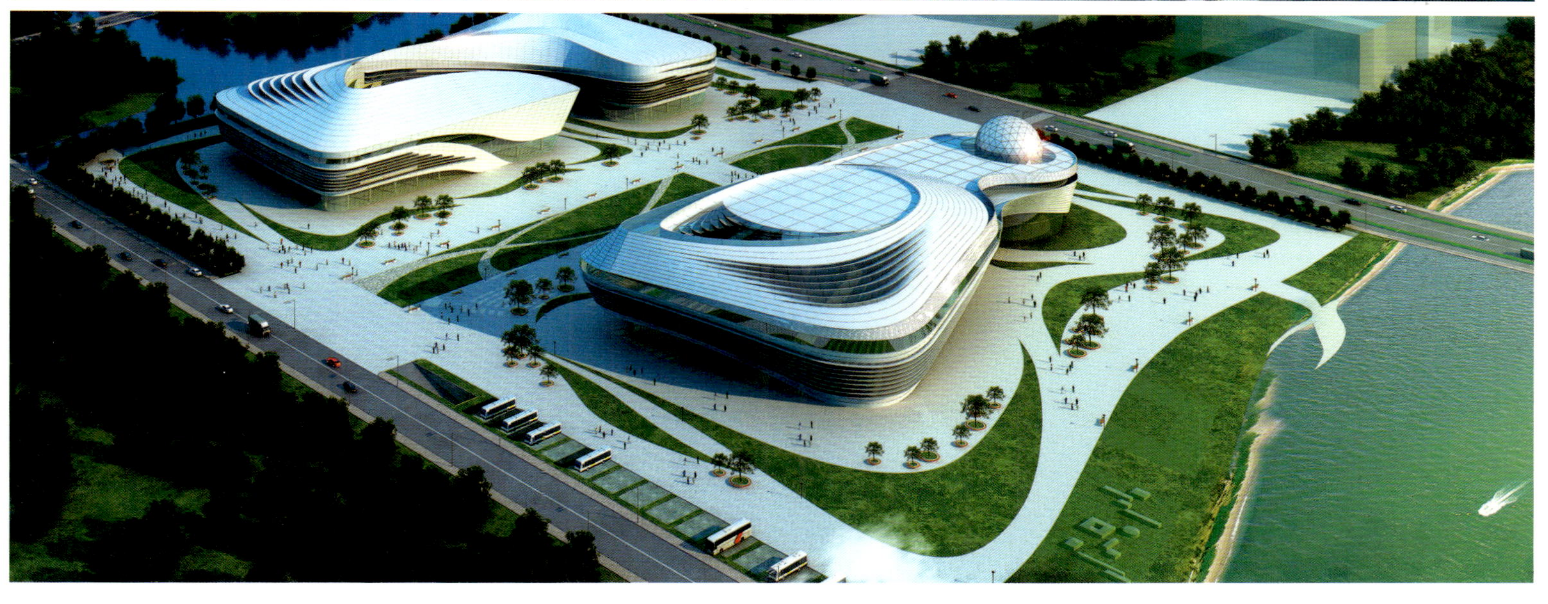

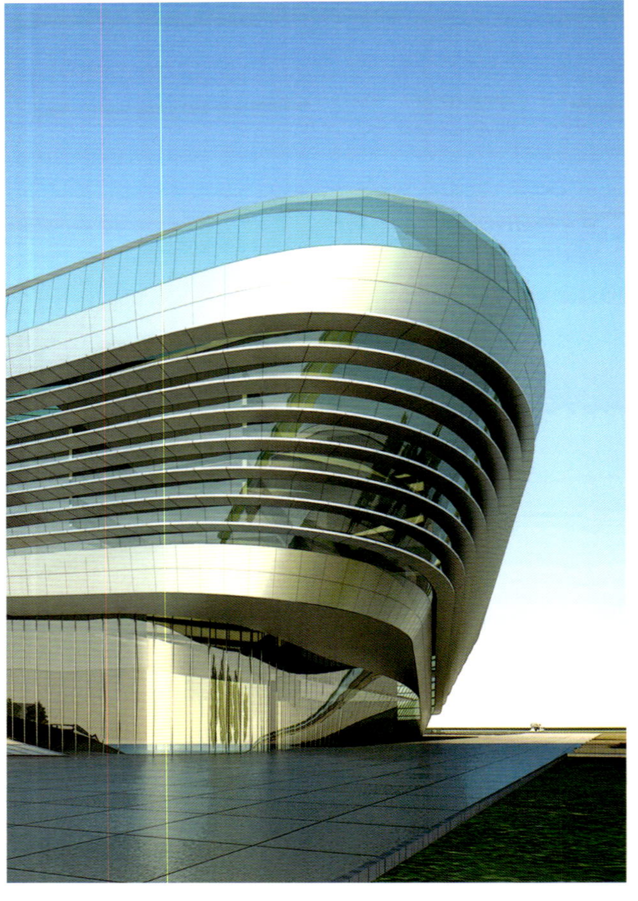

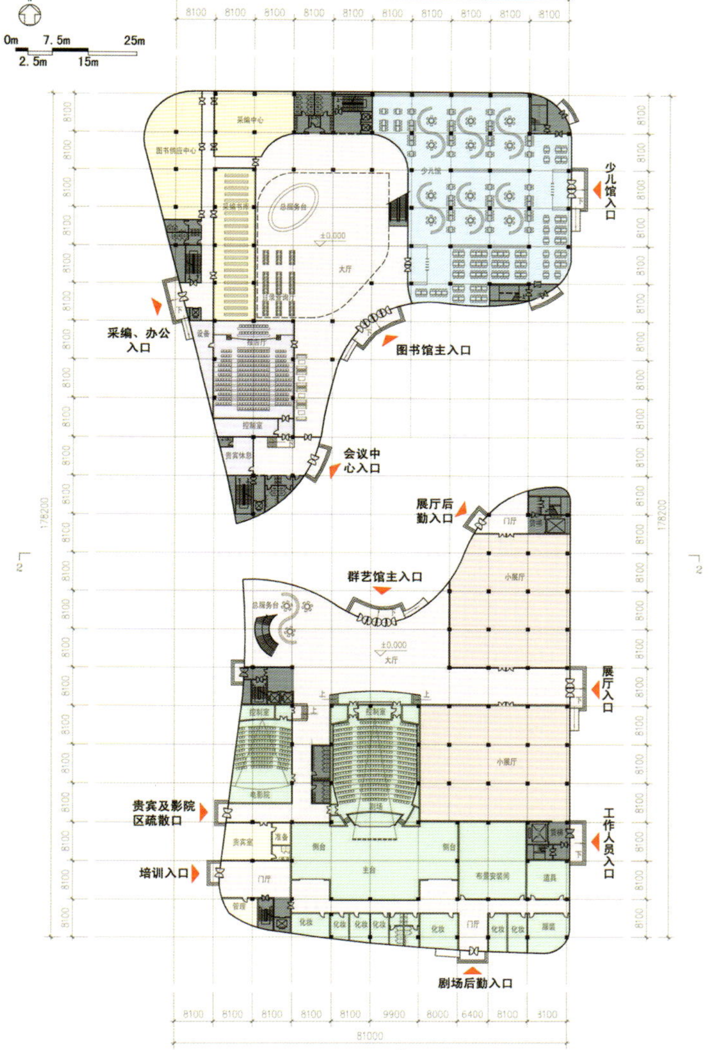

文化中心首层平面

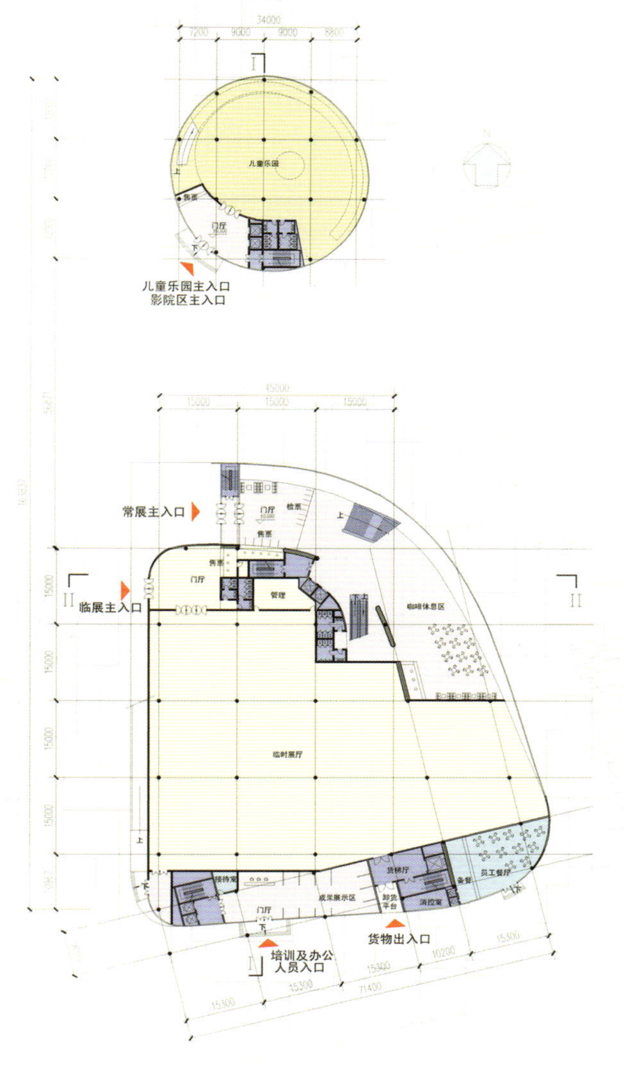

科技馆首层平面

唐山青少年宫、科技馆

工程档案

建筑设计：中国航空规划建设发展有限公司
项目地址：唐山市凤凰新城
建筑面积：70000m²
用地面积：82400m²
容 积 率：0.85
建筑密度：26.6%
建筑高度：32

设计理念

本方案的设计理念为“树人”，即用树的形态、“生长”的理念和生态建筑的处理手法来诠释青少年宫和科技馆的文化内涵。强调建筑是破土而出的生态体量，与公园景观融为一体，建筑形体充满生命和力量。

1．概念引申自青少年宫的建筑性质

青少年宫的活动群体和服务对象为青少年，青少年是生命之晨，日之黎明，充满纯净、幻想及和谐，用“生长”的概念和形体来处理青少年宫，寄托了对青少年快乐、健康成长的美好愿望。传递出青春的脉动与活力。

2．概念引申自科技馆的建筑性质

科技馆是对青少年儿童进行科普教育的地方，从科技的角度出发，科技有着不停向前发展的特点，用生长的理念来比喻科技向天文、地理、人体科学等各领域无限延展的过程，科技馆作为探索的起始点，去了解自然、了解城市、了解世界，表达了人们对美好未知世界想象与探索的愿望。

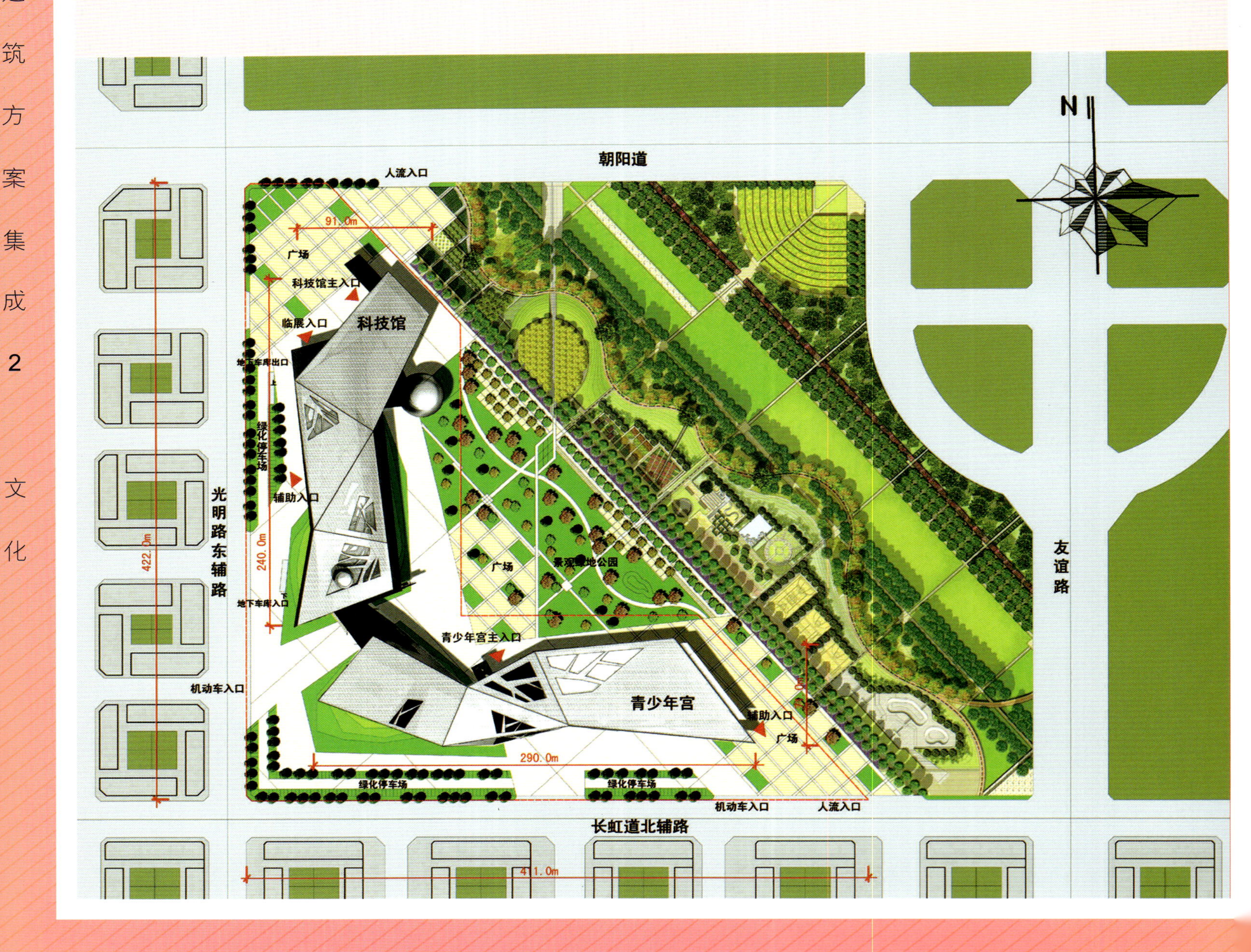

设计特点

建筑的空间处理结合青少年的活动特点，同时秉承着生态优先，资源共享的设计原则，青少年宫和科技馆都设计了大面积的室外共享空间，通过大平台使共享空间联系起来，使空间活跃、充满激情。科技馆的入口处设计了门型高大的室外空间，体现了科技馆高技、神秘的特点，青少年宫的空间设计则注重趣味性和多变性，更易于激发青少年的创造性思维。

建筑造型采取有序和无序相结合的处理方法，强调生长和生态的设计理念。建筑通过转折面的扭曲及线角处理具有强大的张力，使建筑具有向外部空间延展的趋势，宛如破土而出的体量，具有着强大和旺盛的生命力。建筑外部材料采用穿孔钢板，局部树杈形洞口的设置，营造出“镂空雕刻”一种独特的建筑形式，宛如一件精美的工艺品，晶莹剔透。立面上的树形设计巧妙地借鉴了唐山的皮影、剪纸等艺术手法，形成了生动的剪影效果。

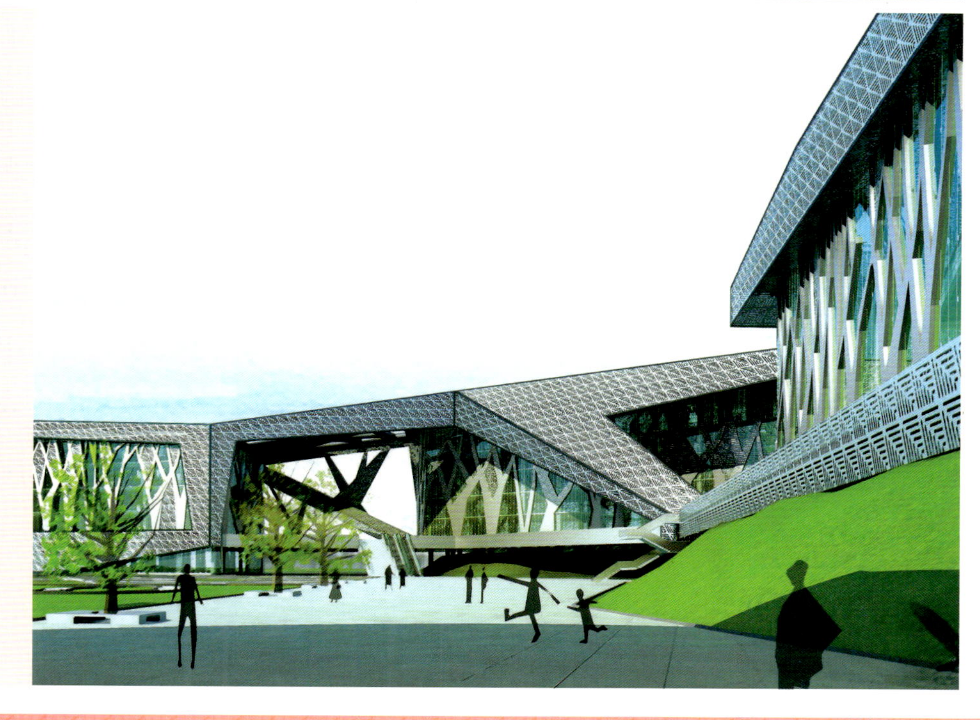

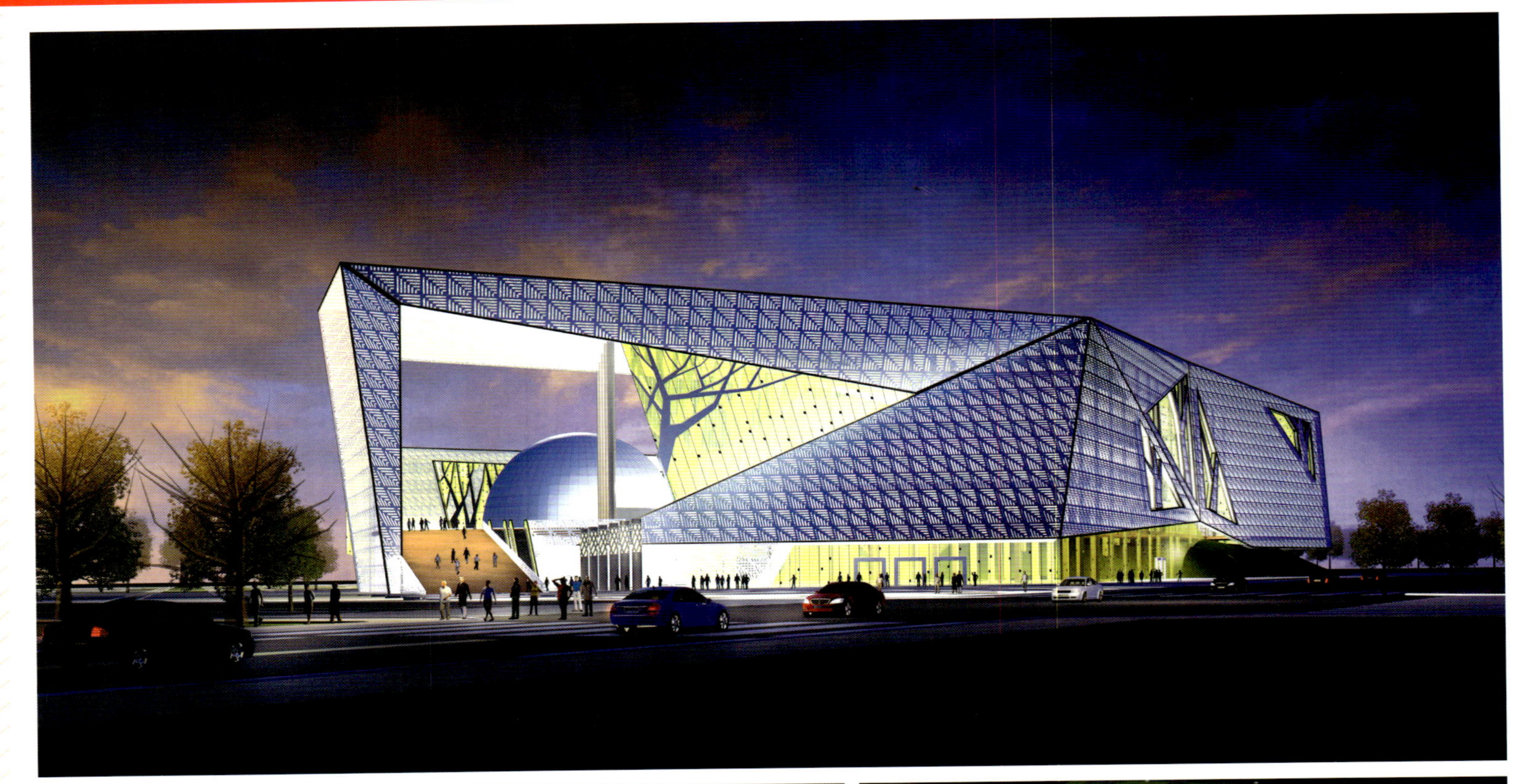

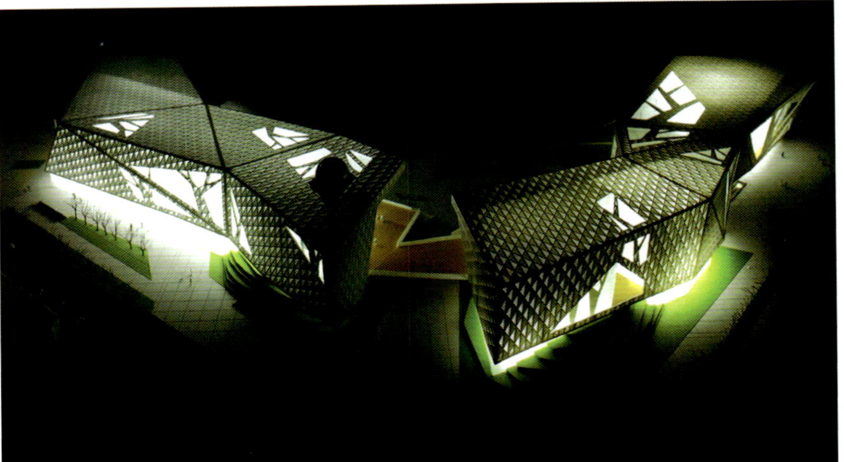

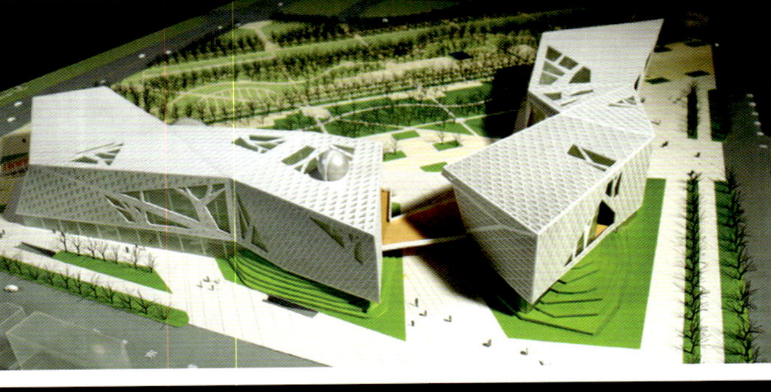

榆林市科技馆

工程档案

建筑设计：中国航空规划建设发展有限公司
项目地址：陕西榆林
建筑面积：20000m²

项目概况

榆林市科技馆项目选址位于山西省历史文化名城榆林市的经济开发区内，榆林市是陕西的北方重镇，位于陕、甘、宁、蒙、晋5省接壤地带，黄河沿其东界南下涉境400多千米，古长城横贯东西700多千米。地貌大体以长城为界，北部为沙漠区，南部为黄土丘陵沟壑区，是毛乌素沙漠和黄土高原的过度地带。现在境内一半是沙漠地，沙漠地和当地固有黄土沟壑地各一半共存的现象也成了城市的一大特色。

方案结合当地的地质特点，用建筑的形体模仿沙漠的形象，用沙漠所特有的曲线和材质细腻的特点来反应建筑的地域性和独特性，同时结合科技馆本身的建筑特点，用科技馆穹幕影院的“球型”造型来比喻榆林市科技力量破土而出的前景，使榆林市成为陕北一颗耀眼的明珠，沙漠与明珠的结合形成“塞上明珠”的建筑形态和理念。屋顶上的曲线造型暗合数学上的“张力线”概念，设计采用数学“张力线”的形式来描绘沙漠的曲线造型，从而体现建筑的形式美感。在这里张力线代表了科学的概念，曲线美代表着艺术的美感，屋顶的形式在这里达到了科学与艺术的完美结合，同时也是自然科学与人文科学在建筑形体上的高度统一。

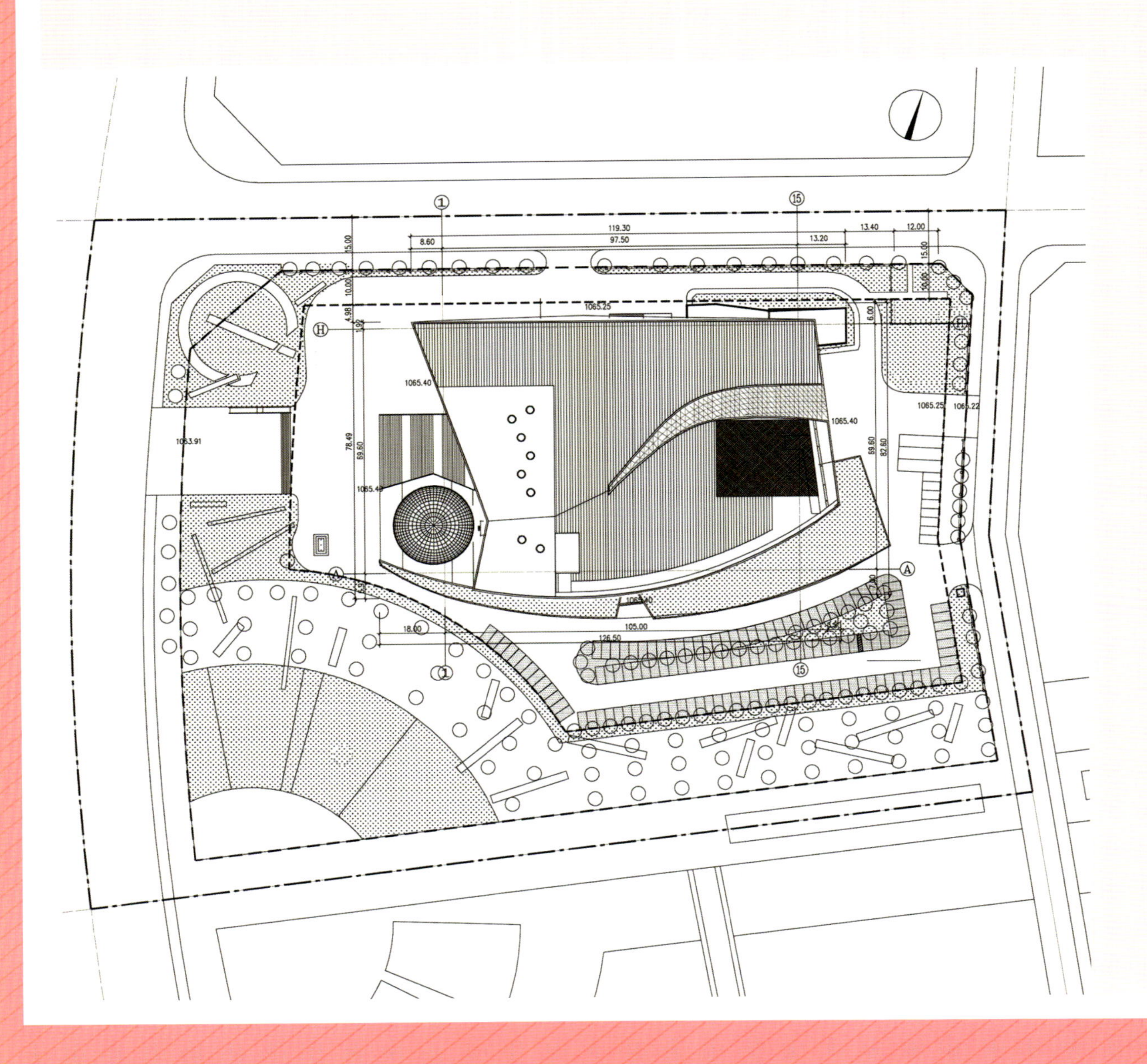

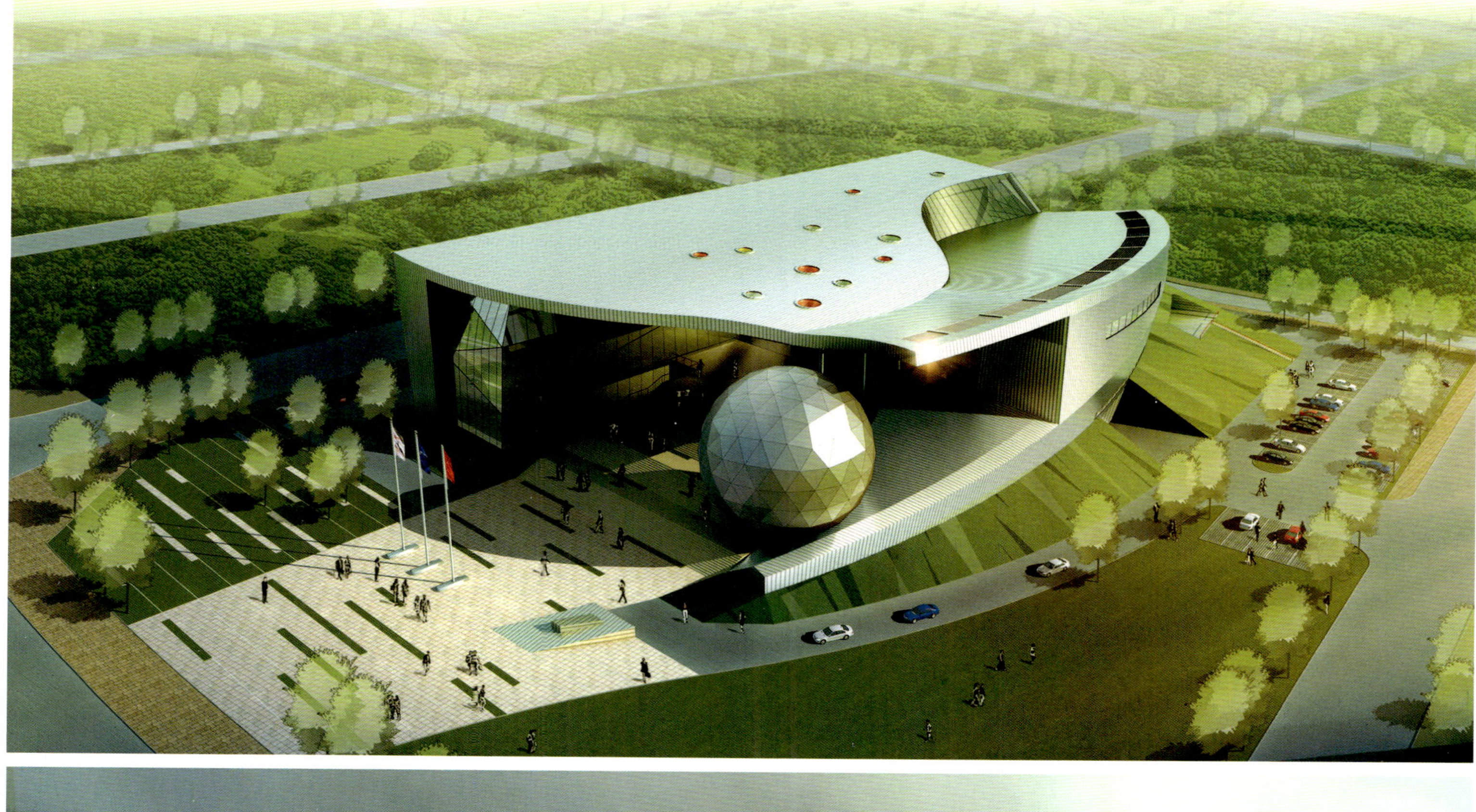

ART FOYER
CHINA INTERNATIONAL MILITARY
industrial
software

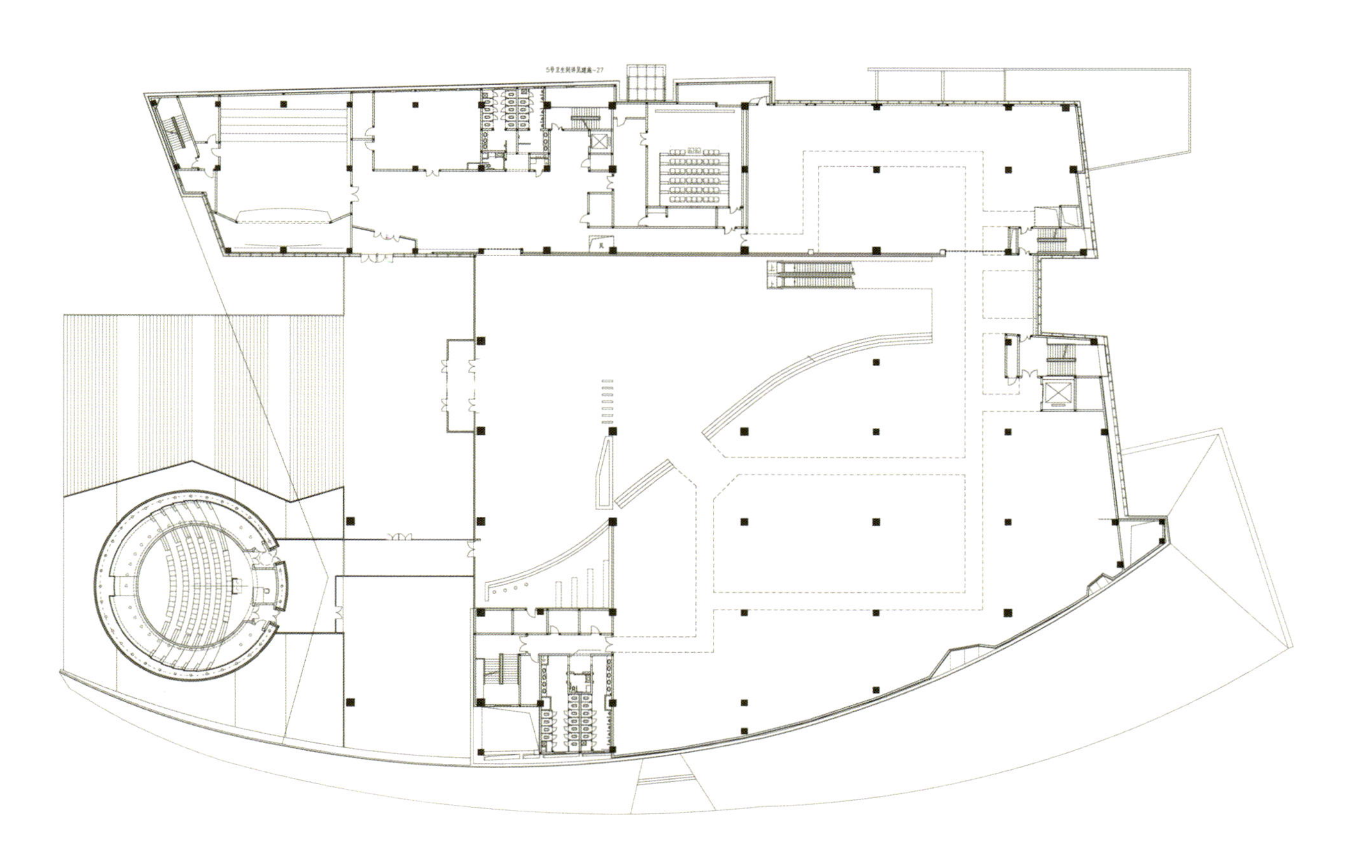

二层平面图

云南省科技馆

工程档案

建筑设计：中国航空规划建设发展有限公司
项目地址：云南昆明
建筑面积：60000m²

项目概况

云南省科技馆新馆的建设选址位于呈贡新区吴家营片区昆明市行政中心东侧，北中央大道和北洛龙路交汇处，环境优美，景色宜人，交通可达性好，城市基础设施配套完善。

“科技内涵”、“地域文化”、“以人为本”是当今科技馆建筑设计举世公认的三大主题。云南科技馆的建筑造型便是这三大主题的集中体现。

云南，以彩云之乡而闻名，又称七彩云南，本方案结合宇宙星系的抽象图案与“彩云”造型相叠加，塑造出一个优美独特而又动感十足的建筑形态。既表达出宇宙大自然的无穷奥秘，也表现了云的曼妙造型，突出了建筑的地域特色。星云的造型代表了人们对美好未知世界的诸多憧憬。云南科技馆的建筑造型正像一朵精心雕琢的“云”，体态优雅，自然纯朴，柔美灵动的曲线、层层叠叠的机理，似相互交织旋转的星系又似舞动的云朵，见证着云南省历史文化的发展和科技文明的进步，向世人展示着云南自然真趣，自在天性的品质和深厚的文化积淀。

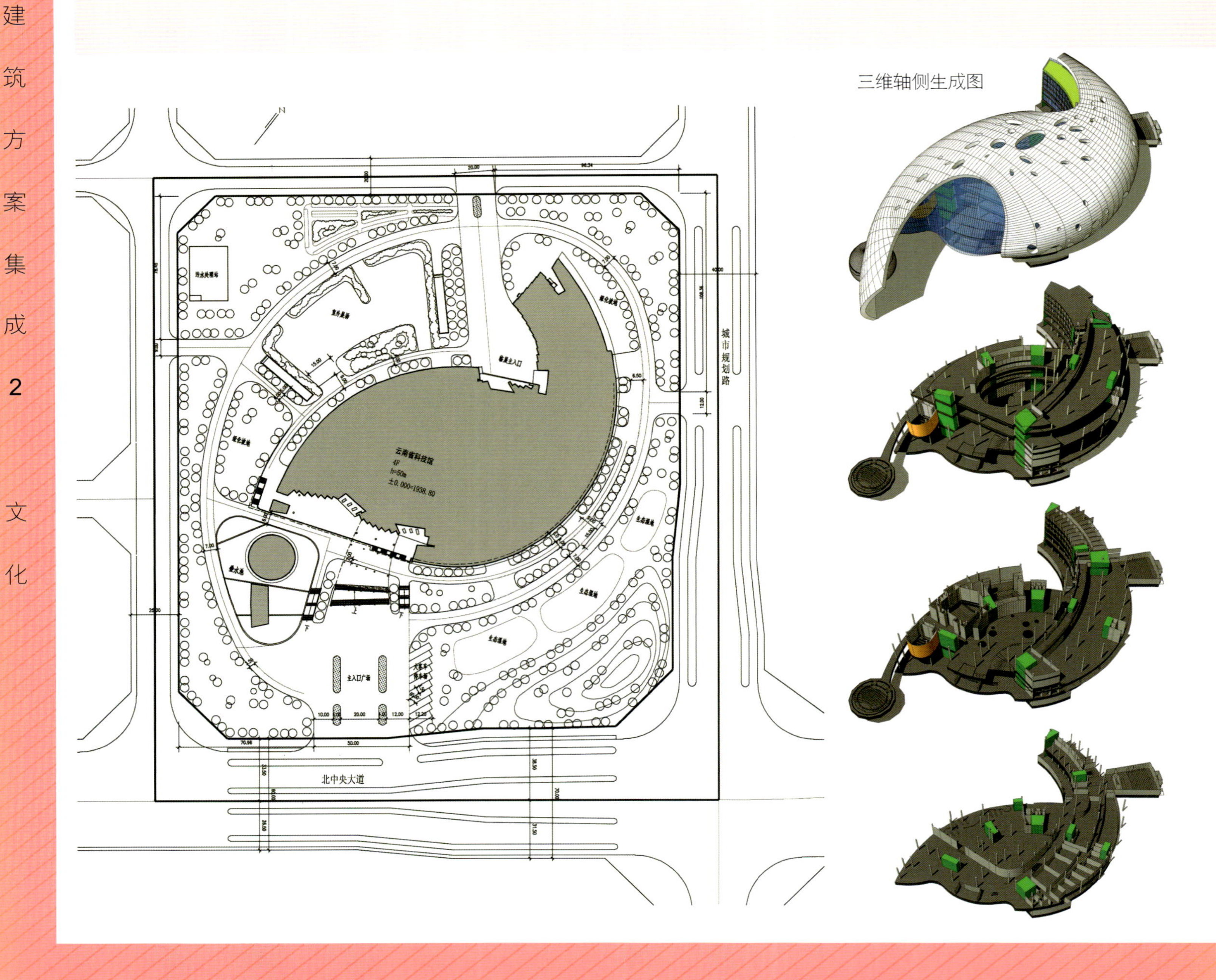

三维轴侧生成图

设计特点

根据科技馆造型的独特性和艺术性，建筑外装饰材料着重突出现代感，以高技术的精致构造表达建筑的科技内涵。玻璃质感的单曲面幕墙采用透明的 Low-E 中空夹胶玻璃、拉锁框架结构，以具有设计感的构造，表现力与美完美结合的结构美学。洁白的壳体外围护结构为具有保温节能、防水可靠的双层金属板构造，内层为直立锁边防水金属板，外层为装饰金属板面层，在动态的造型中增添稳定、安逸的静态美感。

科技馆大厅的通高中庭内，弧形的展厅墙面，恢弘的穹顶，动感而富于张力单曲面拉锁框架结构玻璃幕墙，塑造出极具视觉冲击力的室内空间。

流线分析

展区流线结合展厅内展项设计布置，按参观流线顺次引导。常设展览设在一至三层，检票后通过主入口中庭的自动扶梯和人行坡道由一层引导至二、三层和半地下临时展厅，参观流线连贯不会产生迂回。出口可乘扶梯或走人行坡道到达一层大厅，通过检票口由中庭南侧、北侧出口出馆。临时展厅设在半地下层，有扶梯与一层中庭空间联系，参观流线与主展厅根据布展需要可分可合，并在主馆北侧设单独专用直接对外出入口，可单独使用。

影院科普报告厅区域与展厅区域流线可分可合，便于独立管理经营、方便使用和人流集散。

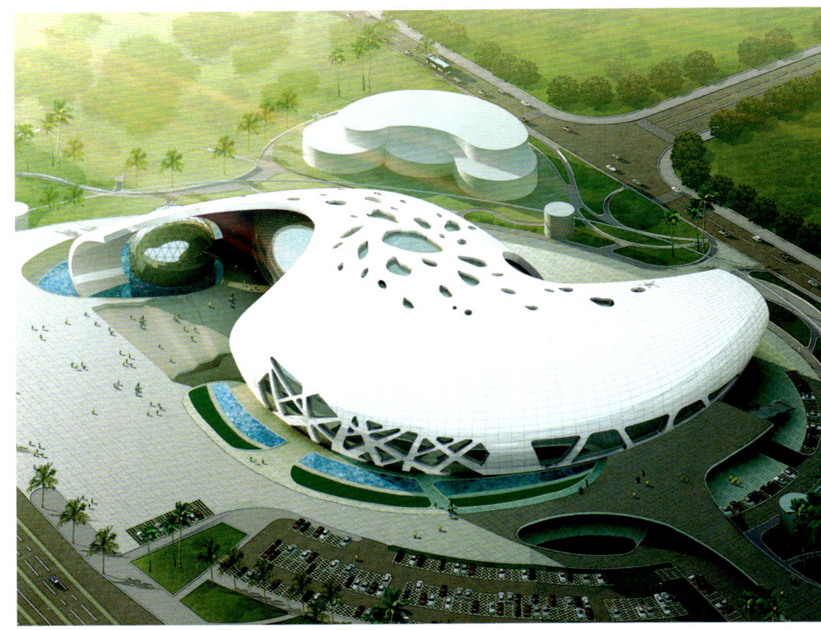

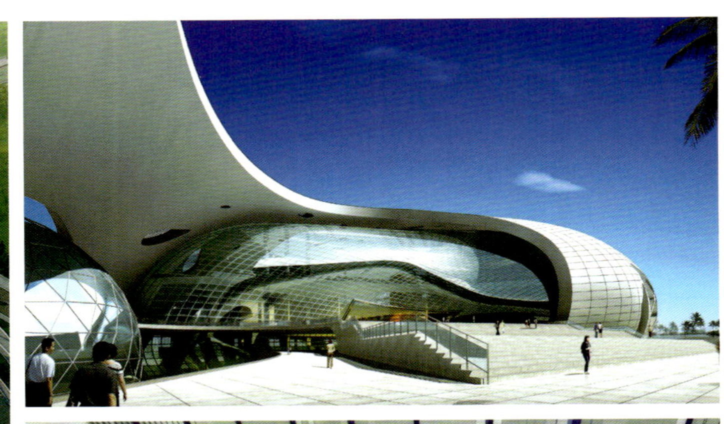

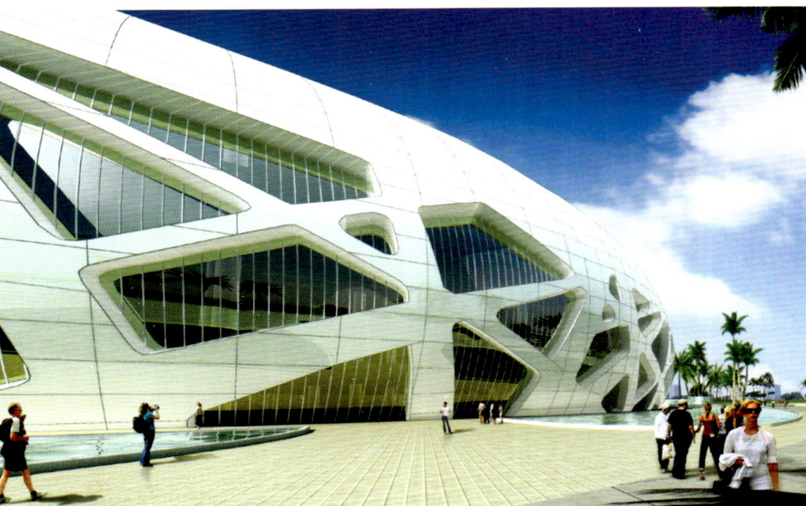

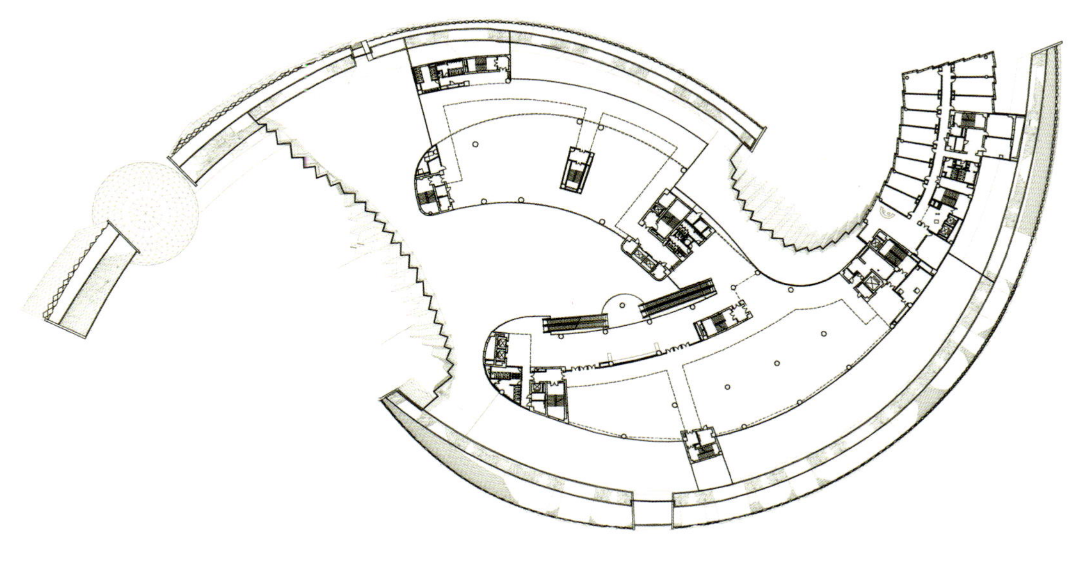

三层平面图

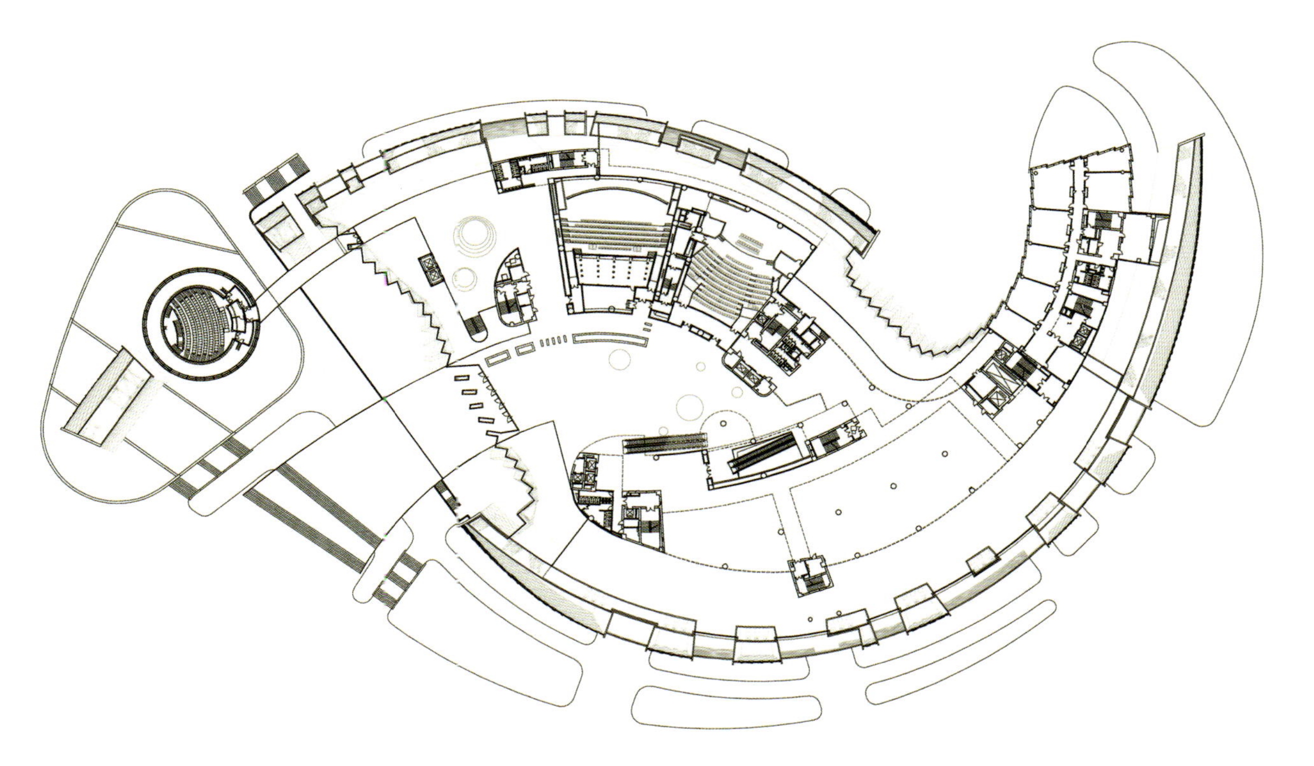

二层平面图

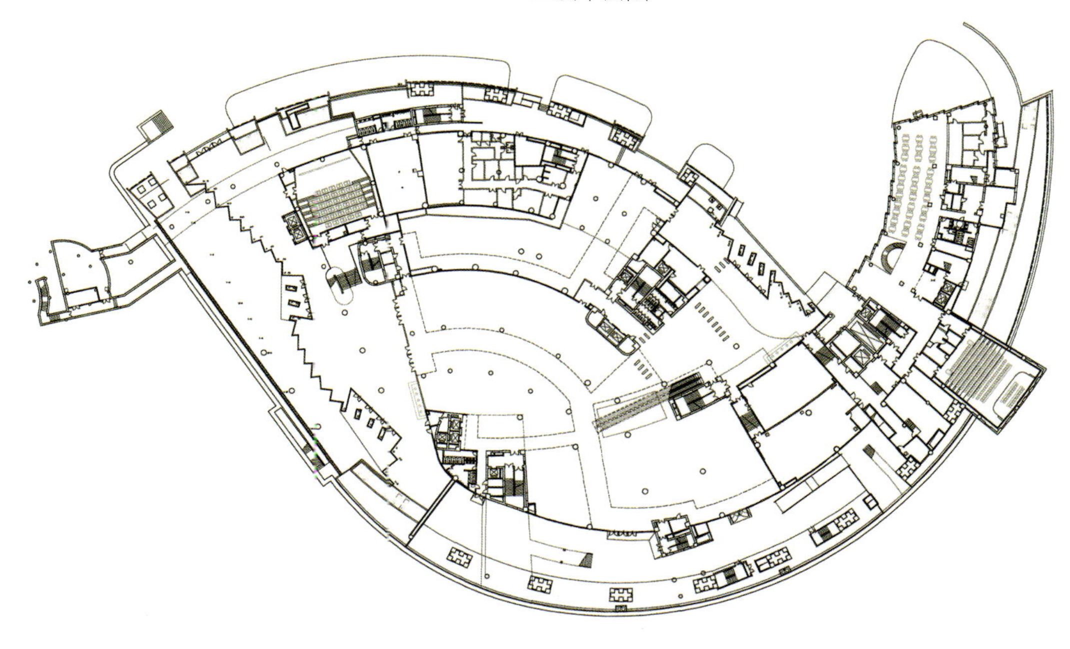

首层平面图

钱学森图书馆

工程档案

建筑设计：华南理工大学建筑设计研究院
项目地址：上海
建筑面积：7960m²
用地面积：9300m²

项目概况

建筑基地位于上海交通大学徐汇校区与城市之间的转角地块。

通过对钱老一生事迹的研究与概括，设计提出了“大地情怀、石破天惊”的概念。

以“方正的石头”寓意钱老心系祖国大地的赤子情怀。方正平直的建筑体量呈向外伸展的态势，简洁有力，抽象表达钱老在其中贡献一生的戈壁滩风蚀岩意象。

以“裂开的石头”之中迸发出东二甲火箭的建筑空间场景，寓意钱老领导下的“两弹一星”伟大事业是犹如“石破天惊”般的历史事件。“石头”沿校园道路的延长线从中部裂开，面向城市道路展开最大裂面，“V”字形同高玻璃面透出东二甲导弹实物，“石头”立面的肌理抽象而巧妙地呈现钱老的亲切形象，犹如深情地注视着东二甲导弹。拟像与实物、平面与纵深的交织形成时空对话的场景，突出了人物与其事业的共同主题。

建筑外墙以红灰色为主调，延续了百年徐汇校区的建筑历史文脉。

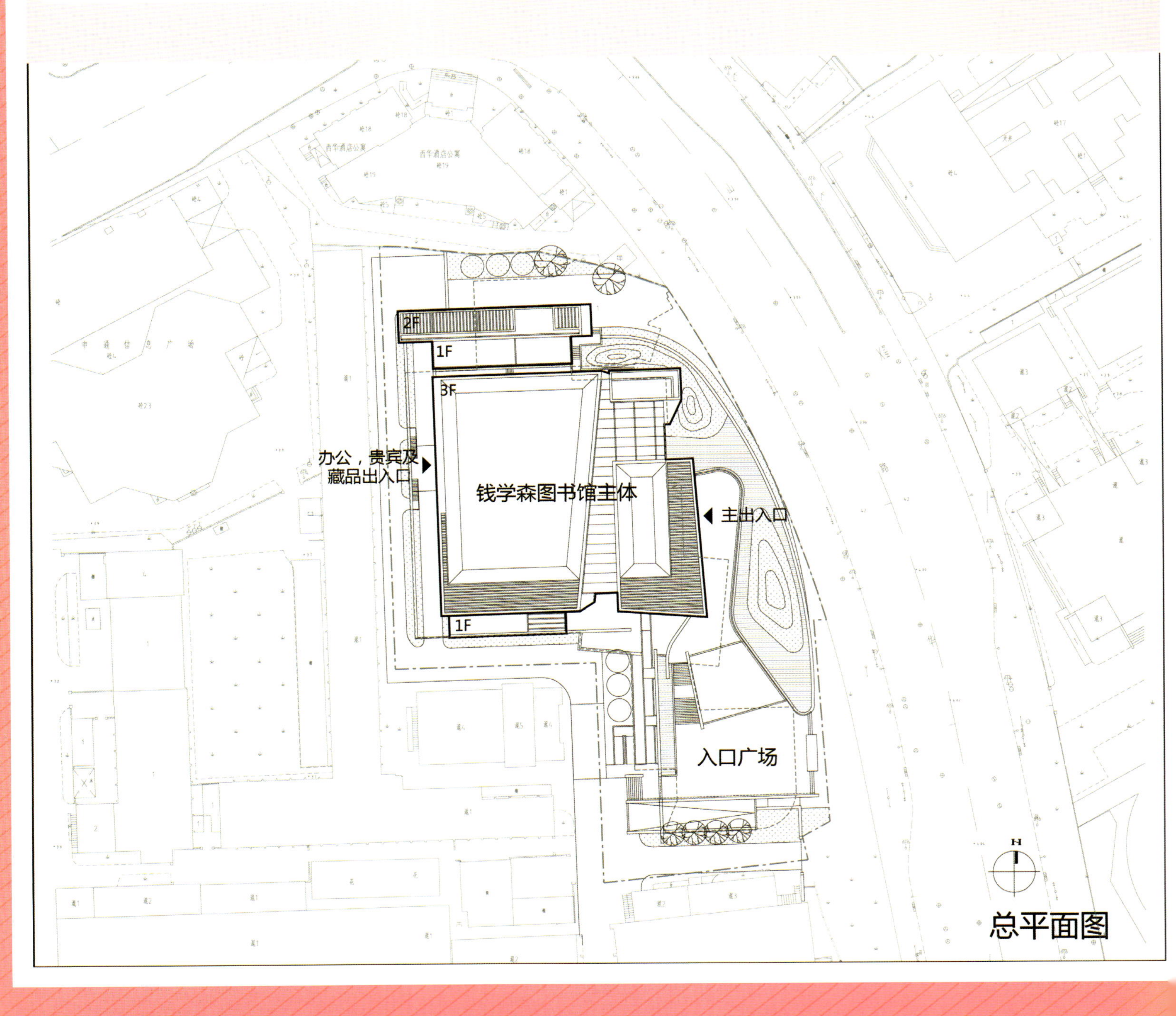

总平面图

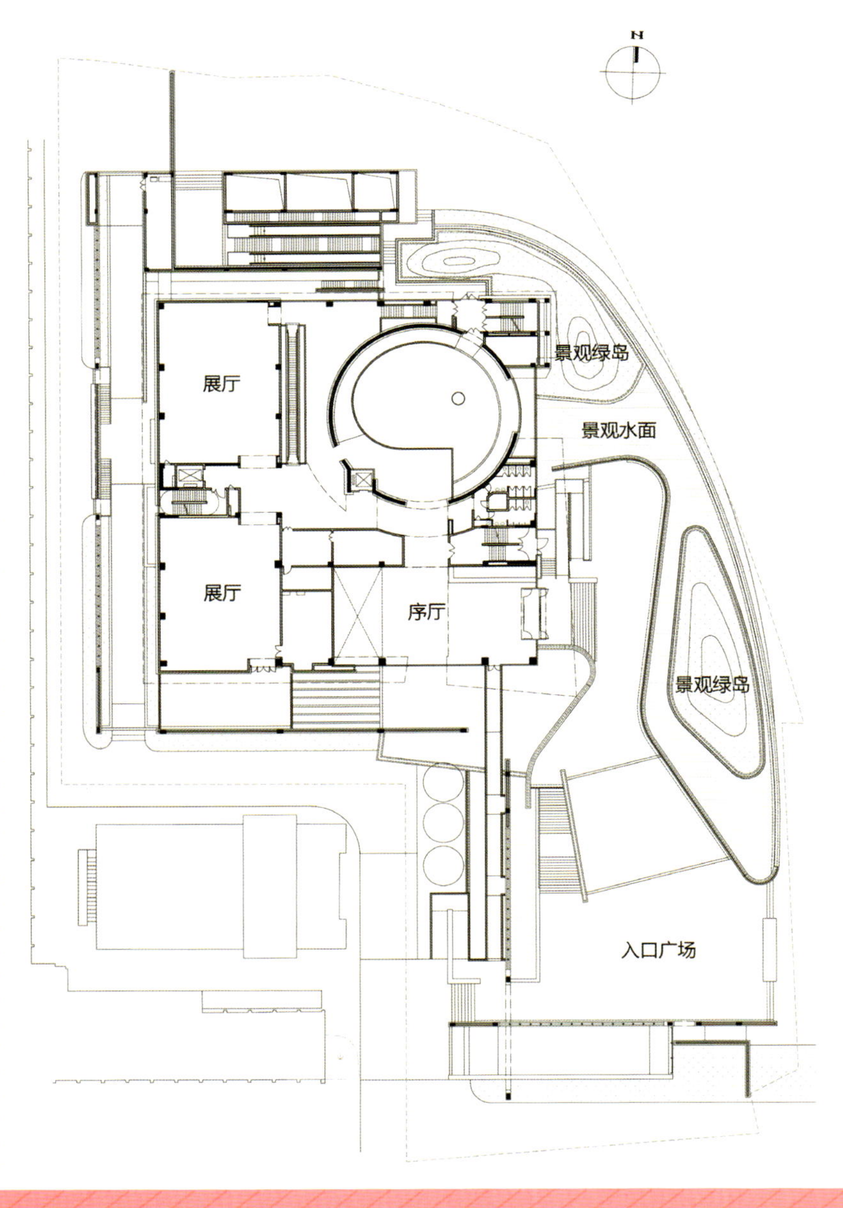
N
展厅
展厅
序厅
景观绿岛
景观水面
景观绿岛
入口广场

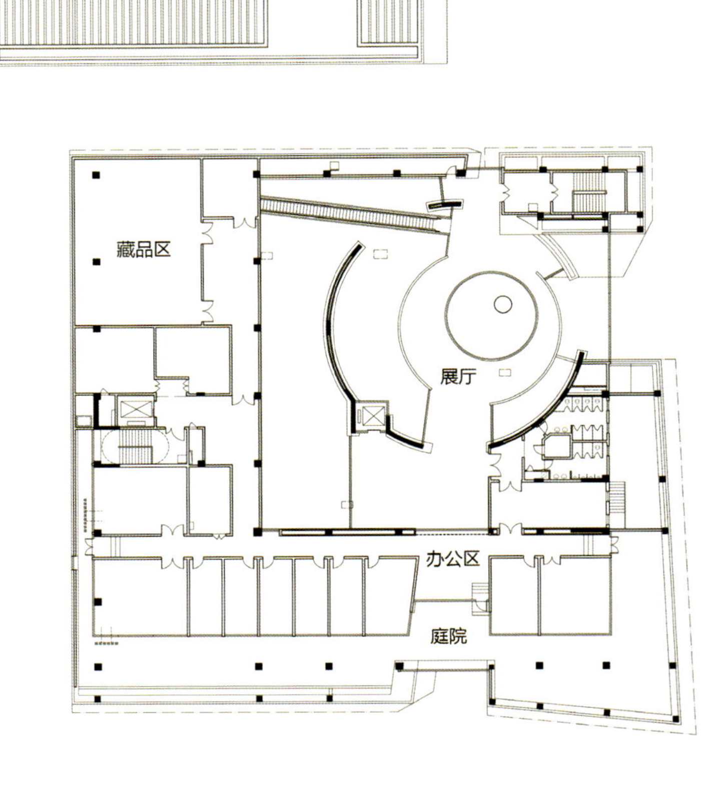
藏品区
展厅
办公区
庭院

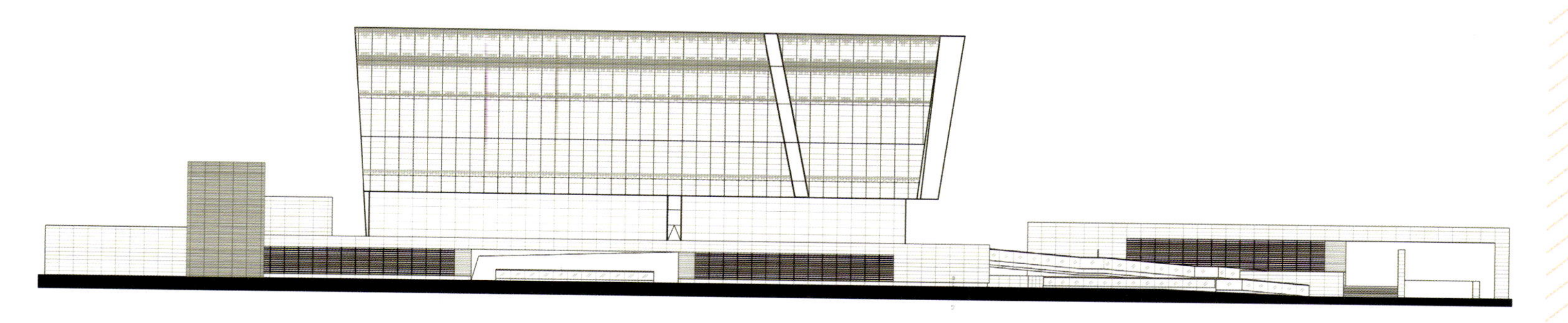

西立面图

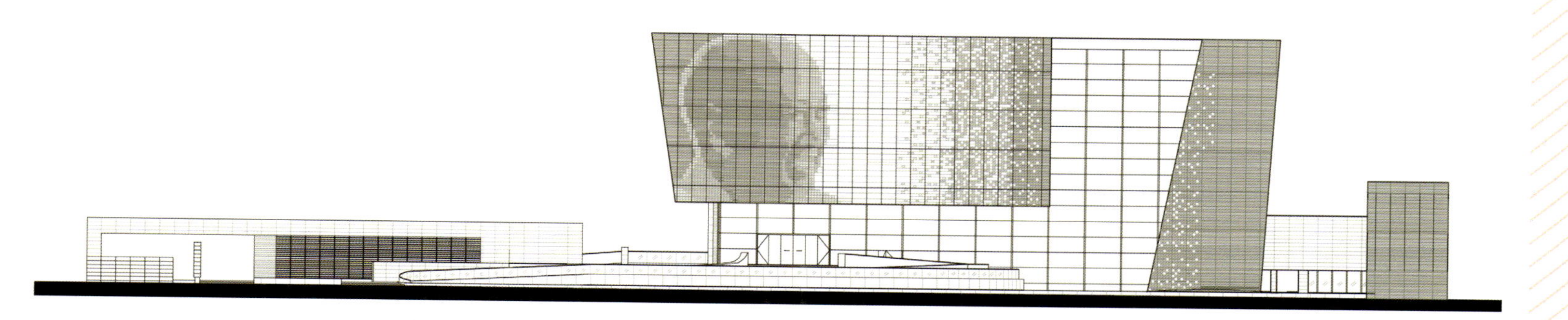

东立面图

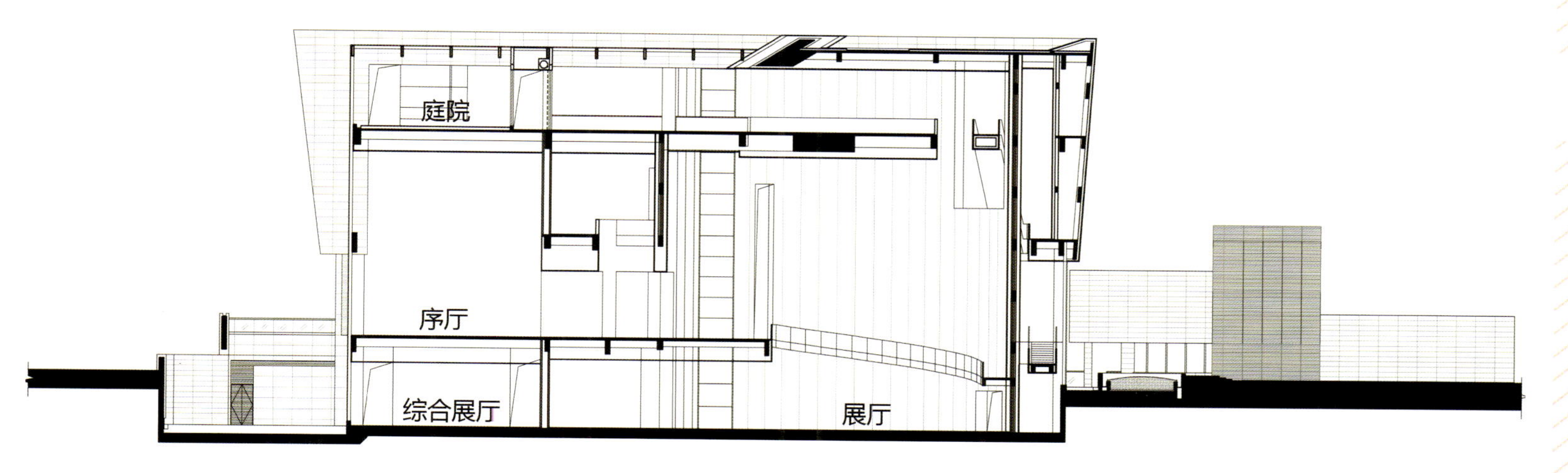

剖面图

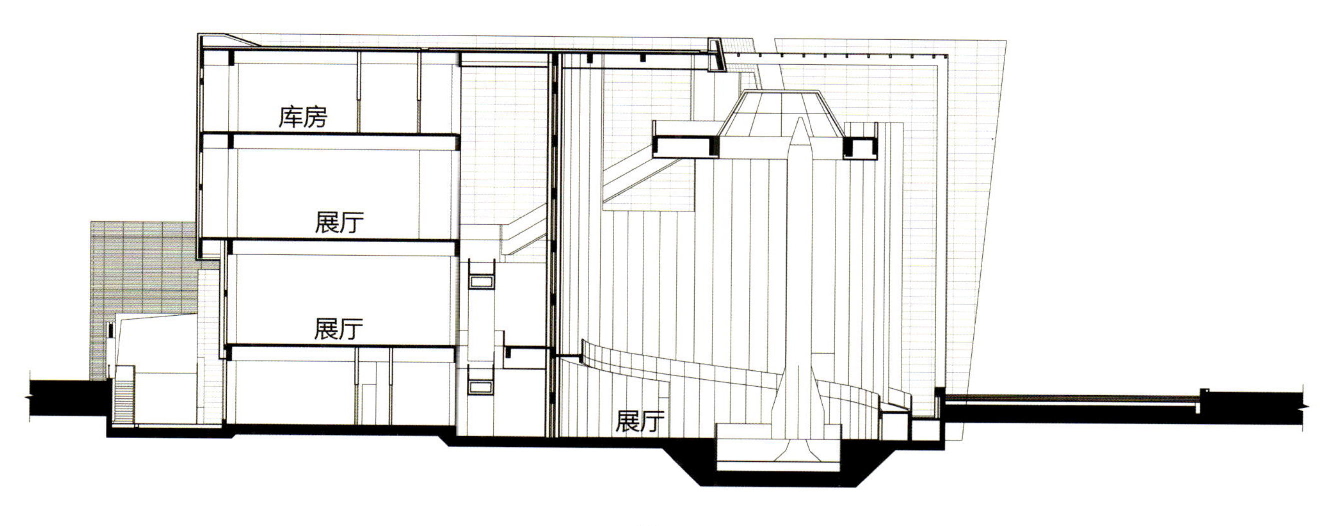

剖面图

菏泽市图书馆

工程档案

建筑设计：上海建筑设计研究院
项目地址：山东菏泽
建筑面积：28949m²
用地面积：42243m²
容积率：0.5

设计理念

菏泽市图书馆总建筑面积28949m²，其中，地下1层，6572m²，地上4层，22377m²。其藏书量约135万册，服务人口约150万人，设计阅览座位约1200座。

设计力求将图书馆塑造成菏泽市作为“书画之乡”的文化载体，创造出有文化底蕴的建筑造型。设计中，总体呈竖向叠加的建筑形态，试图将建筑营造成一本立体的书，让读者在其内外都如同在书架中快乐的徜徉，表达知识沉积的内涵。同时，通过立面采用竖向构图方式，把古人书法的竖向构图抽象提炼，应用的立面开窗的形式中，使之有神似之感，以“书墨·文韵”建筑概念巧妙地表达了“书画之乡”的文化背景。

总体处理上，设计努力寻找建筑与原革命烈士陵园的总体肌理和环境特点相协调的建筑布局和形式，近人尺度且静谧的书院环境。场地现状是一片以松柏为主的郁郁葱葱的林荫地，陵园纪念馆门前的以古树雪松为主形成标志性的林荫道，设计中将13棵古树雪松、原纪念馆门前对称种植的银杏和黄杨保留，用建筑院落的形式得以表达，形成一个以林荫古道为特色的书院环境，静谧，且常常勾起人们对原纪念馆场地精神的追忆。

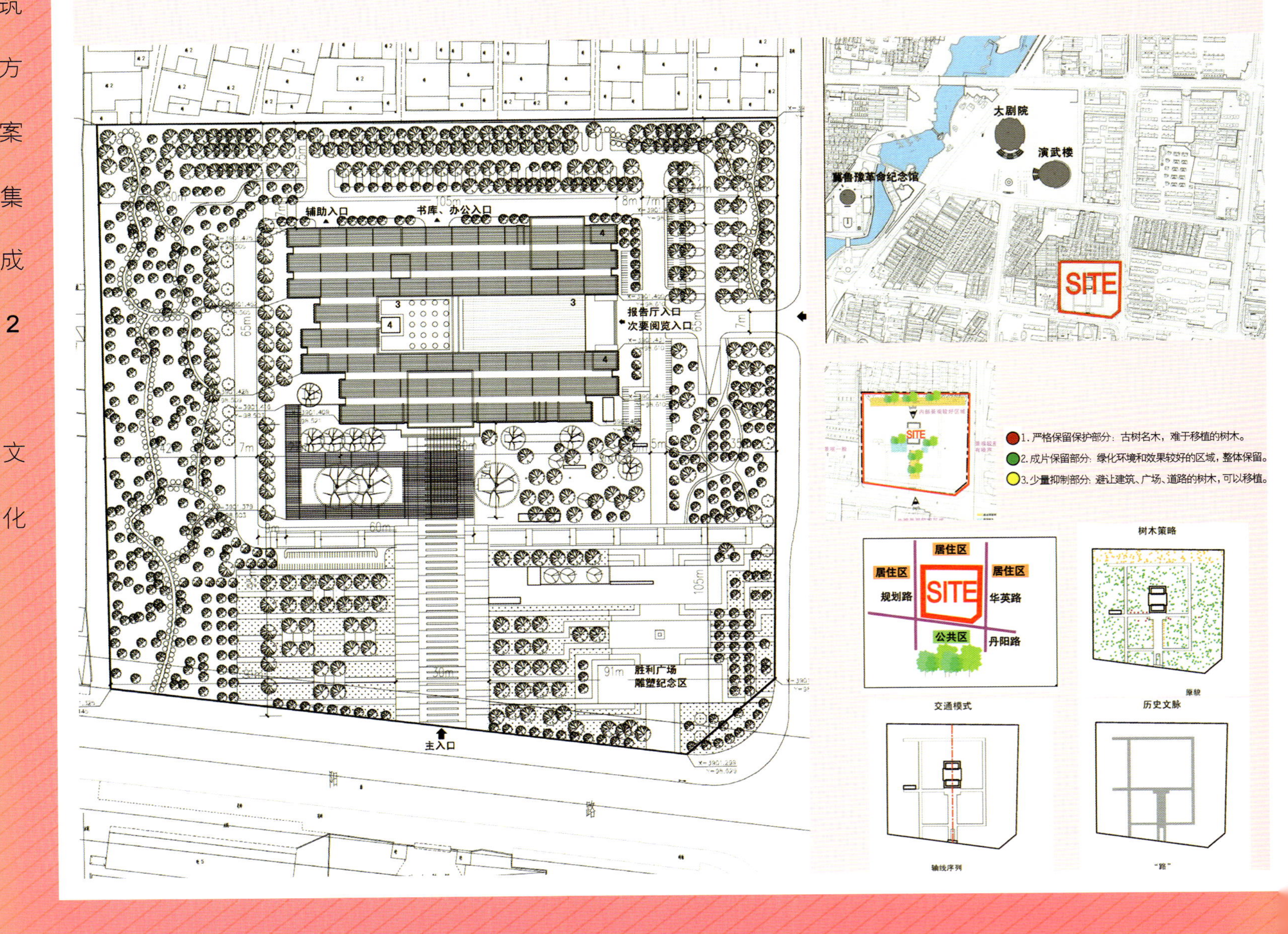

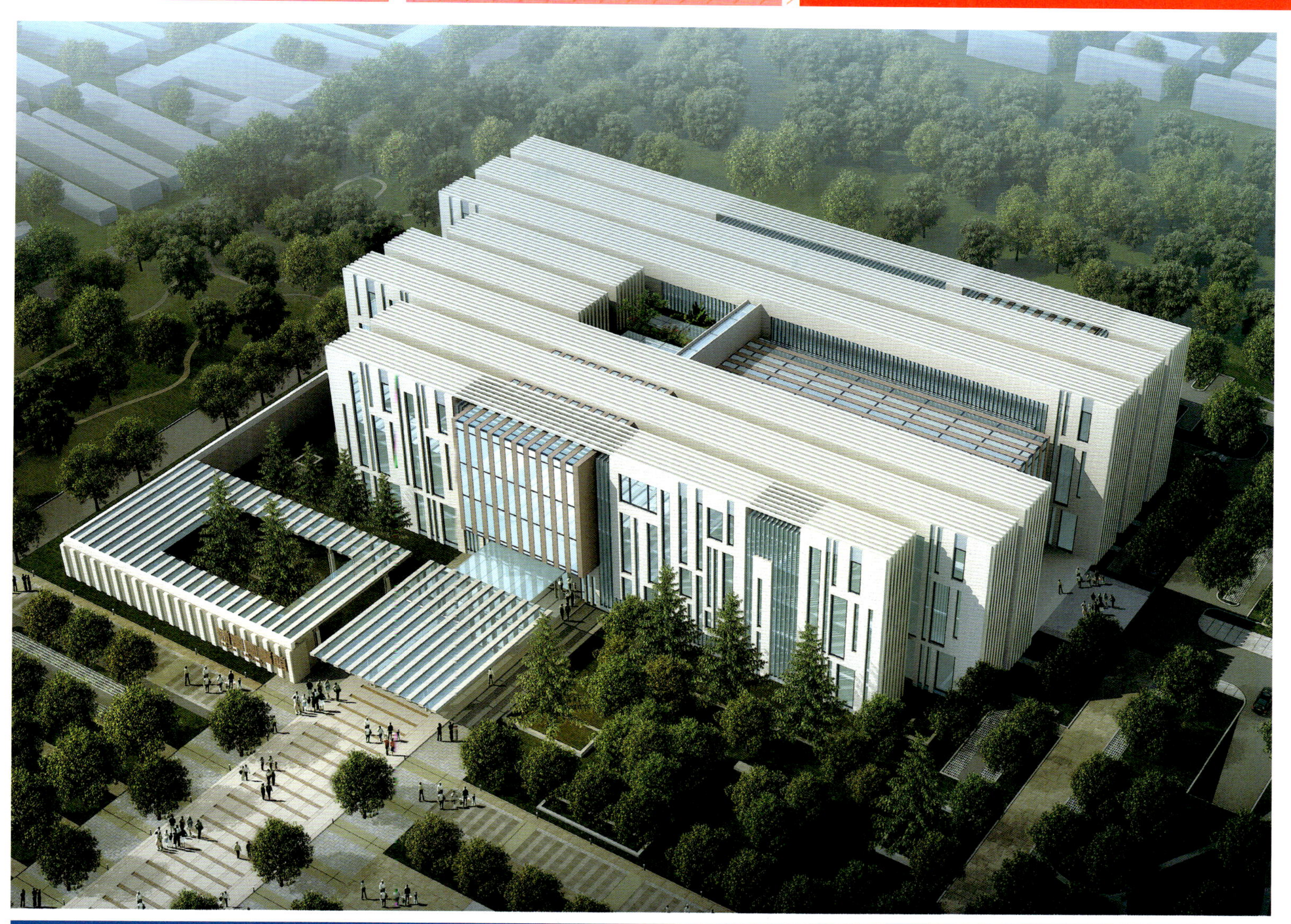

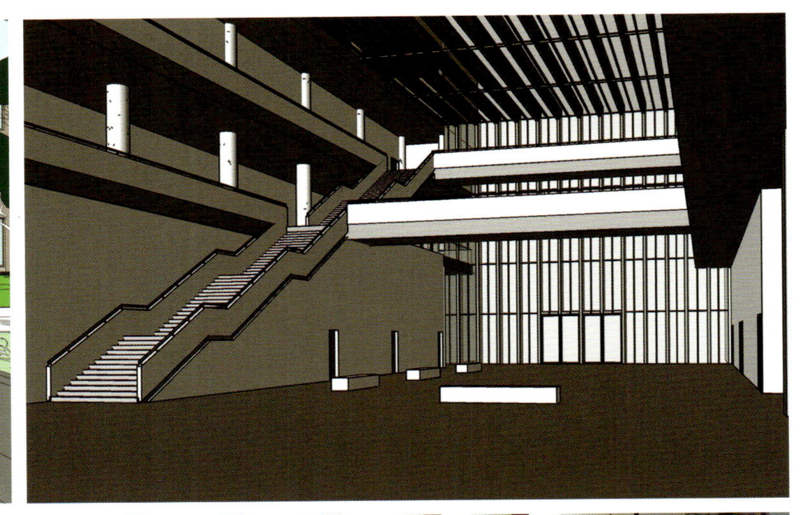

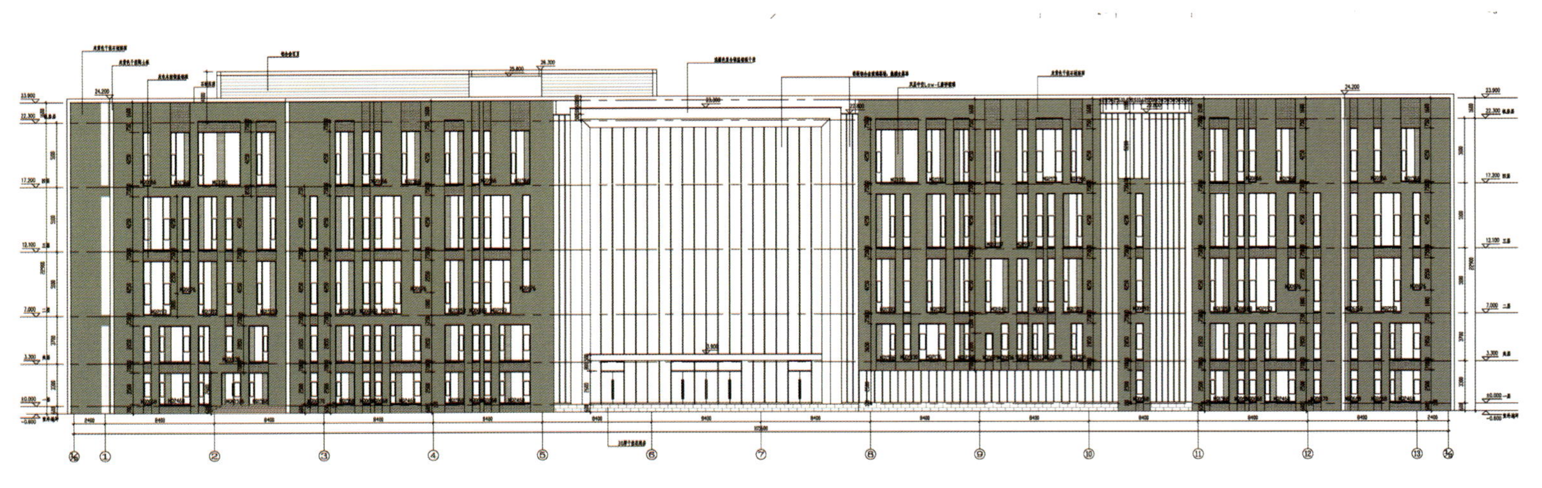

南立面图

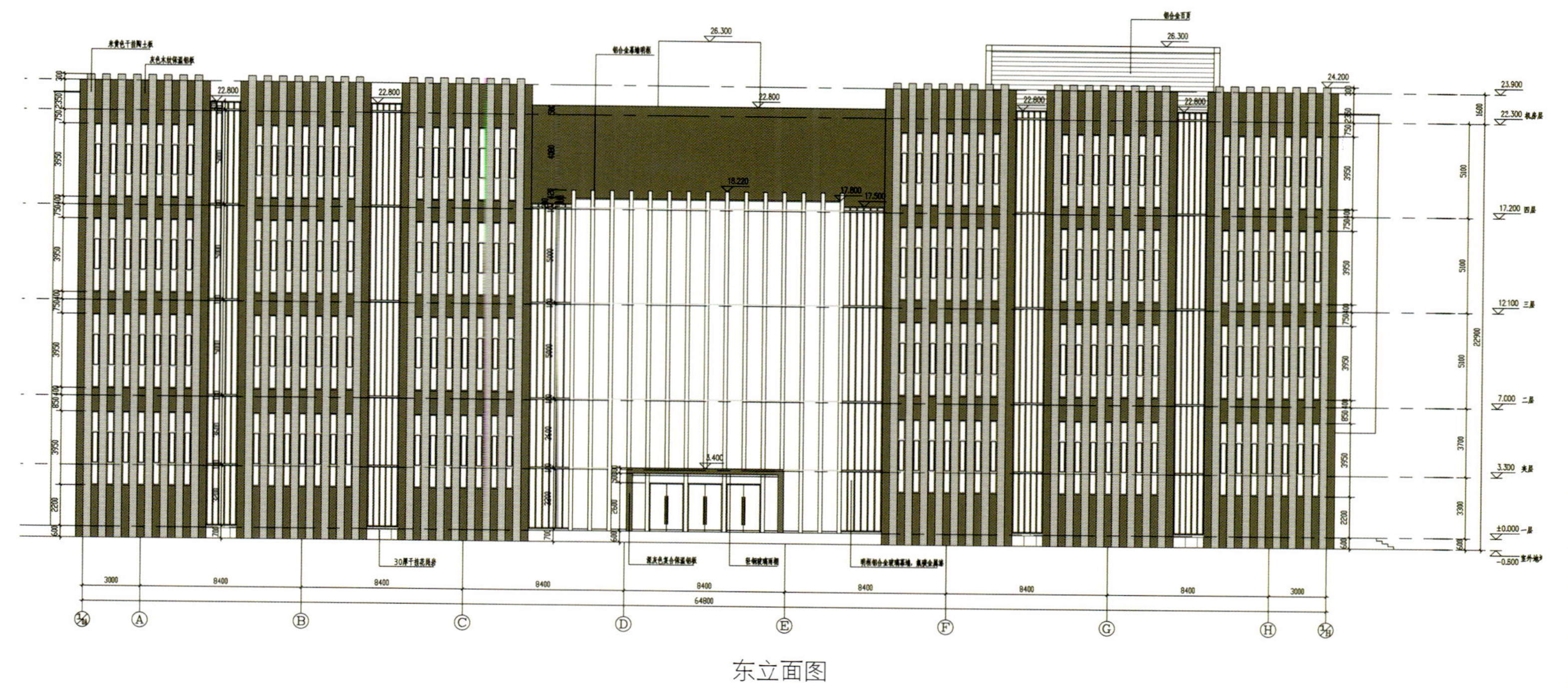

东立面图

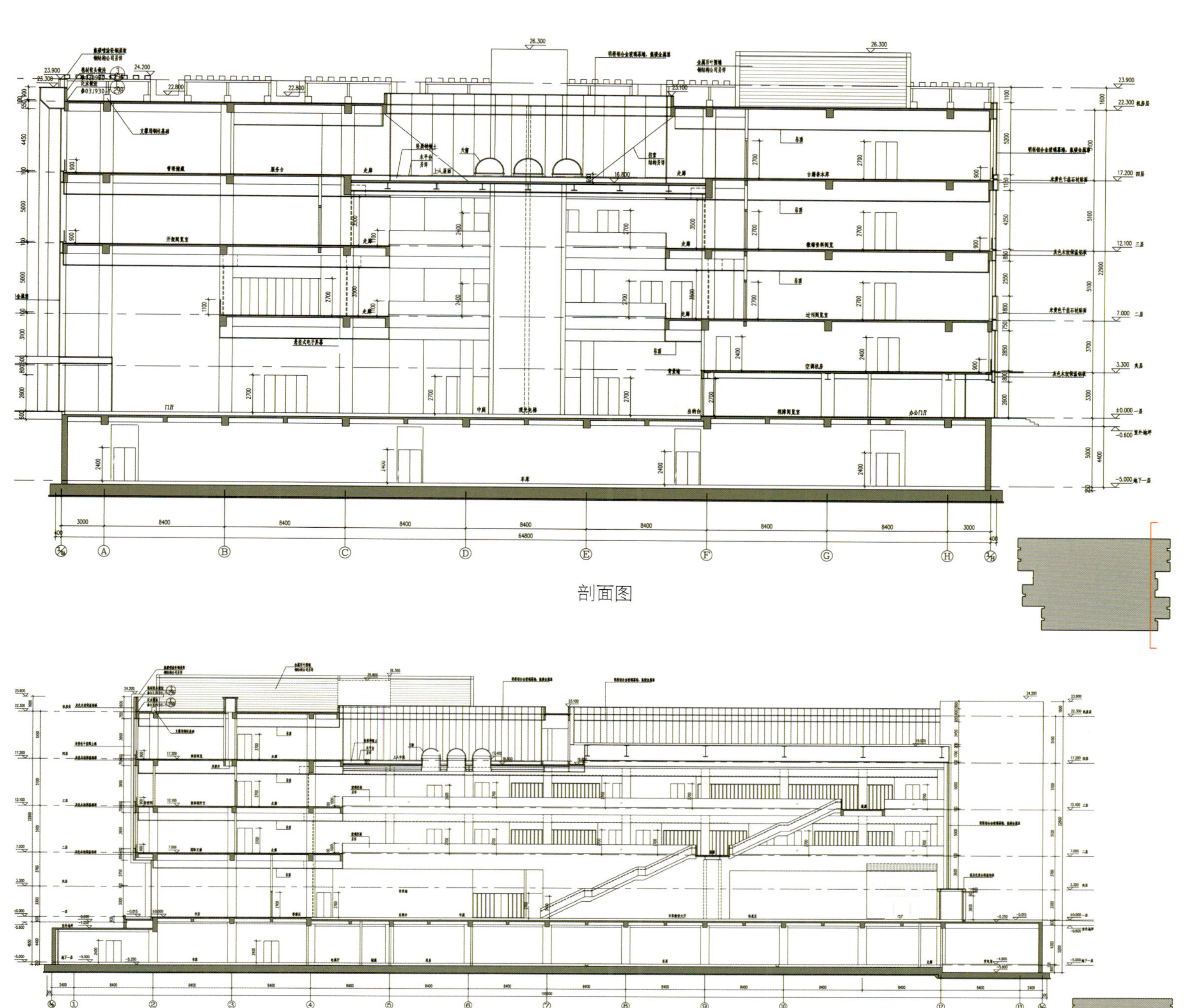

剖面图

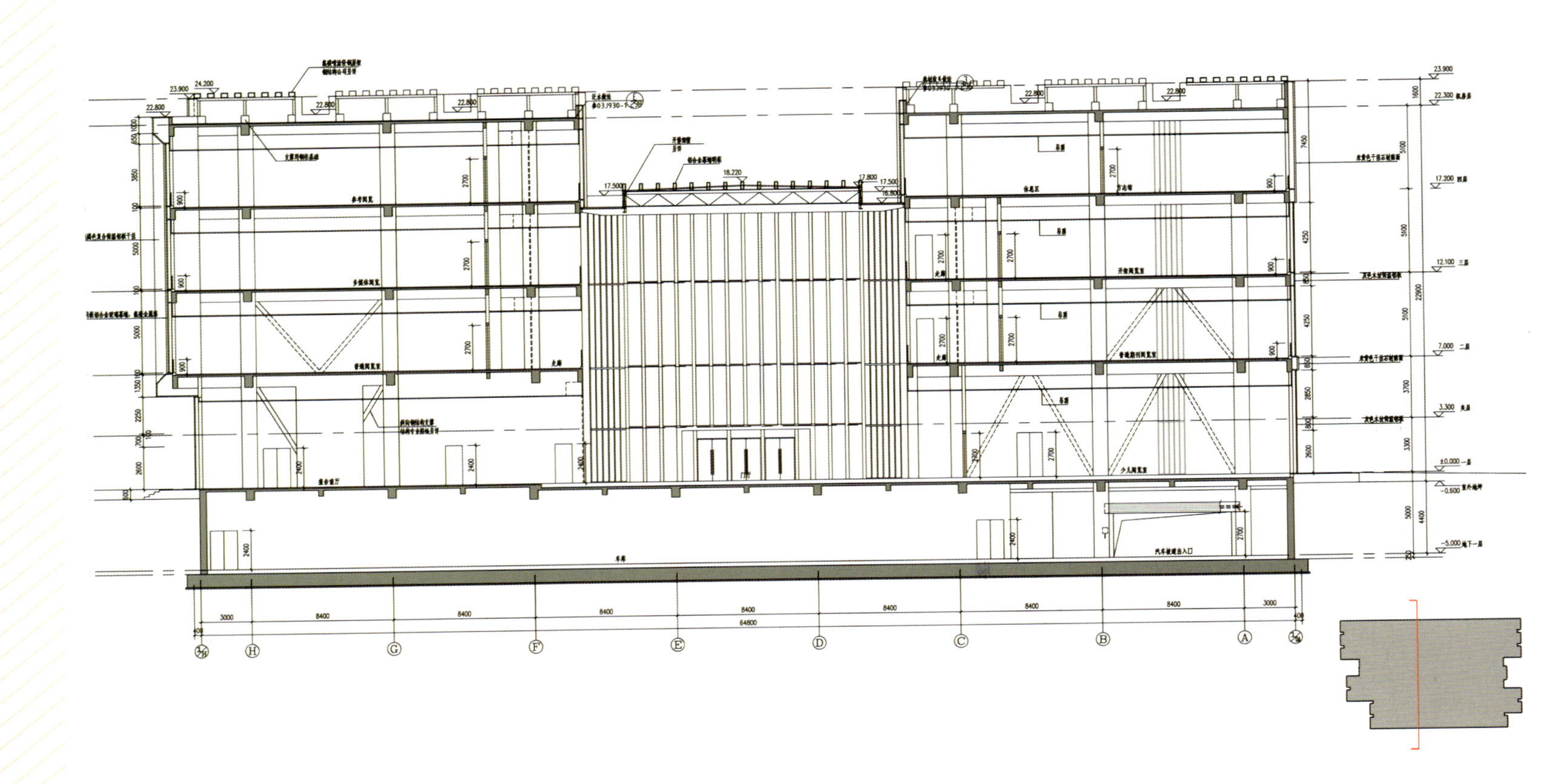

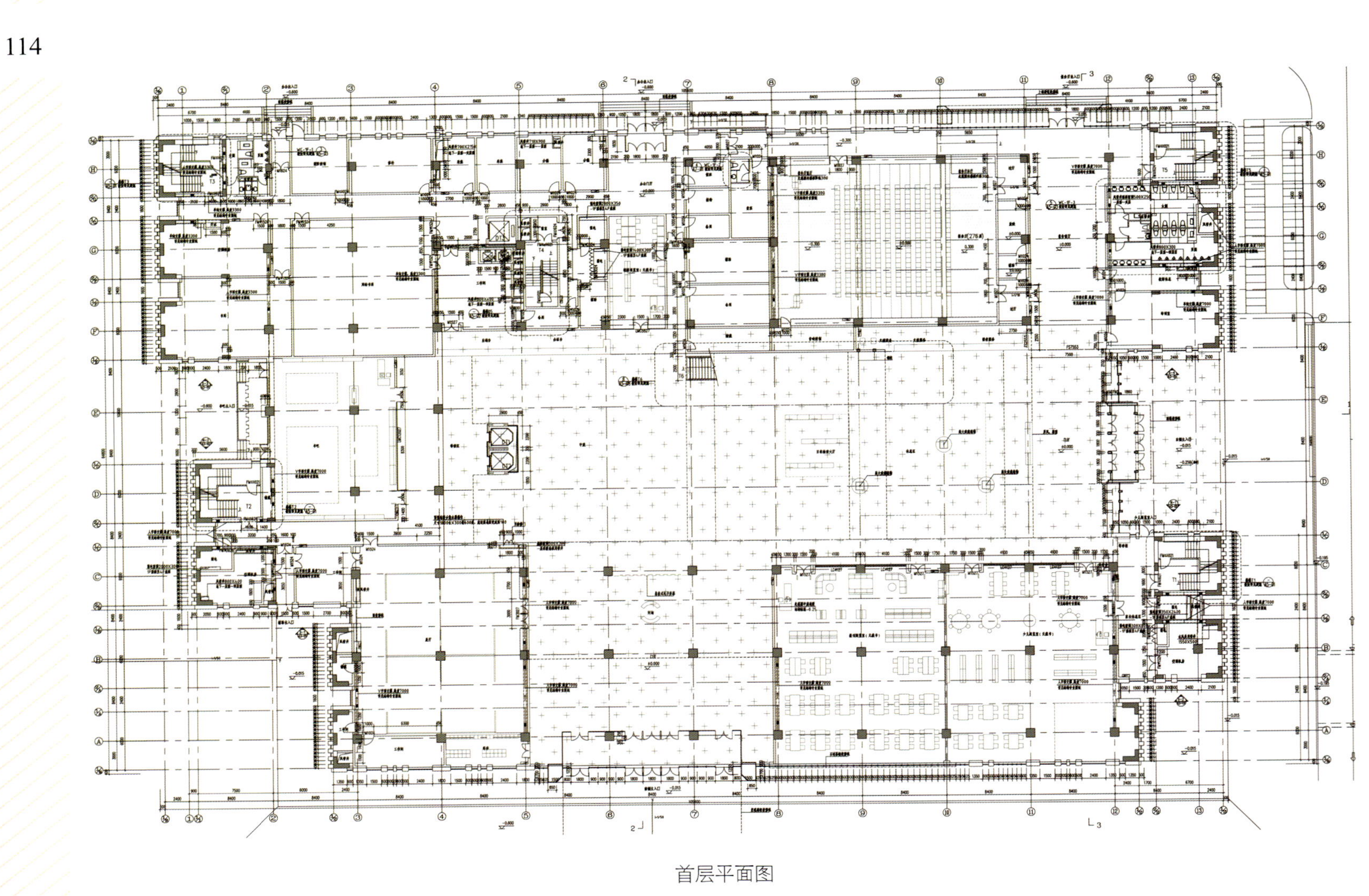

首层平面图

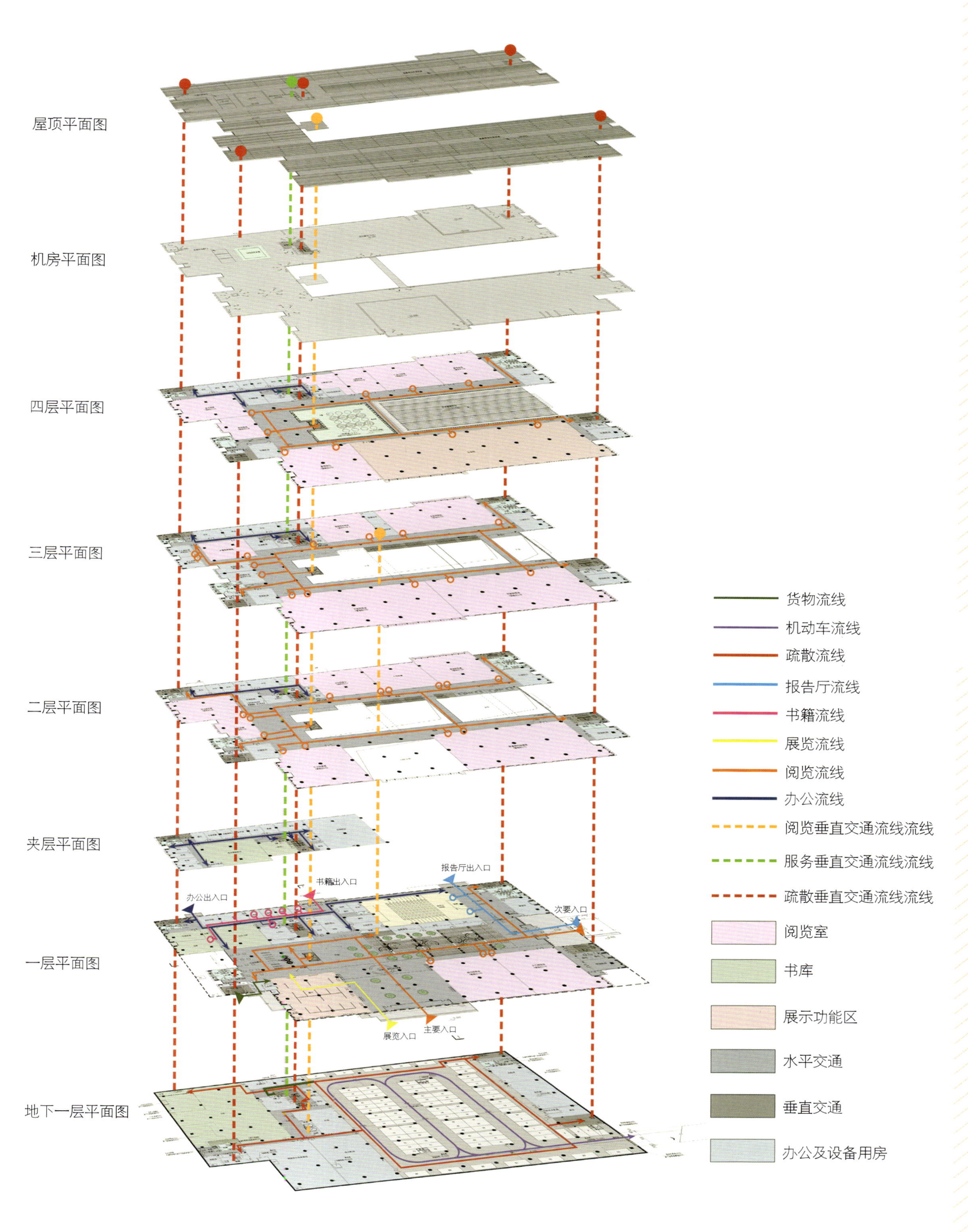
屋顶平面图
机房平面图
四层平面图
三层平面图
二层平面图
夹层平面图
一层平面图
地下一层平面图
办公出入口
书籍出入口
报告厅出入口
次要入口
展览入口
主要入口
货物流线
机动车流线
疏散流线
报告厅流线
书籍流线
展览流线
阅览流线
办公流线
阅览垂直交通流线流线
服务垂直交通流线流线
疏散垂直交通流线流线
阅览室
书库
展示功能区
水平交通
垂直交通
办公及设备用房

立体流线

台州市图书馆

工程档案

建筑设计：清华大学建筑设计研究院
项目地址：浙江台州
建筑规模：16000m²

项目概况

台州市图书馆位于市中心的文化广场，广场一侧设剧场和图书馆，另一侧设博物馆及少年宫。图书馆朝向广场之前院，尺度与相邻剧场相当而院内尺度宜人。院内正面为主门厅，左侧有次门厅，引入地下展厅，与馆内读者互不干扰。主门厅内有多处可通达的目的地，右侧是圆形儿童阅览室及其小庭院。二层是学术报告厅，有环抱型楼梯相通。门厅左侧是图书馆的主体部分，以顶光的大楼梯间为中心，连接两旁的一、二、三各层阅览室。楼梯各层间设可用为休息谈话的小休闲空间六处，可仰视正面的大书架，具有鼓励努力读书的象征意义。其上的四层为书库，五层为研究室。主门厅之对面可通西北向的后门及馆内工作部分，门外即近便的停车场。

台州市图书馆

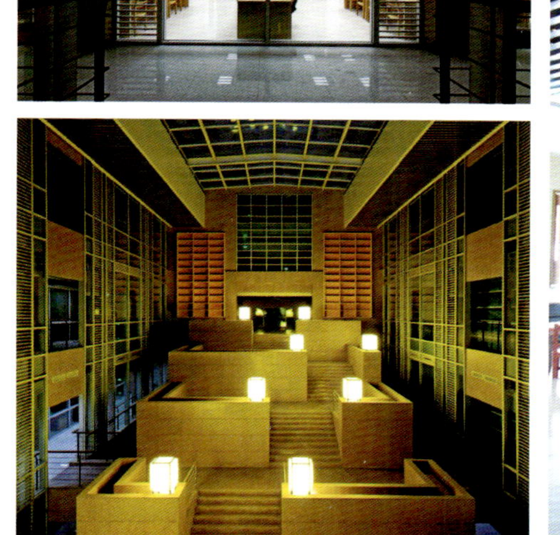

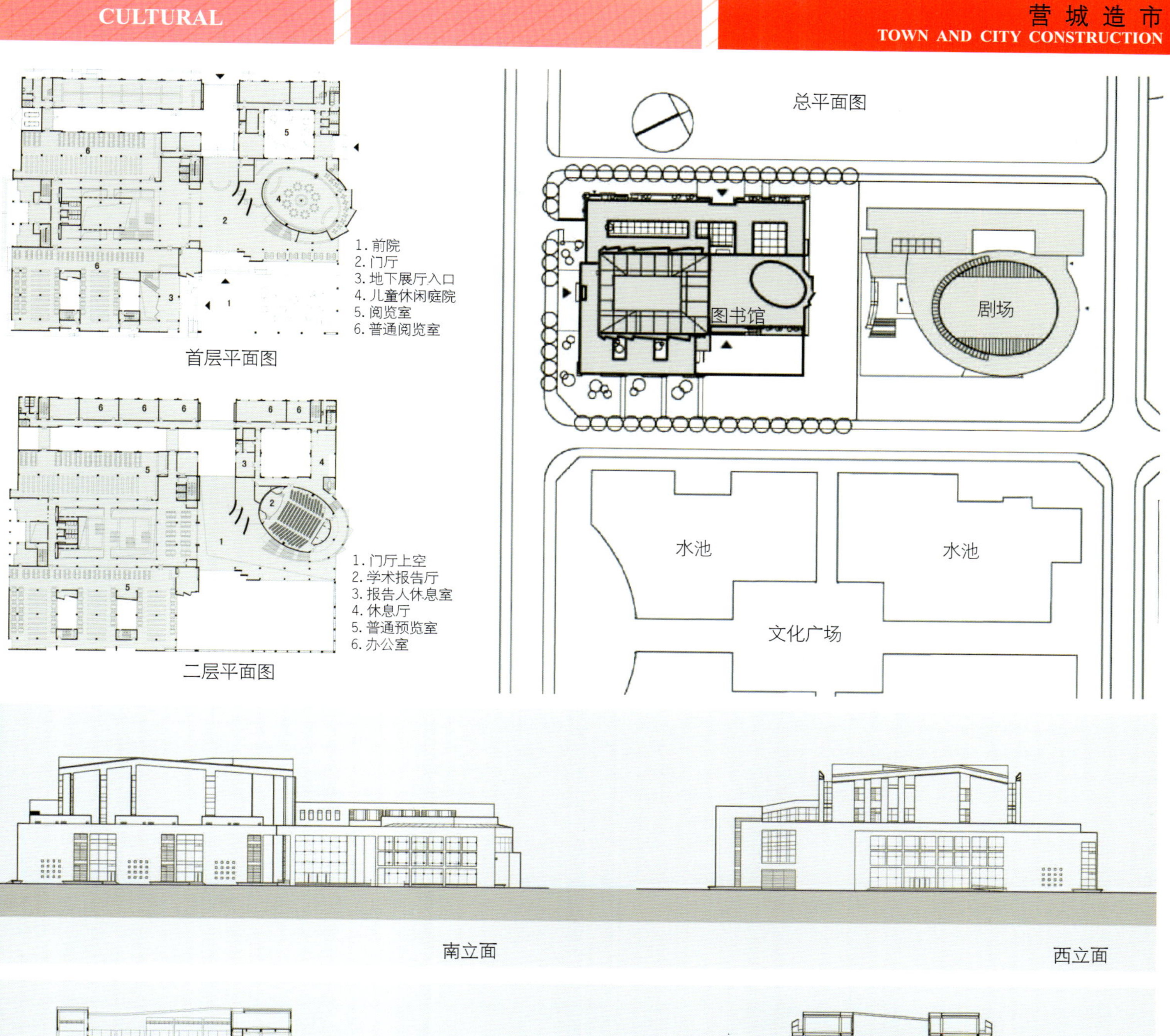
1. 前院
2. 门厅
3. 地下展厅入口
4. 儿童休闲庭院
5. 阅览室
6. 普通阅览室
首层平面图
1. 门厅上空
2. 学术报告厅
3. 报告人休息室
4. 休息厅
5. 普通预览室
6. 办公室
二层平面图
总平面图
图书馆
剧场
水池
水池
文化广场

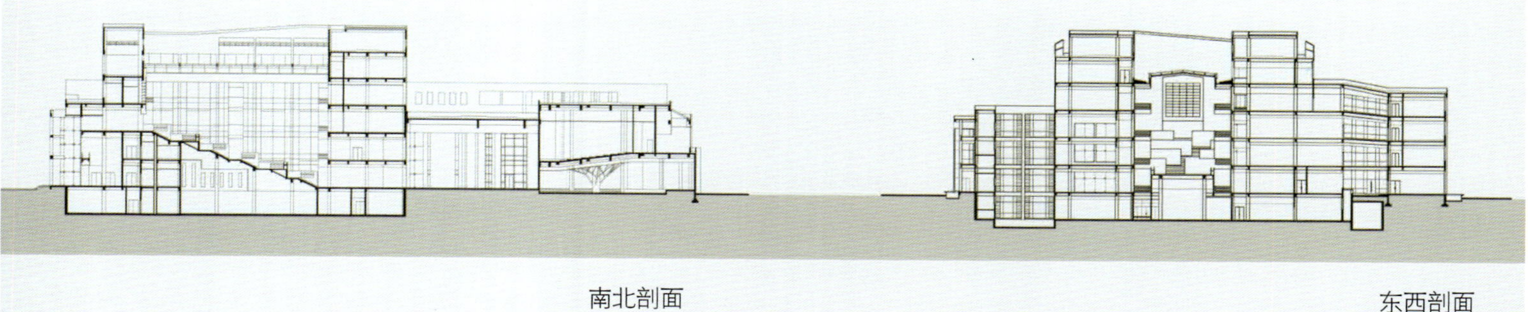
南立面
西立面
南北剖面
东西剖面

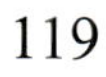

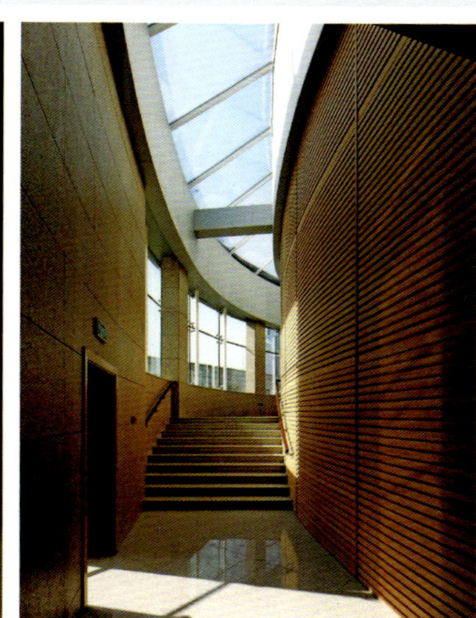

长春中医药大学图书馆

工程档案

建筑设计：清华大学建筑设计研究院
项目地址：吉林长春
占地面积：28800m²
建筑面积：30717m²

项目概况

工程位于长春中医药大学新校区校园北部，占地面积28800m²，总建筑面积30717m²。项目地块处于校园新区的中心位置，西南侧为学生生活区，与学生宿舍、食堂相邻。东侧为规划保健教学楼，北邻天鹅湾及海豚广场。

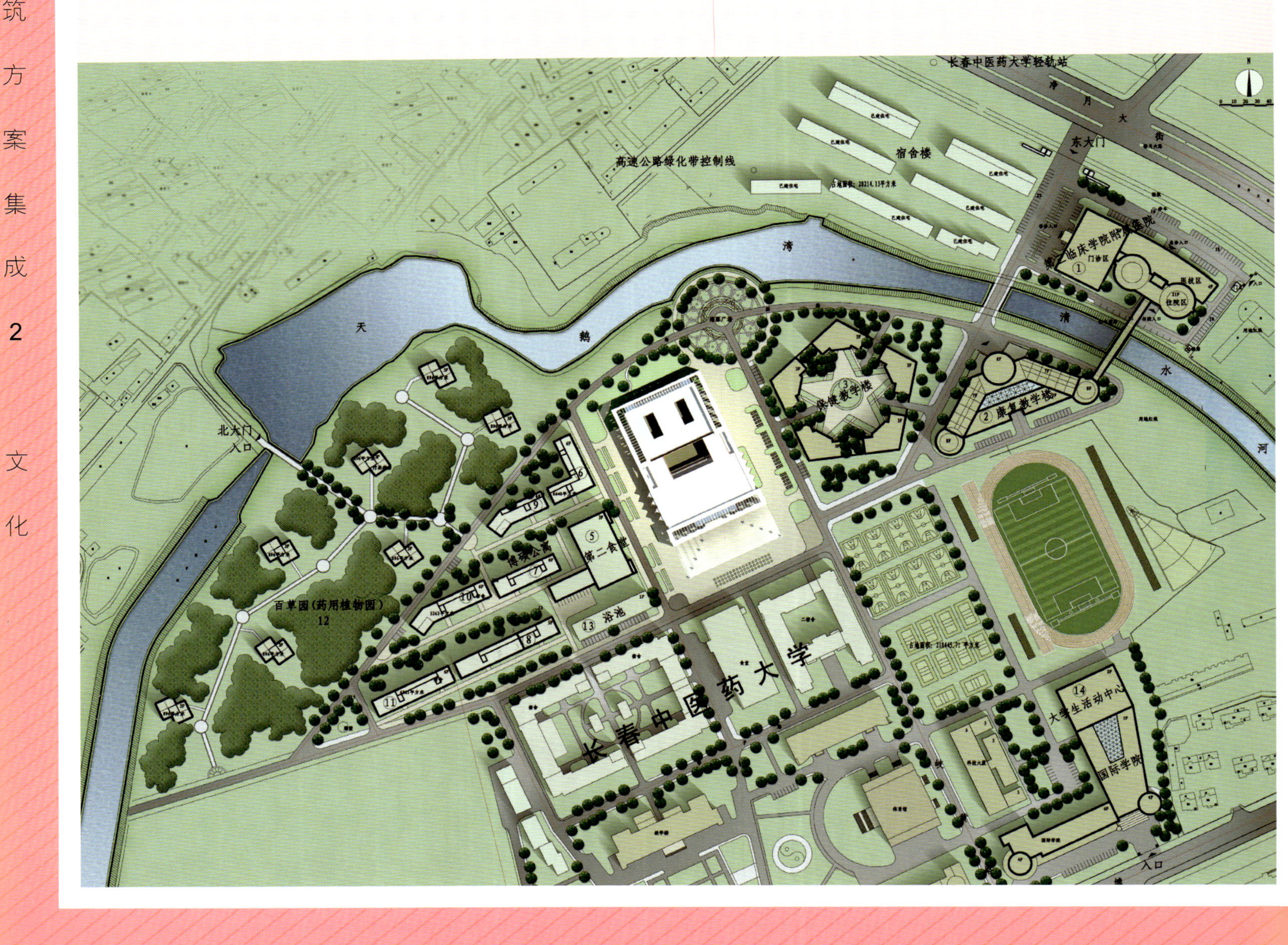

功能分布

本工程包括100万册藏书图书馆、1100人多功能报告厅及学校研究生院三部分内容。结合用地条件，总平面规划将以上三部分集中设置，其中图书馆位于地段南部，地上五层，由南侧室外大台阶直接进入二层图书检索区；北侧中部为多功能报告厅，人流出入口设于北侧；东西两侧为研究生院，地上四层。在东西两侧分设出入口，在各层可以与图书馆及报告厅相连通。

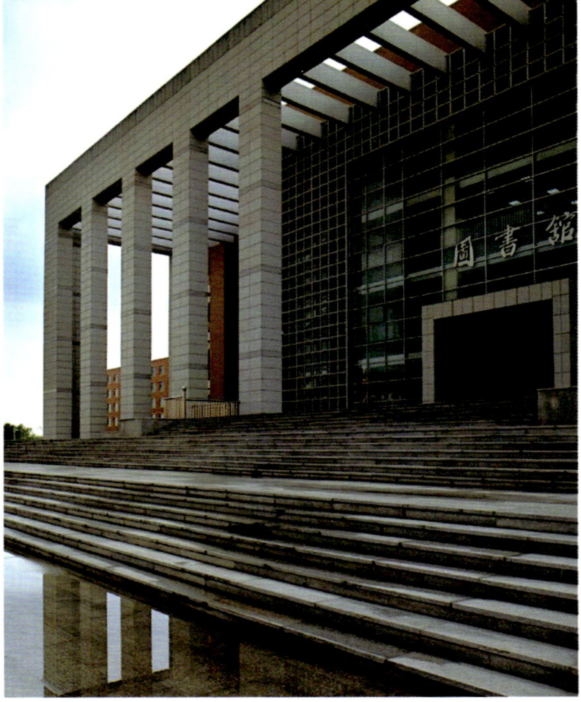

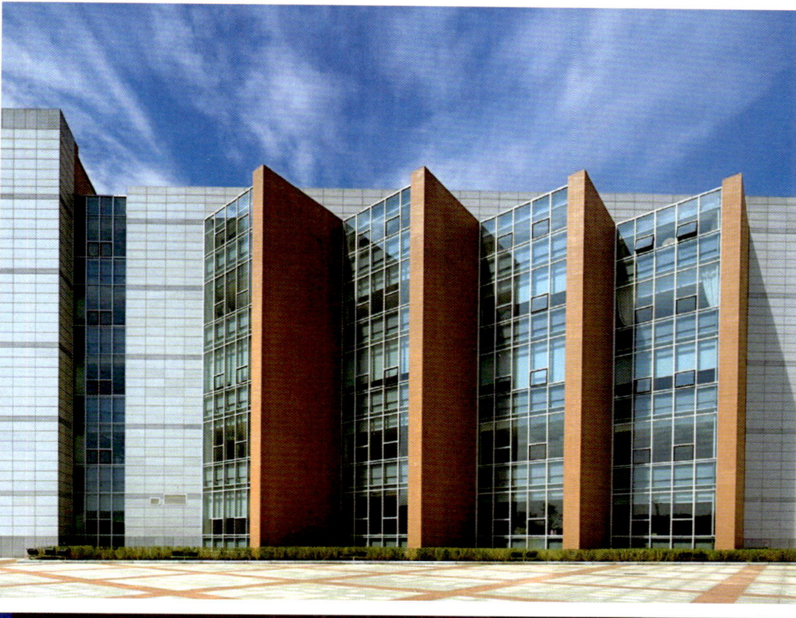

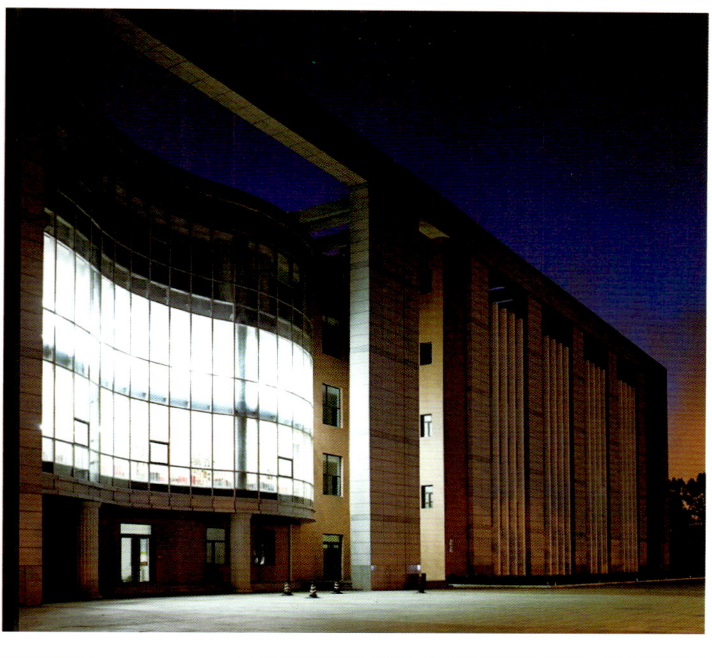

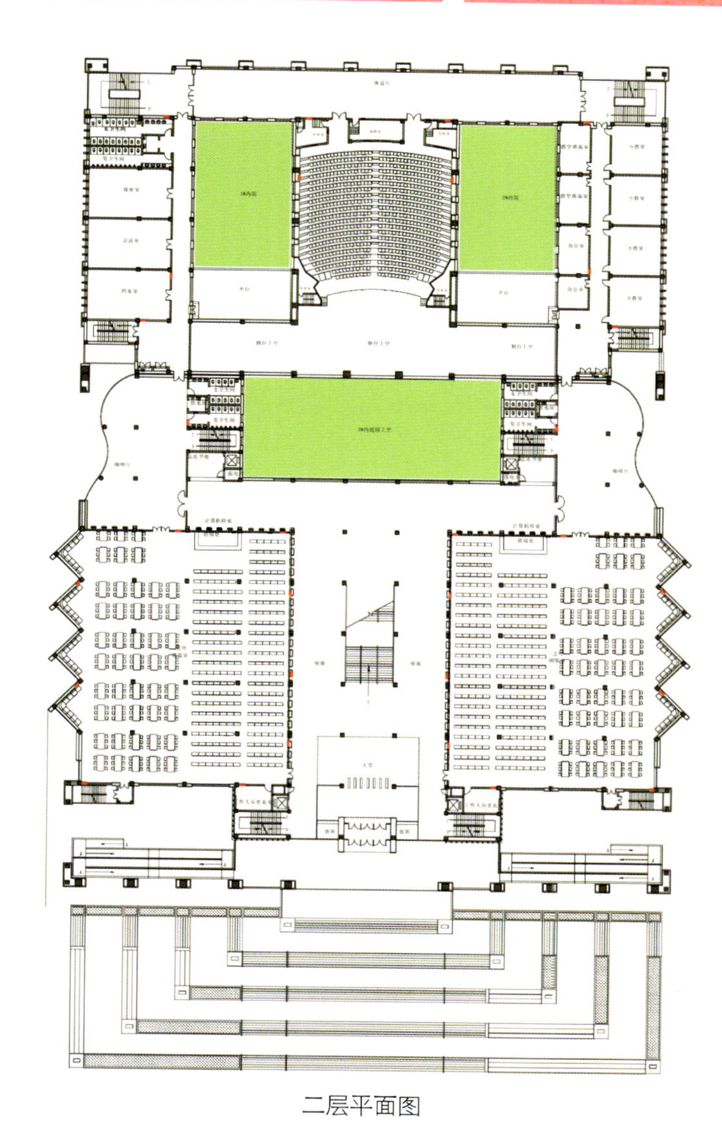
二层平面图

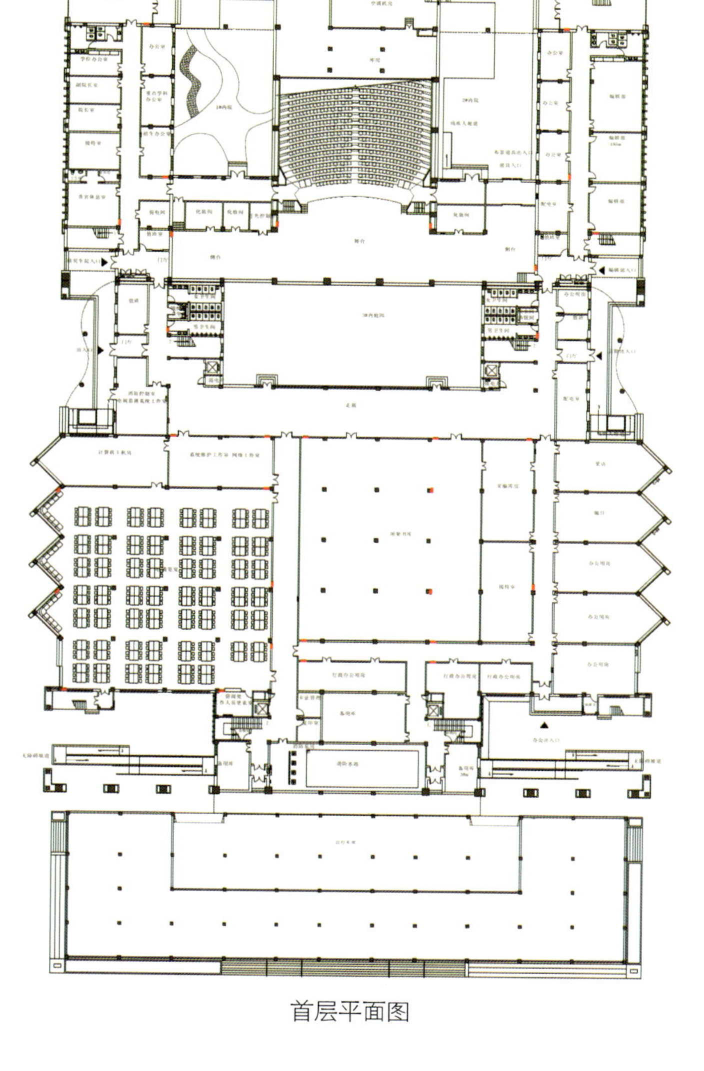
首层平面图

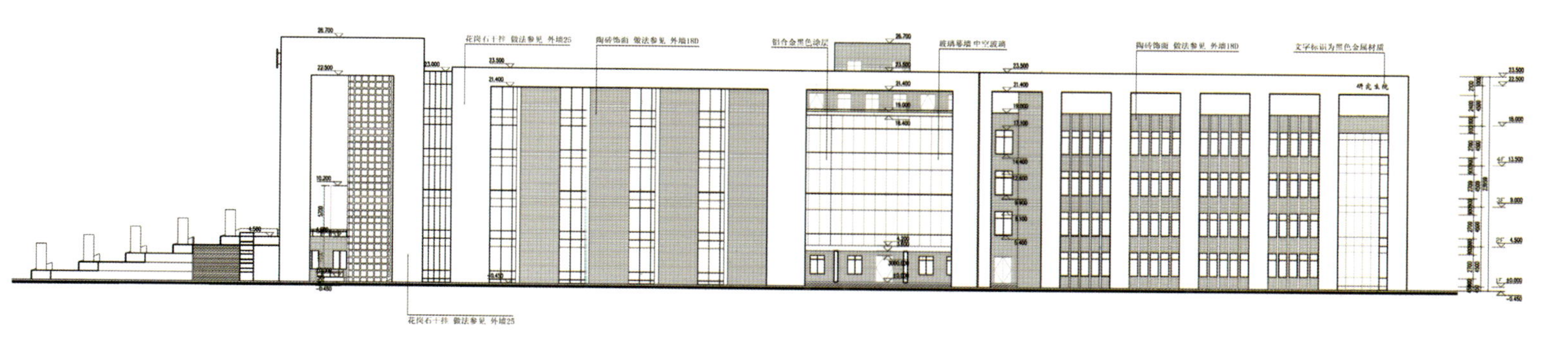
东立面图

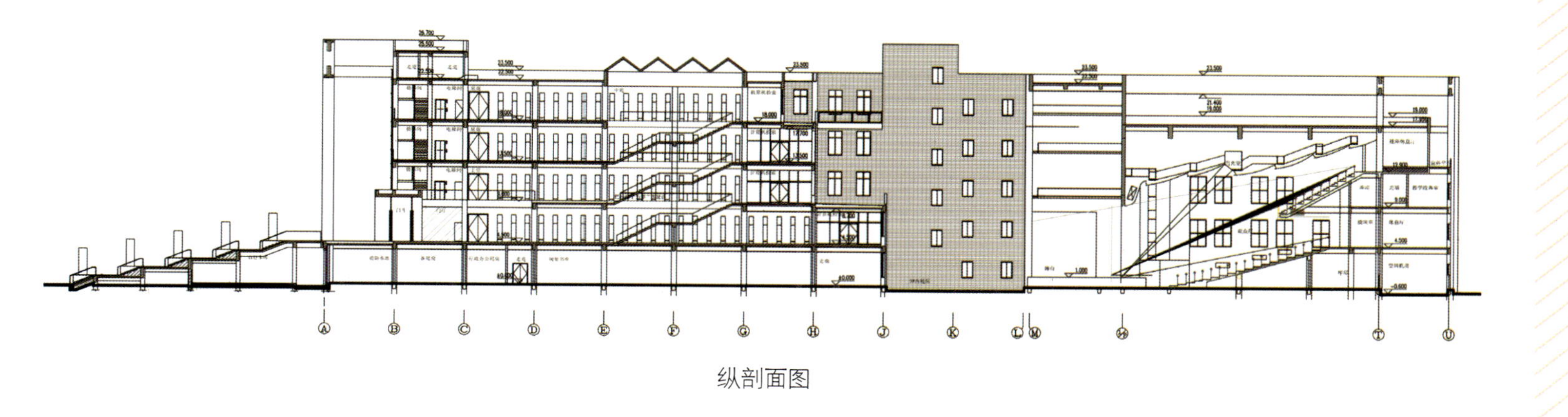
纵剖面图

黑龙江省图书馆新馆

工程档案

建筑设计：哈尔滨工业大学建筑设计研究院
项目地址：哈尔滨
占地面积：27894m²
建筑面积：31292m²

项目概况

新馆座落在哈尔滨市经济腾飞龙头的经济开发区长江路、华山路交汇处，占地总面积27894m²，其中，建筑占地面积7642m²，道路及停车场面积11740m²，绿化面积8512m²。新馆建筑造型运用几何形体调度组合、曲线与直线的交织构成新颖生动的形态，配以现代的建筑材料、丰富的细部语言，创造出简洁、流畅、新颖、庄重的新时代的文化建筑形象，寓意了乘文化方舟，游信息海洋的深刻主题。新馆将以其独特的"文化方舟"形象，成为林立建筑群中一道人文与自然相辉映的风景。

新馆由主体和裙房组成，总建筑面积31292m²。其中，主体为地上六层，地下一层，建筑面积26313m²；裙房为地上三层，地下一层，建筑面积4978m²。建筑主体部分采用灰色亚光铝板与银灰色镀膜反射玻璃组成的整体幕墙，基座采用白色花岗岩。

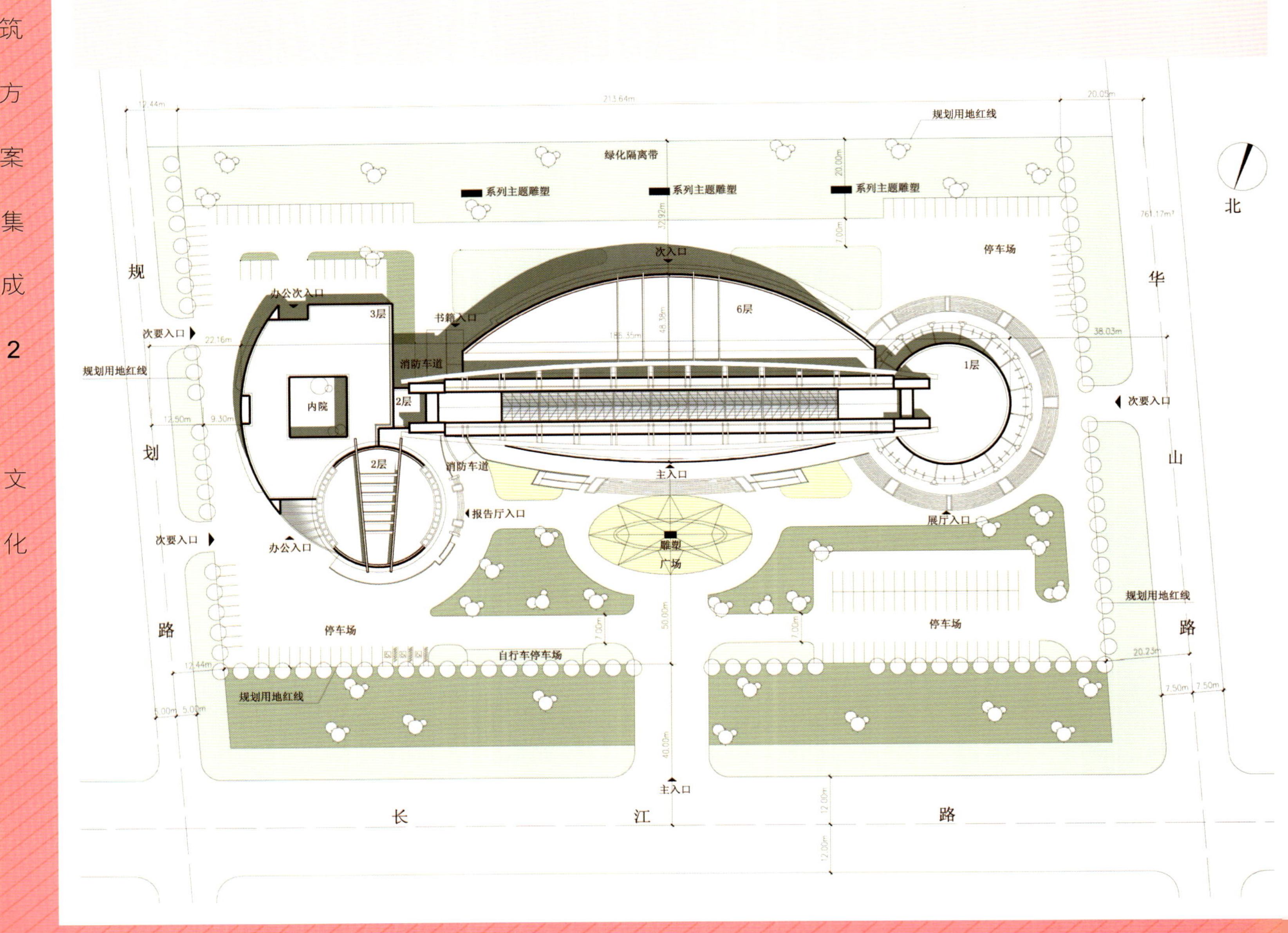

设计理念

新馆充分体现了“以人为本”的建筑思想，宽敞明亮的入口大厅和五层高、长 81 米、宽 9 米、透明玻璃屋顶的“文化长廊”（暂名），以其现代感的设置和空间魅力，不仅成为组织各层交通主干流和各功能空间的联系纽带，而且置于其间的绿地、座椅、展板等设施使其成为读者休息、交流、获取信息的场所。

功能布局

新馆总体布局采取集中式布局，报告厅、展厅分置于主体两侧，使检索、咨询、借阅、文献管理、多媒体服务、电子阅览、文化与学术交流、内部业务工作等功能达到分区合理、流程舒畅、动静相宜、便于使用，为读者营造出书中有人、人置书海的书与人融为一体的自然氛围和静谧、舒适、柔和的读书环境。

新馆建筑主体和裙房采用钢筋混凝土框架。结构设计采用统一层高、统一柱网、统一荷载的模数化设计，使新馆成为多方位有广泛适应性的可持续发展的现代图书馆。

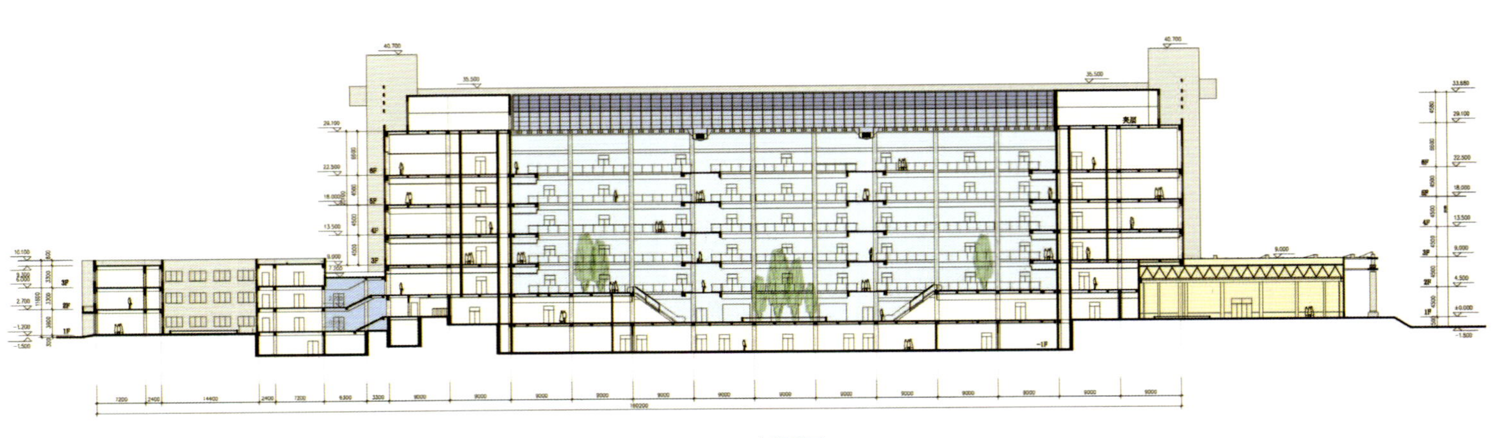

1-1 剖面图

2-2 剖面图

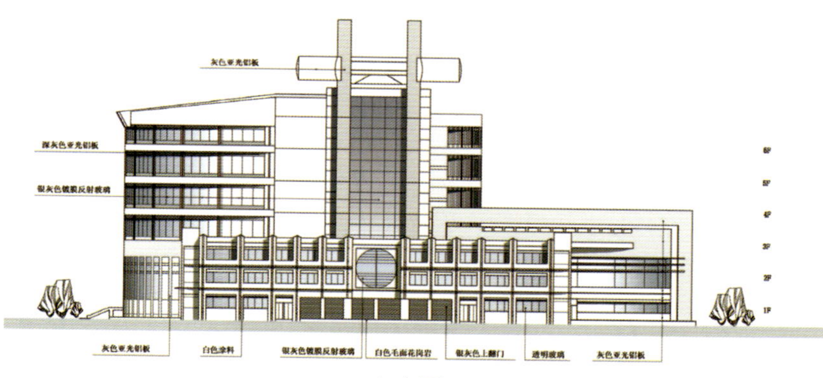

东立面图

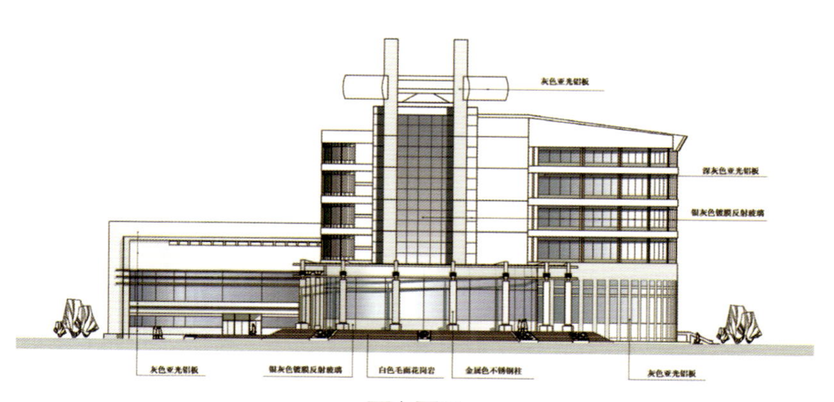

西立面图

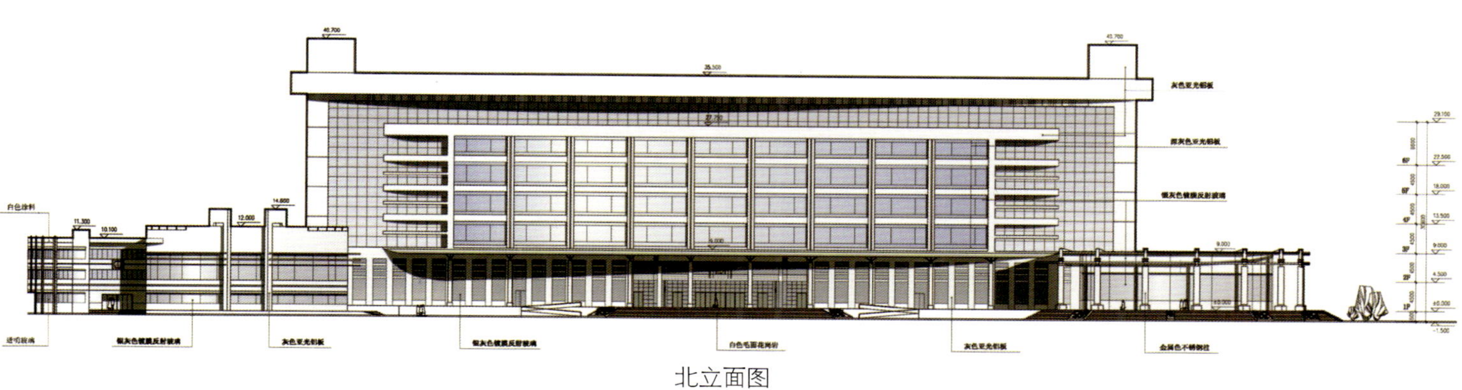

北立面图

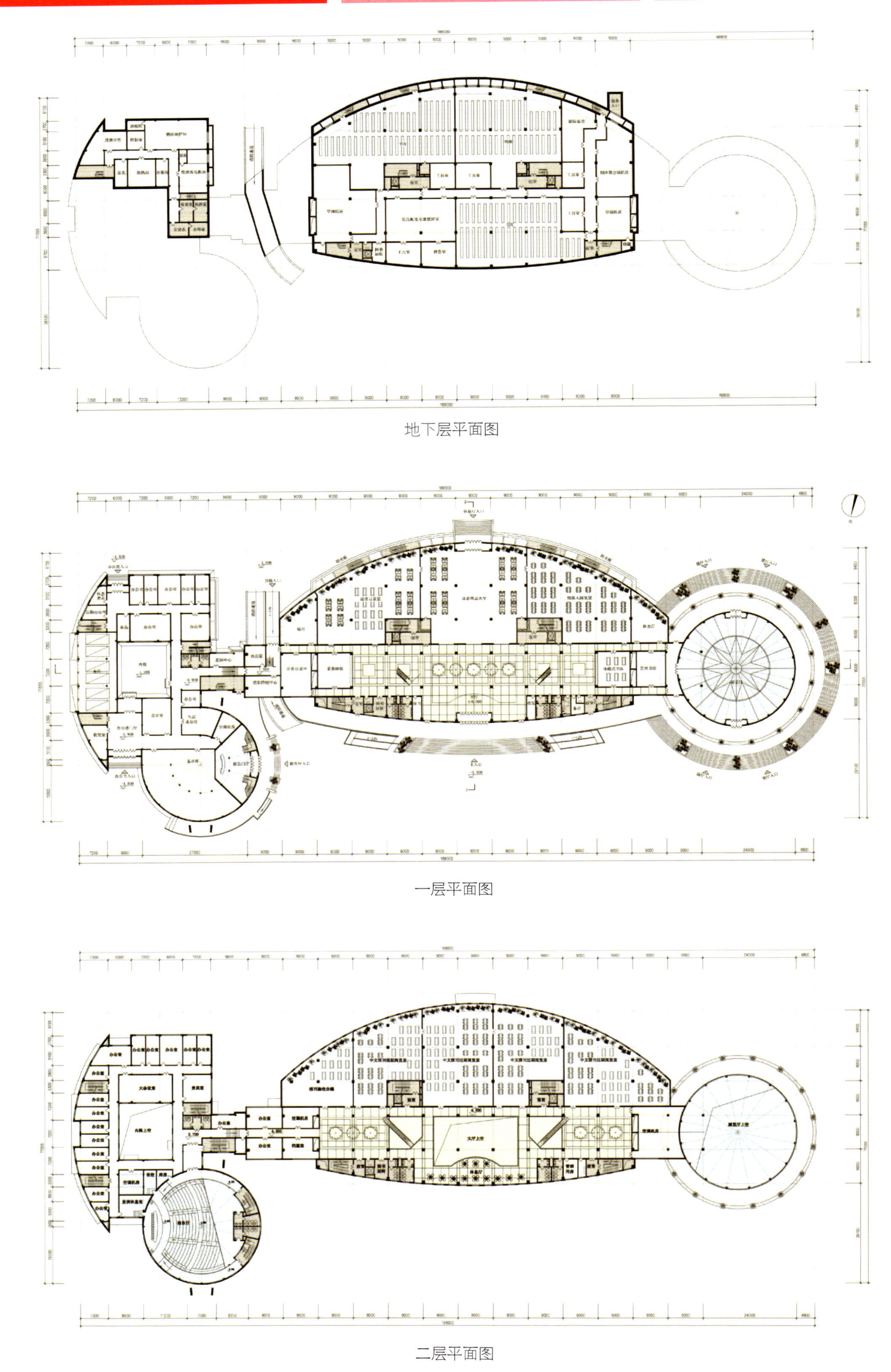

地下层平面图

一层平面图

二层平面图

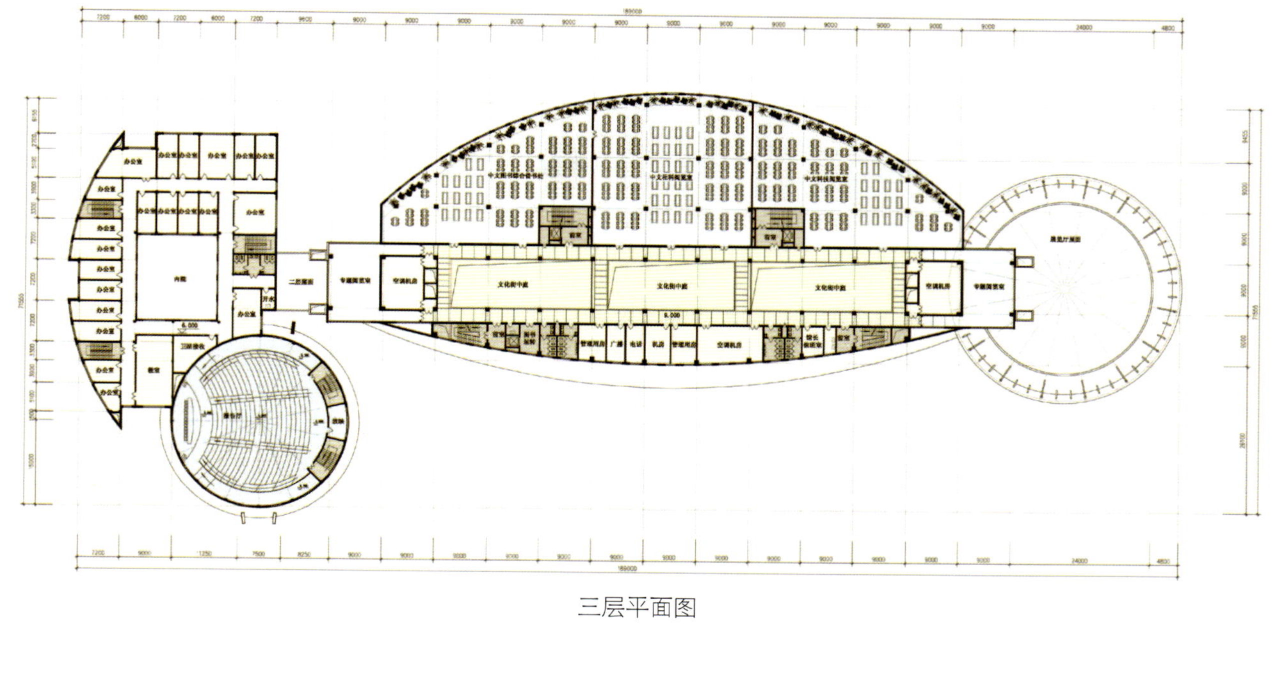

三层平面图

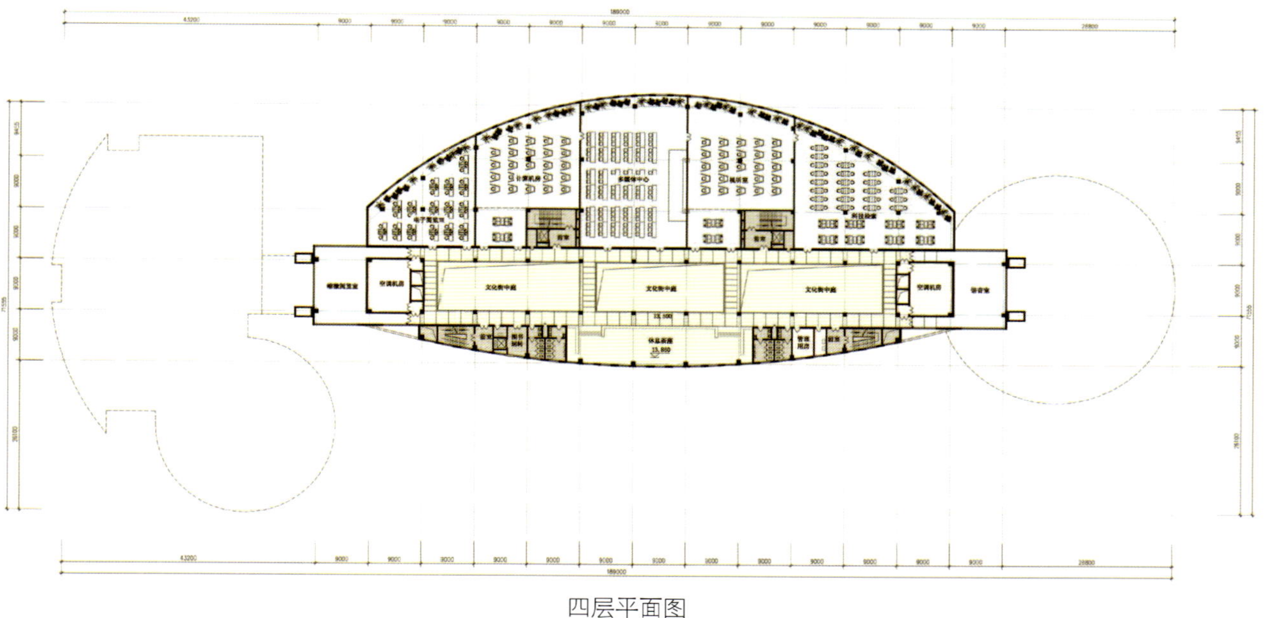

四层平面图

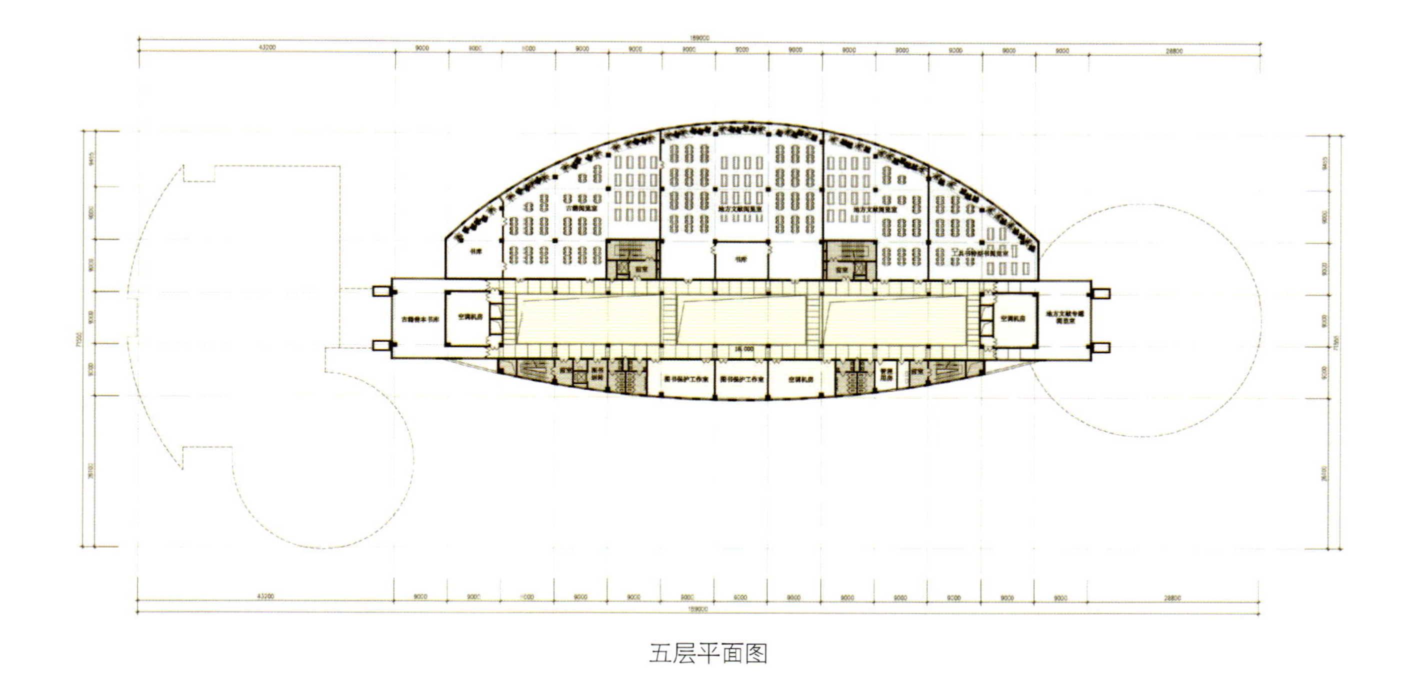

五层平面图

丽水文化艺术中心

工程档案

建筑设计：浙江大学建筑设计研究院
项目地址：浙江丽水
项目规模：34831m²
用地面积：17193m²
容 积 率：1.316

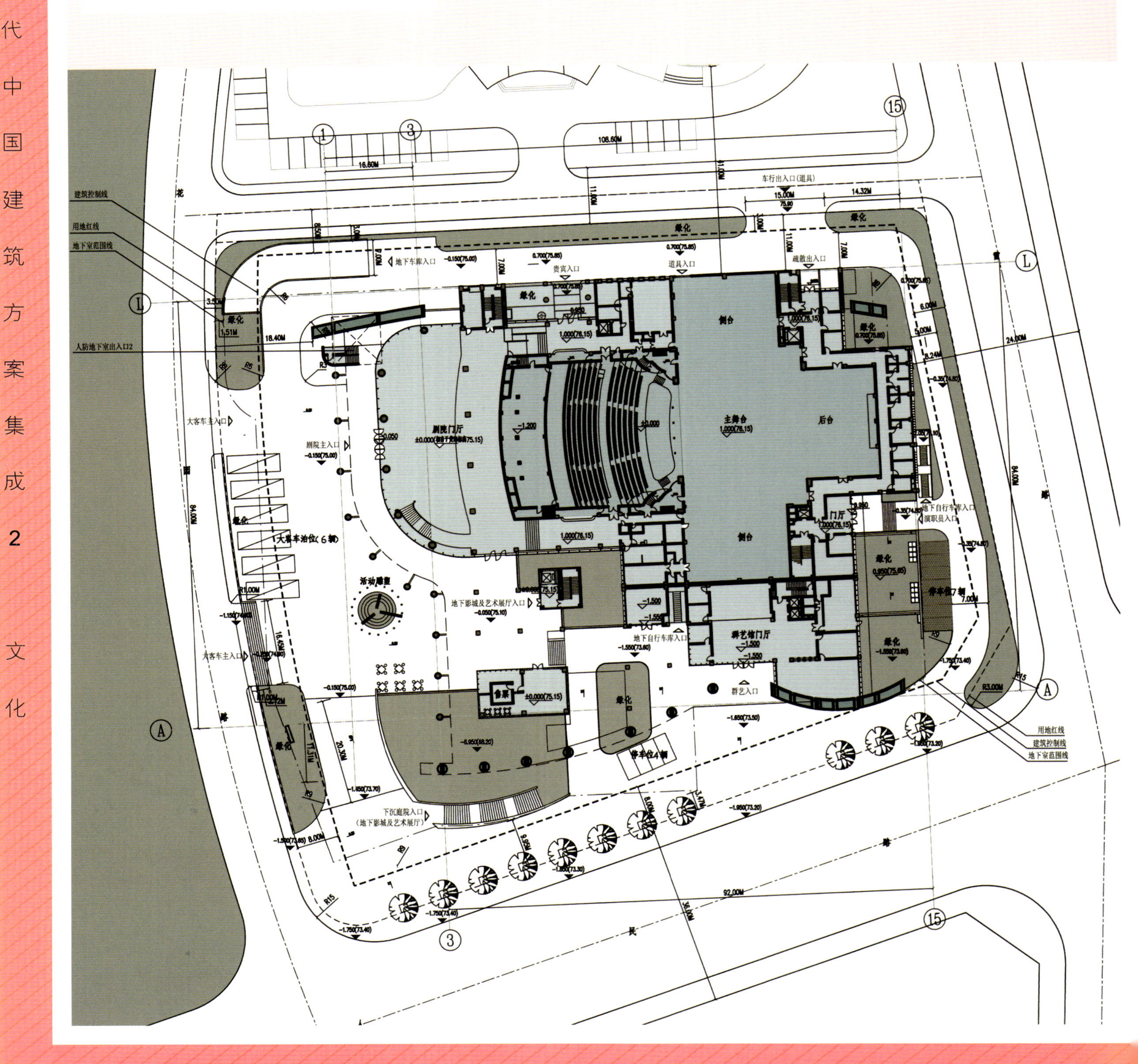

莲都义乌民间剪纸艺术交流展

山水主题：高低错落的三片曲线石墙体现山体雄浑，江水柔曼，裙裾摆动，具有丽水山水城市的整体意向，青石批水板的独特构造呼应了当地传统廊桥的构造特征。

开放主题：在这里，建筑与城市界面开放，互相对话，“想看两不厌，尽在不言中”

经济主题：建筑内外都选用经济型材料，通过空间设计、光线引入营造有趣的室内环境。

地域主题：当地较廉价的青石，精心构造、力求特色；涂料面通过艺术化的嵌缝划分形成有趣的肌理。

地域主题：观众厅顶棚仍然选用白色涂料，墙面装修采用普通的吸音板嵌刻当地畲族文化中常见的斜纹处理，力求经济性文化性的统一。

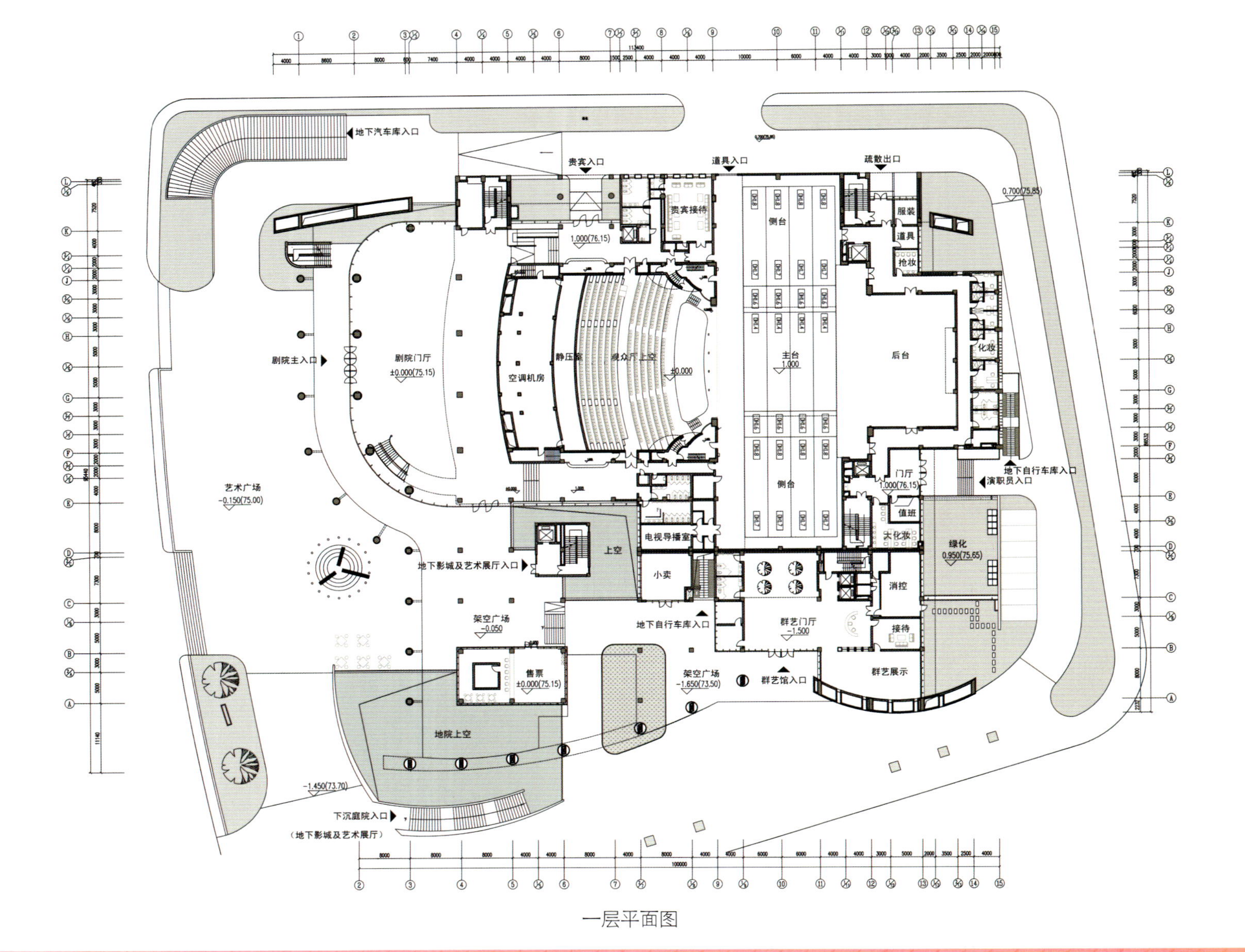

一层平面图

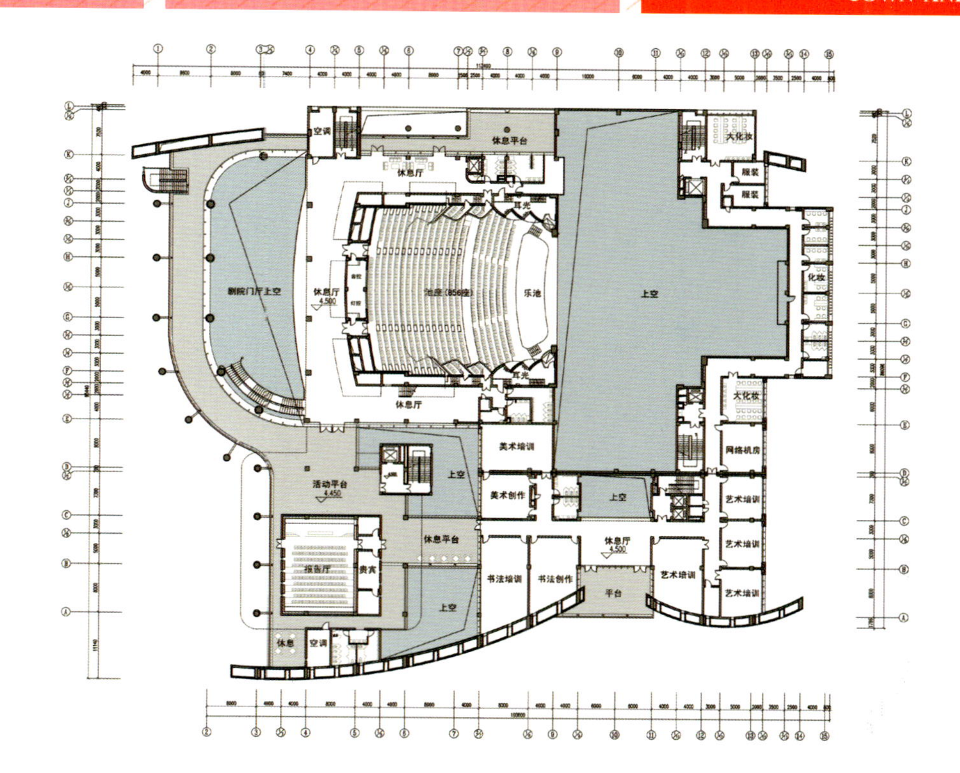

二层平面图

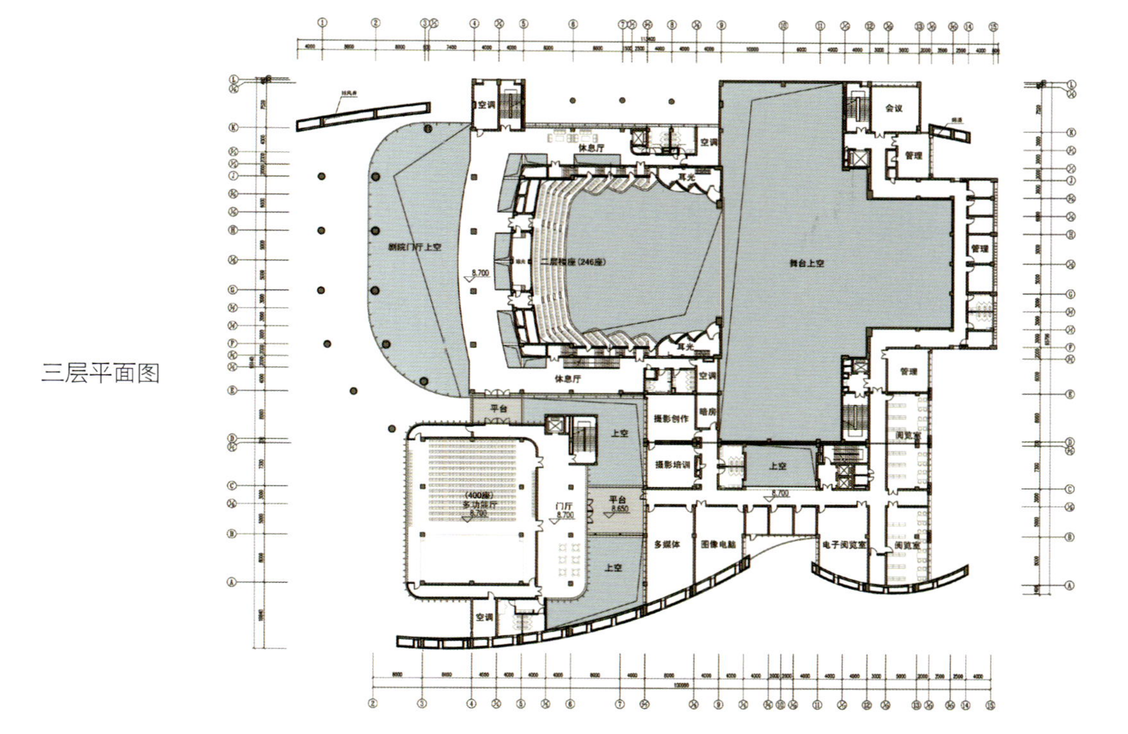

三层平面图

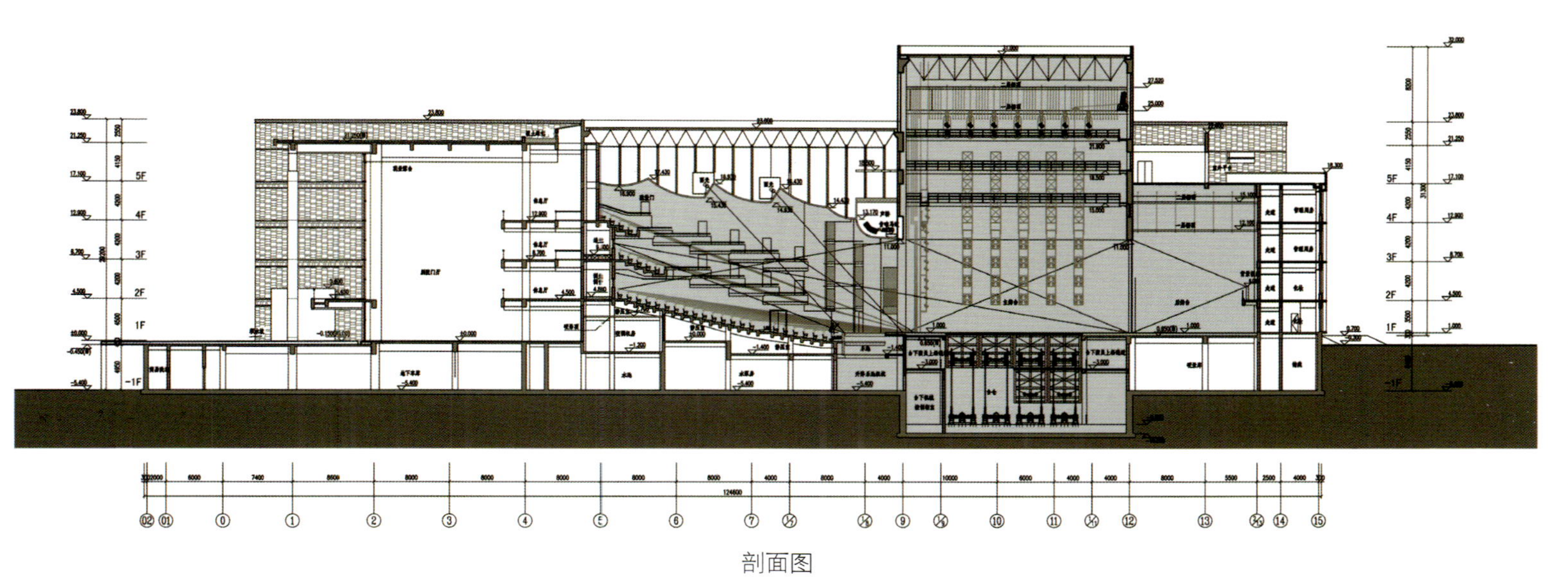

剖面图

盐城文化艺术中心

工程档案

建筑设计：中建国际（深圳）设计顾问有限公司
项目地址：浙江丽水
建筑面积：32770m²
用地面积：42754m²
容 积 率：0.53

项目概况

盐城文化艺术中心项目位于盐城市南城区中心的核心景观区，人工湖西南角，三面临水，西南面与聚亨路相临，总用地面积42754m²。盐城文化艺术中心项目功能包括：1080座剧场、384座多功能厅、471座多厅影视中心、群艺活动中心、艺术创作中心、文化艺术消费休闲中心等。

盐城市文化艺术中心由多个功能单元组成，各功能单元既能相互联系，又能相对独立地运营管理。建筑中部一条带状开放空间——“水街”把体量分为东西两个部分；一个二层（主入口层）开放平台把建筑分为上下两区域，它们组成宏观功能框架。垂直方向功能分区以二层开放平台为界，平台层和地面层开放性强，集中布置文艺消费性商业和各功能单元主出入口；二层及以上结合垂直交通，布置专业性较强的功能。水平方向功能分区以“水街”为界。剧场、多功能厅和艺术创作中心组成一个功能群，它们公共开放的频率相对较低，彼此有内部结合的需求，布置于“水街”西侧。文化活动中心和影视中心组成另一个功能群，它们更大众化，使用频率高，布置于“水街”东侧。

文化艺术中心的建筑空间强调开放、生态和节能。

建筑底层大面积架空，形成遮风避雨的公共场所，利于市民接近、停留和活动。中部一条开放“水街”贯穿建筑，连接起广场和湖面。水街两侧是开放的建筑界面，激发活力。各功能单元之间设有许多开敞内院，空间互相穿插，既创造出大量室外、半室外活动平台，丰富人们的使用体验，又产生大面积自然采光通风的立面，生态节能。

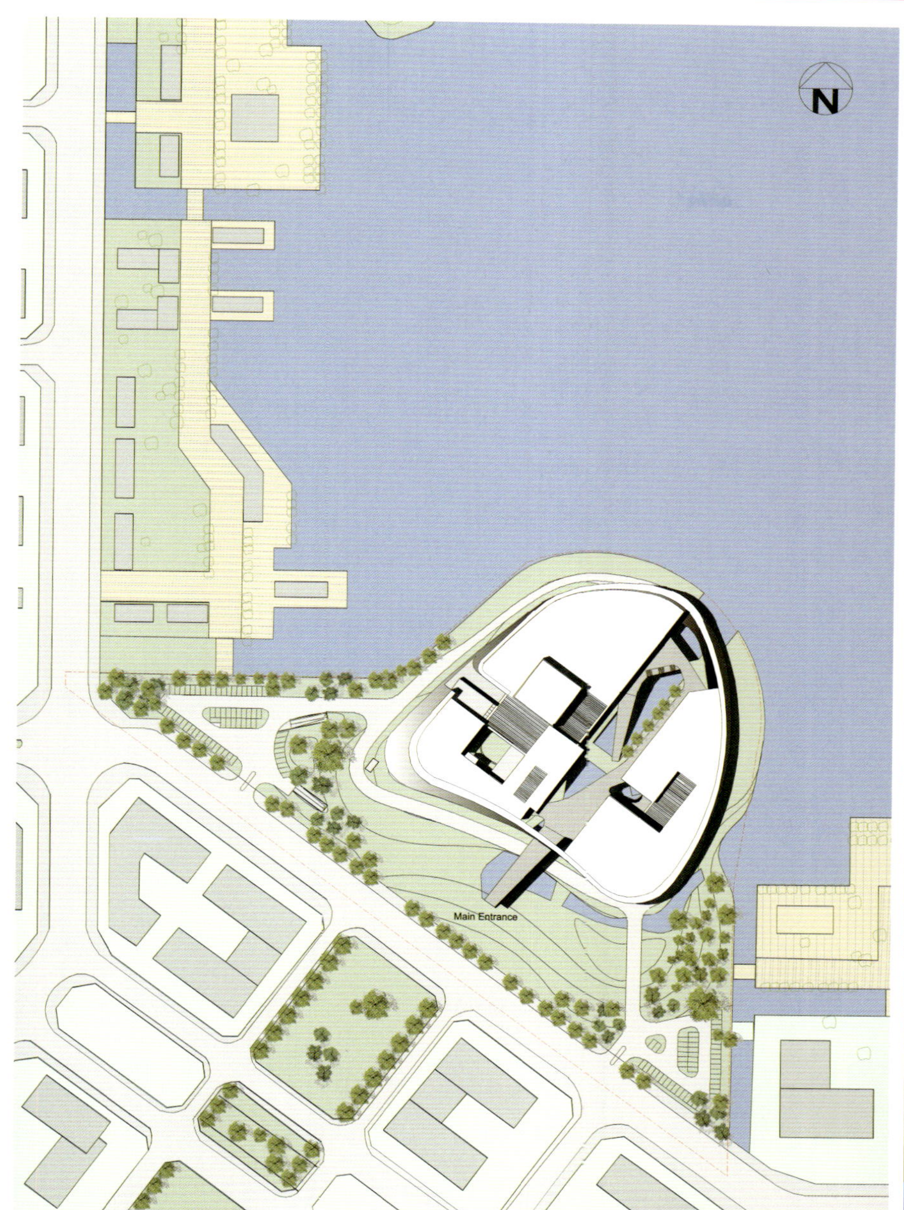
N
Main Entrance

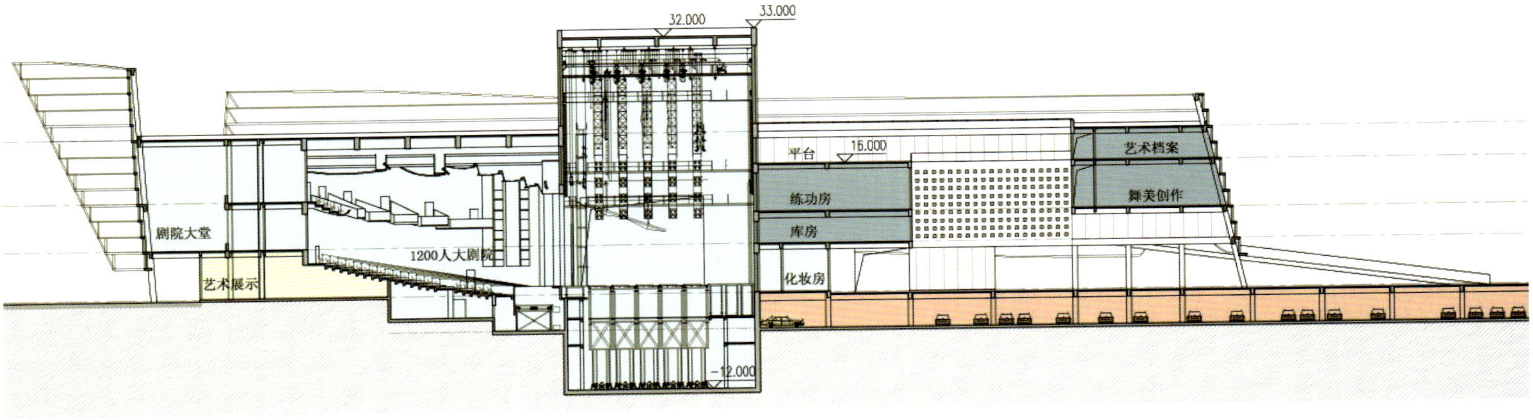

剖面图

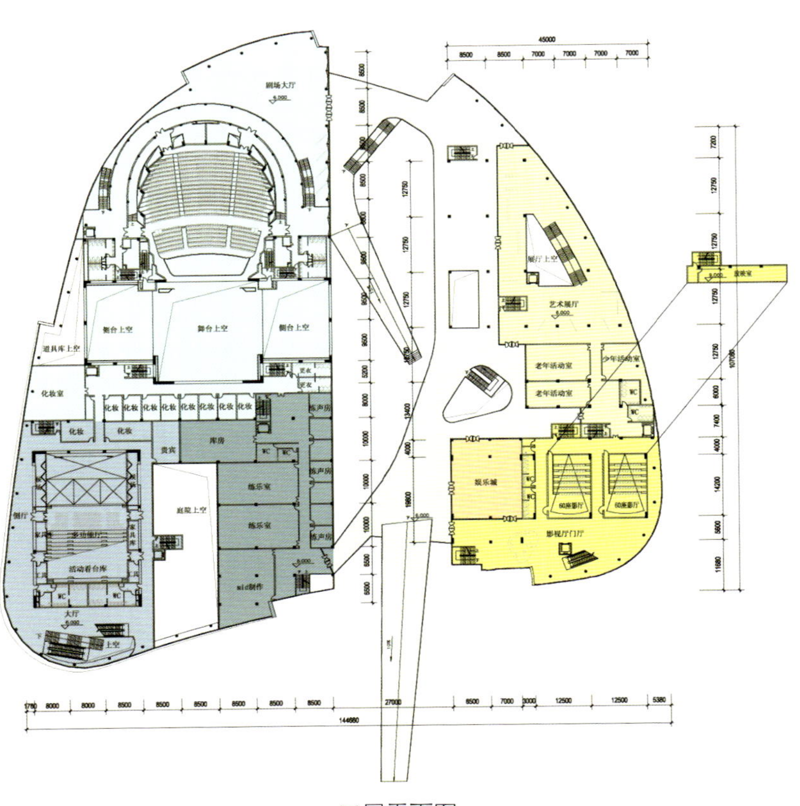

二层平面图

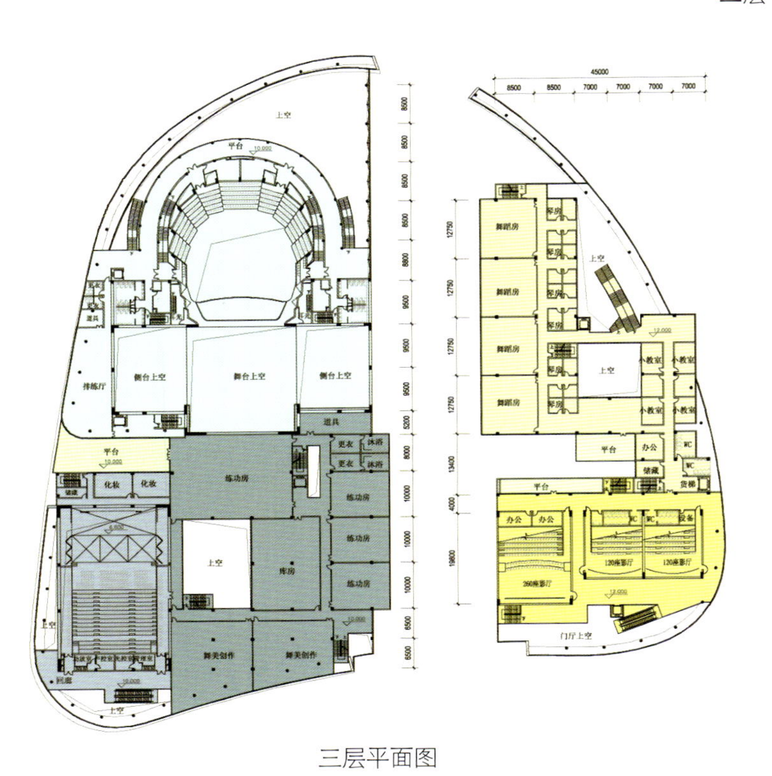

三层平面图

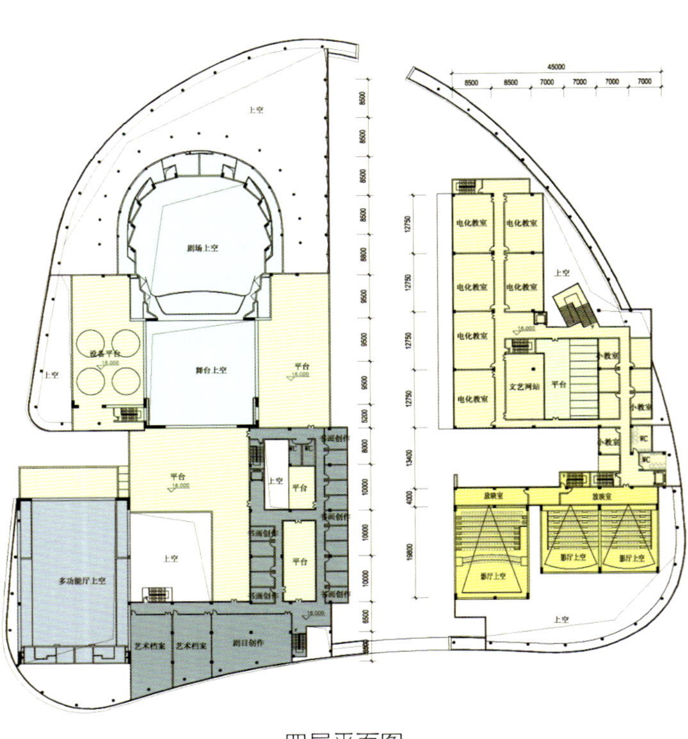

四层平面图

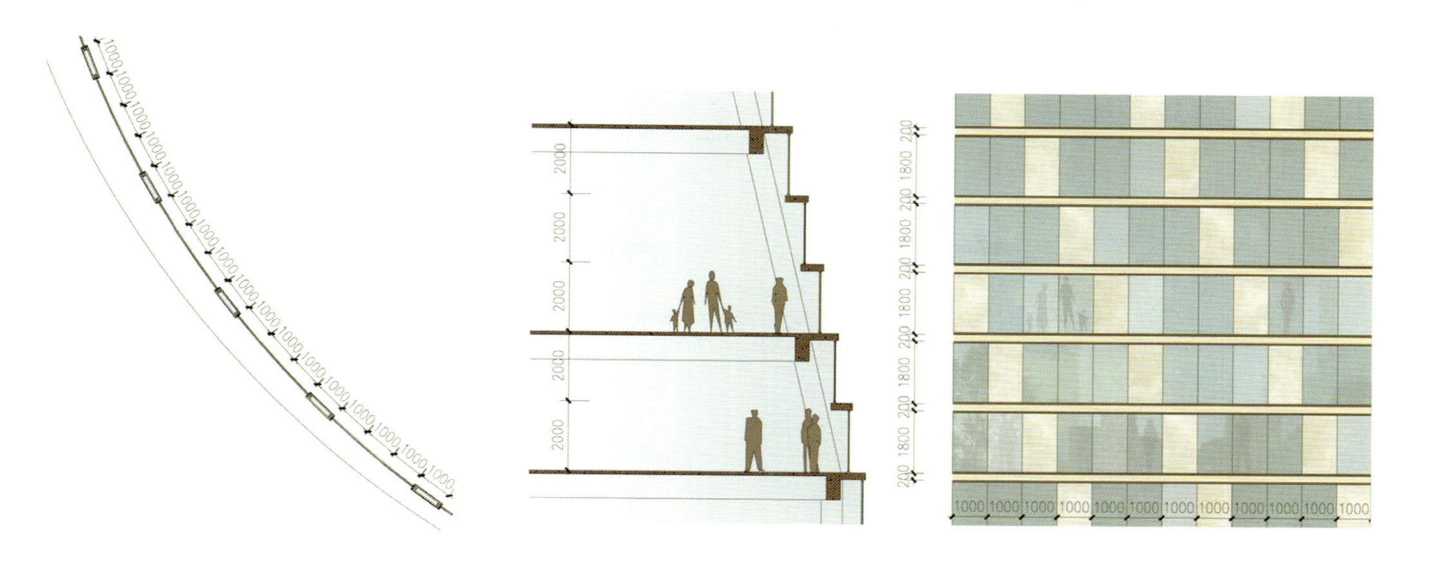

东南立面图

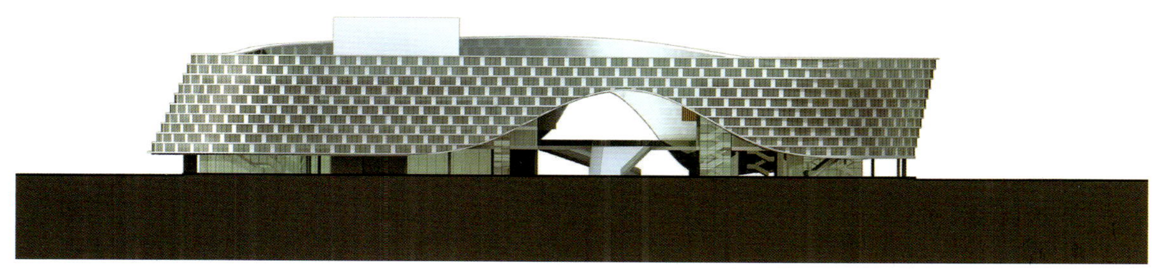

西南立面图

西北立面图

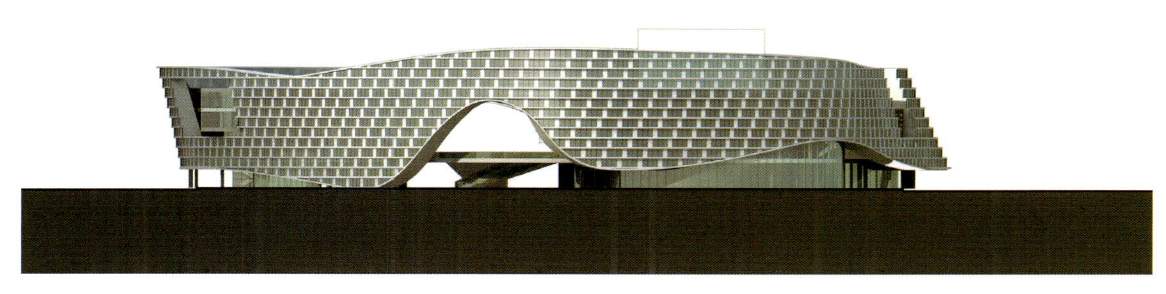

东北立面图

山东省会文化艺术中心

工程档案

建筑设计：北京市建筑设计研究院
项目地址：山东济南
用地面积：66080m²
建筑面积：384328m²
建筑密度：30%
容积率：2.99
绿地率：30%
塔楼高度：200m、150m、100m

项目概况

山东文化艺术中心项目位于西部新城市东西功能主轴上，紧靠腊山河，建成后将是济南西部开发区的地标性建筑集群，同时也是全市标志性建筑和文化亮点。

省会文化艺术中心在设计中坚持了环保、节能、可持续发展的设计原则，展现了“岱青海蓝”的设计理念。

三塔建筑拥有高耸的建筑体量，寓意岱山，建筑表皮青色的幕墙源自初春岱山青翠的美景，清心爽朗，沁人心脾；纯净的表皮映衬泉城景色，含蓄、内敛，犹如都市背景，体现出对剧院建筑和城市空间的礼让和尊重。

入口广场配套高层项目北面设置办公与酒店主要入口广场，作为人流集散场地，与大剧院南侧广场形成空间上对话，并与西侧水景公园呼应。

中心广场配套高层与剧院综合体对称布置，围合形成圆形中心广场，通过中心广场连接剧院和商业。通过信息和服务，将地铁大厅和二层平台人流引导至不同的入口。所有的入口都可以被控制，通向配套高层不同的独立空间以满足各自不同的功能需求。

统一的基座配套高层基座与大剧院基座形体上统一，并通过空中连廊连接，为椭圆建筑体提供一个厚重的承载体。

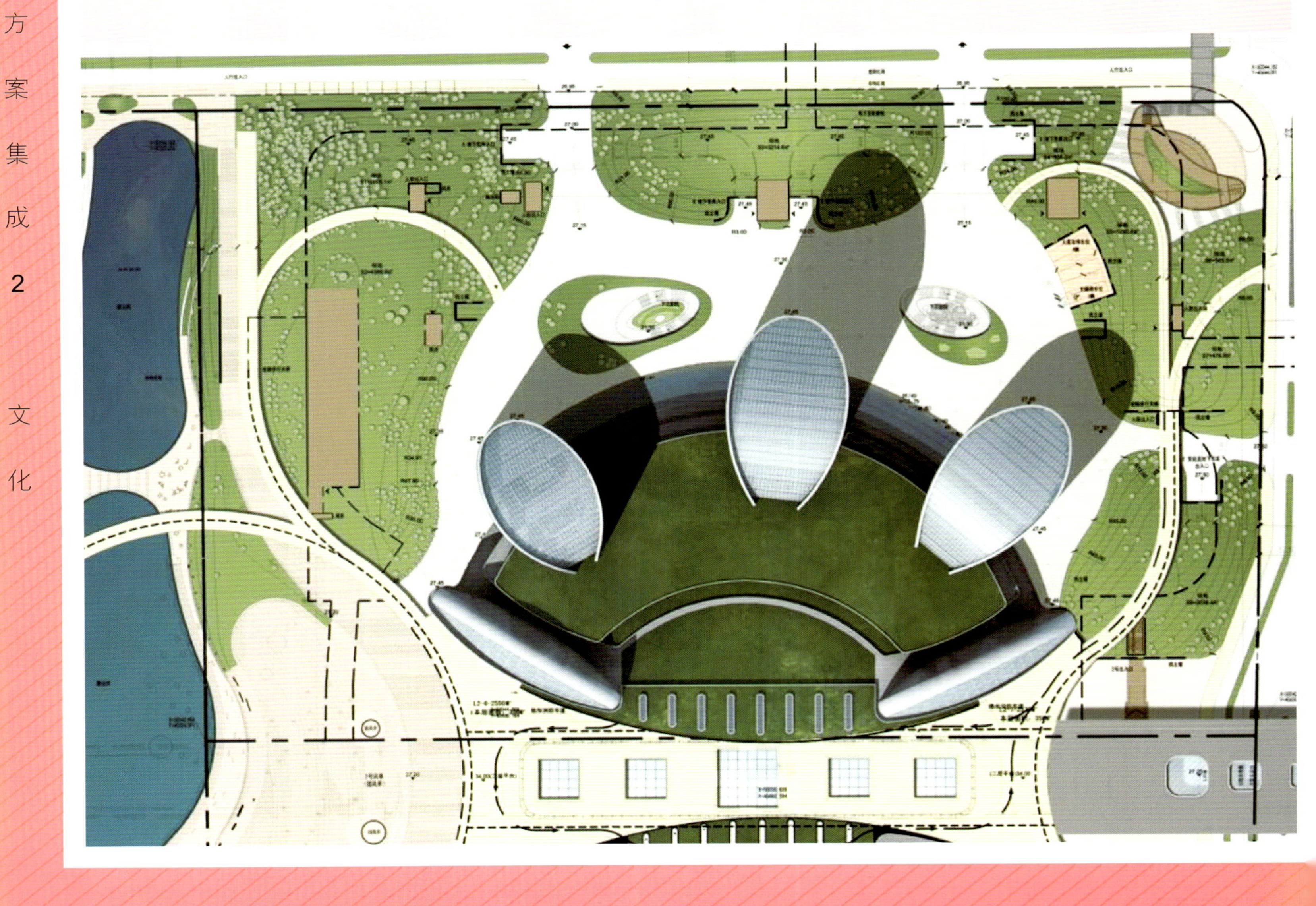

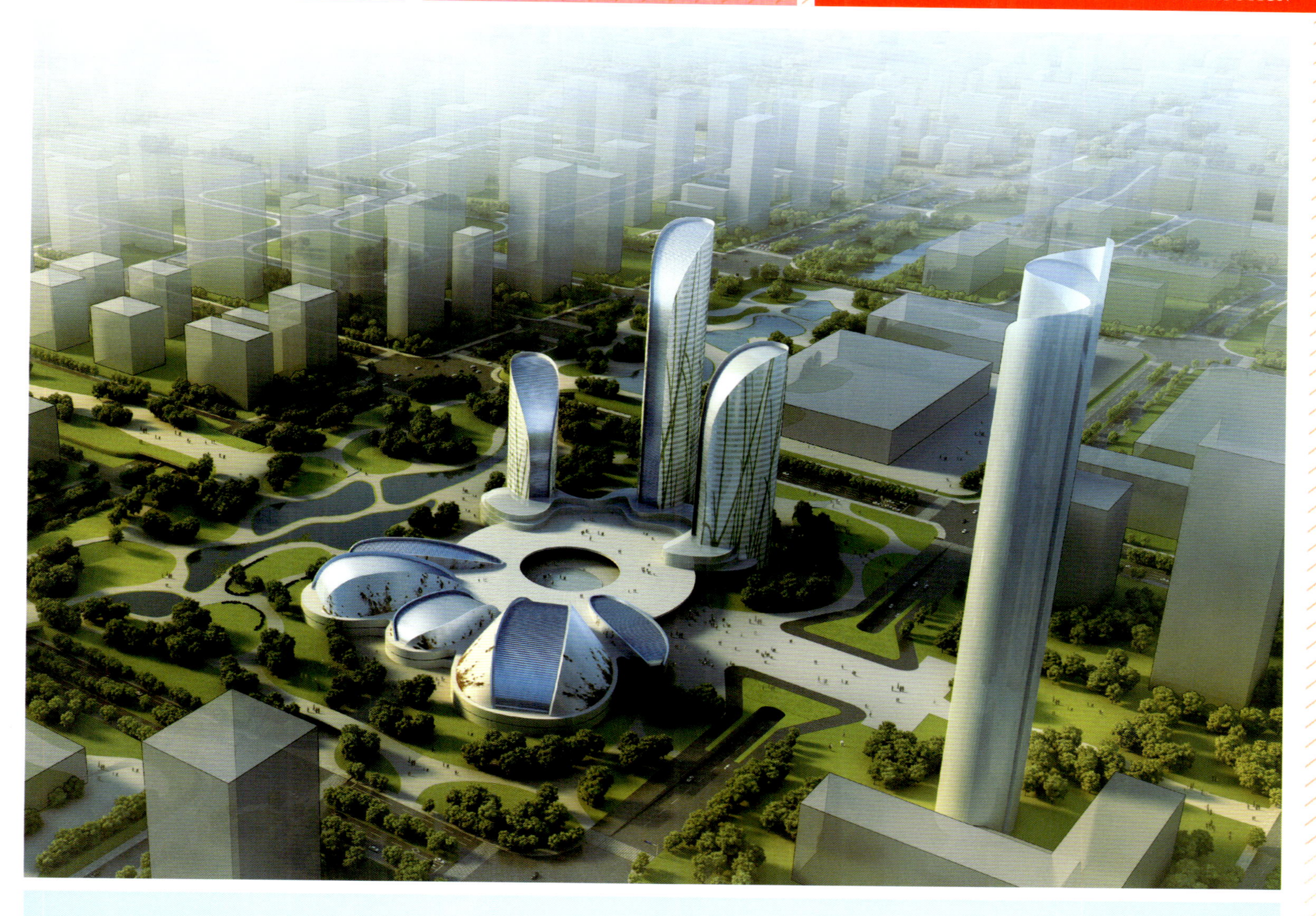

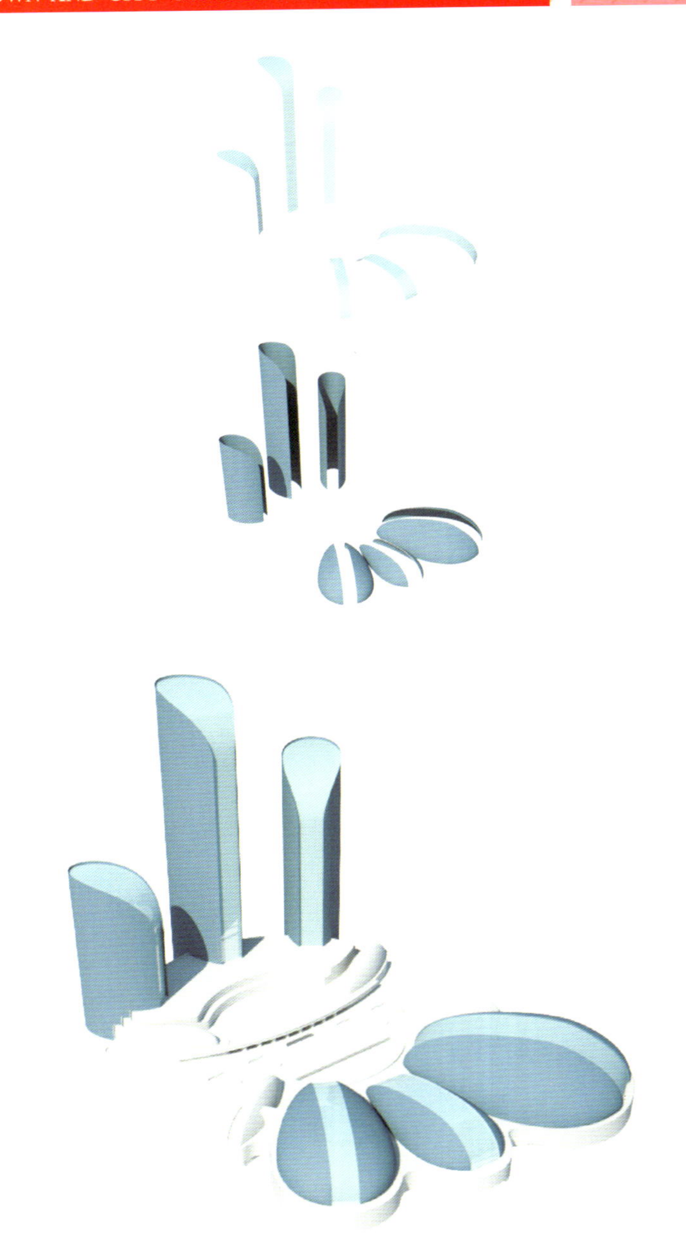

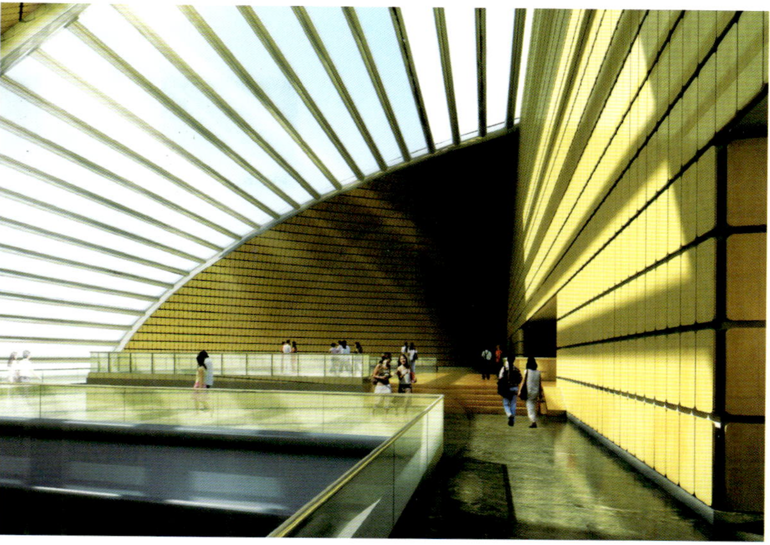

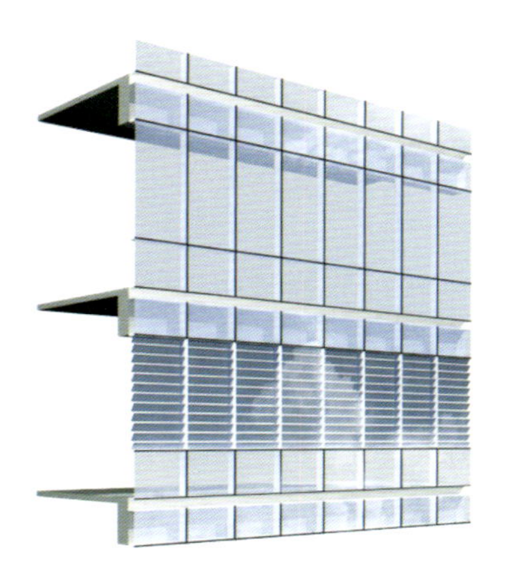

神农艺术宫

工程档案

建筑设计：中国中元国际工程有限公司
项目地址：湖南株洲
总建筑面积：11666m²
建筑基底面积：3358m²
建筑高度：24m

项目概况

神农艺术宫位于湖南株洲，建筑造型像一座临水的原始民居。又似一座浑然天成的洞穴，原始古朴而又轻盈飘逸。具有雕塑般的造型和田园诗般的氛围，成为一件从大地环境中生长而出的艺术品。

神农艺术宫主要是展示陶瓷艺术的殿堂，建筑创作也从陶瓷窑洞的形态中汲取了灵感，建筑形态本身又似一件远古时代的陶器精品。

建筑周围水系环绕，主入口开在建筑南侧，由西面的具有引导性的广场将人流引入；次入口分别在建筑东、西、北侧，东南面为大面积绿洲景观，水系流向神农湖。

设计尽可能利用现有水资源营造丰富的公共空间。在神农城核心区与都市生活区之间建立一个动态的、充满活力的纽带。建筑形态与景观彼此结合，使得艺术宫与沿湖景观空间成为有机的整体。

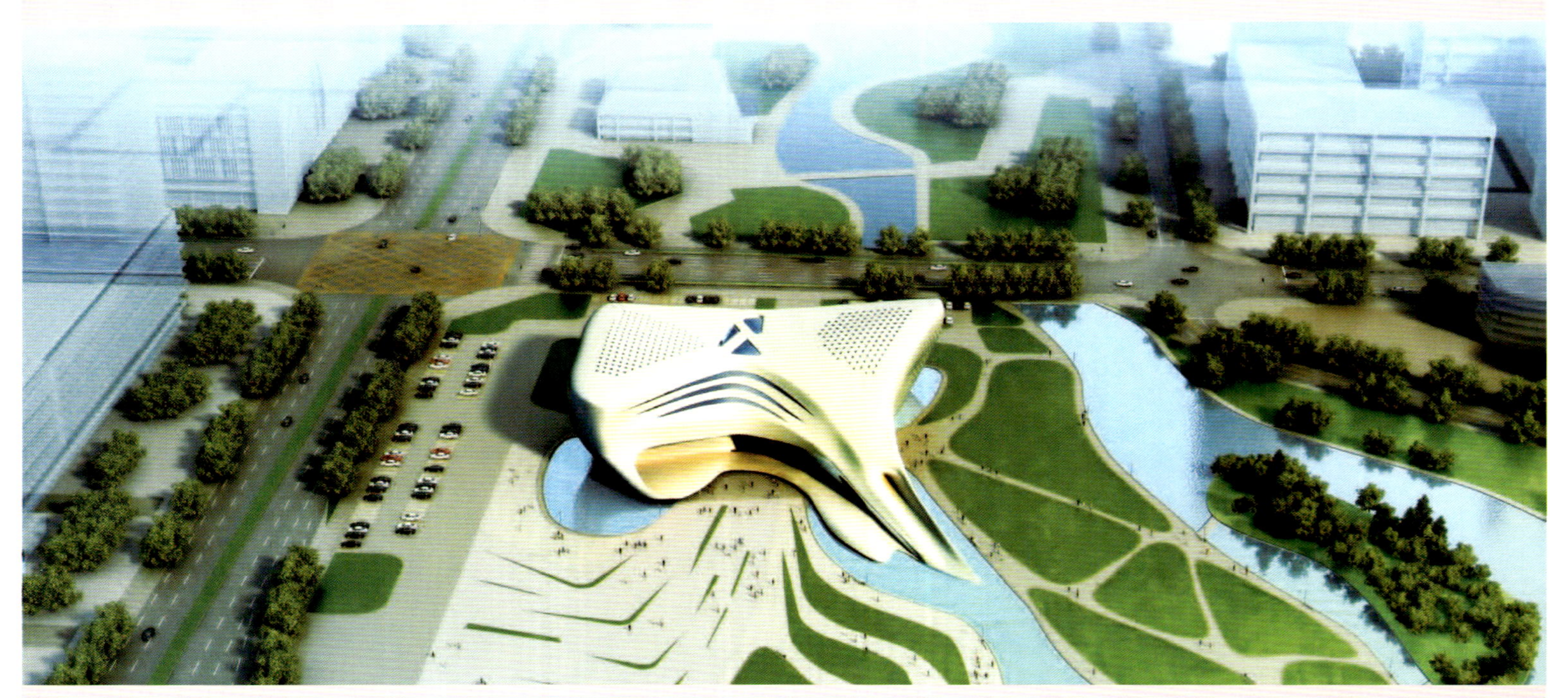

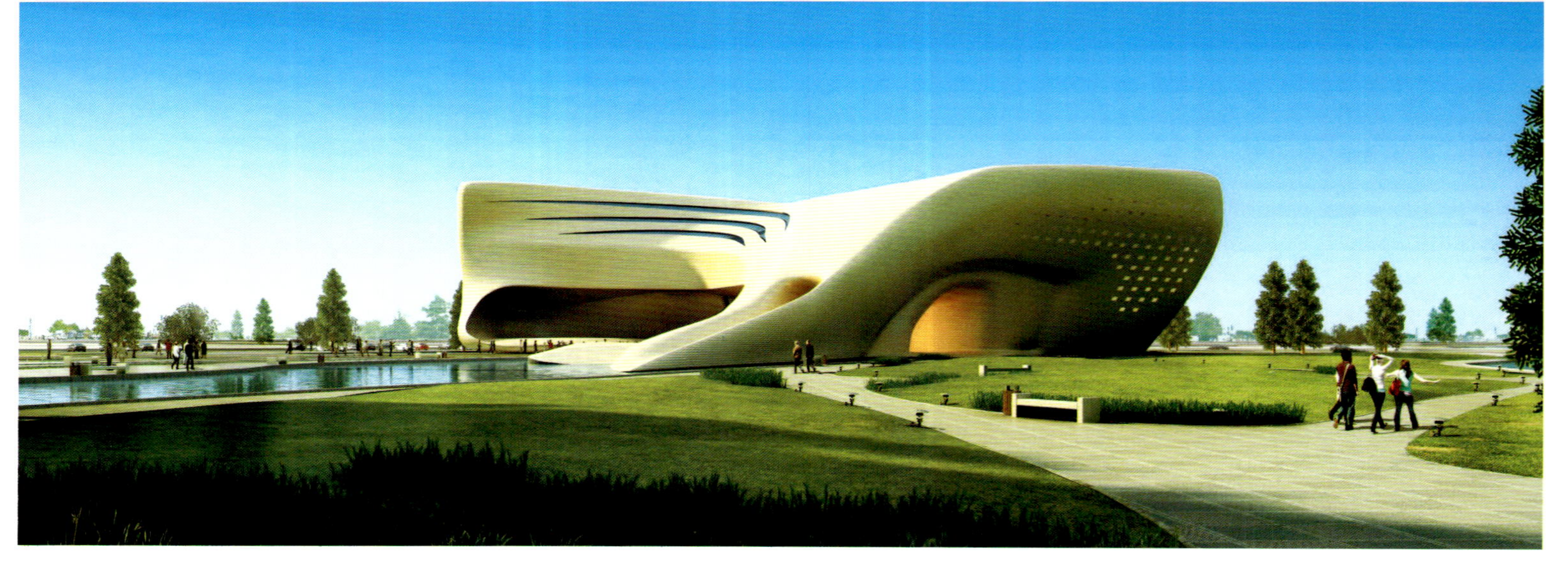

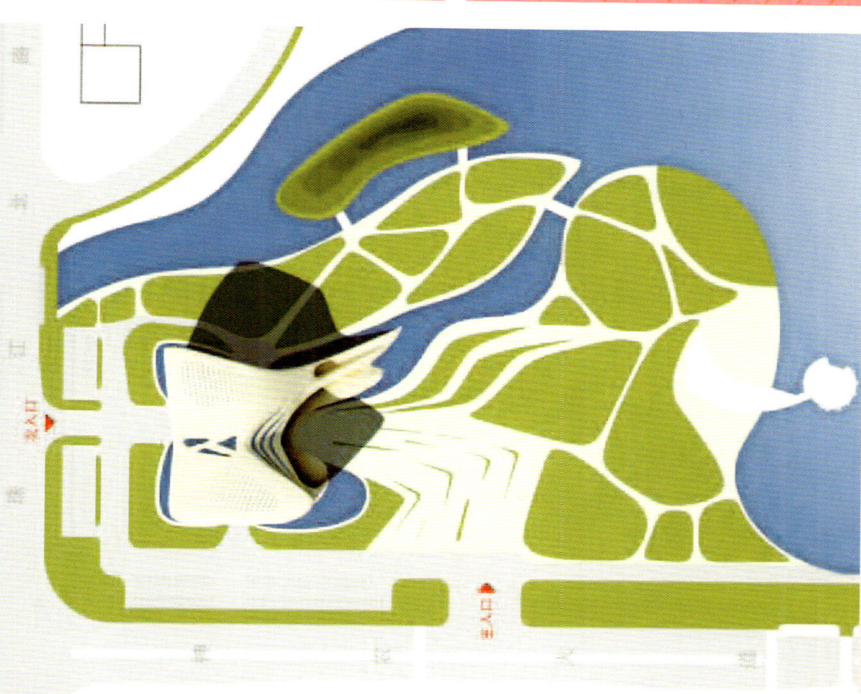

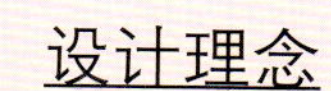

设计理念

以“远古印象”为主题，神农艺术宫在深层次上表达出神农的精神本质与神农文化的本质特征。以农耕文化的起源为切入点，制造了一个原生态的古朴圣洁的建筑形象，以此表达华夏子孙从原始生活向现代文明演变这一历史时刻，以此表达对神农氏的敬仰与纪念。

刘海粟美术馆迁建工程

工程档案

建筑设计：同济大学建筑设计研究院
项目地址：上海
建筑面积：12540m²
用地面积：6000m²
容积率：1.59
绿地率：21.5%

设计理念

云海山石——这正是海老一生“为师为友”的黄山的最传神写照。山浮云海之上，高洁轻灵，既是国画永恒的主题，亦是东方传统艺术中抽象审美哲学的精神内核。

艺海凌峰——“艺海凌峰”既是海老的人生写照，亦是设计立意的源泉，以有力的建筑造型来表现海老的大气和艺术张力，把这种对艺术的痴狂和不懈追求固化为最能表现海老艺术灵魂的美术馆。

山水入画——山与水是国画永恒的主题，亦是东方传统艺术中抽象审美哲学的精神内核。刘海粟美术馆以磅礴的现代建筑语汇描绘淋漓大气的传统山水意境。

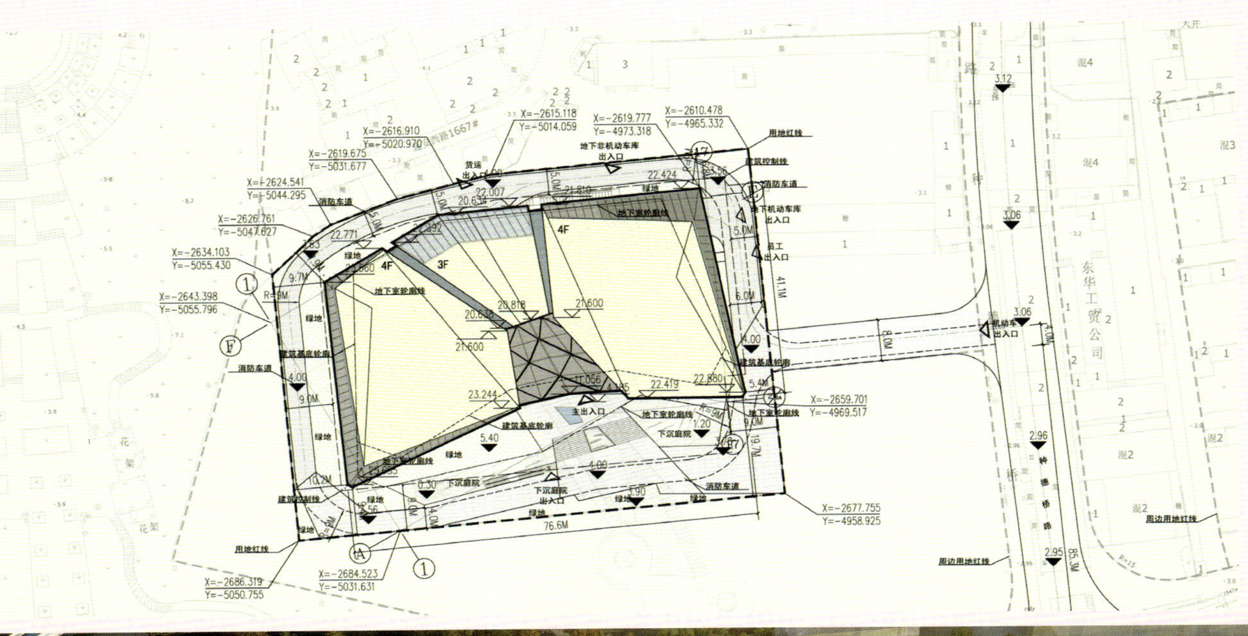

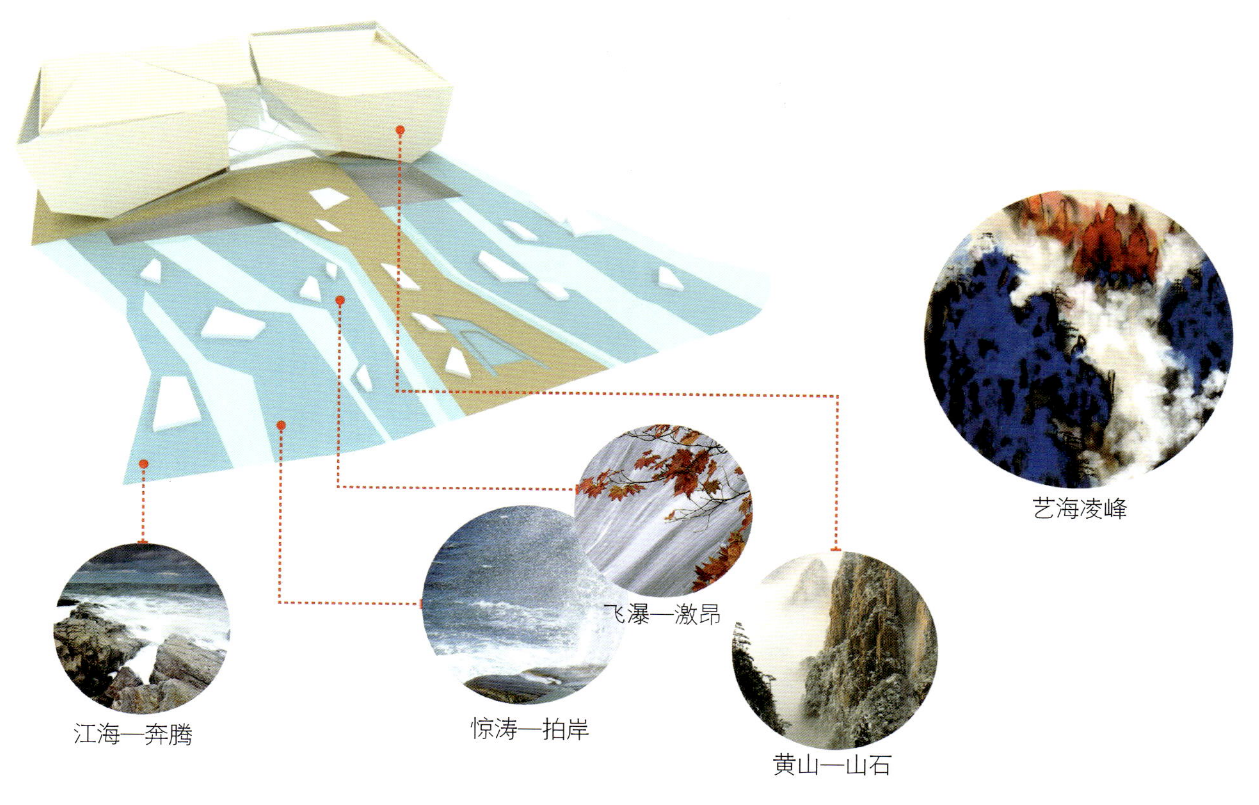
艺海凌峰
飞瀑—激昂
江海—奔腾
惊涛—拍岸
黄山—山石

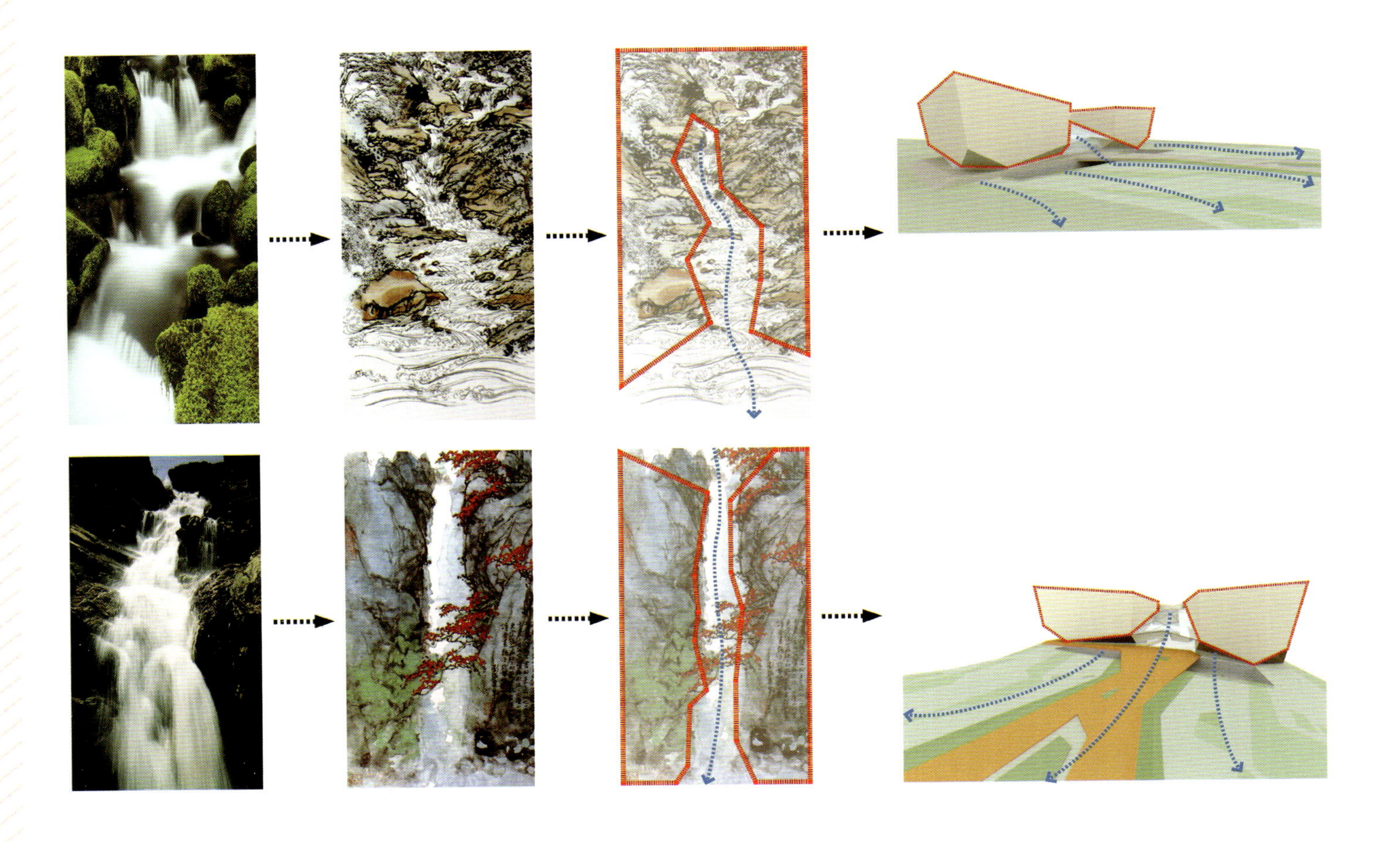

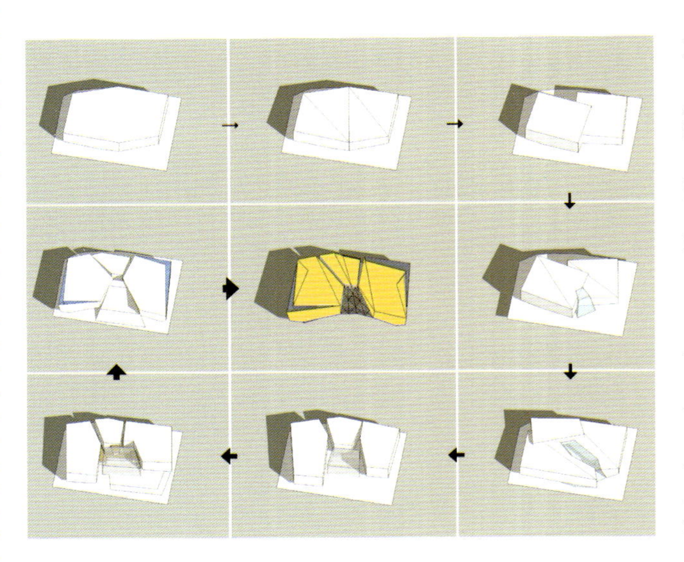

解剖山水

美术馆实体如飞扬峻峭的黄山山石，比照海老的铮铮风骨及其大气硬朗的艺术风格。而中庭及广场则如由重峦叠嶂之间喷薄而出的江海，一如海老汪洋恣意、笔歌墨舞的艺术激情与灵感。

抽象山水

海老烟云吞吐，迷茫空蒙的山水画赋予美术馆大开大阖、抽象写意富有雕塑韵味的现代建筑形体塑造手法，使建筑形体具有饶有变化却不脱传统韵味的山水意境。

中西合璧

将现代与传统，东方艺术与西方美学有机地融合，这是刘海粟美术馆的设计理念，更是海老坚守一生的艺术追求及终生的艺术成就。

设计传承

刘海粟美术馆新馆，在设计之初，就注重体现于老馆的神似。老馆为当时海老亲自在众多投标方案中选出，新馆设计对于老馆气质的延续，也是对于海老出众审美的延续。设计以耸立的形体、倾斜的中庭和神似而更大气的入口呼应原美术馆的造型，通过大手笔的体量切割塑造出强烈的雕塑感。

材质肌理处理

刘海粟美术馆新馆立面采用淡色石材。一方面通过天然石材自身统一又富于变化的纹路，表达整体设计“山石”的意向。另一方面通过在立面上看似随机而又暗藏海老画作的抽象圆点图案，为整体性的实墙面增添活泼与动感。

建筑标识组织

刘海粟美术馆新馆在立面设计中，结合石材的自然纹理和设计分割，有机地嵌入了江总书记的馆名题字与刘馆的标识。通过在建筑体量上题字和标识大小和位置的处理，把两者处理成建筑立面虚实对比的有机组成部分，正如同国画艺术中题字与篆刻的艺术神韵，起到画龙点睛的作用。

立面色彩选择

刘海粟美术馆新馆采用多种颜色相互复合，取意于海老色彩丰富、融贯中西的山水画。各种材料之间一方面体现材质的对比和变化，另一方面整体淡色的气质又显示出平淡、素雅的气质。

木质的暖色

石材的米色

玻璃的冷色

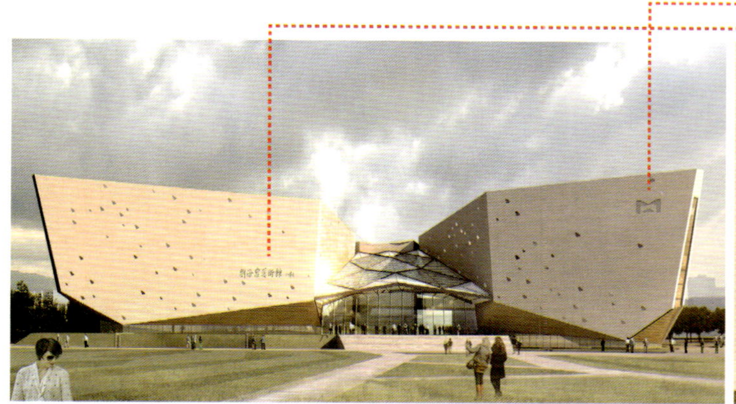

正面标志与馆名

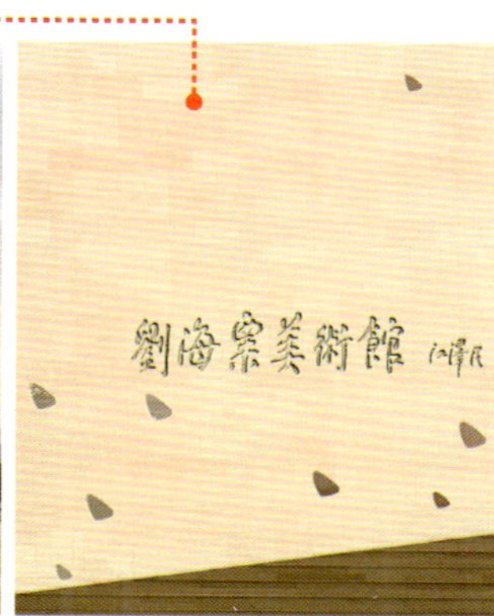

正面馆名

正面标志

淡色石材

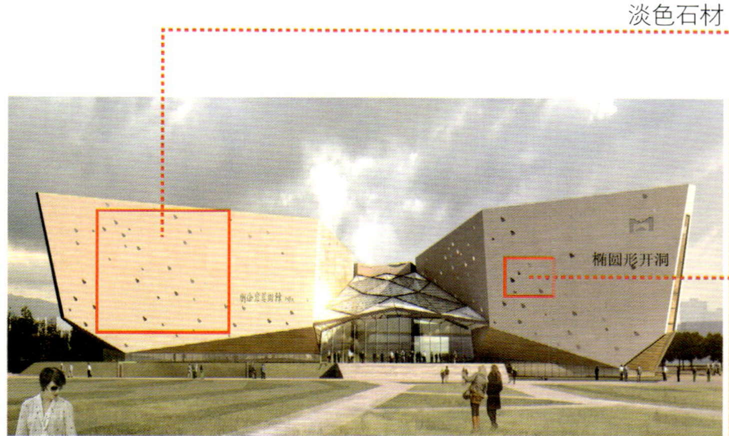

透视图

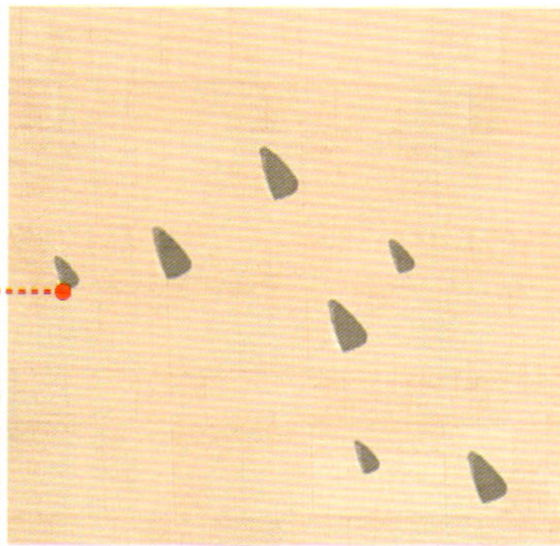

椭圆形开洞

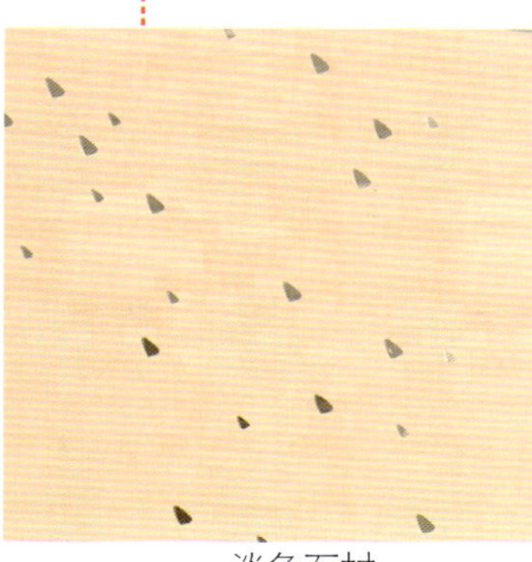

淡色石材

云南文化艺术中心

工程档案

建筑设计：同济大学建筑设计研究院
项目地址：云南昆明
建筑面积：46500m²
用地面积：79668m²
容积率：0.38
绿地率：40.3%

项目概况

云南文化艺术中心位于云南省昆明市广福路与光宝路交汇处南侧，西邻云南省博物馆新馆。该项目总建设用地面积约为10hm²，总建筑面积约46500m²，其中地上面积30000m²，地下面积1 6500m²，地下停车220辆，地面临时停车76辆。

文化艺术中心中包含一个综合性大剧场（座位数为1475座）和一个小音乐厅（座位数为790座）、一个多功能小剧场（座位数约为440座）以及相配套的管理及服务用房。

基地内居中设置74.5m半径的圆形文化艺术中心，这栋建筑与西北侧正方形博物馆遥相呼应。两组建筑横向轴线贯通，之间设置文化艺术广场，是步行人流的主要集散、交流共享空间。

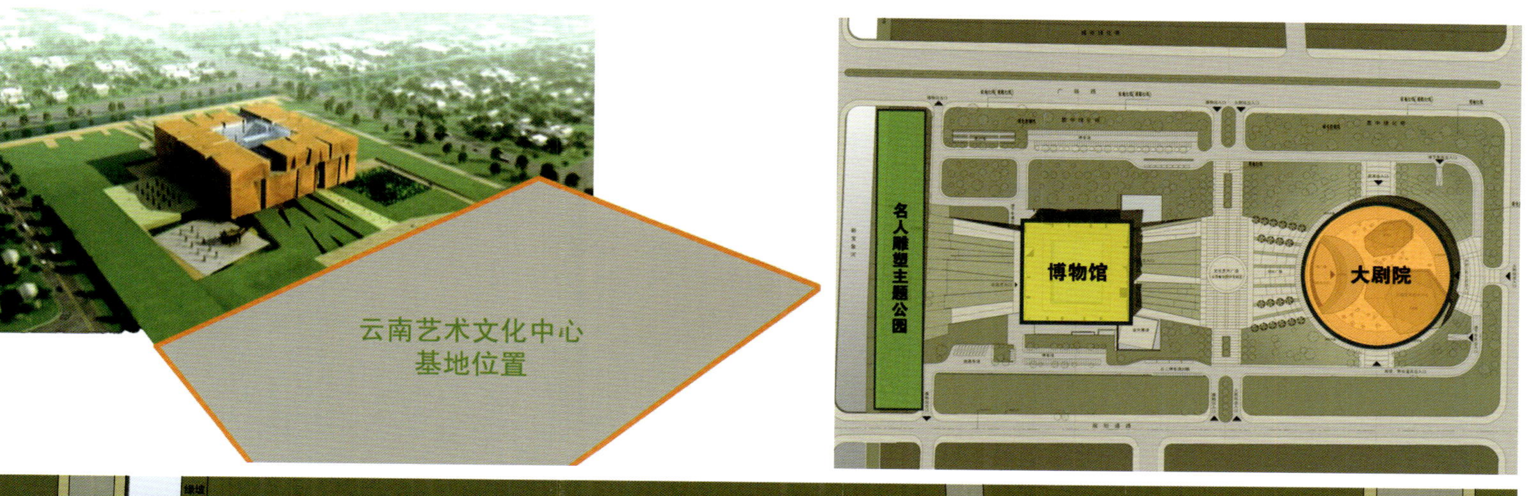
云南艺术文化中心
基地位置
名人雕塑主题公园
博物馆
大剧院

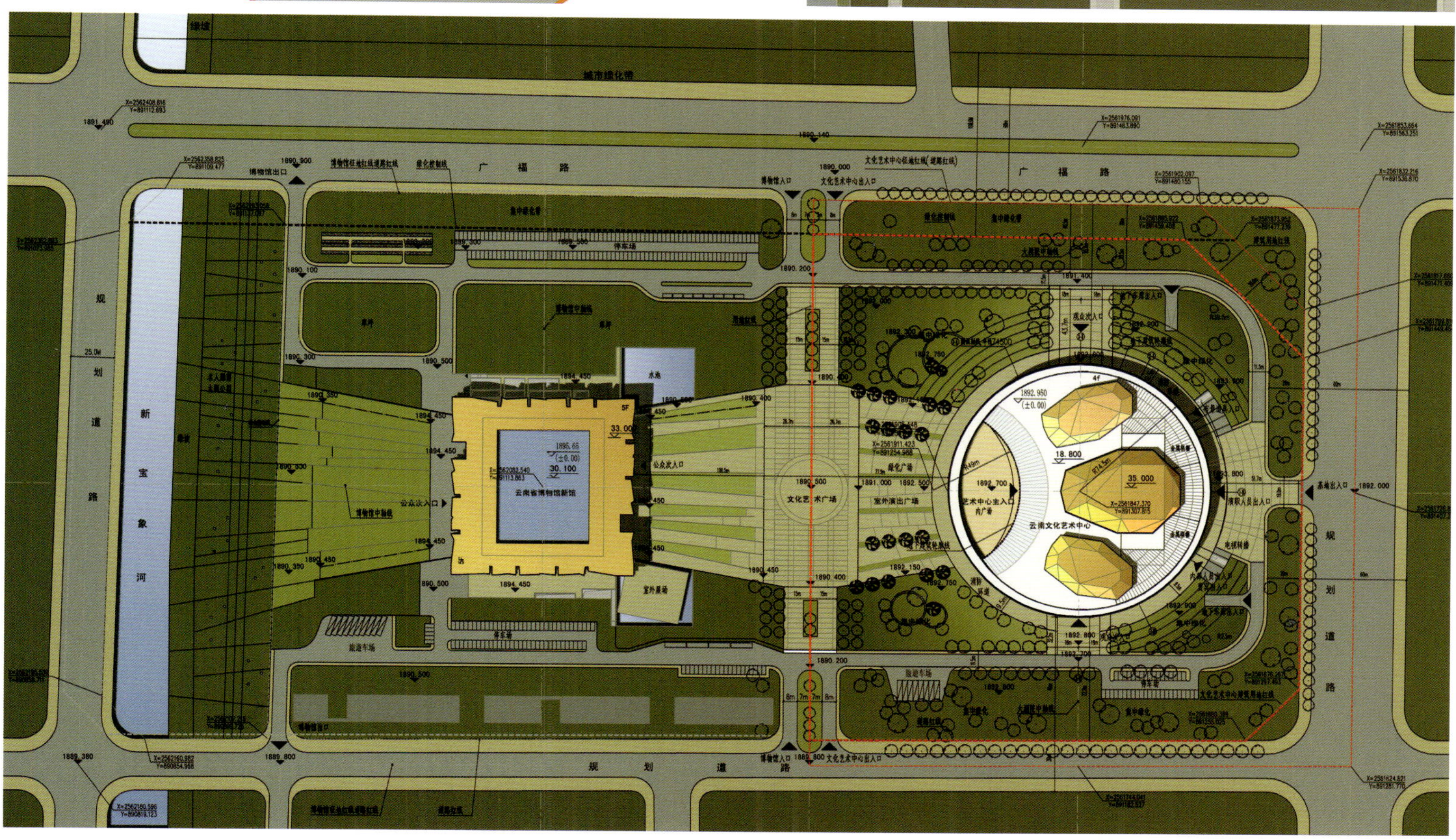

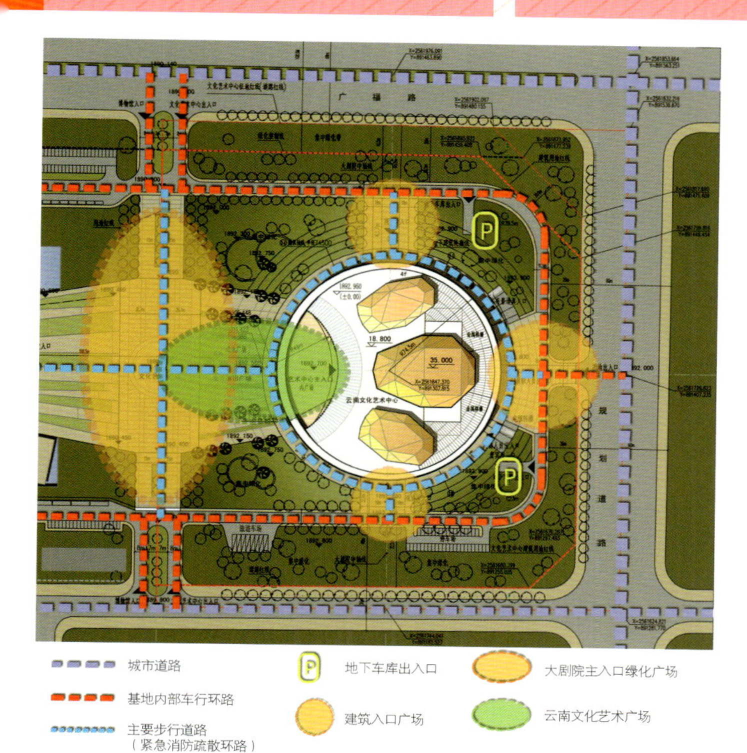

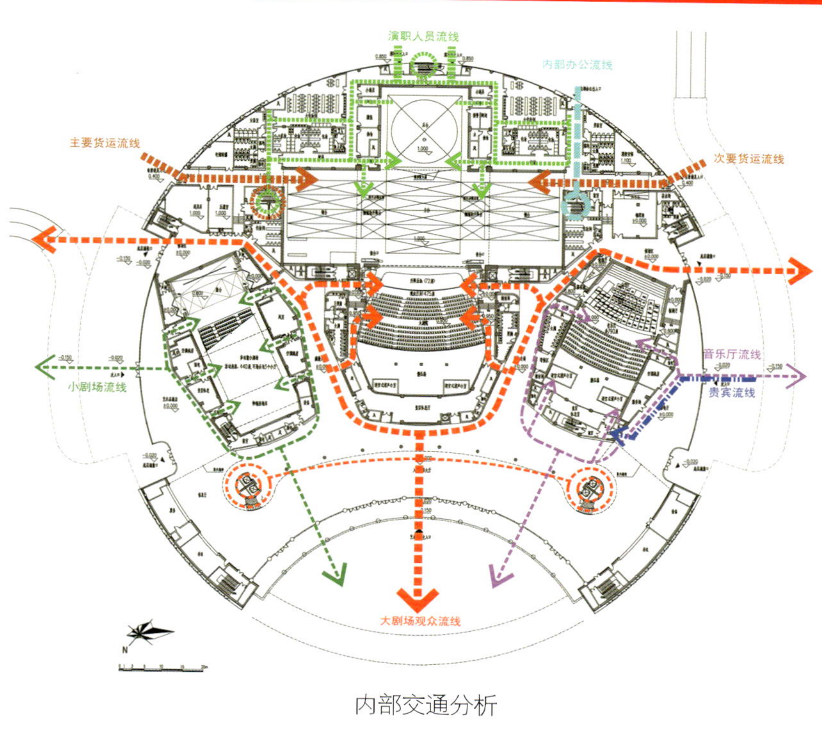

内部交通分析

沿建筑周圈设置多处出入口：文化艺术中心主入口居西北侧，朝向文化艺术广场，大剧院、多功能小剧场、音乐厅等人流可由此进入；建筑东北、西南侧各设置观众次要出入口；布景道具入口及设置在建筑东侧；演职员出入口设置在建筑东南侧，内部管理办公入口设置在南侧；贵宾入口设置在南侧。多入口的设置避免了多种流线的交叉，提供了便利、快捷的交通方式。

雪山

高原

热带雨林

云南，地处中国西南边陲，人杰地灵，在这片神奇的土地上，雪域高原与热带雨林共存，高山深谷和阔坝平湖相间，在呈现美不胜收的山水风光的同时，更骄傲持久地绽放着绚丽多姿的多民族文化之花。

云南文化艺术中心，将洋溢云南自然山水风情，凝聚民族文化气质，不简单具象重复某单一风貌，而是对云南山水风光的建筑化写意。

高山峡谷

阔坝

平湖

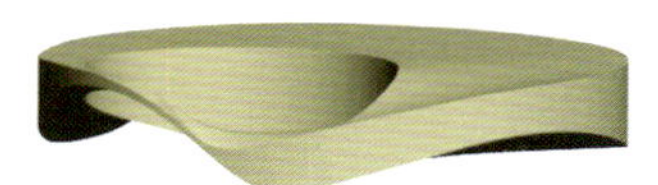

民族文化的启迪

民族服装

民族首饰

稻作文化：哈尼梯田首创将水田稻作移植到山坡

云南重彩画

云南蜡染

地处中华文化圈、印度文化圈与东南亚文化圈交汇点的云南，是人类文化遗产最珍贵的共生宝库，各族文化的乡土性、边缘性、包容性，终催生出了民族文化多样性。云南民族传统的服饰、歌舞、建筑，都各具特色、独树一帜。我们的设计，汲取了云南地方文化的特色，使得建筑在这片历经千年沧桑的土地上以她卓然特出的形态特征、浓郁神秘的民俗风情而散发出弥久愈盛的诱人气息。

凝固的音乐，起伏的舞姿

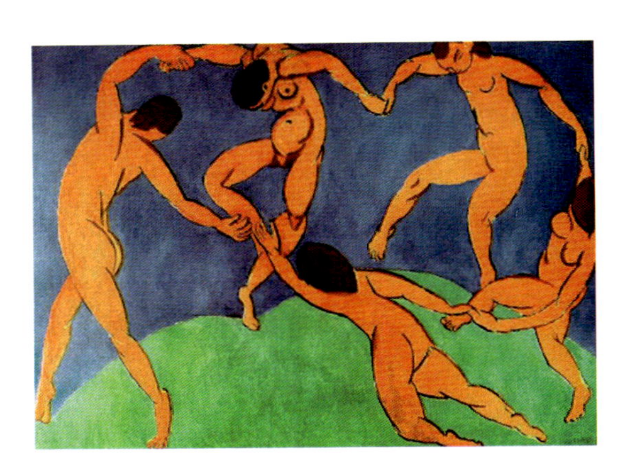

音乐表述着人类心灵最深处的情愫，它贯穿了我们的整个设计——舞者的身姿，化解为流畅优美的形态，几条交错起伏的挥舞曲线，以流畅、空灵、典雅的建筑形象，呈现在昆明这个更大的城市舞台中，建筑与音乐、艺术浑然一体，宛若天成，为现代城市谱写一曲浪漫优雅的乐章。

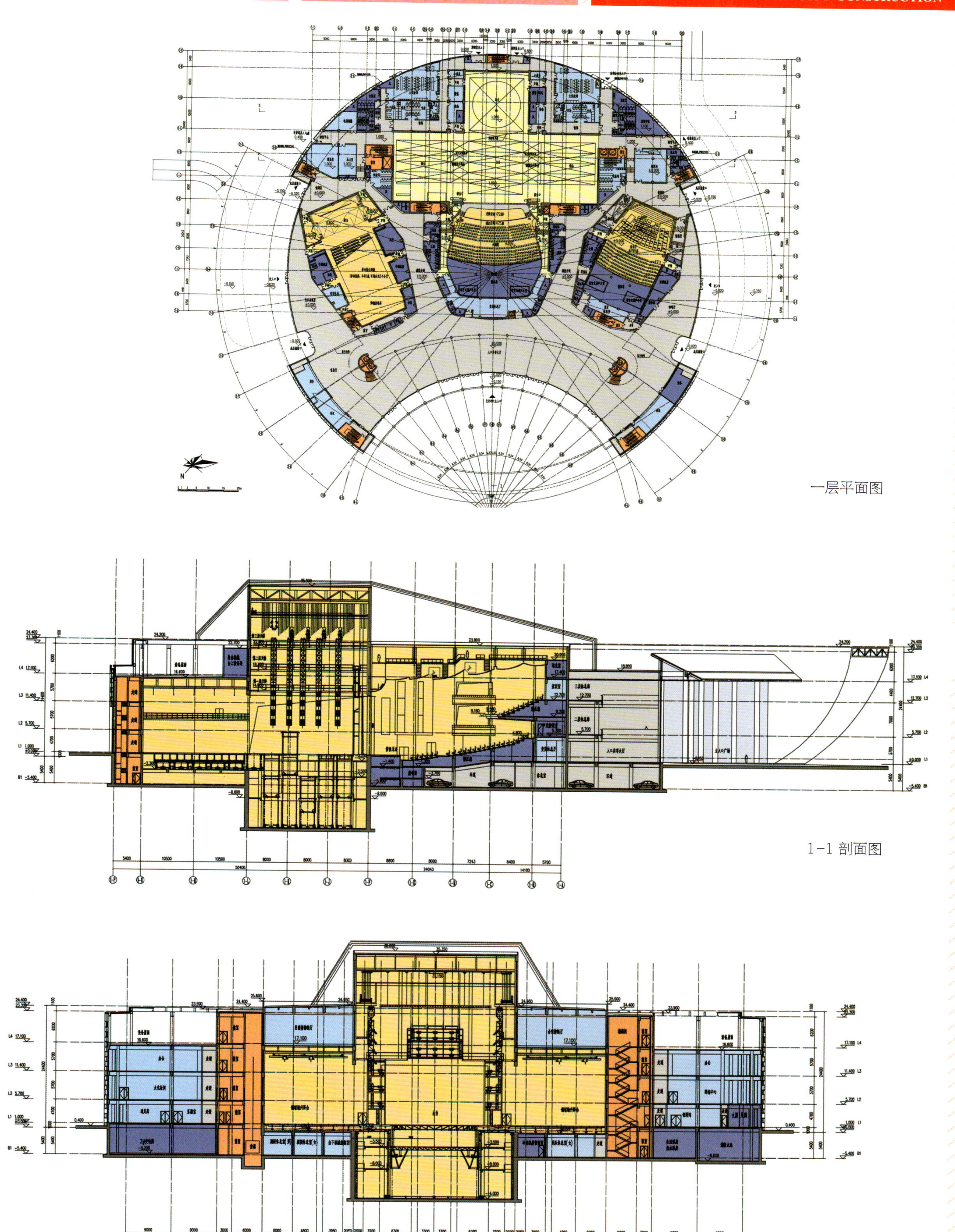

一层平面图

1-1 剖面图

2-2 剖面图

南通城市展览馆

工程档案

建筑设计：德国海茵建筑设计公司
项目地址：江苏南通
总建筑面积：8100m²
楼层净面积：7000m²
展区面积：4900m²

项目概况

南通城市展览馆紧靠城市河流，和现有的文化和商业设施相连接，建立起南通主要的东西轴线。

展览馆的特点是一个16m且不透明的体量，依据逆流的玻璃底座可以为特殊的展览，咖啡间，以及书房留出空间。整体的主要形式是，在玻璃门的入口处以上的悬挑，包含主要的展览厅，办公室和会议室。

其独特的外观是由两层组成的：内部是热密封的建筑围护结构：外部是带有梯度变化板的网状金属结构。外表菱状结构的斜肋构架由7种不同的面板组成，可以允许9%-60%不同程度的开孔度。这在精细的增量下，为了适应内部程序的需要，可以更好的控制调节阳光。因此，展览空间的特征就是在最小开口程度的情况下，保持基本封闭的外表以及最大程度得获得阳光的办公室是这次展览的主要特征。

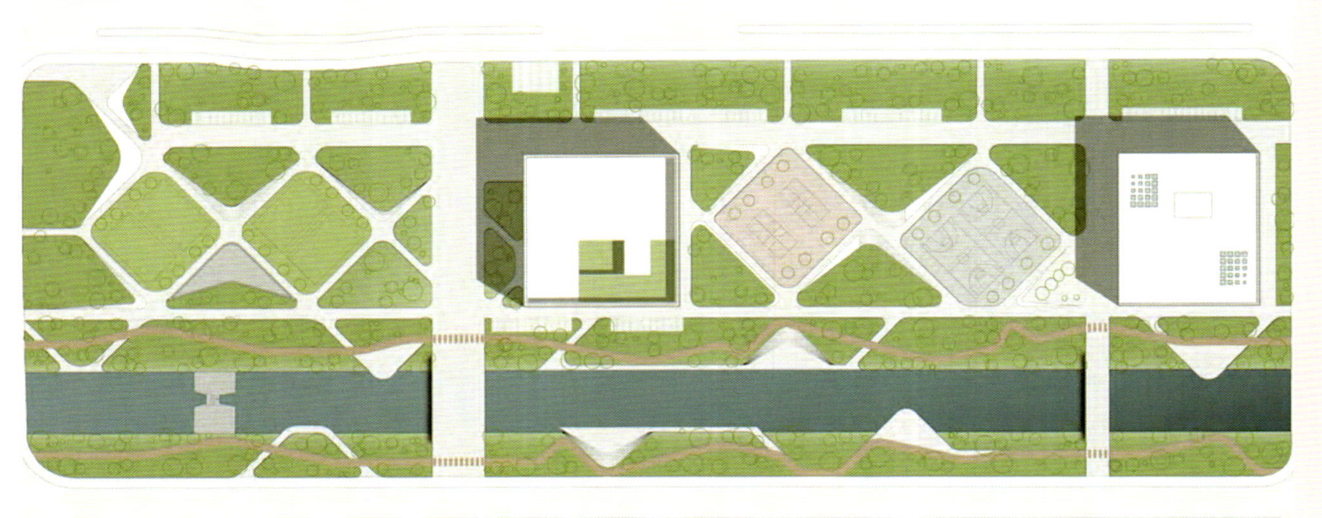

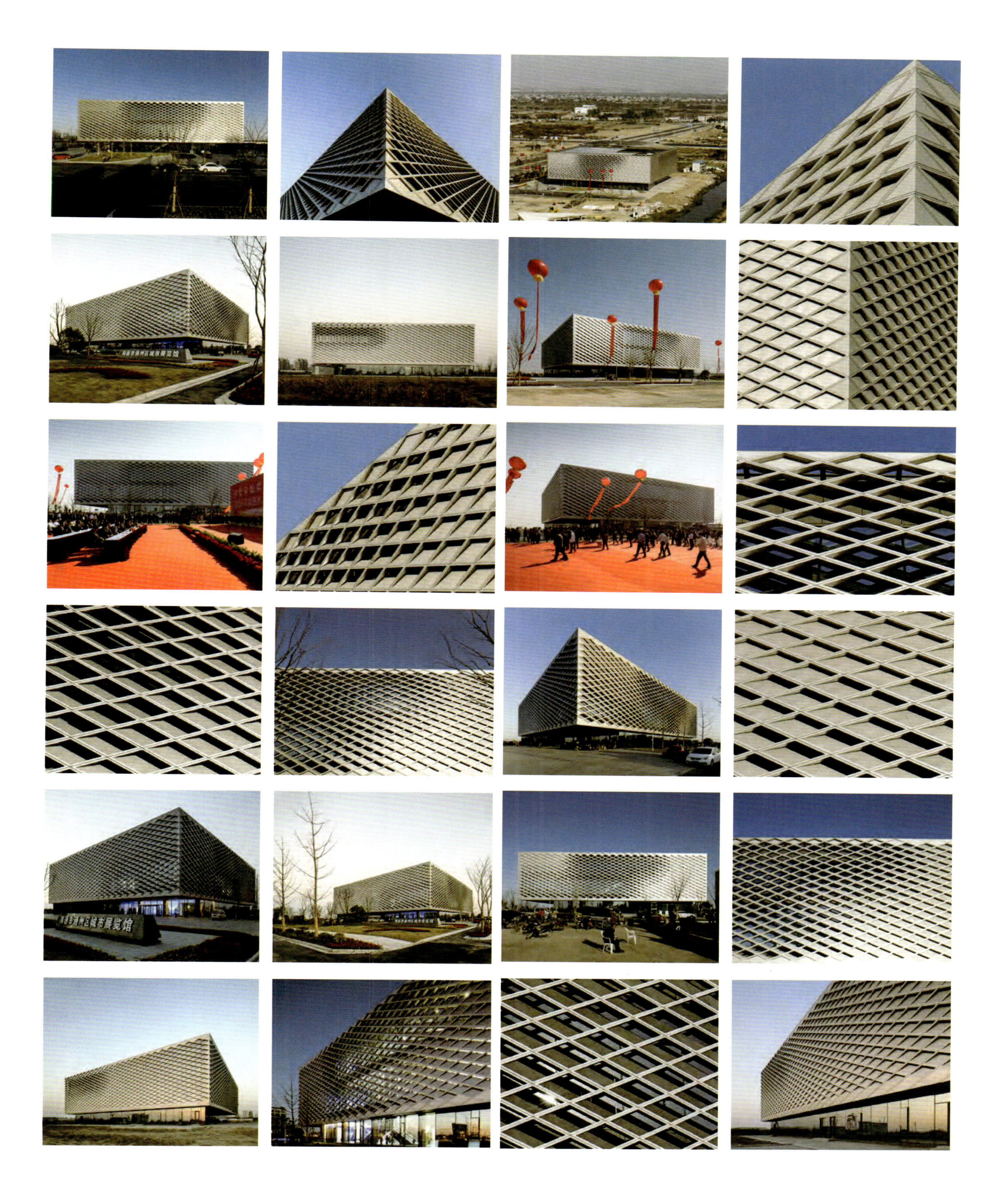

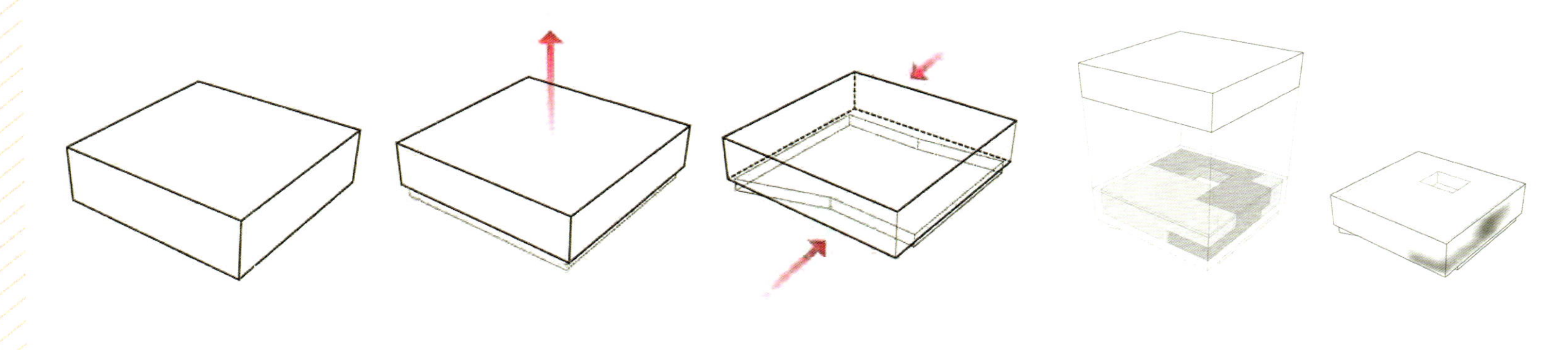

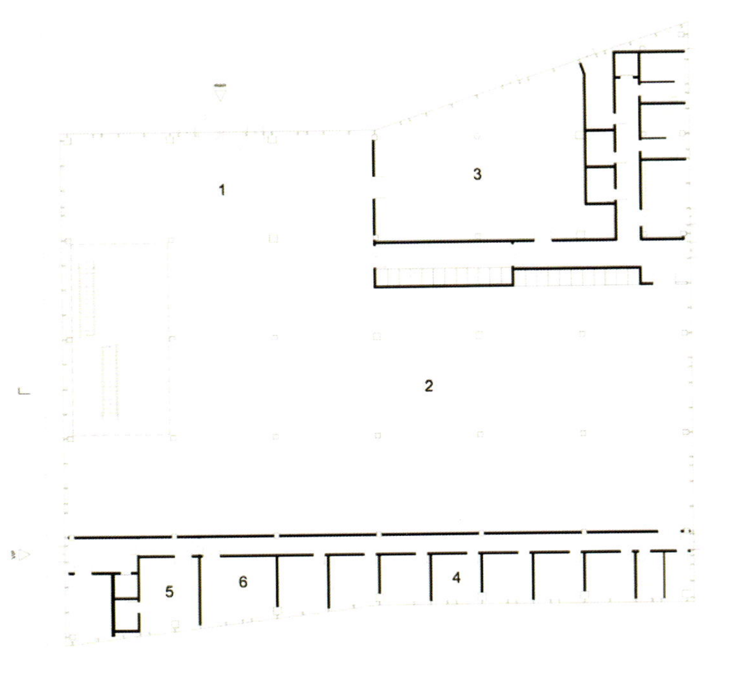
1
3
2
5
6
4

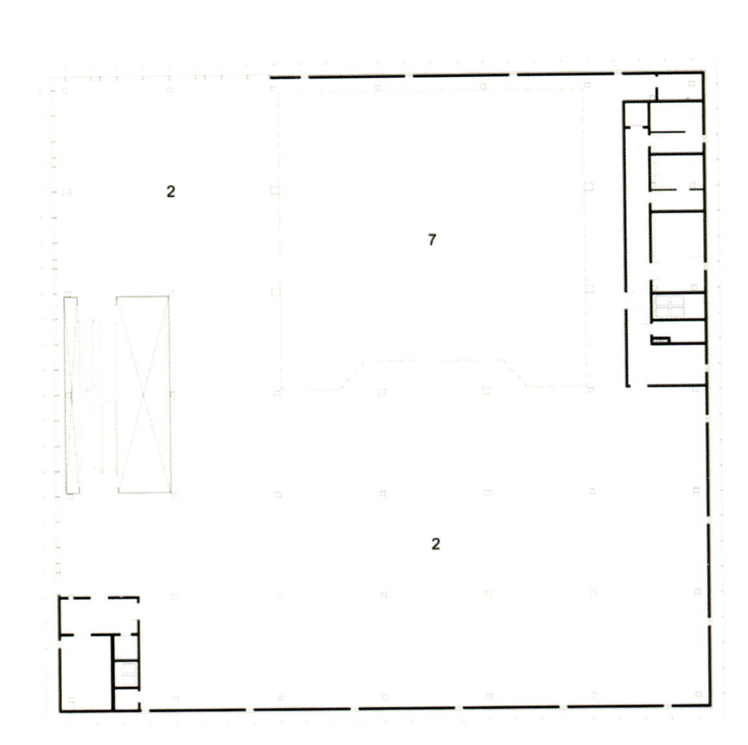
2
7
2

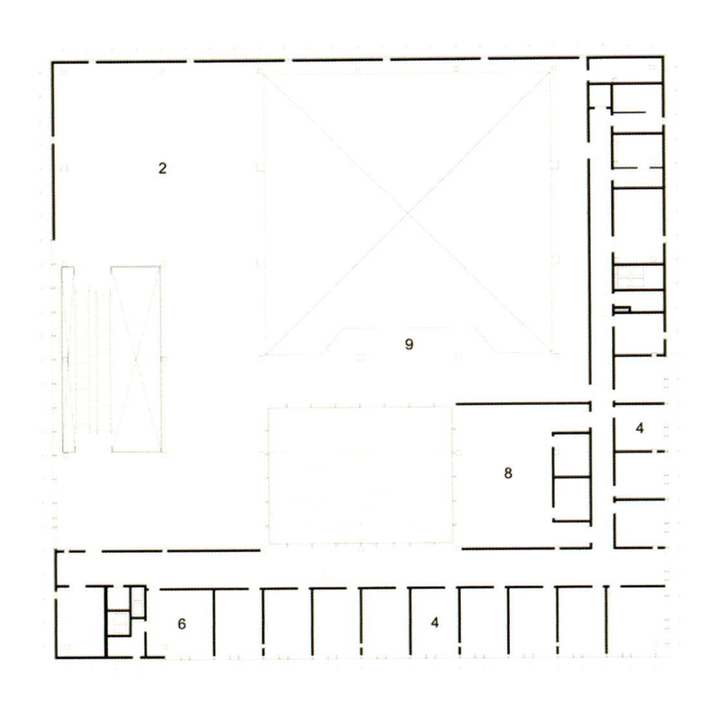
2
9
4
8
6
4

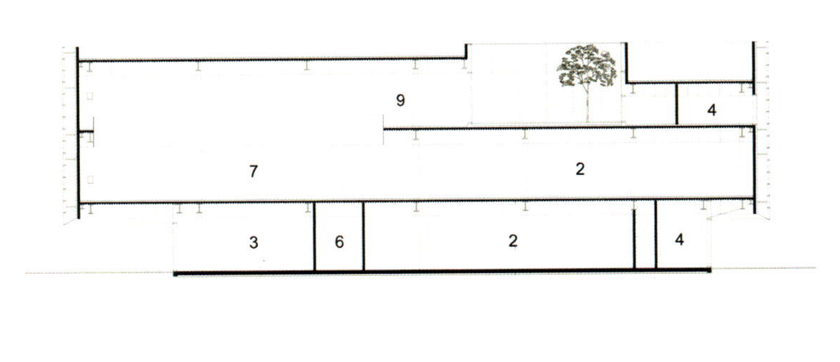
9
4
7
2
3
6
2
4

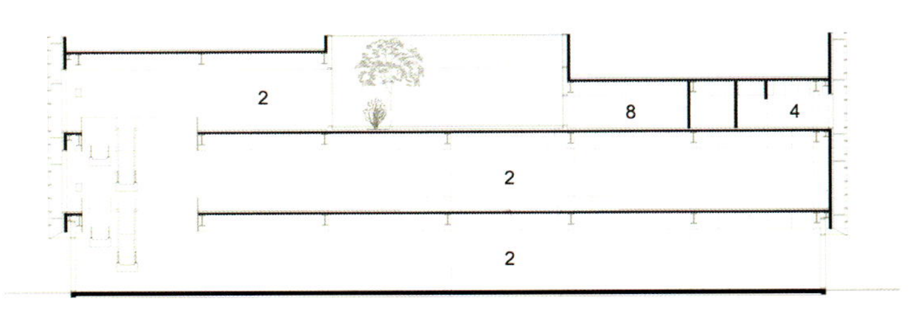
2
8
4
2
2

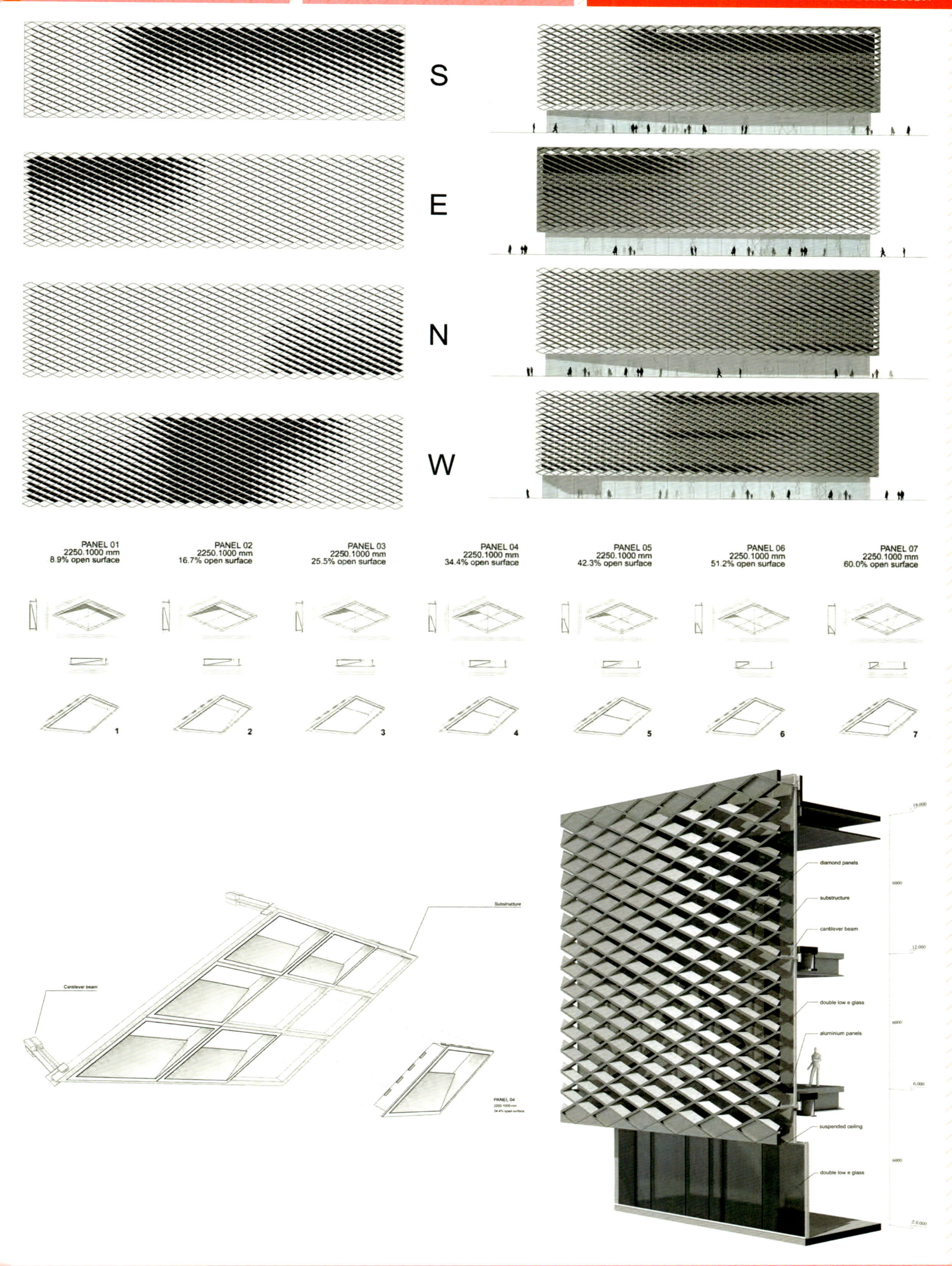
S
E
N
W
PANEL 01
2250.1000 mm
8.9% open surface
PANEL 02
2250.1000 mm
16.7% open surface
PANEL 03
2250.1000 mm
25.5% open surface
PANEL 04
2250.1000 mm
34.4% open surface
PANEL 05
2250.1000 mm
42.3% open surface
PANEL 06
2250.1000 mm
51.2% open surface
PANEL 07
2250.1000 mm
60.0% open surface
1
2
3
4
5
6
7
Substructure
Cantilever beam
diamond panels
substructure
cantilever beam
double low e glass
aluminium panels
suspended ceiling
double low e glass

海门市文化展览馆

工程档案

建筑设计：同济大学建筑设计研究院
项目地址：江苏南通
建筑面积：25798m²
建筑高度：16.8m
建筑功能：展览、会议

项目概况

海门市文化展览馆集会议和展览于一体的公共文化建筑，是海门市行政中心建筑群体的重要组成部分，建筑位于新行政中心区内西南角，东临行政中心主广场，西面为张謇大道，北面为区内道路，南面滨河，用地方整，环境优美。

“方形主题”的总体布局。设计从行政中心“主轴”整体布局出发，体量上与其他3组建筑相近，设于行政中心用地的四个角。建筑造型以方形为母题，既与整个行政中心的规划理念相吻合又与其他四组建筑一起构成均衡、整体、和谐的行政中心。

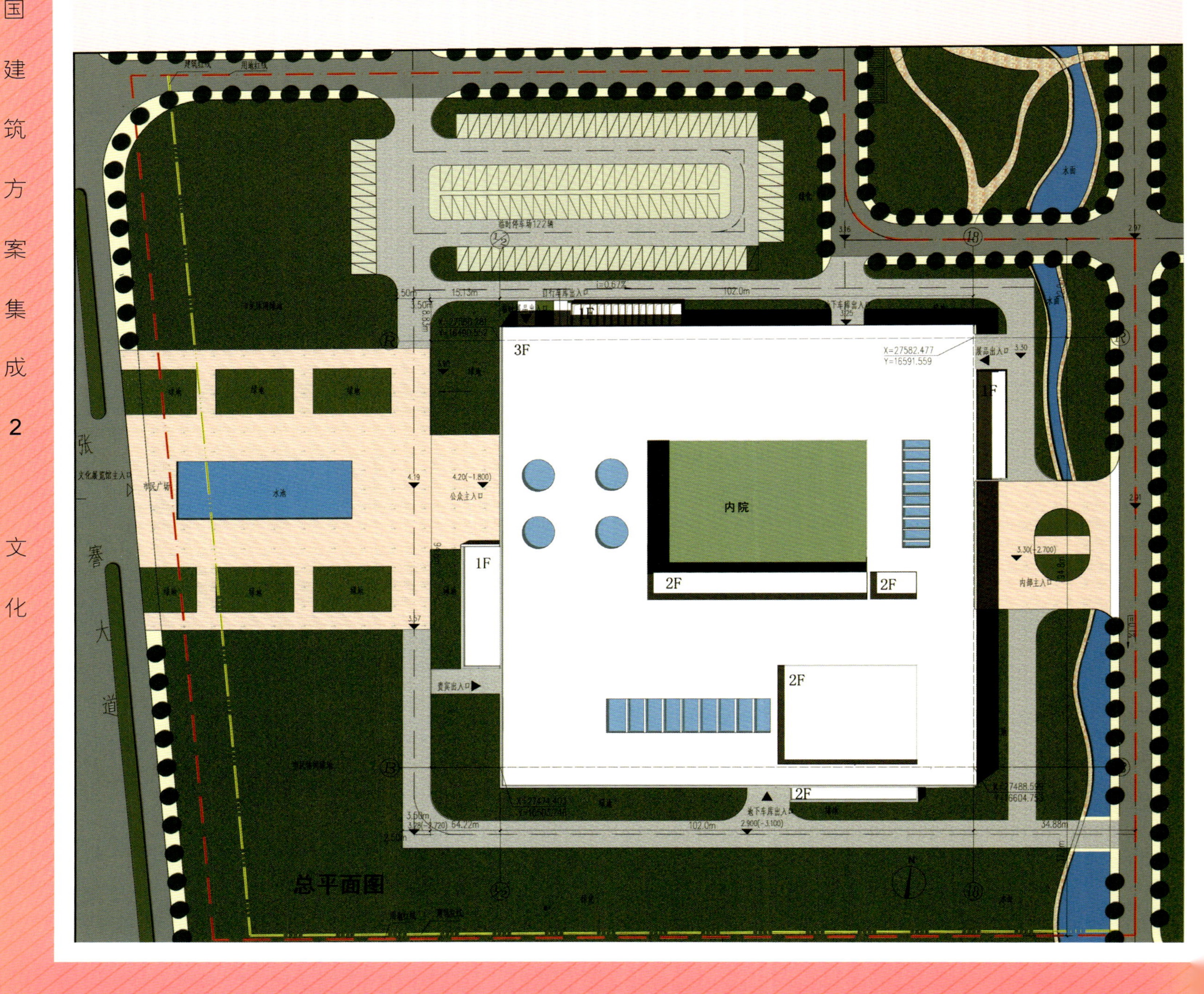

总平面图

设计理念

强调市民参与和市民使用的亲民设计理念。设计摒弃传统政府建筑的南北向轴线，强调建筑的东西向轴线，由城市出发，将面向城市道路的西向作为设计的主方向并将整个建筑由东向轴线一分为二，将市民由城市直接引进建筑并穿越到行政中心内广场，强调市民的使用性和参与性。

风格形象

打破传统“政府建筑”给人的厚重深沉的形象。设计以简单明快，轻盈通透手法，构建简约大方，均衡得体，与整个行政中心整体协调的现代风格，立面虚实结合，既突出建筑内部空间的光影效果和空间体验，也强调由“城市”到“政府”的视觉通廊效果，意在展现政府机构的“透明性”，突出政府的亲和力和亲民特性。

空间构成

空间的构成首先是城市空间的构成，设计理念是对市民的尊重和对城市的理解，空间设计避免与城市割裂的方式，而以延续城市街道空间并引导城市空间进入建筑空间的模式，创造真正为市民所用的“城市客厅”。建筑的内部空间由两块构成，南侧主要为会议中心、北侧主要为市民展览馆，设计结合功能，营造恰如其分的空间模式。

北面夜景

西北角照片

展厅照片

室内大厅照片

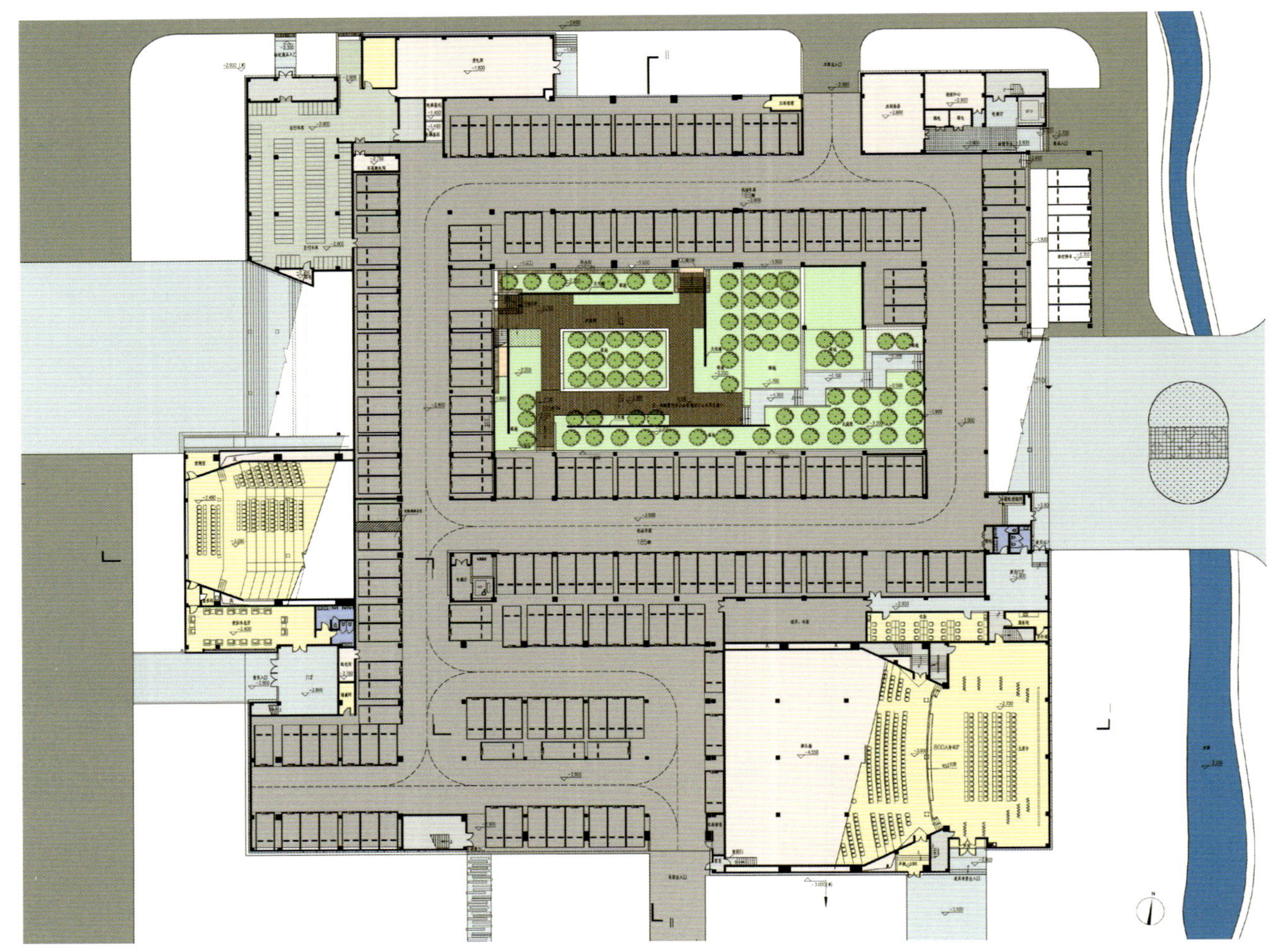

架空层平面图

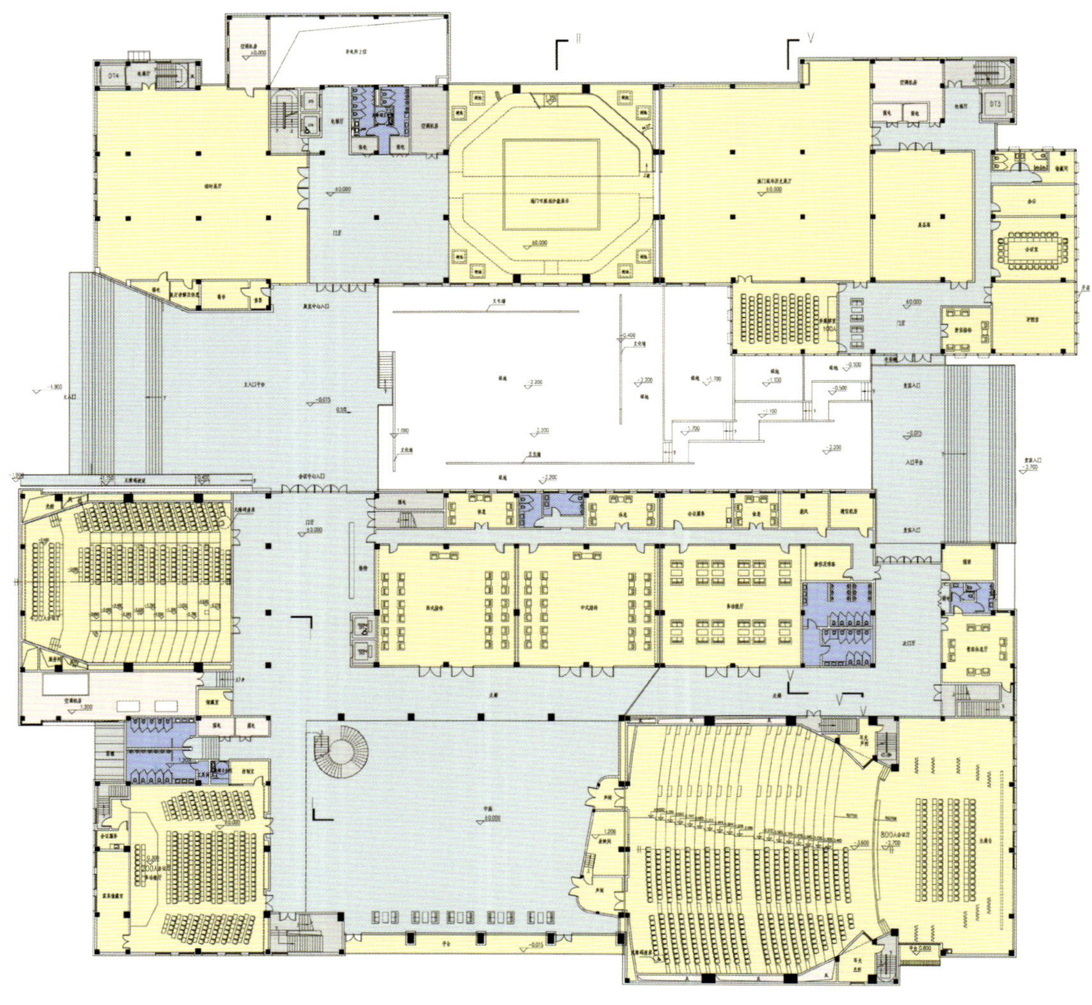

一层平面图

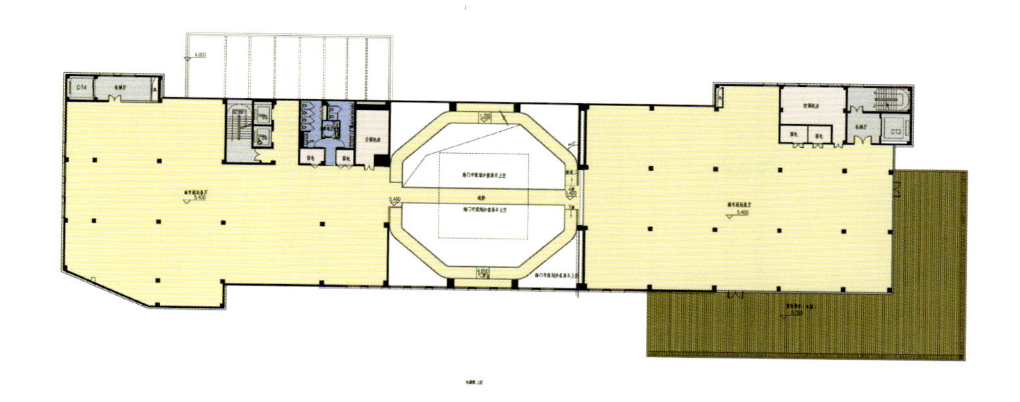

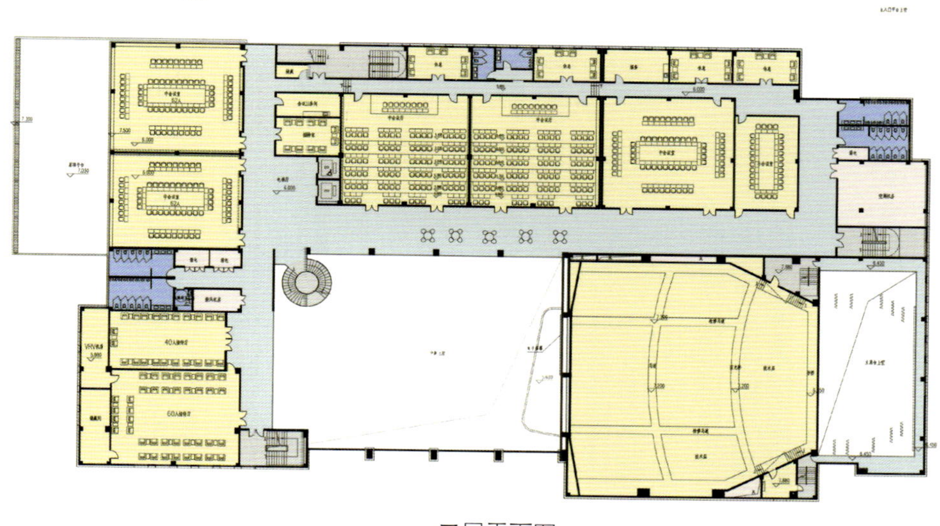

二层平面图

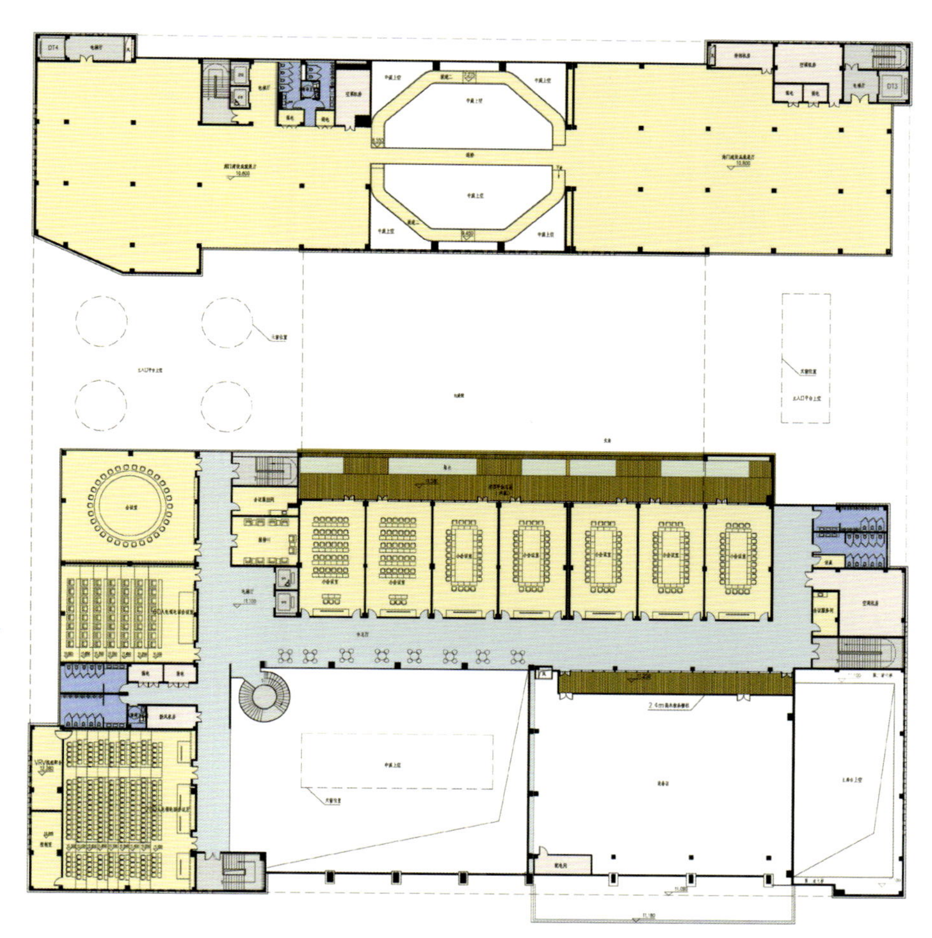

三层平面图

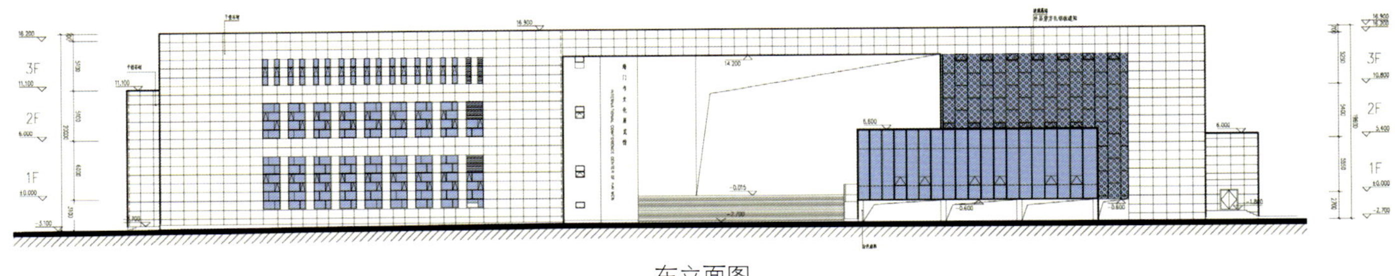

东立面图

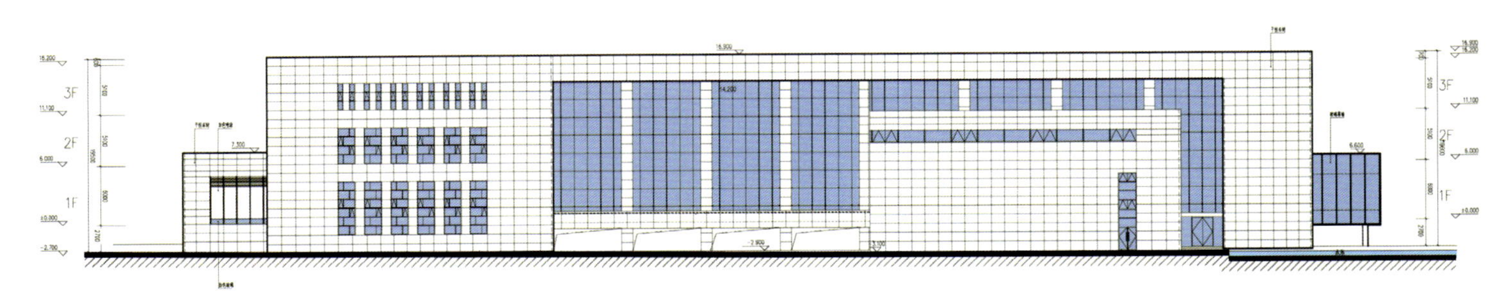

南立面图

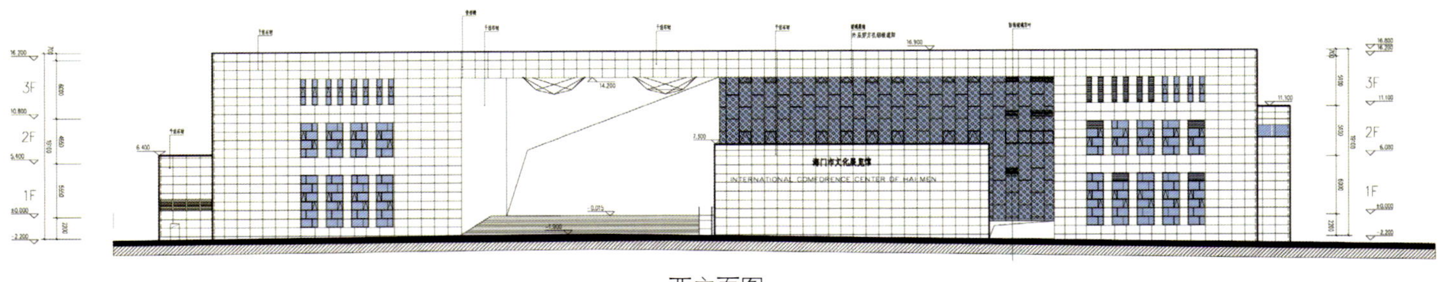

西立面图

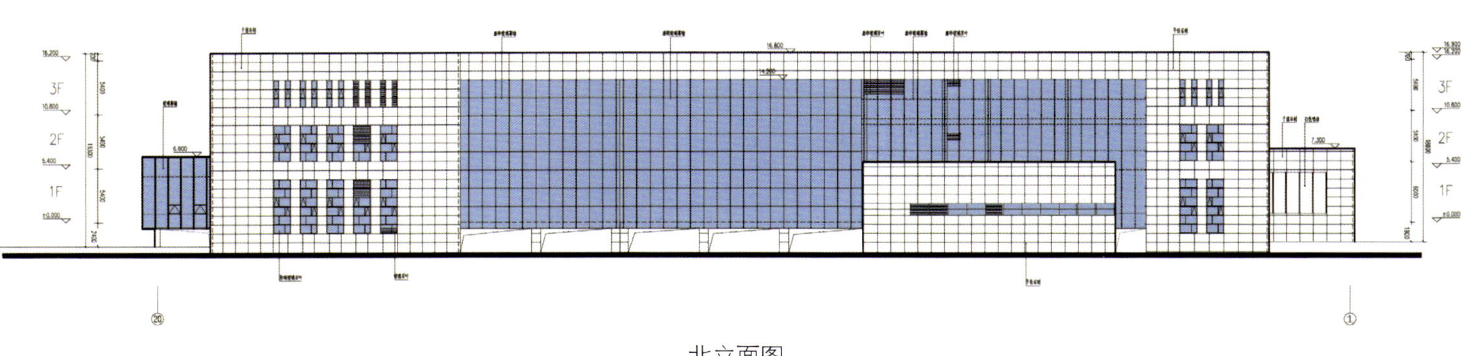

北立面图

Ⅳ－Ⅳ剖面图

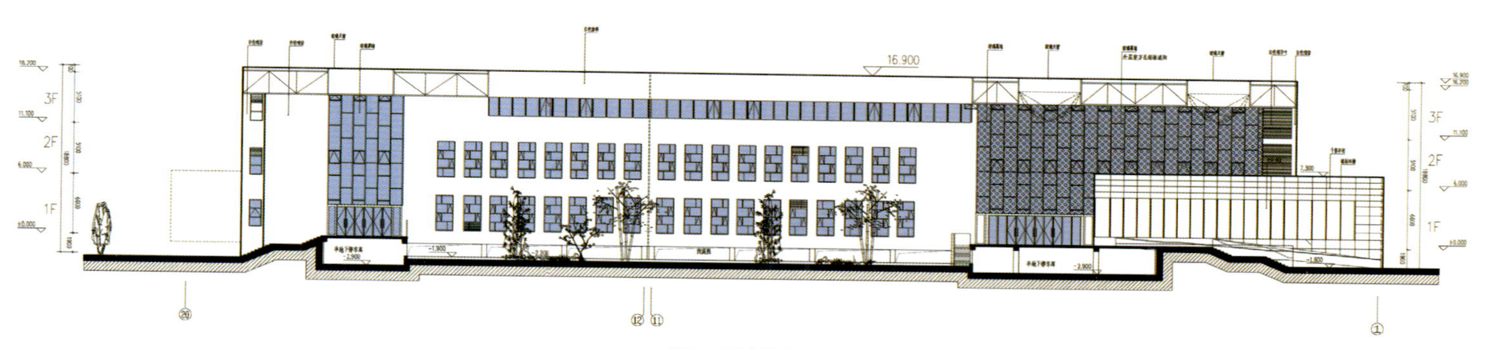

Ⅲ－Ⅲ剖面图

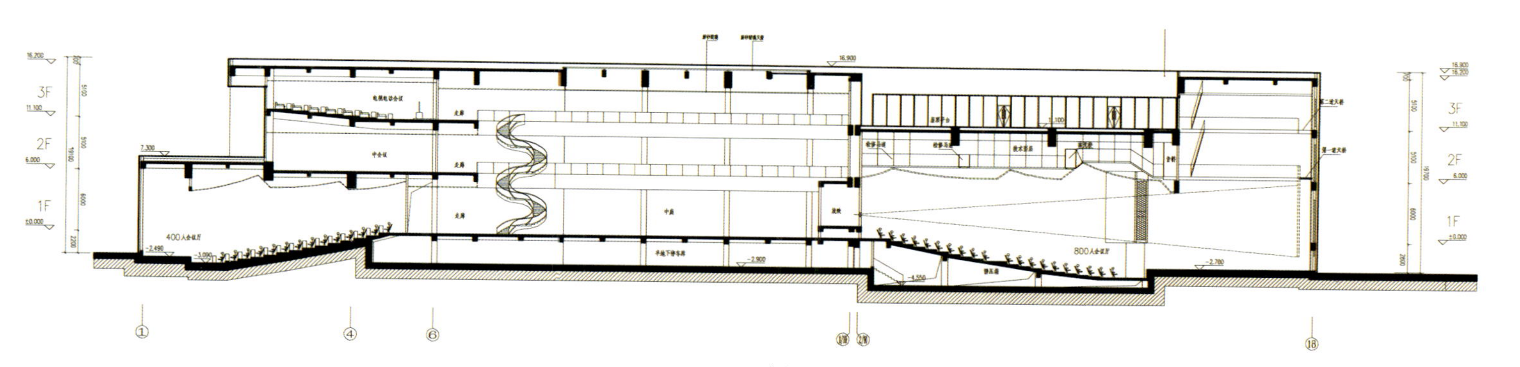

Ⅰ－Ⅰ剖面

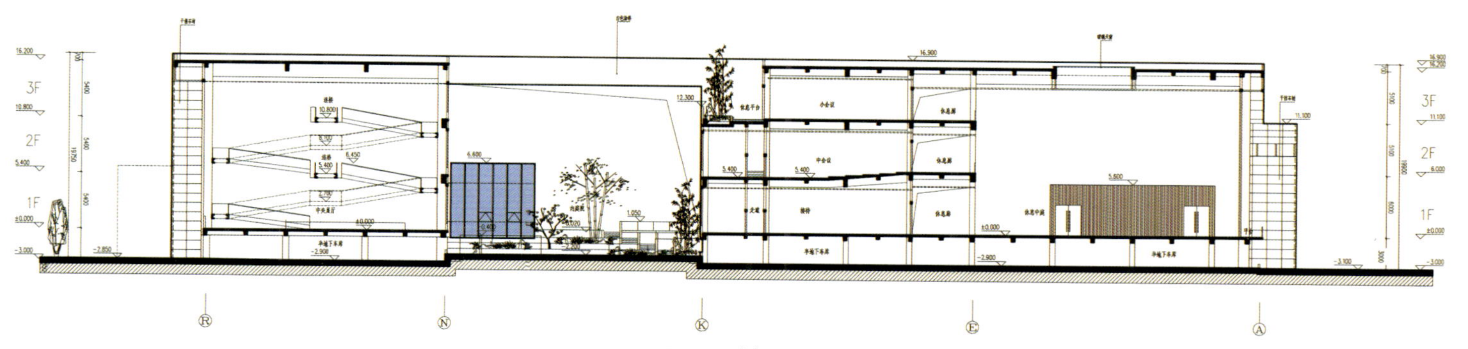

Ⅱ－Ⅱ剖面

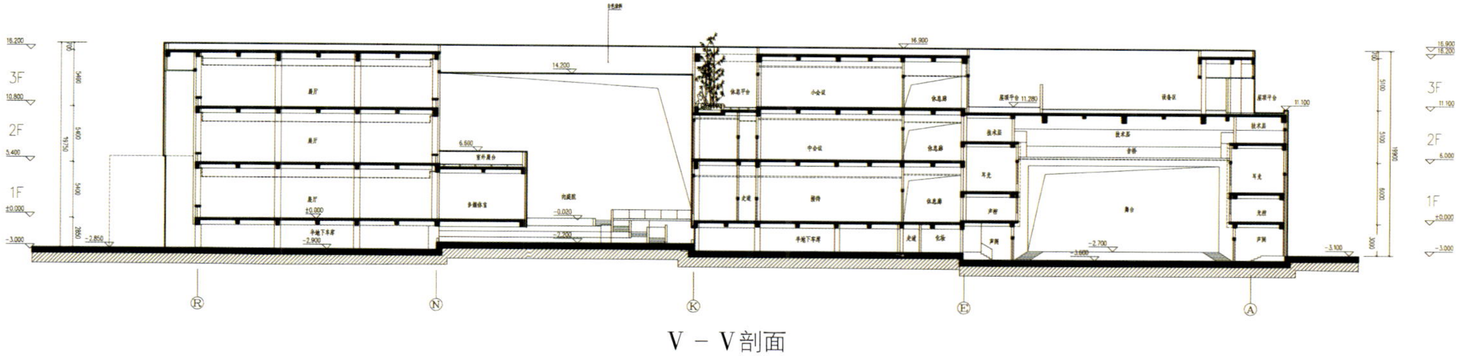

Ⅴ－Ⅴ剖面

龙江艺术展览中心

工程档案

建筑设计：哈尔滨工业大学建筑设计研究院
项目地址：黑龙江哈尔滨
用地面积：24863.7m²
建筑面积：9364m²
容积率 ：0.18

项目概况

本工程为群力新区龙江艺术展览中心，位于群力新区，北侧为群力大道，南向为群力第五大道，东临景江东路，西接景江西路。本工程总用地面积 24863.7m²，总建筑面积 9364m²，主体建筑地上 2 层、地下 1 层，建筑总高度 15.5m。本工程采用框架结构，建筑设计使用年限为 50 年，抗震设防列度为 6 度，工程等级为一级。本工程主要功能为展览功能。

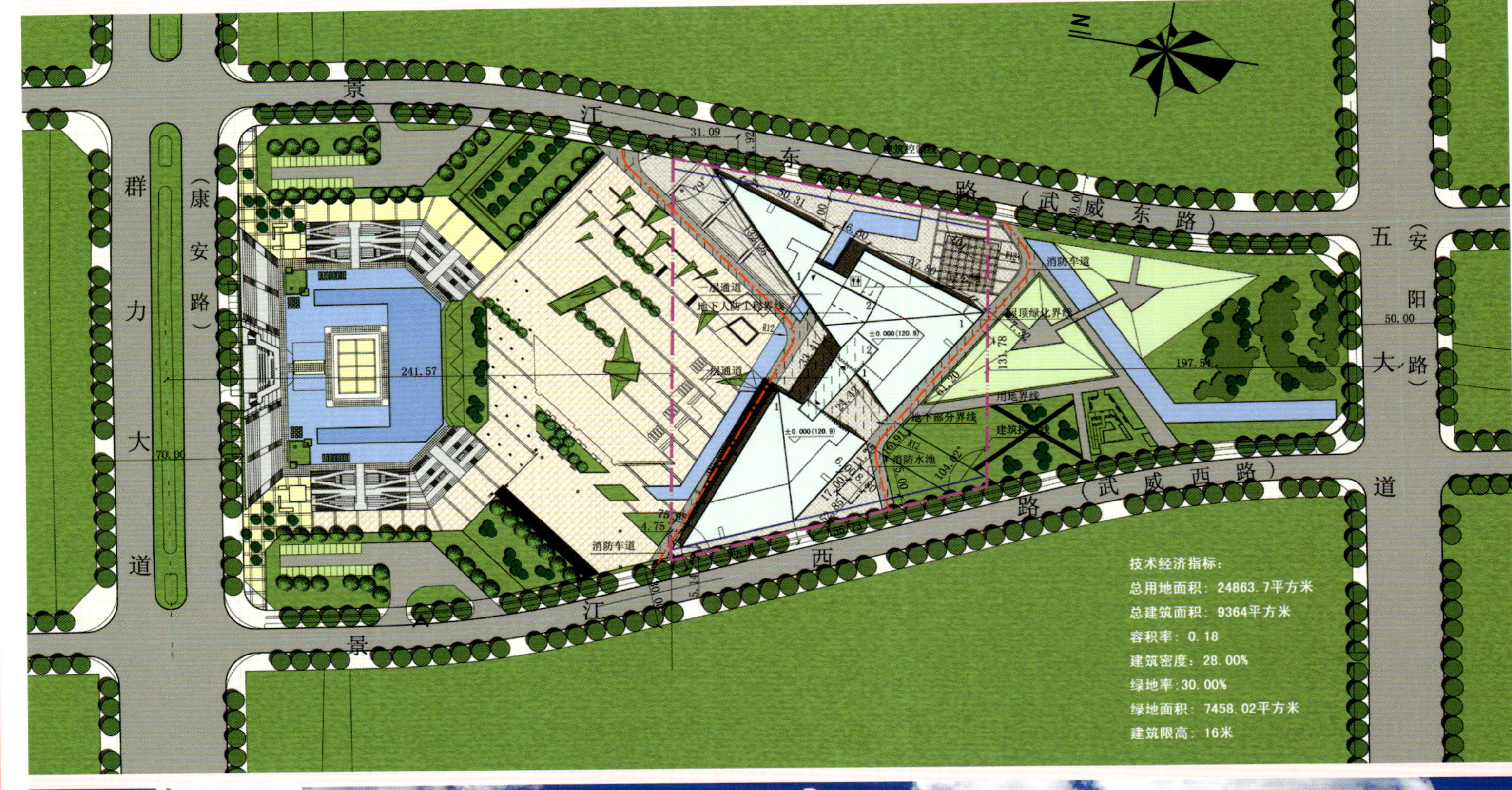

设计特色

本工程在形象上以“林海雪原”为设计理念，形象抽象于“林海”，一方面以“林”的万古长青与高大挺拔象征着龙江地区深厚的文化积淀与龙江人民淳朴热情的性格；另一方面以众树成林，聚之若“海”的磅礴气势体现着新世纪龙江人众志成城为建设新家园的坚定精神和高尚品质。

(1) 个性的总体布局

展览中心设计延续广场景观设计中代表金元文化的覆土建筑符号，与后方两覆土建筑形成具有标志性的城市空间，屋面则为覆土的种植屋面，使建筑与广场相互呼应顺畅过渡，浑然天成。展览中心被设计为一个高度集中的单一型体锥体，它在不同方向被切削，最终呈现出坚实、简洁、新颖、具有十足现代感、为城市提供可识别性的建筑形象。

(2) 绿色的景观建筑

为了积极贯彻落实国家发展绿色建筑的节能环保政策，响应哈尔滨市委、市政府提出的“创建三个适宜城市”和打造全新群力的指示精神，哈尔滨群力新区开发建设管理办公室决定建设弘扬龙江地域优秀文化的长期固定性场所——群力新区龙江艺术展览中心，将其打造成为哈尔滨城市人文新景观和哈尔滨群力新区的标志性的新亮点，并提出将其建设成为国家绿色建筑示范工程的设想。在整体环境规划中强调的是建筑与景观环境的关系，解决建筑与地貌、植被、水土、风向、日照与气候的关系。在单体建筑设计中，则主要是通过构造、技术手段创造舒适的室内环境，减少能耗，减少排放。

(3) 独特的展览空间

建筑为地上二层，地下一层。建筑功能布局为地下一层布置有设备用房，厨房，库房，咖啡厅，展厅；一层全部为展厅，并附设公厕；二层为拍卖厅和休息厅。建筑内部标高富有趣味性和独特性，分别通过四个逐一变化的地面标高，充分结合布展形式，将人的参观流线顺畅引导，让参观人员步移景异，逸趣横生。灵活多变的室内空间使龙江艺术展览中心成为城市广场上一颗璀璨的明珠。

群力文化产业示范区
招商中心

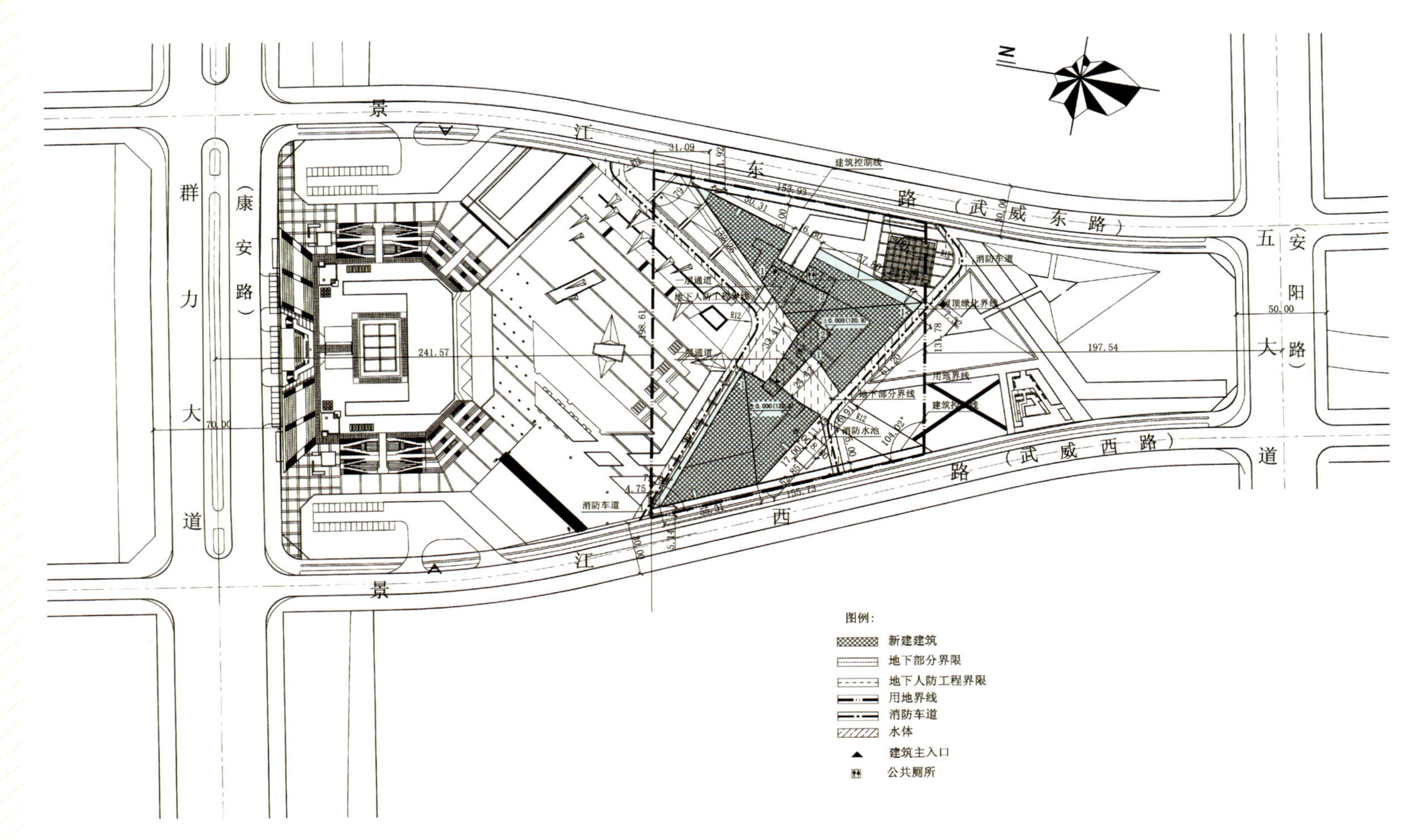

总平面位置图

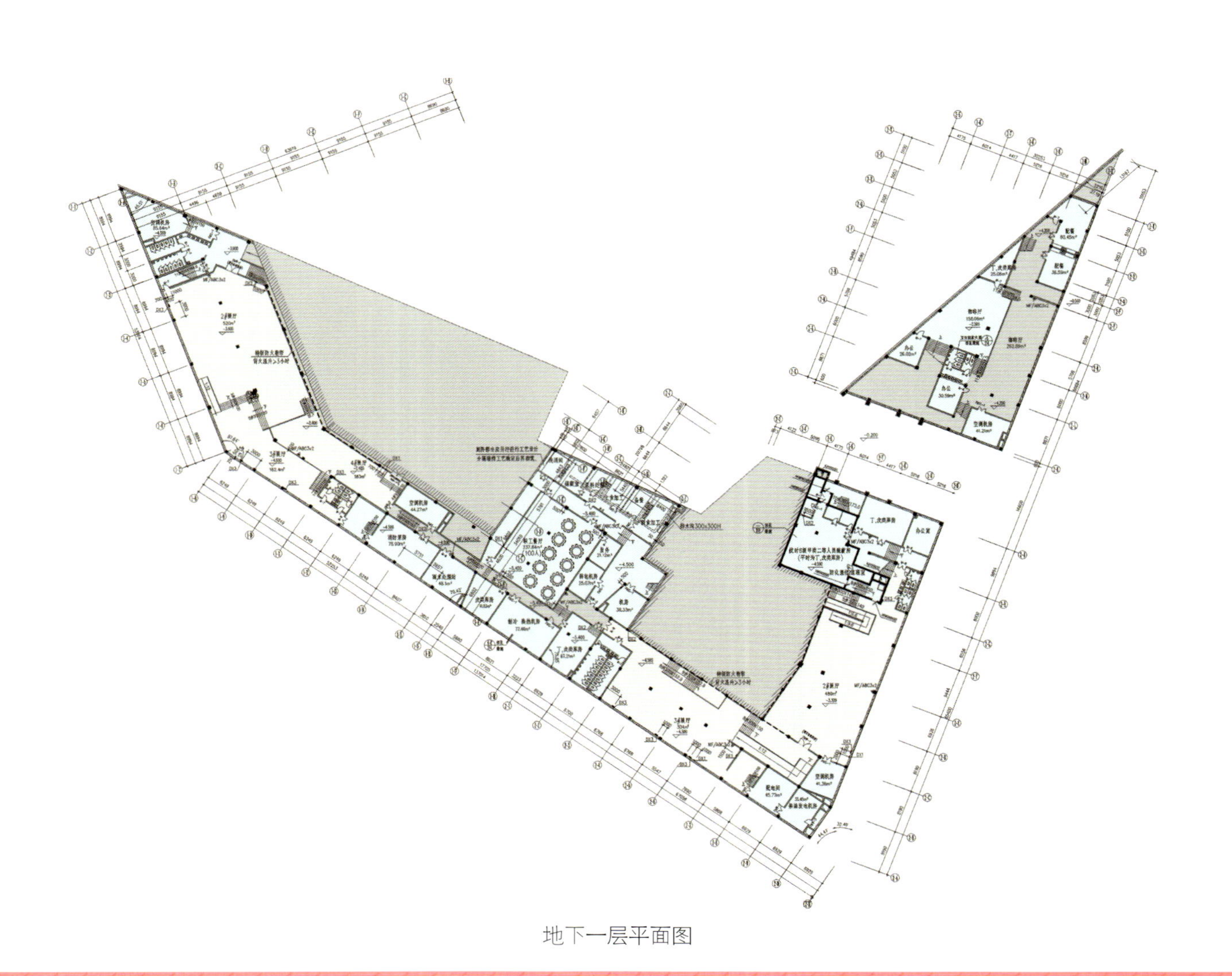

地下一层平面图

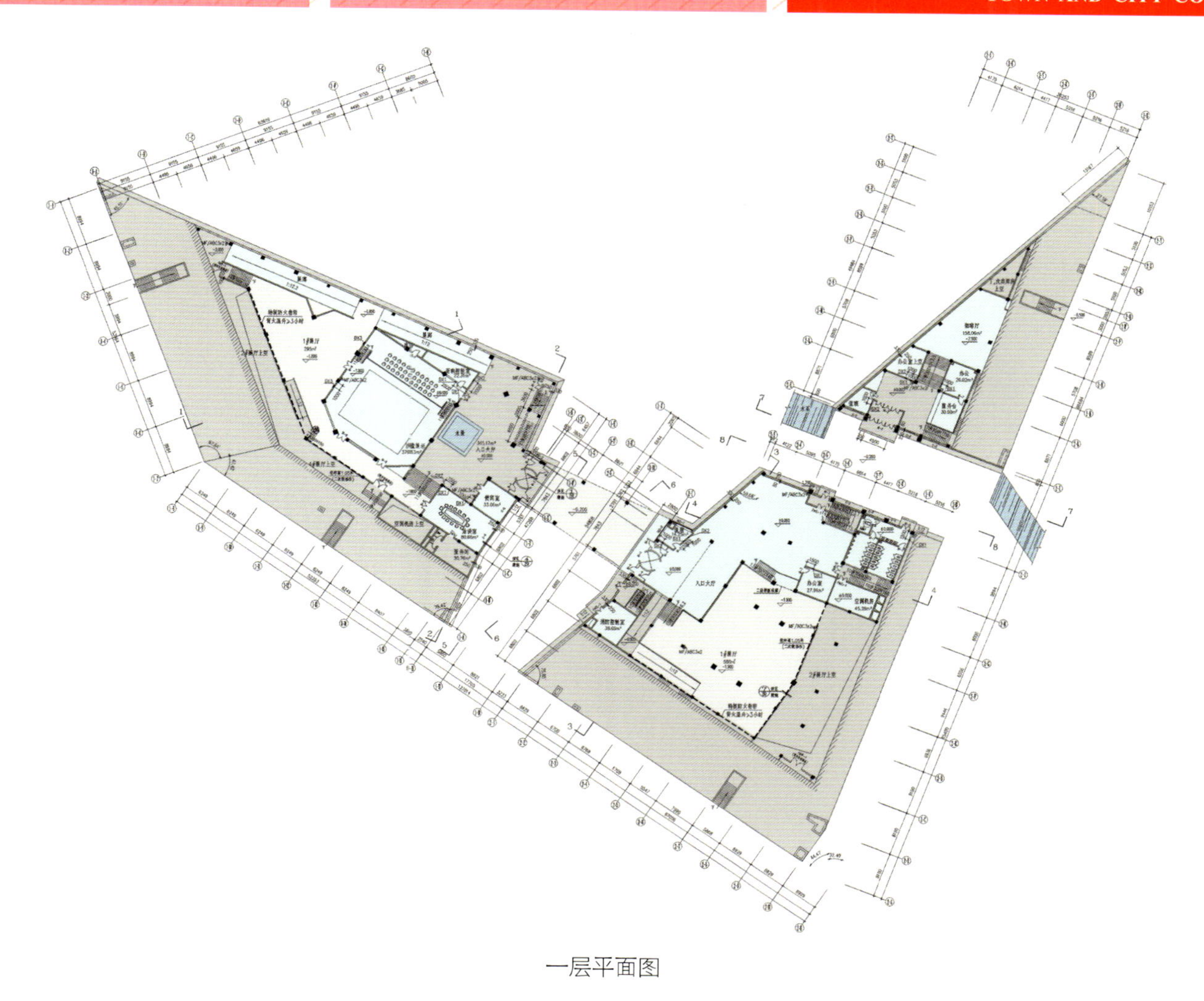

一层平面图

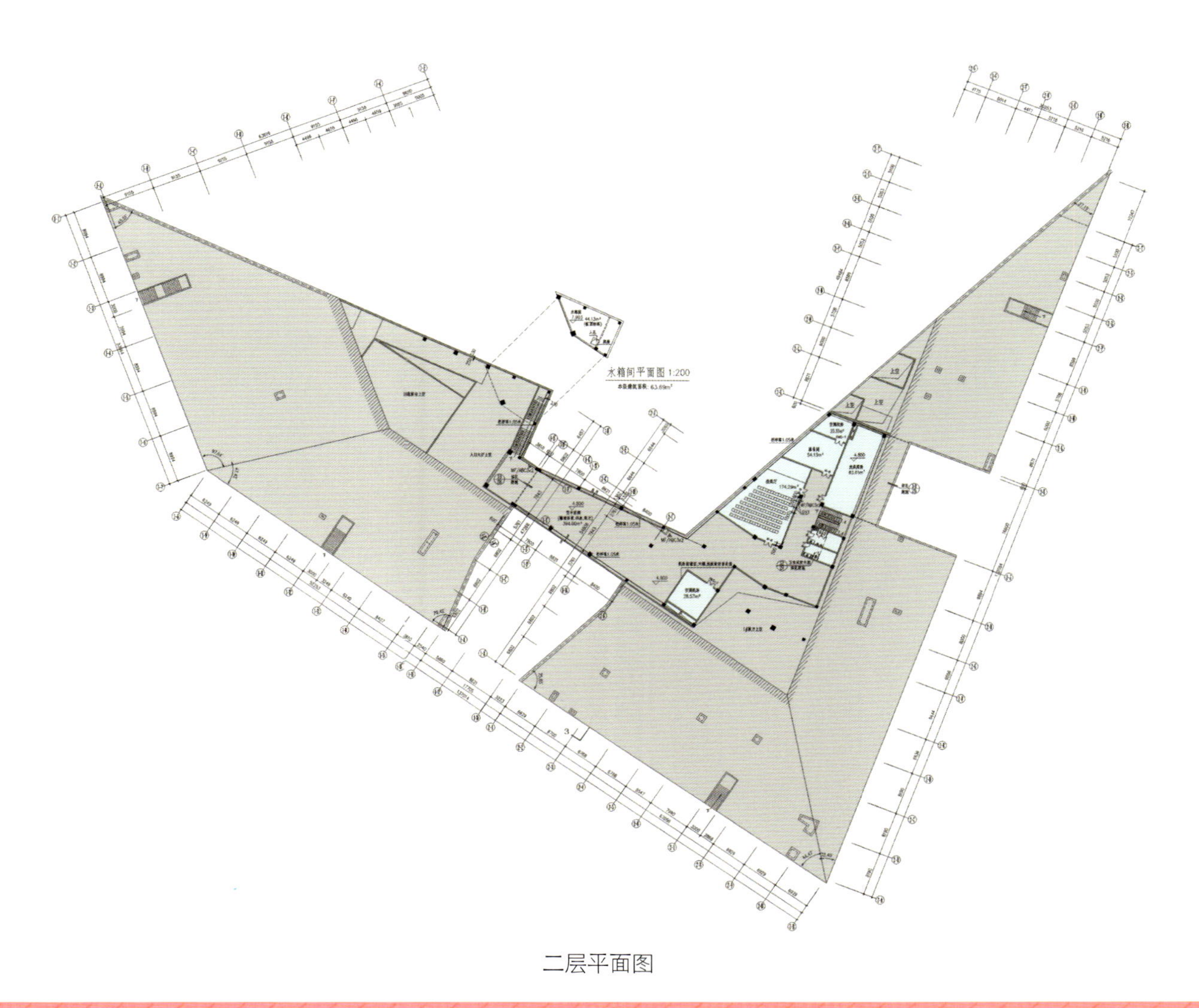

二层平面图

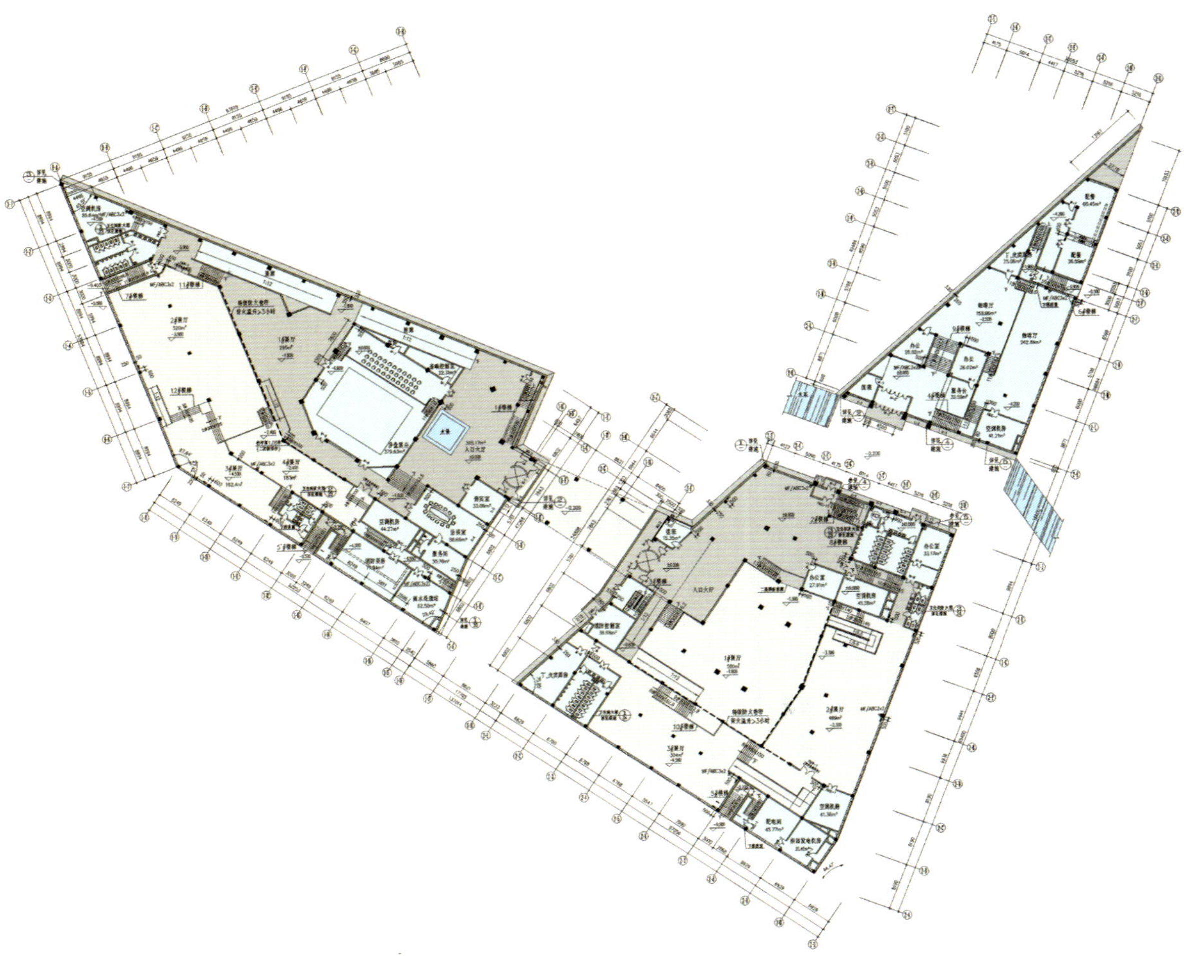

种植屋面及一层楼板下部空间平面组合图

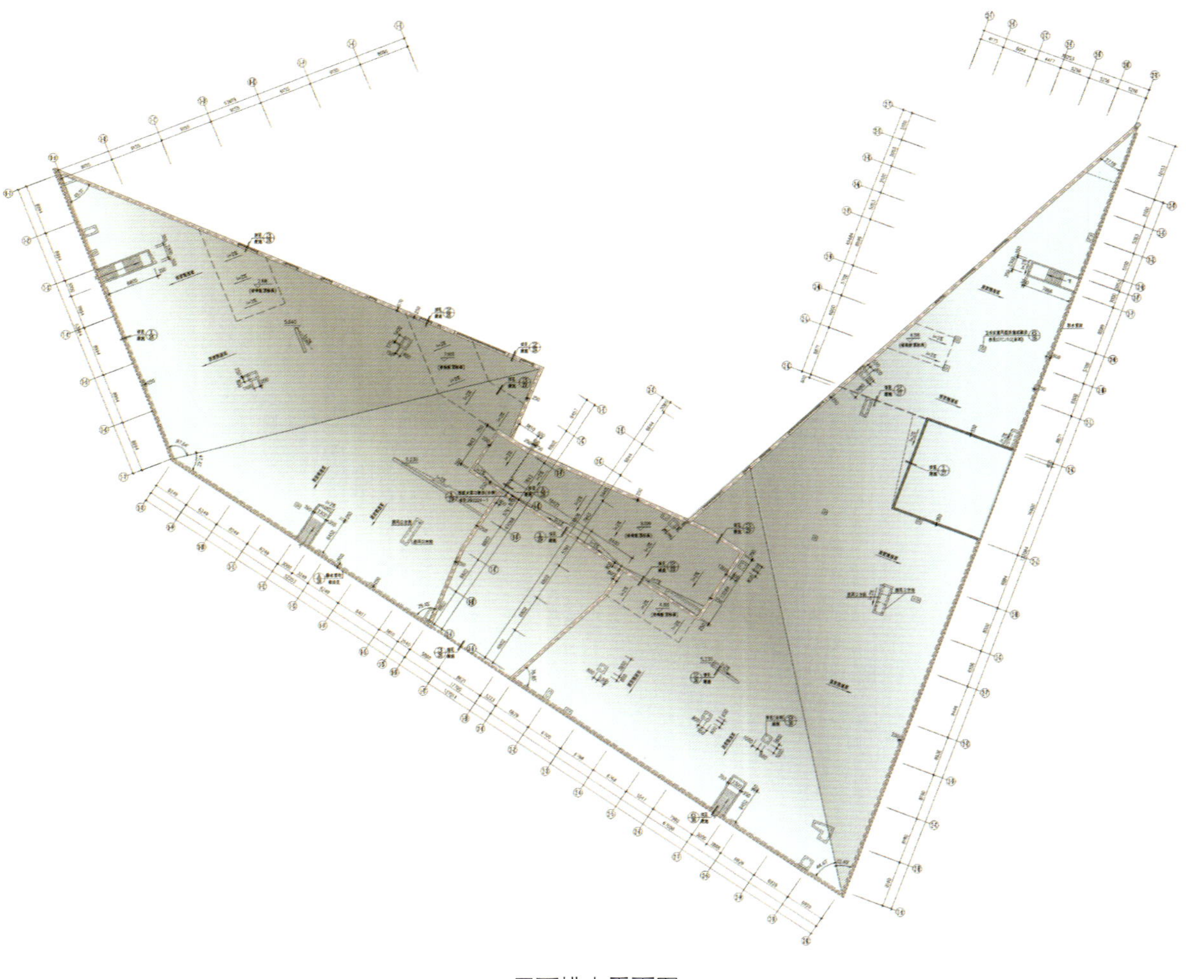

屋面排水平面图

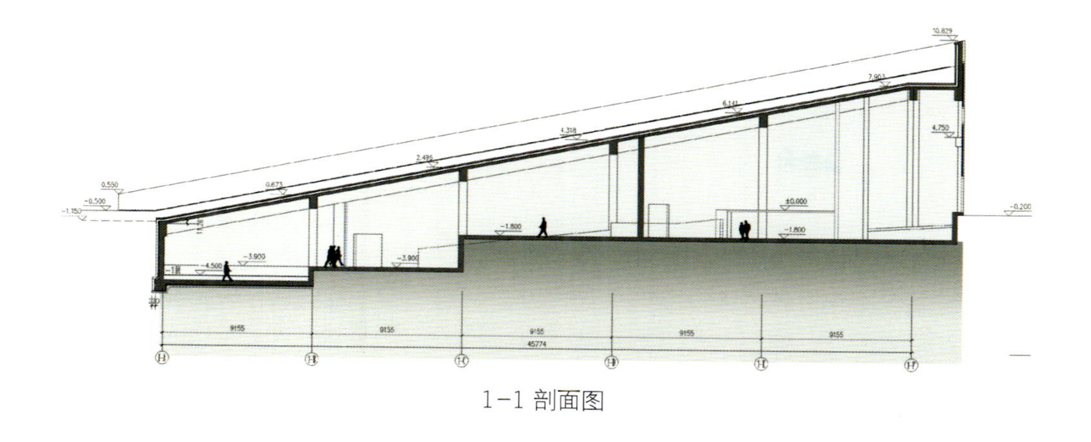

1-1 剖面图

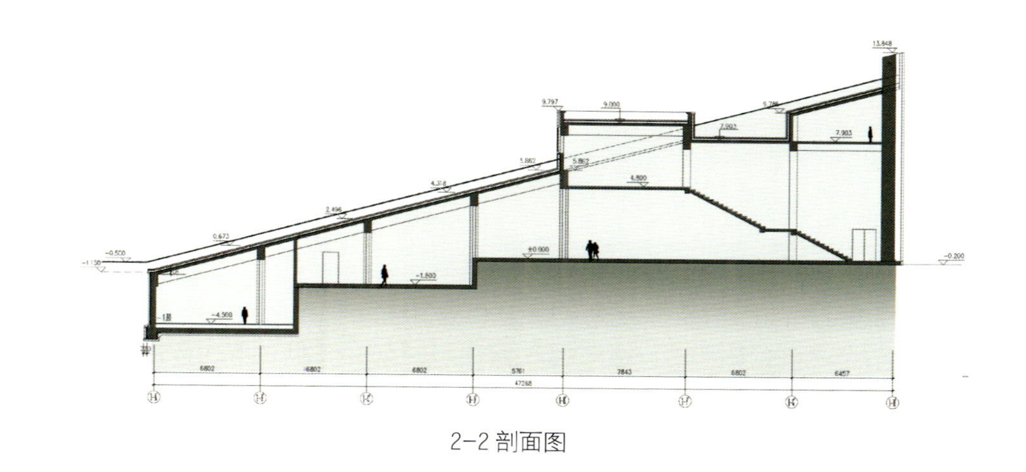

2-2 剖面图

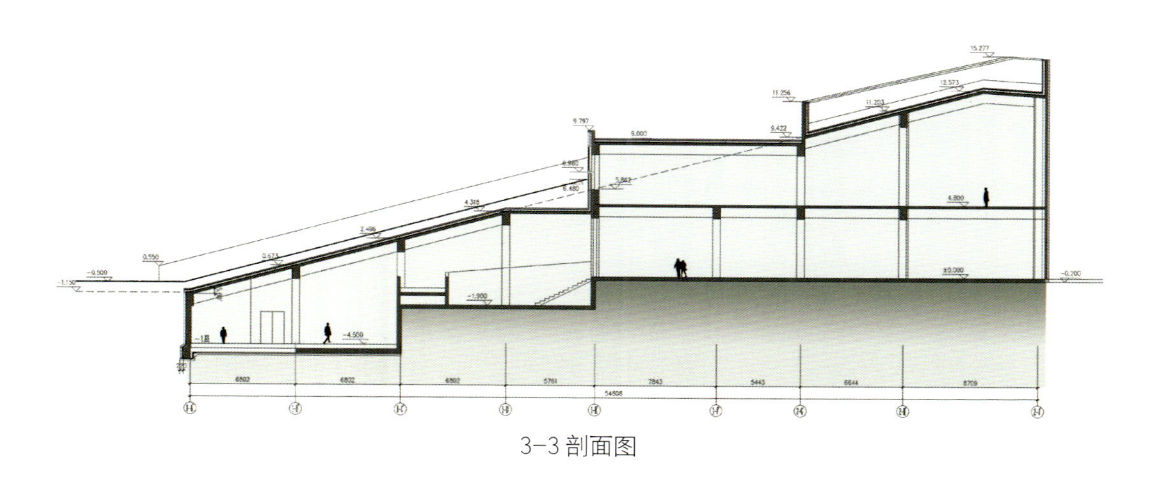

3-3 剖面图

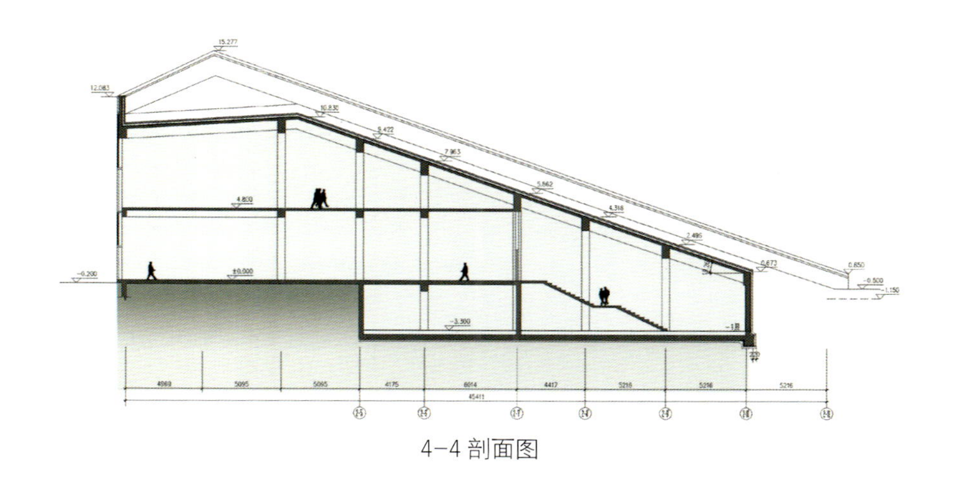

4-4 剖面图

5-5 剖面图

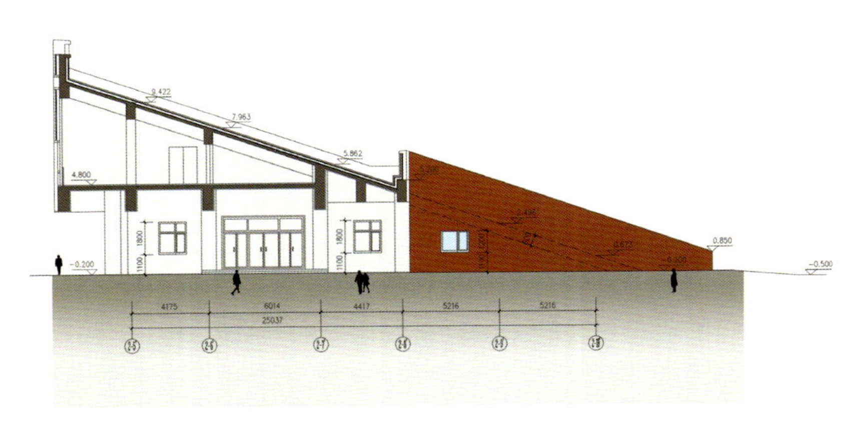

7-7 剖面图

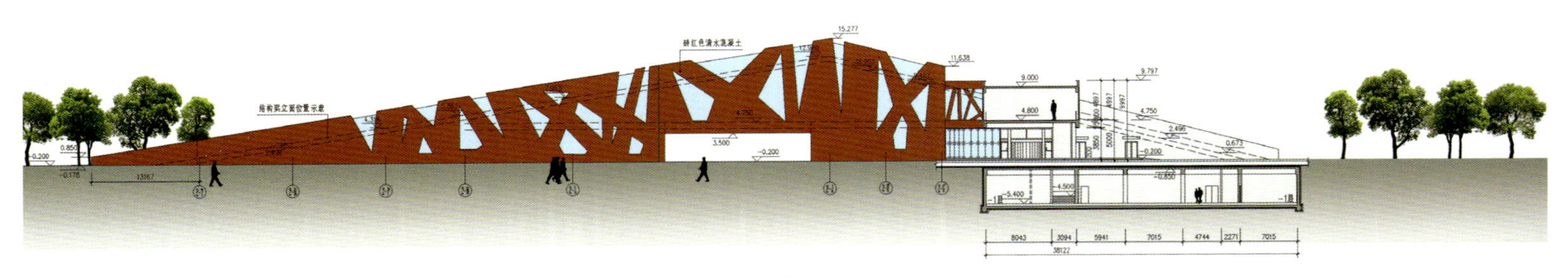

6-6 剖面图

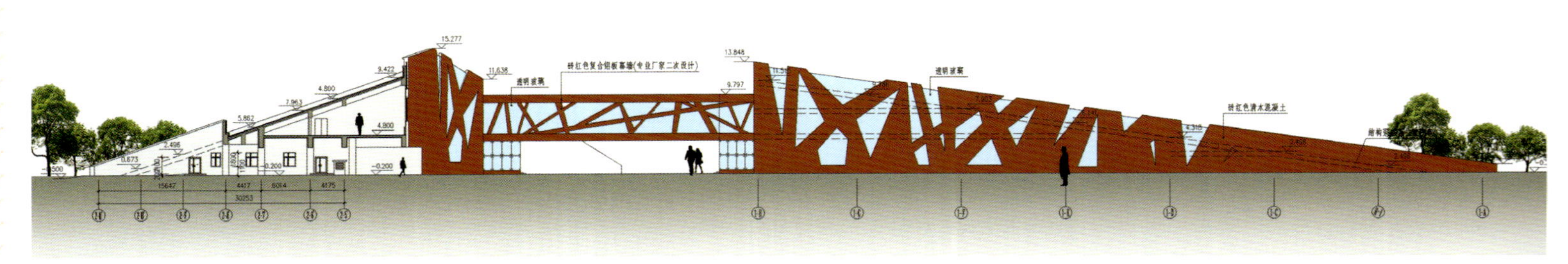

8-8 剖面图

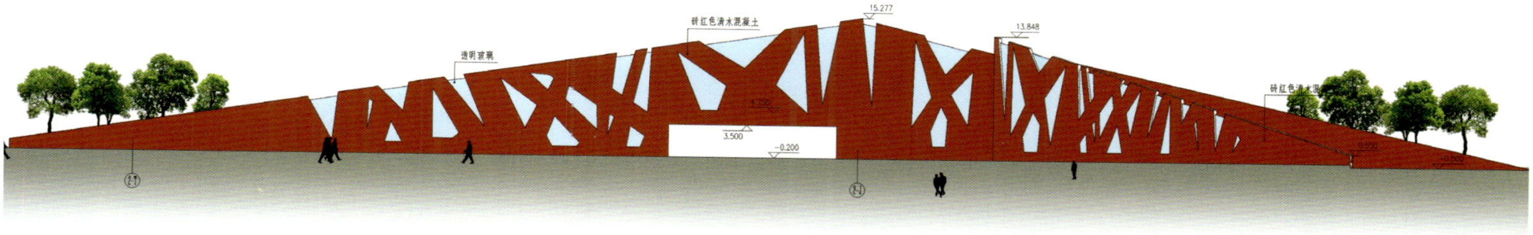

2-T—2-J 轴立面图

2-A—2-T 轴立面图

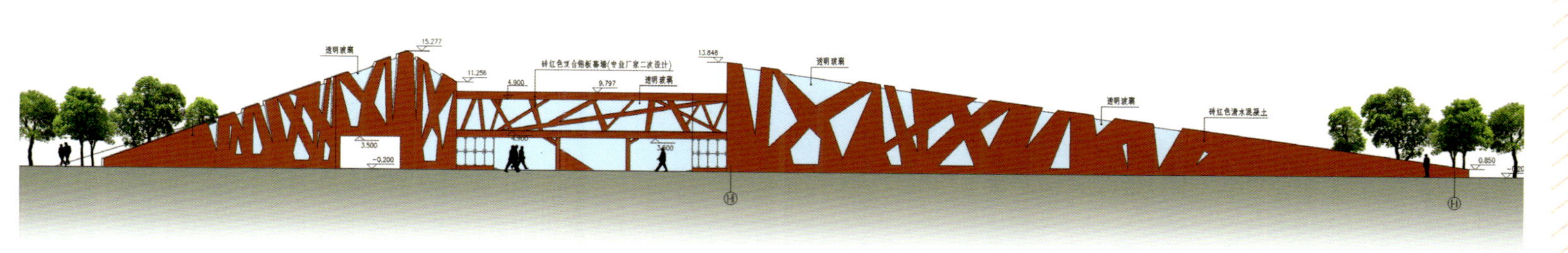

1-H—1-A 轴立面图

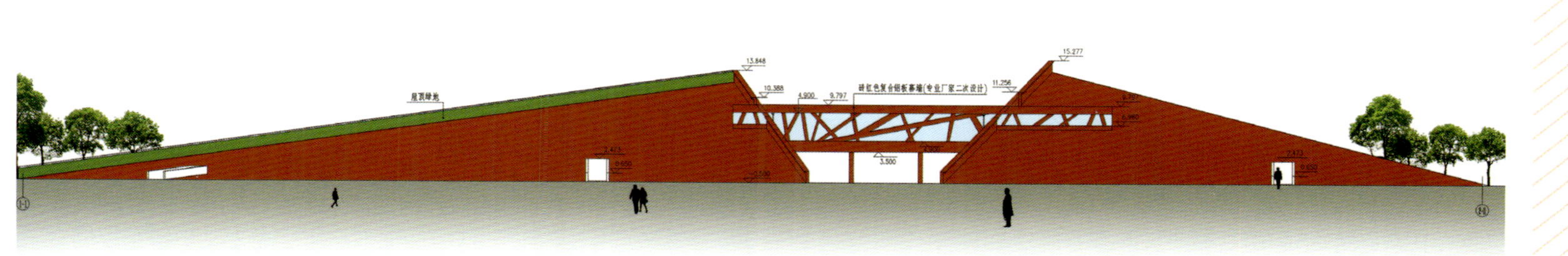

1-1—2-11 轴立面图

太仓市规划展示馆

工程档案

建筑设计：Bakh Architecture
项目地址：江苏太仓市
建筑面积：19752m²

项目概况

太仓市规划展示馆坐落在太仓南郊新城的核心区域，周边围绕着包括直径 800 米的公园和中心水域区，以及 260m 宽的公共建筑群。展示馆建筑面积为 19,752m²，其建成后将用于展现太仓的历史特色和规划设计，促进太仓的城市建设发展。

设计理念

太仓市规划展示馆主体建筑坐落于新城的中心水域区，架空于一片碧波之上，其设计灵感源于自然世界。两侧对称的鱼形网架包裹着中间巨大的钢结构玻璃屋顶，形成建筑的主体结构。从空中俯看，宛如两条鱼儿在湖中追逐嬉戏，悠游自在。这一简约优美的建筑整体外形恰当好处地与周边亲水环境融为一体，相辅相成。 流畅的弧形线条与笔直有力的直线条，这一柔一刚的组合彰显整体造型的柔美与刚劲，给人以强烈的视觉对比。

两侧的鱼形网架由共约 8000 片大小不一的三角形幕墙板拼接而成，结构复杂， 施工难度相对较大。 屋顶和馆身采用玻璃材质，最大程度地实现自然采光，并把光线反射到整个展馆内部空间，形成晶莹通透的效果，光影的结合增添了别样审美趣味。同时玻璃材质的选择也从各个角度为游客提供了欣赏外部自然绿色和水景资源的最佳视觉体验。亲水绿化平台和两条水上廊道从展馆入口向后延伸至岸上的商业、景观空间和露天剧场，实现了各个主要功能的整体连接，形成极具吸引力的城市生活开放空间。而这些配套建筑体的设计采用极其简单的几何元素但却注重细节部分的处理，使整片区域各个建筑群主体风格呼应，简约气派，必将成为该地区新的地标性建筑，进一步提升城市整体形象气质。

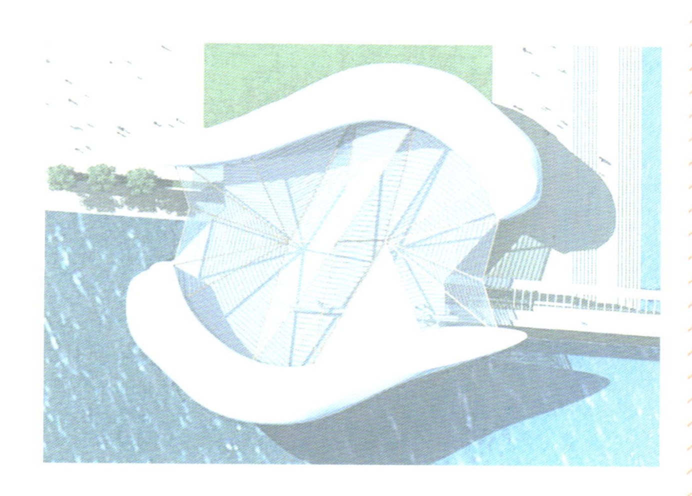

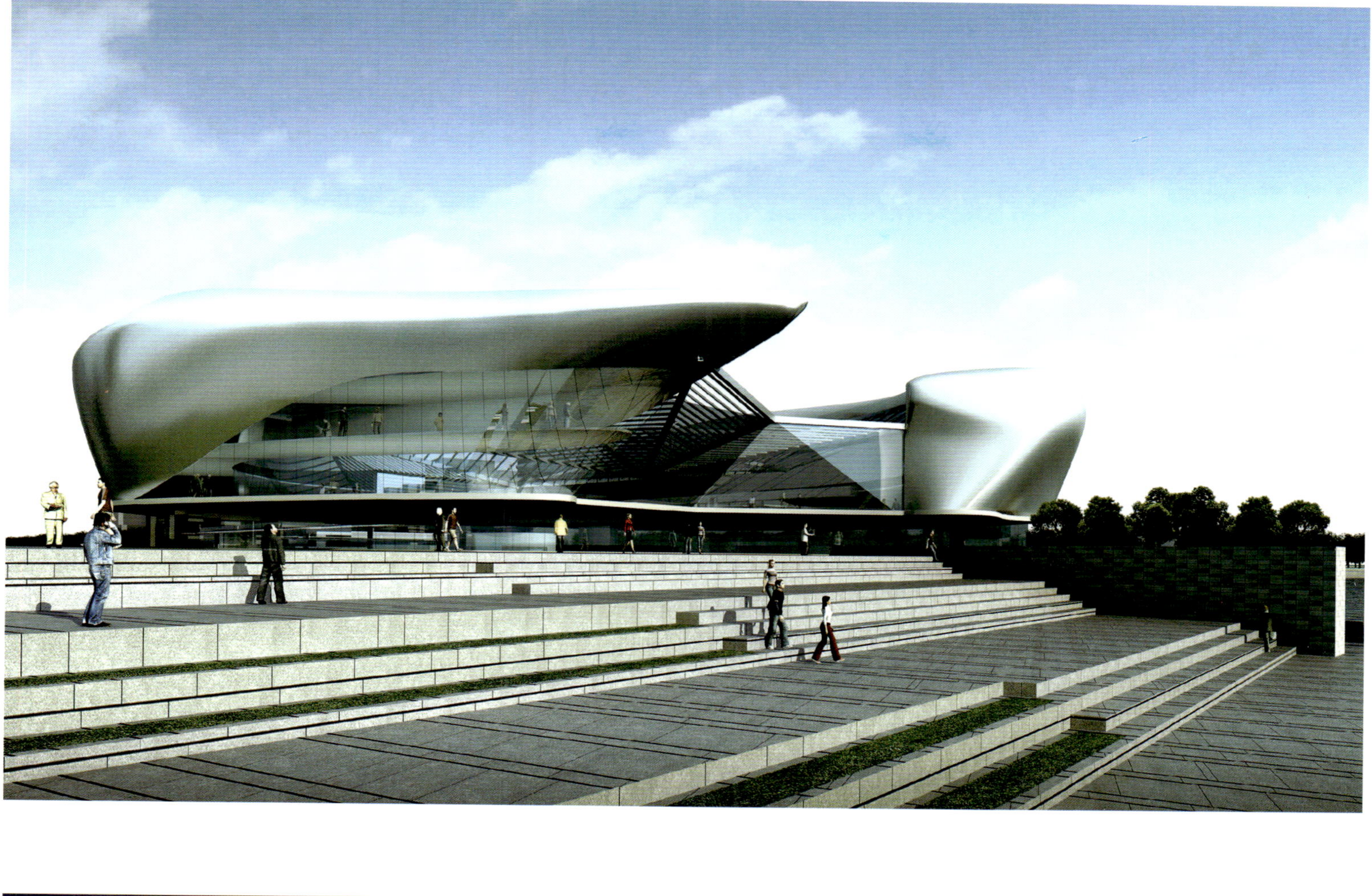

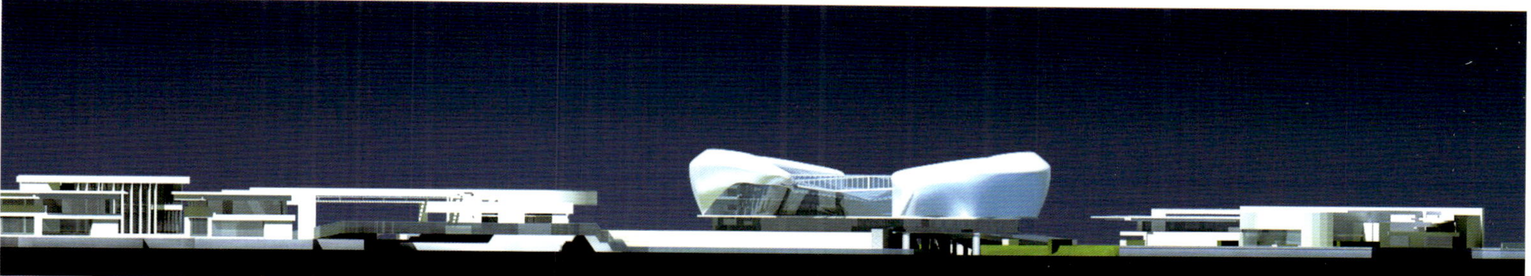

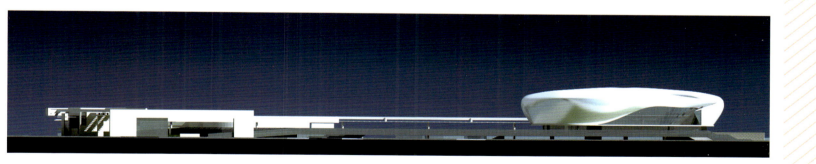

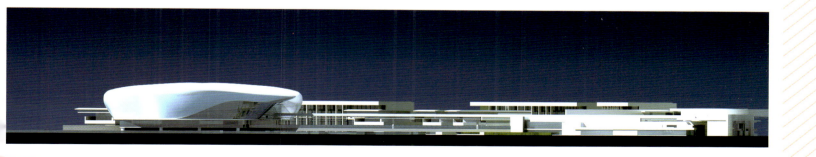

北京国际花卉物流港一中国第七届花卉博览会展馆

工程档案

建筑设计：清华大学建筑设计研究院
项目地址：北京顺义区
建筑面积：166492m²

项目概况

第七届中国花卉博览会主场馆——北京国际花卉物流港工程由 1、2、3 号展馆、物流中心与交易中心组成，地上 6 层、地下 1 层，建筑最大高度为 44m，总建筑面积为 166492m²，建设规模较大。

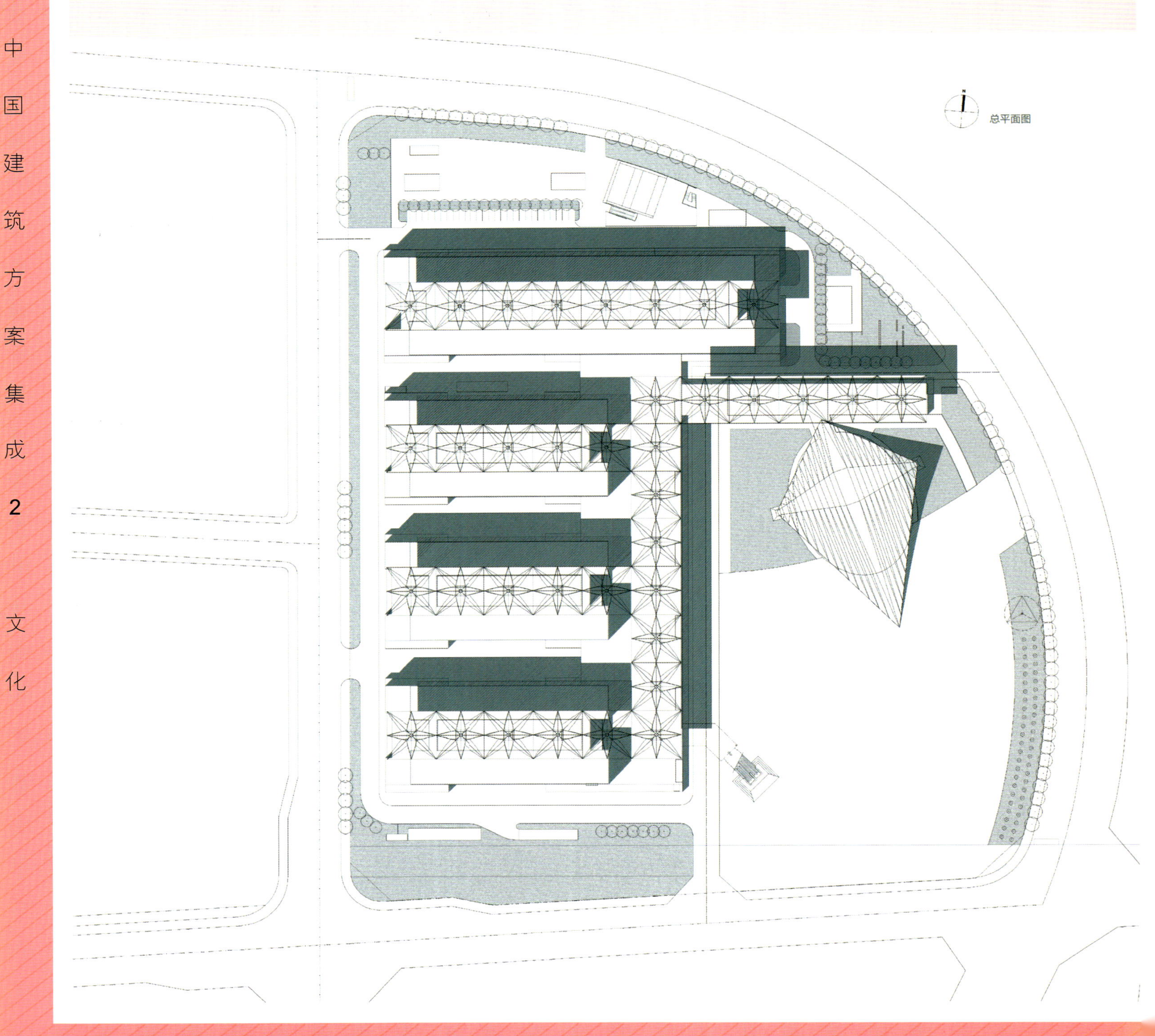

设计遵循可持续发展理念，综合考虑了节约土地、减少建筑能耗、收集利用场地内部雨水、节约建筑材料、缩短施工建设周期等五个要素，提出“五节”的设计策略，即：节地、节能、节水、节材、节时。

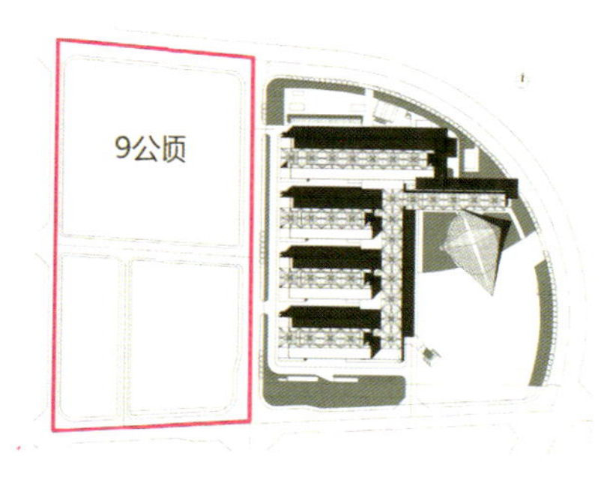

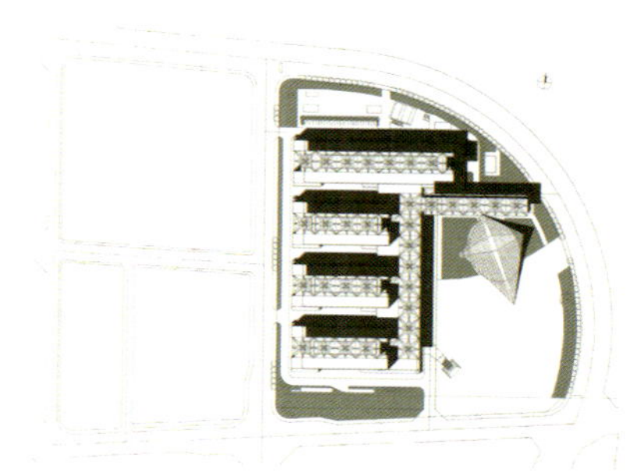

节地

采取紧凑化布局将场地分为东西两块，主体建筑集中布置在交通便利的东侧场地，西侧约 9hm² 土地节约出来，会时作为售票、停车及展销使用，会后可进行二次开发建设。

节材

主体结构采取模数化钢结构体系，材料生产、施工及回收皆环保经济。建筑造型方工规矩模数化，节约材料使用。建筑外墙采用单元体幕墙体系，构造连接简单易于施工。

节时

在场地内满布 12m*12m 网格矩阵，主体建筑及室外工程景观皆以此为基本建造模数。建筑主体采用钢结构体系，做到工厂批量生产。标准化构件在工地组装，实现模块化预加工体系与建造过程的并行化，有效缩短工期。

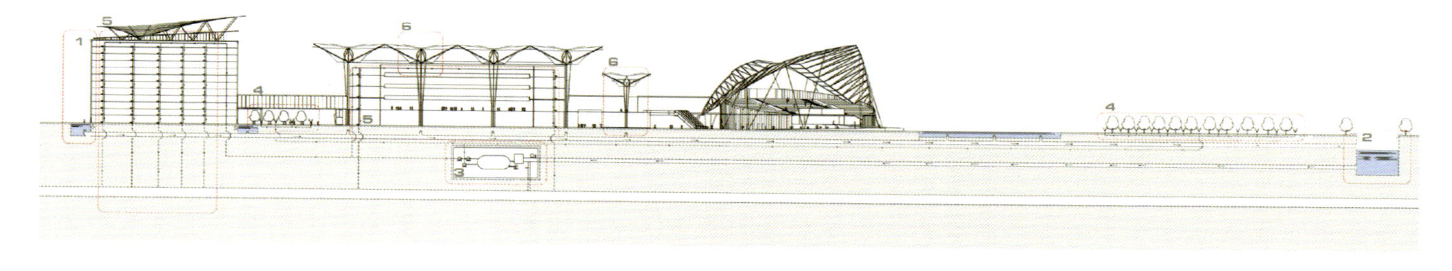

节水

通过花伞单元收集屋面雨水，过滤后可作为景观灌溉、马桶冲洗及冲洗外墙。全年约可回收雨水 34000 吨，占全年用水量的 14%，非传统水源利用率达到 20% 以上。

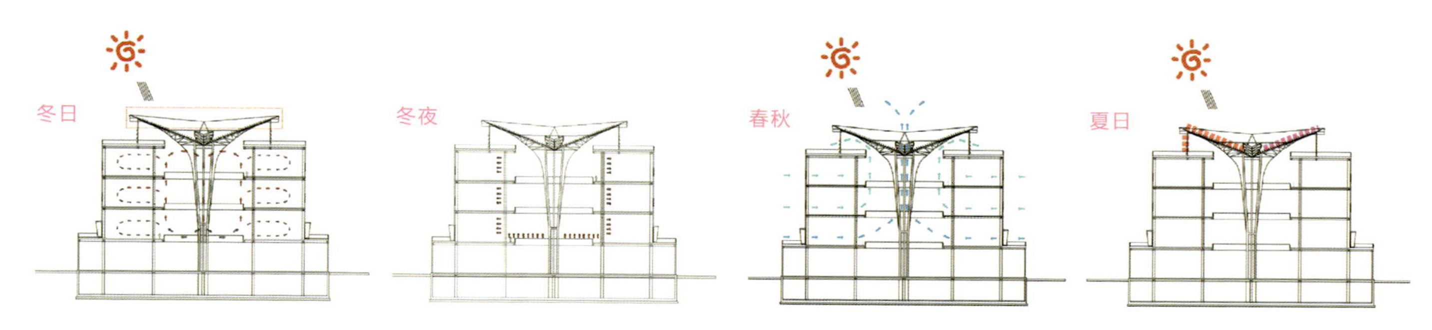

节能

展馆内部设置中庭空间，中间竖以花伞结构，中庭屋面（即花伞屋面）辅以 PTFE 膜，在强化室内景观的同时兼做屋顶遮阳、隔热及雨水收集构件。冬日关闭屋面天窗，利用温室效应及墙体蓄热，对新风进行预热并提高室内自然室温。经计算冬季平均温度上升 3 度，冬季节省新风加热能耗 15% ；冬夜蓄热墙体及楼面向室内释放热量，从而降低第二天的采暖负荷；过渡季利用花伞结构竖向钢管所挂设的空气导流板及花伞顶部所设玻璃烟囱，加强中庭烟囱效应，强化房间自然通风，并利用 CFD 模拟方法对热压通风相关构建进行形式优化，提高了热压通风中和面，增加了全楼的新风换气次数；过渡季及夏季夜间，利用屋面及外墙外窗的可开启性，进行夜间通风，以降低次日空调负荷。经流体动力学模拟计算，仅利用热压通风可对全楼产生 3.5 次的换气次数，经详细的空调、采暖及系统计算，利用热压通风可节省建筑整体能耗 20.2% 利用权衡计算法优化了中庭采光天窗的综合透光率，使得天窗的采暖能耗、空调能耗及照明能耗增益总和最小。经模拟软件计算，中庭天窗减少了 12% 的照明能耗。主展馆办公部分采用冷冻方式的温湿度独立控制策略．利用低温冷水机组处理潜热负荷，高温冷水机组处理显热负荷。有效地提高了综和制冷能效比（可节能 5% 左右），同时提高了室内的舒适度和洁净度。交易中心采用地源热泵机组。经详细的空调、采暖、照明能耗计算，建筑相对《公共建筑节能设计标准》要求的节能公建基础上，进一步节能 21.5%。

花伞设计

花伞作为花博会整个建筑中最为突出的设计亮点，在建筑节能、组织建筑室内外空间、建筑识别形态方面发挥着巨大作用。花伞共计 36 把，以矩阵方式排列，将建筑室内外空间有机的组织在一起。36 把花伞分为 15 把室内伞与 21 把室外伞，每把花伞皆由花蕊、花冠、花茎三部分组成。花蕊最高点距地为 39.3m，花冠为 24m*24m，花径直径为 3m，由 8 根直径 406mm 钢管组成。搭建花伞的主要材料为无缝焊接钢管，表面涂以白色超薄型的防火涂料。每把花伞所集结的多种高科技手段以及所承载的节能功效，更是体现了“高水平、有特点”的办博主旨。

材料

室内花伞的“花冠”作为建筑屋面的维护结构，起到保温隔热、引进自然光线的作用。我们采用 PTFE 膜材，此材料遮阳系数达到 0.2，大大减少了夏季太阳辐射，降低空调负荷。PTFE 膜材的透光系数达到 12%，可实现柔和自然采光效果，降低白天照明能耗。同时 PTFE 膜材本身具有自洁功能，可减少后期维护成本。

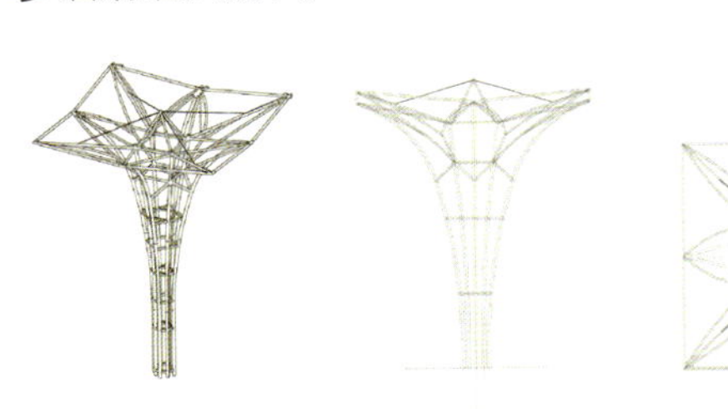

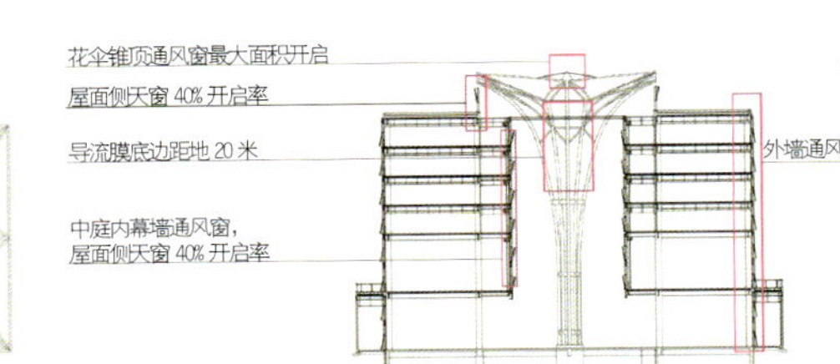

节能

构成花蕊的玻璃锥，上为电动窗，过渡季节及夏季一定时段开启，其下设置 10 米高的空气“导流膜”，形成“拔风烟囱”，配合中庭内部维护幕墙的特殊开窗率及开窗形式，有效组织展馆内部的冷热空气流动．从而为整个展馆降低空调能耗发挥了巨大作用。

照明

考虑到花伞冬季可能积雪，我们在花伞上部设计了电伴热的融雪装置，冬季当室外温度及湿度同时达到临界值时，电伴热融雪装置可自动开启，从而将花伞上部的积雪融化。花伞同时也起到了固定景观照明灯具的“灯柱”作用，这些照明灯具即可以照亮花伞，表现花伞自身形态之美，同时也对展馆室内中庭的光环境发挥了积极作用。

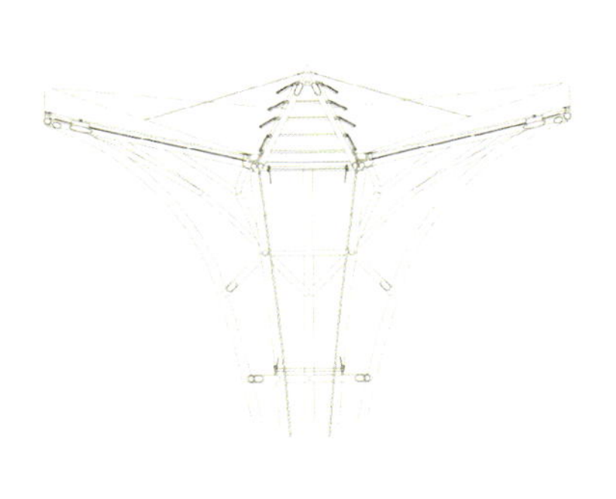

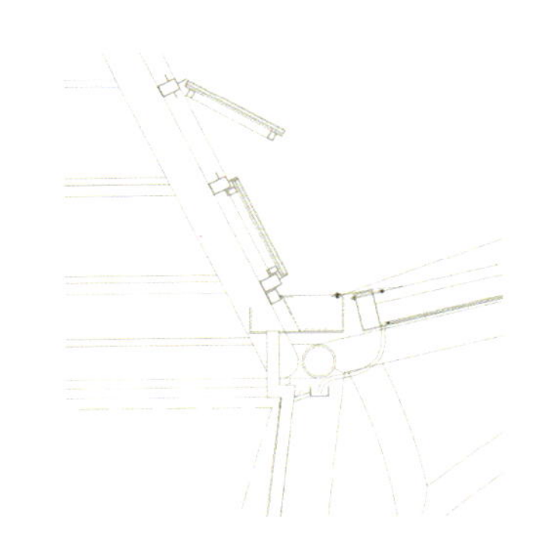

节水

花冠的坡度是在考虑北京地区的平均降雨量及雨水流速后特别设计，同时通过屋面构造措施，可最大限度的收集屋面雨水。这些雨水经处理后可用于浇灌植被、冲洗建筑外墙及卫生间用水。花伞屋面采用了虹吸式排水，在汇水面积、雨水流速、管道安装坡度上都优于传统的重力排水，雨水管采用 HDPE 管材，可随着花伞主管的弧度一同弯曲，实现与花伞最好的造型拟合。

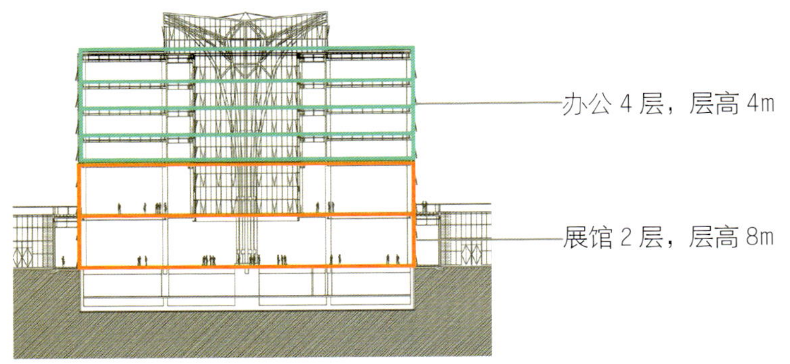

会后利用

方案提出从会后利用出发考虑会时设计的思路，从而为项目的可持续利用提供保证。展馆层高 8m，会后可仍为展览或是改为商业。展览辅助用房层高 4m，会后可改为办公。

城市公共空间

为了营造具有亲和力和活跃性的城市公共空间，结合交易中心的设计对标志性的需求，一方面，将东部椭圆形体量的屋顶设计成台阶状的斜面，并覆以叶状的轻钢结构屋顶，营造了可用于开幕式、招待会、发布会等大型公共集会需要的极富吸引力的城市空间。另一方面，包括物流中心和展厅在内的主体建筑则以花形单元结构来组织公共空间，包括室内的共享中庭和室外的城市平台。

3
2
1

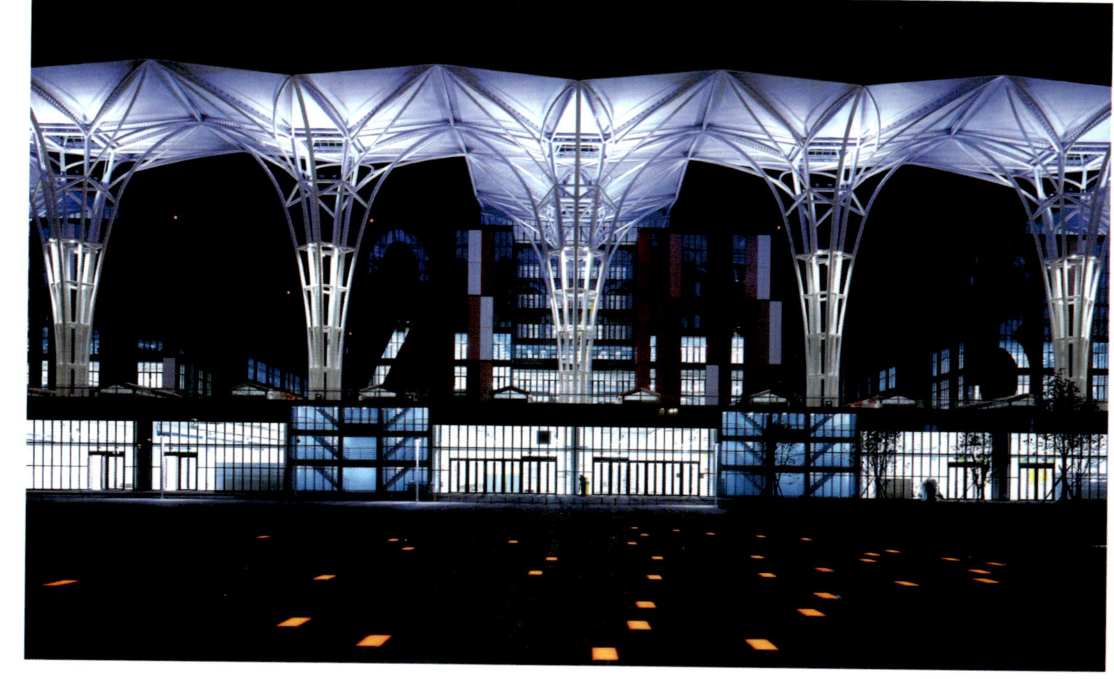

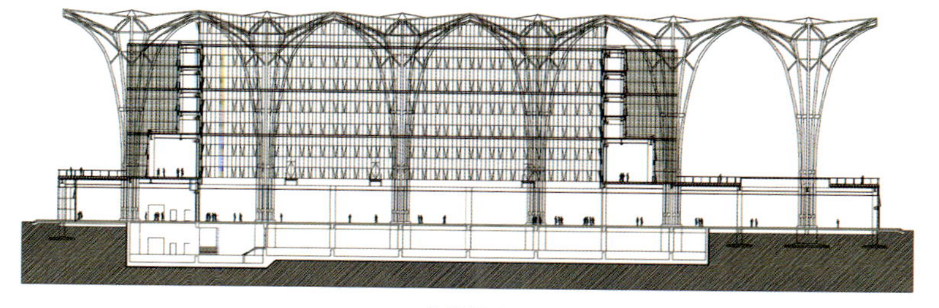

剖面图

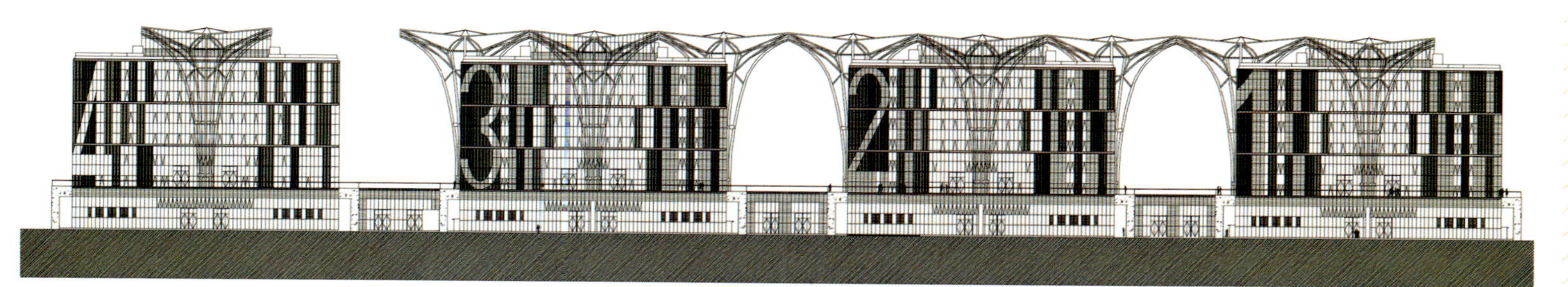

东立面图

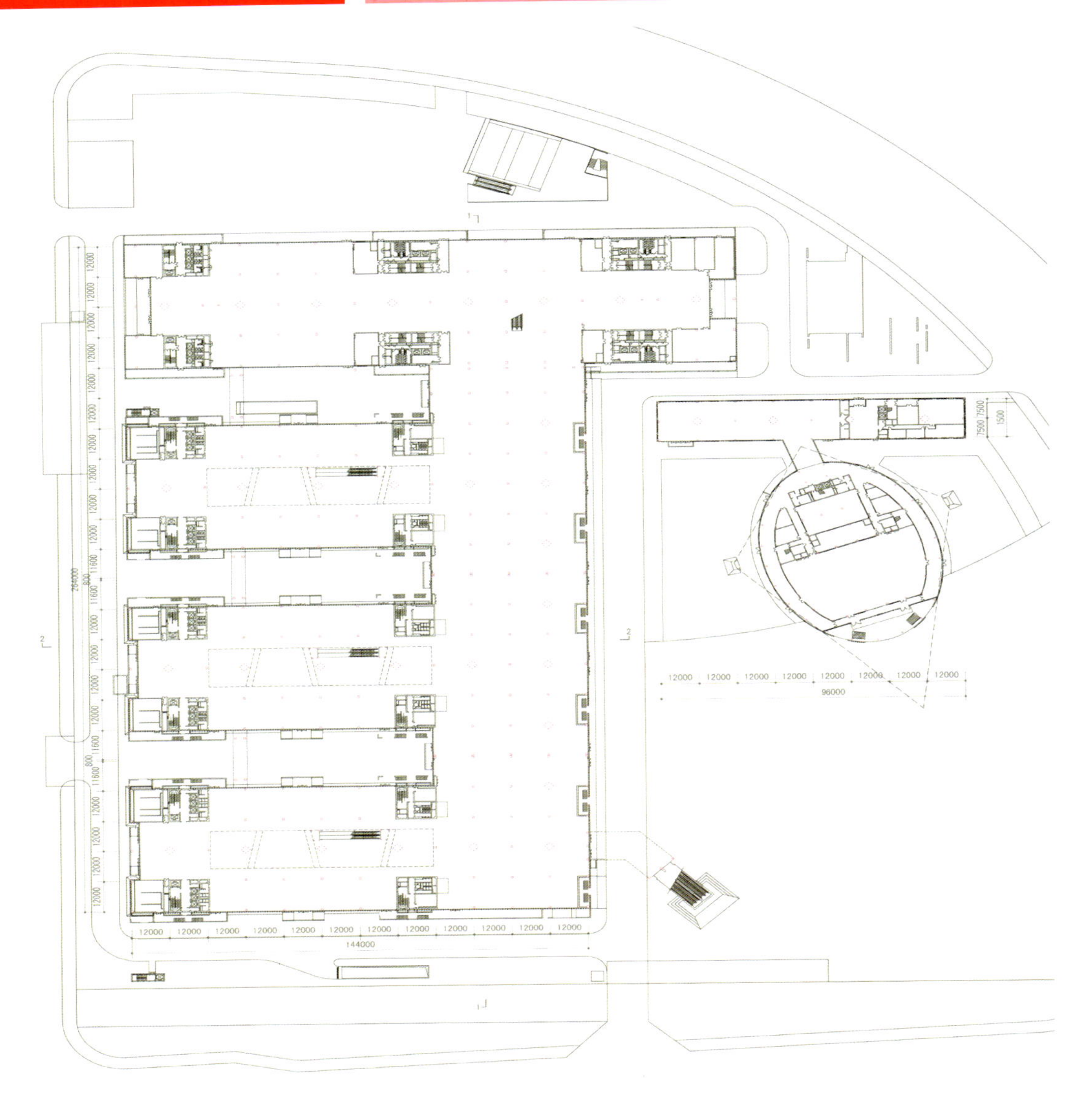

首层平面图

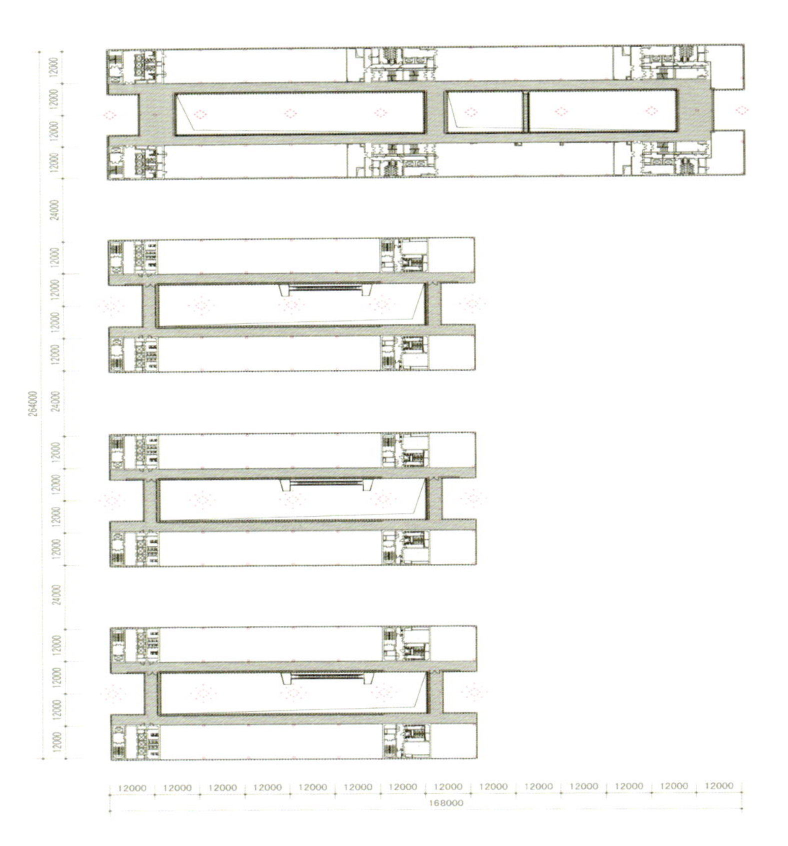

标准层平面图

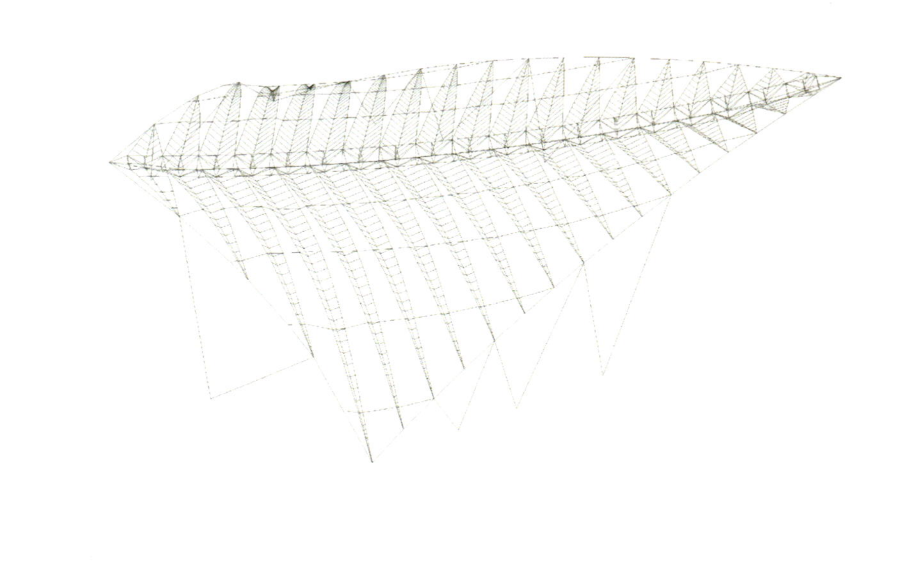

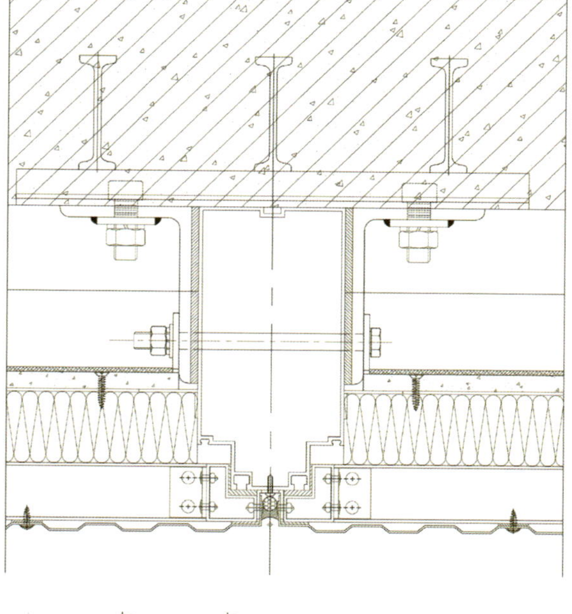

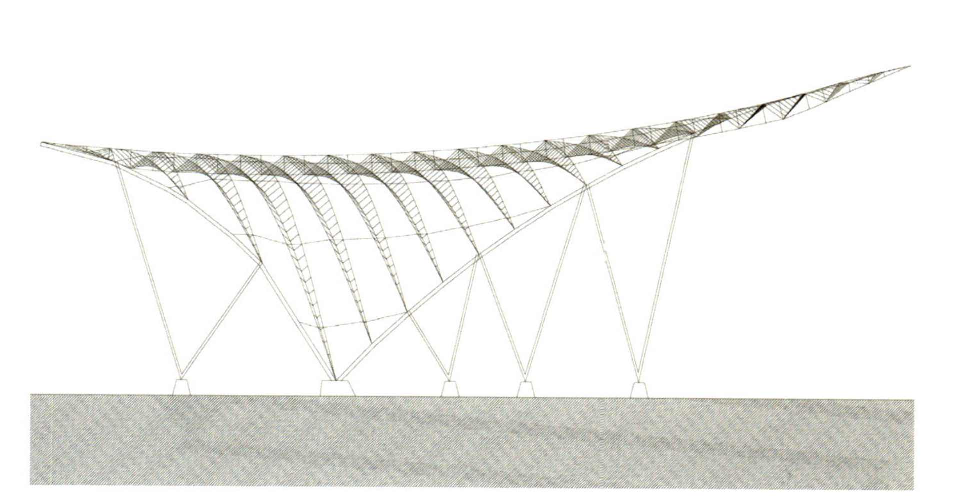

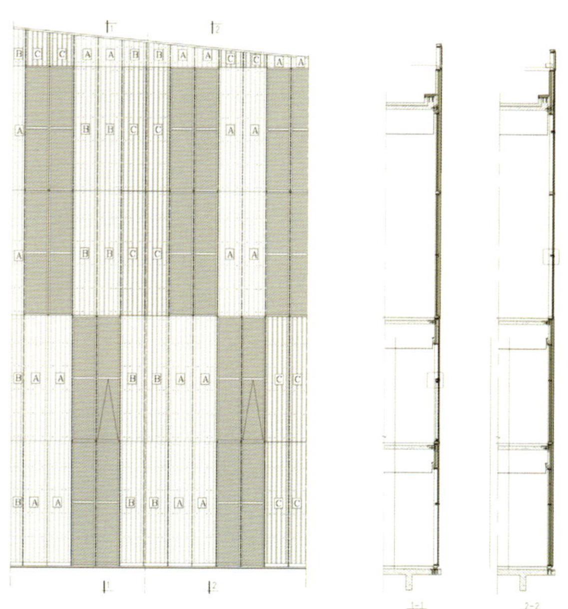

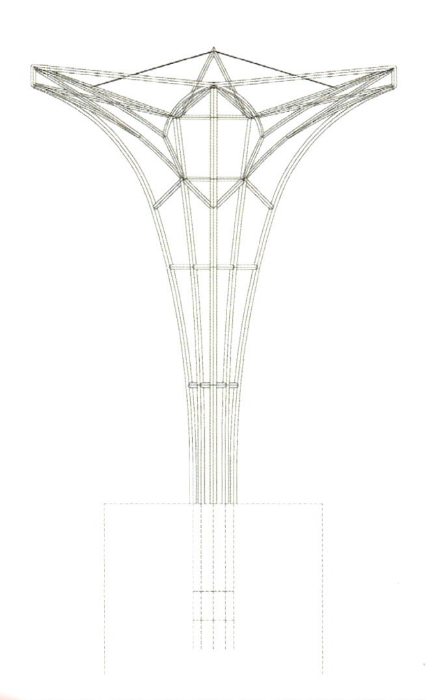

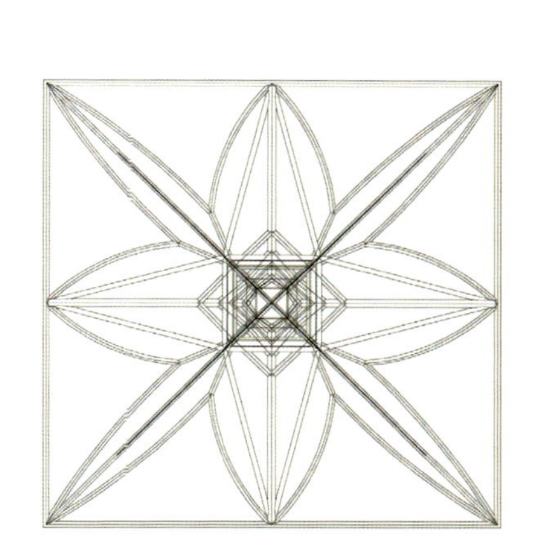

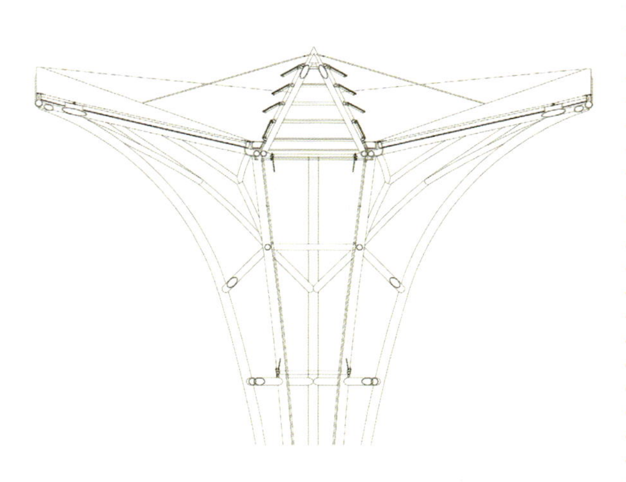

石家庄国际会展中心

工程档案

建筑设计：中科院建筑设计研究院
项目地址：河北石家庄
建筑面积：397668m²
用地面积：588100m²
容积率：0.57
绿地率：42.3%

展览中心室外透视效果图

展厅室内效果图

会议中心室外效果图

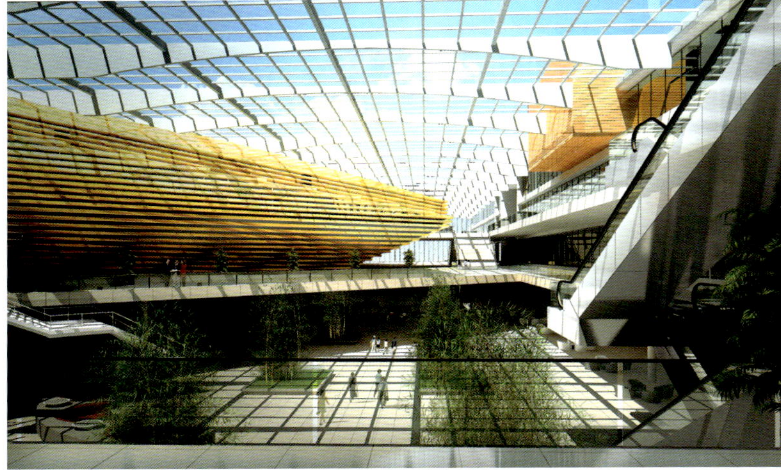
会议中心室内效果图

五星级酒店室外效果图

五星级酒店鸟瞰图

五星级酒店室内效果图

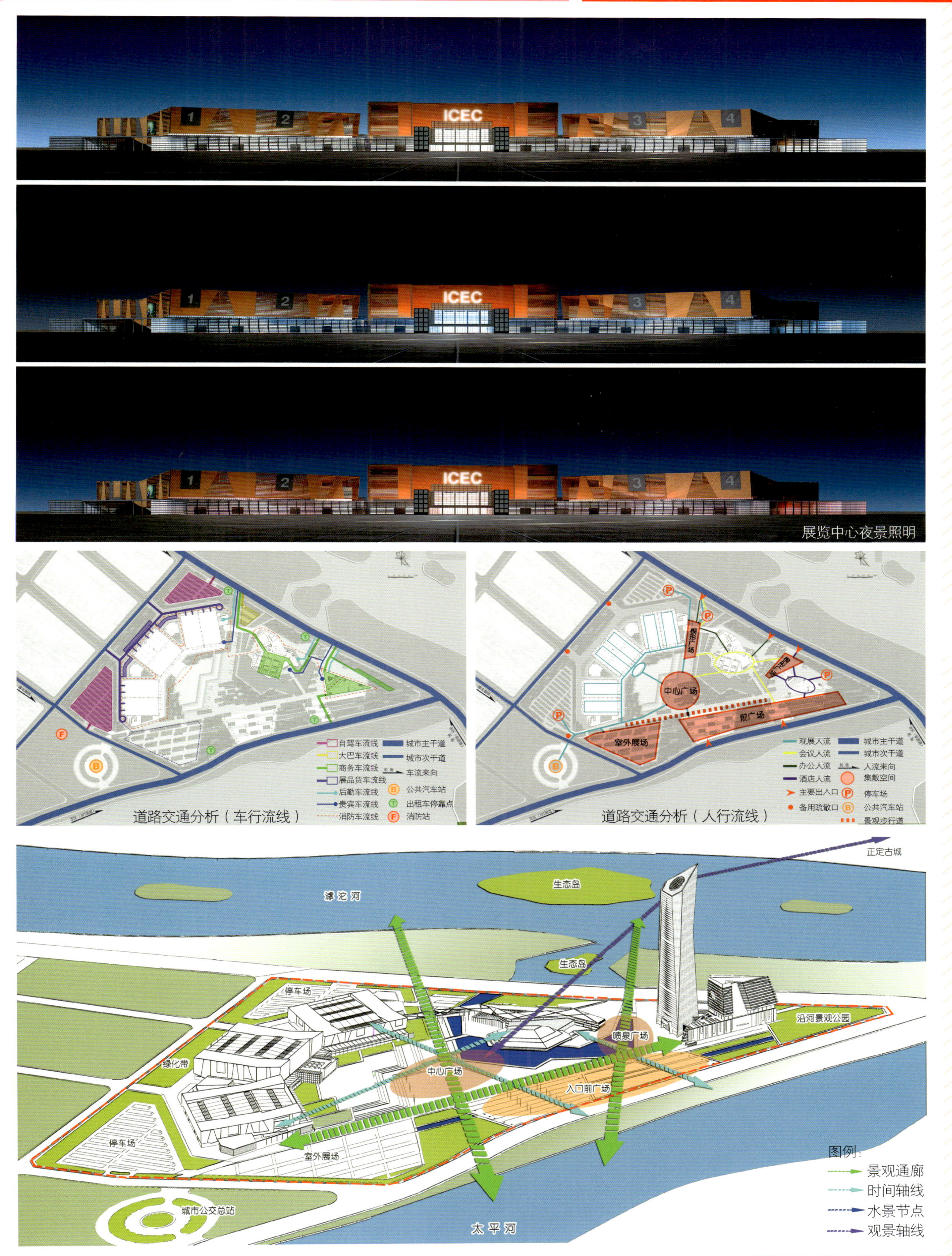
ICEC
1
2
3
4
展览中心夜景照明
道路交通分析（车行流线）
自驾车流线
大巴车流线
商务车流线
展品货车流线
后勤车流线
贵宾车流线
消防车流线
城市主干道
城市次干道
车流来向
公共汽车站
出租车停靠点
消防站
道路交通分析（人行流线）
中心广场
前广场
室外展场
观展人流
会议人流
办公人流
酒店人流
主要出入口
备用疏散口
城市主干道
城市次干道
人流来向
集散空间
停车场
公共汽车站
景观步行道
正定古城
滹沱河
生态岛
生态岛
停车场
绿化带
中心广场
喷泉广场
沿河景观公园
入口前广场
停车场
室外展场
城市公交总站
太平河
图例：
景观通廊
时间轴线
水景节点
观景轴线

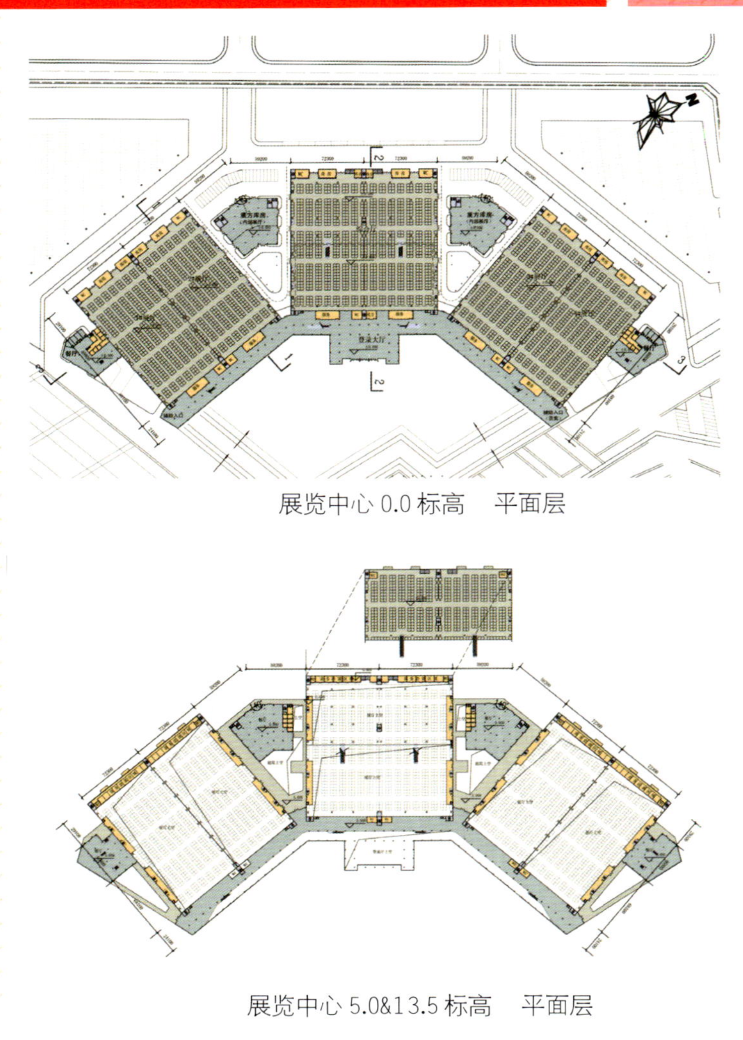
展览中心 0.0 标高　平面层

展览中心 5.0&13.5 标高　平面层

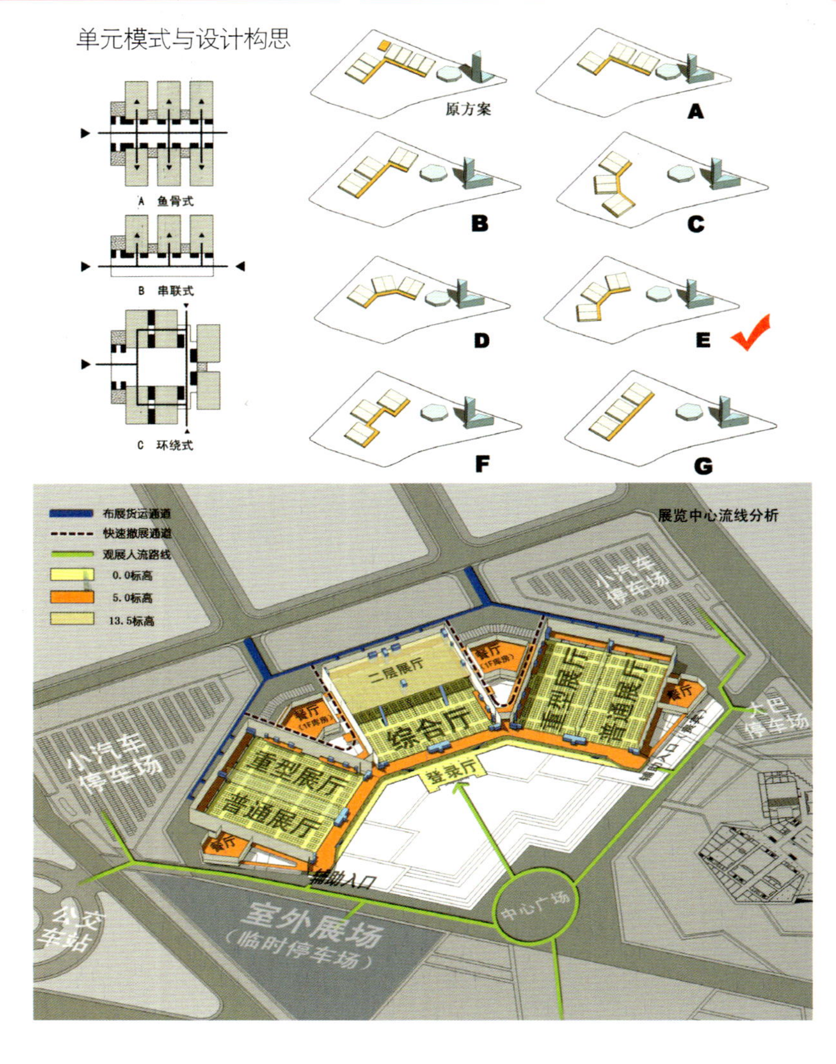

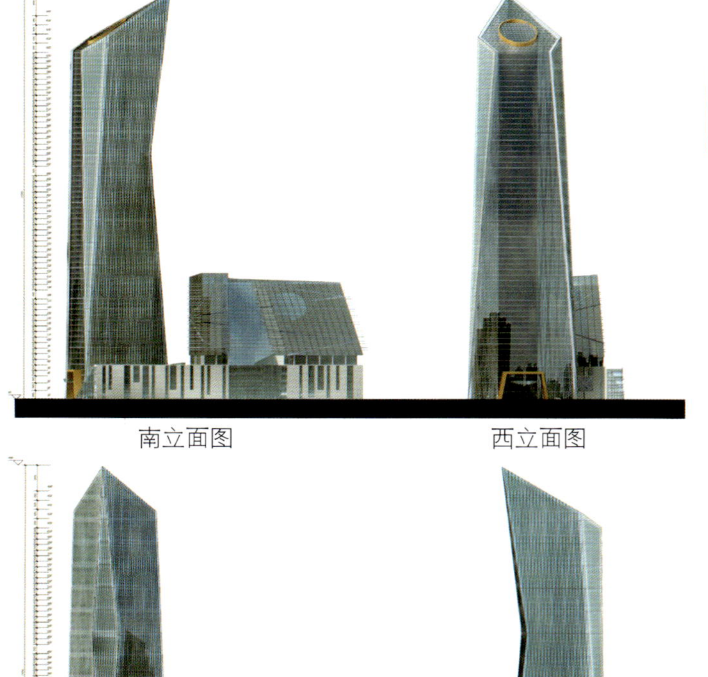
南立面图　西立面图

东立面图　北立面图

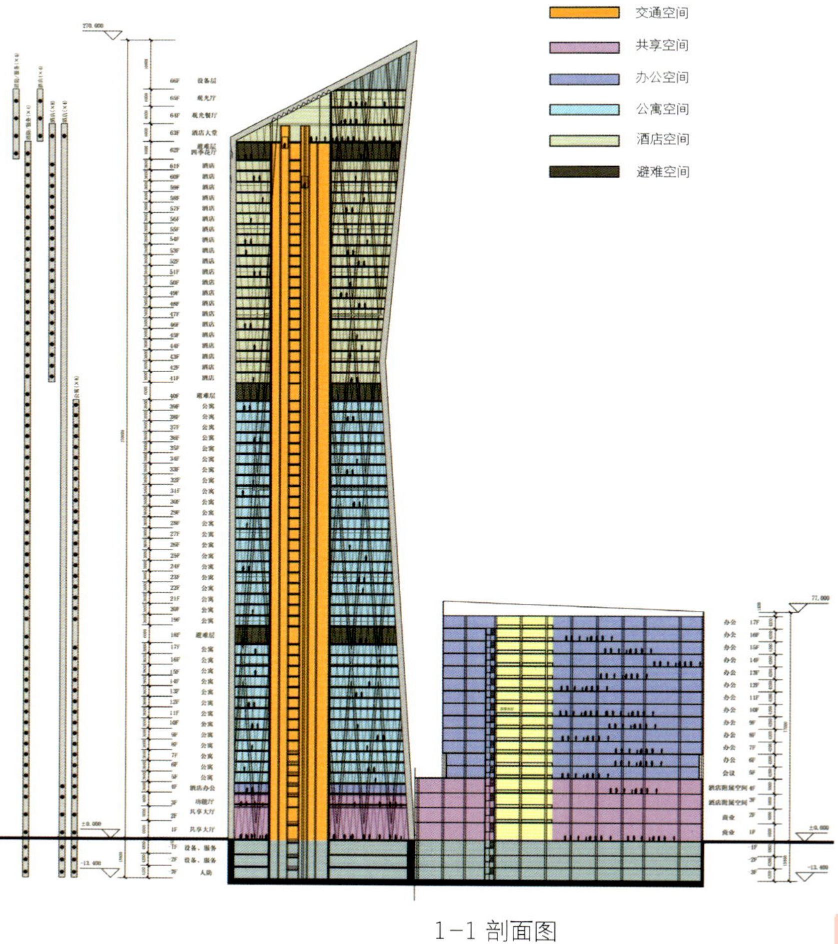

1-1 剖面图

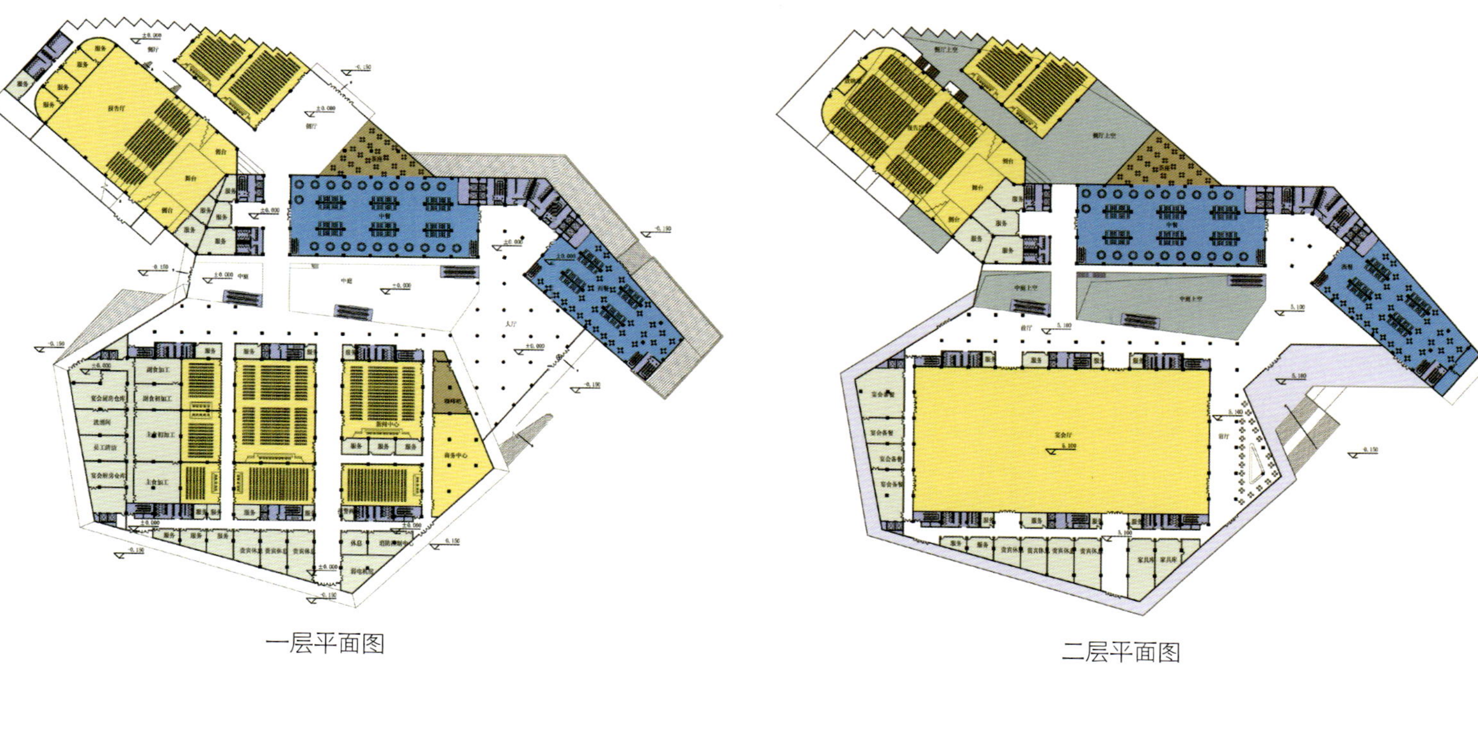

一层平面图　　　　二层平面图

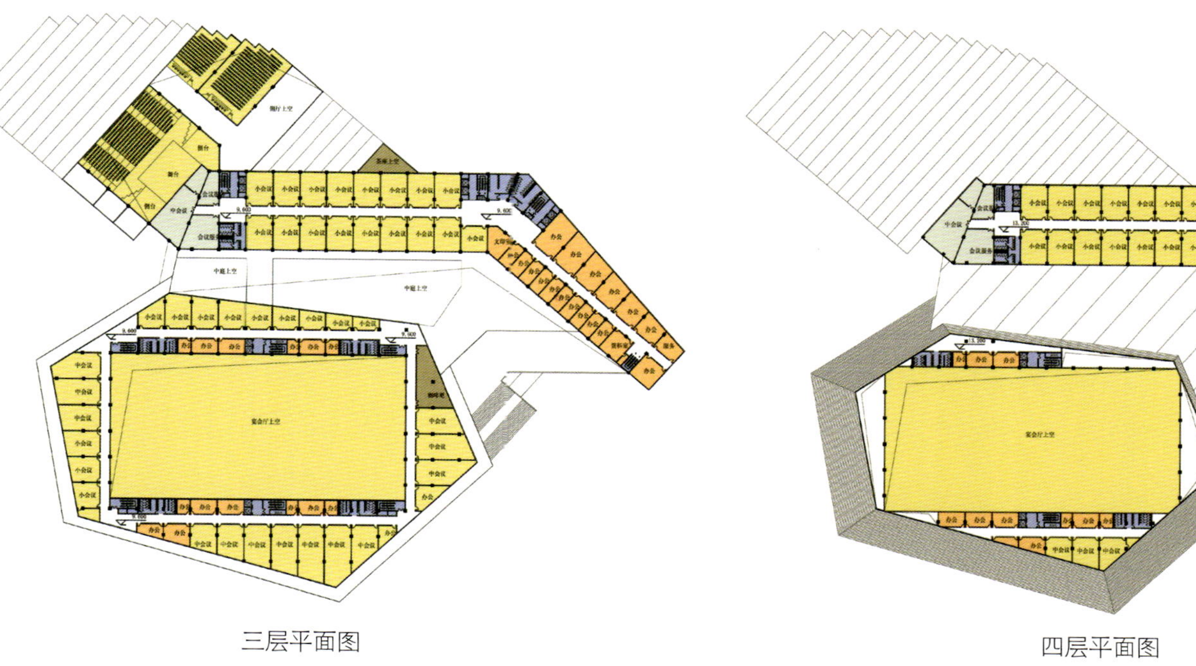

三层平面图　　　　四层平面图

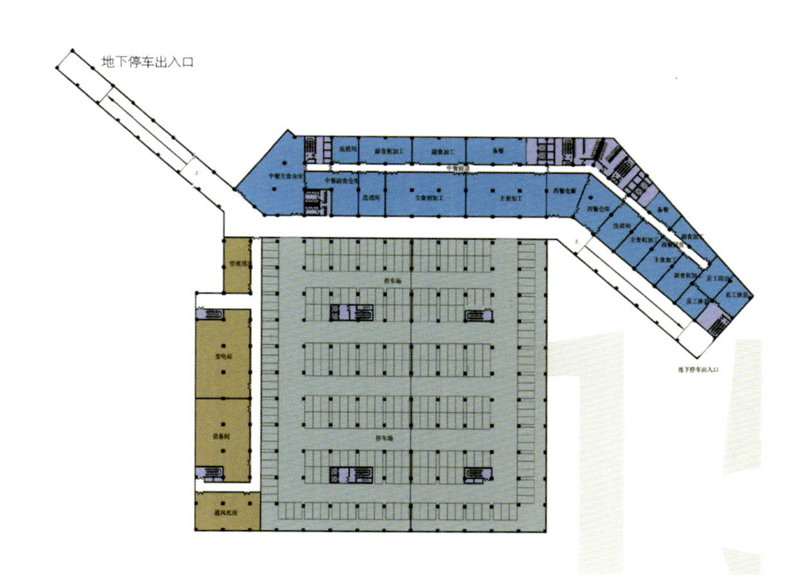

地下层平面图

天津市大邱庄示范镇城市规划展览馆

工程档案

建筑设计：天津大学建筑设计研究院
项目地址：天津市静海县大邱庄镇

设计理念

本着现代、智能、绿色、低碳、以人为本、可持续发展的设计原则，通过对"绿叶"的充分挖掘，注重建筑与场地的有机结合。提出"绿色城市"设计构思，主要包括以下三点：

绿色城市，让生活更美好；

科技城市，让生活更智能；

绿色山水，让生活更自然。

大郎庄示范镇现场指挥中心

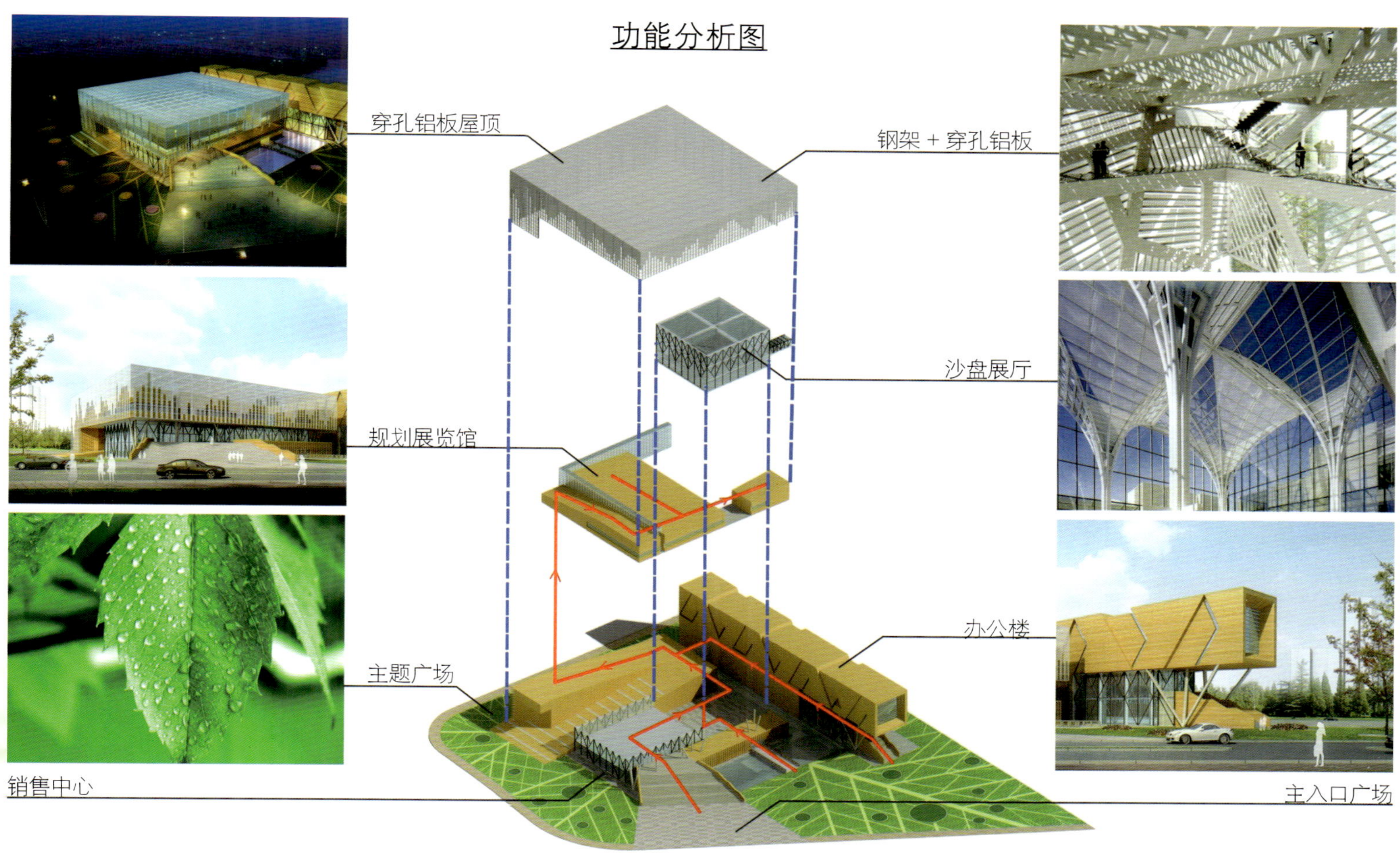
功能分析图
穿孔铝板屋顶
钢架＋穿孔铝板
沙盘展厅
规划展览馆
办公楼
主题广场
销售中心
主入口广场

室外坡道入口
档案室
洽谈区
签约区
办公室
办公室
办公室
办公室
办公室
办公室
办公室
办公室
配电间
电池间
休息接待区
沙盘，模型展示区
库房
更衣室
接待室
财务室

销售中心
城市规划展览馆
办公楼
销售中心参观人员路线
销售中心工作人员路线
城市规划展览馆工作人员路线
办公楼路线
室外坡道路线

食堂
仓库
副总办公室
采购部
合同部
合同部
仓库
镇政府
浴室
更衣
门卫
停车

首层平面图

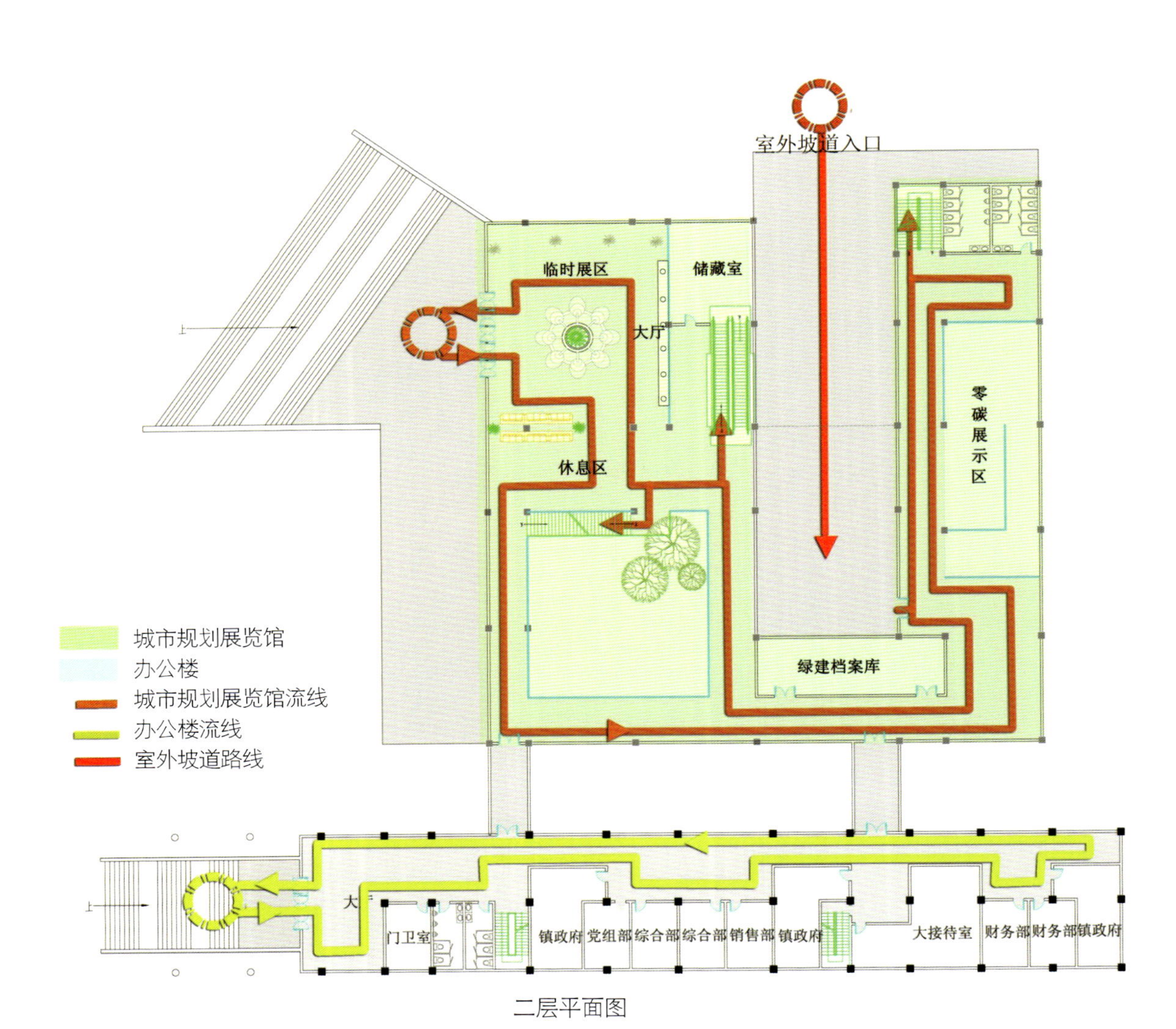

二层平面图

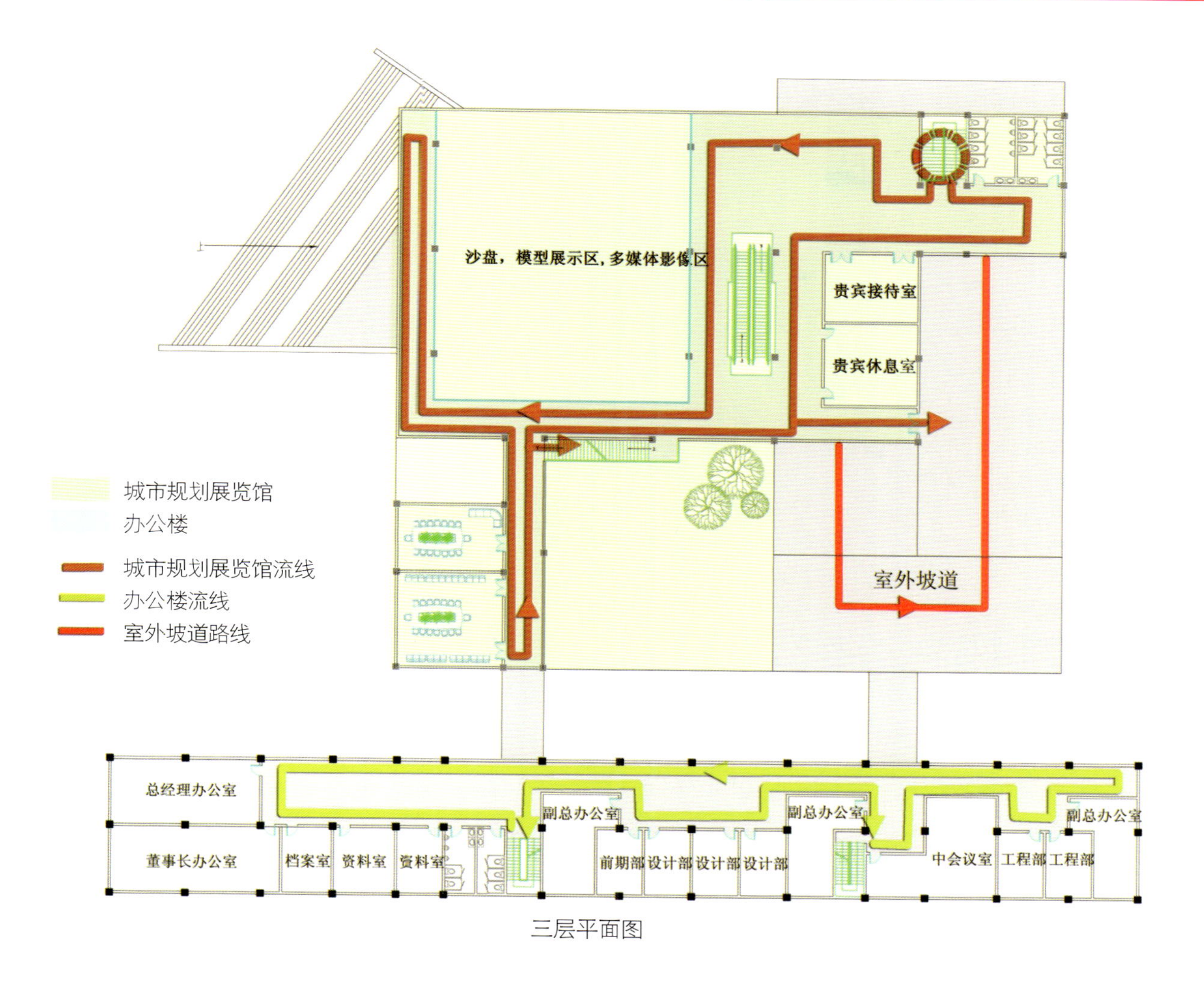
沙盘，模型展示区，多媒体影像区
贵宾接待室
贵宾休息室
室外坡道
城市规划展览馆
办公楼
城市规划展览馆流线
办公楼流线
室外坡道路线
总经理办公室
董事长办公室
档案室
资料室
资料室
副总办公室
前期部
设计部
设计部
设计部
副总办公室
中会议室
工程部
工程部
副总办公室
三层平面图

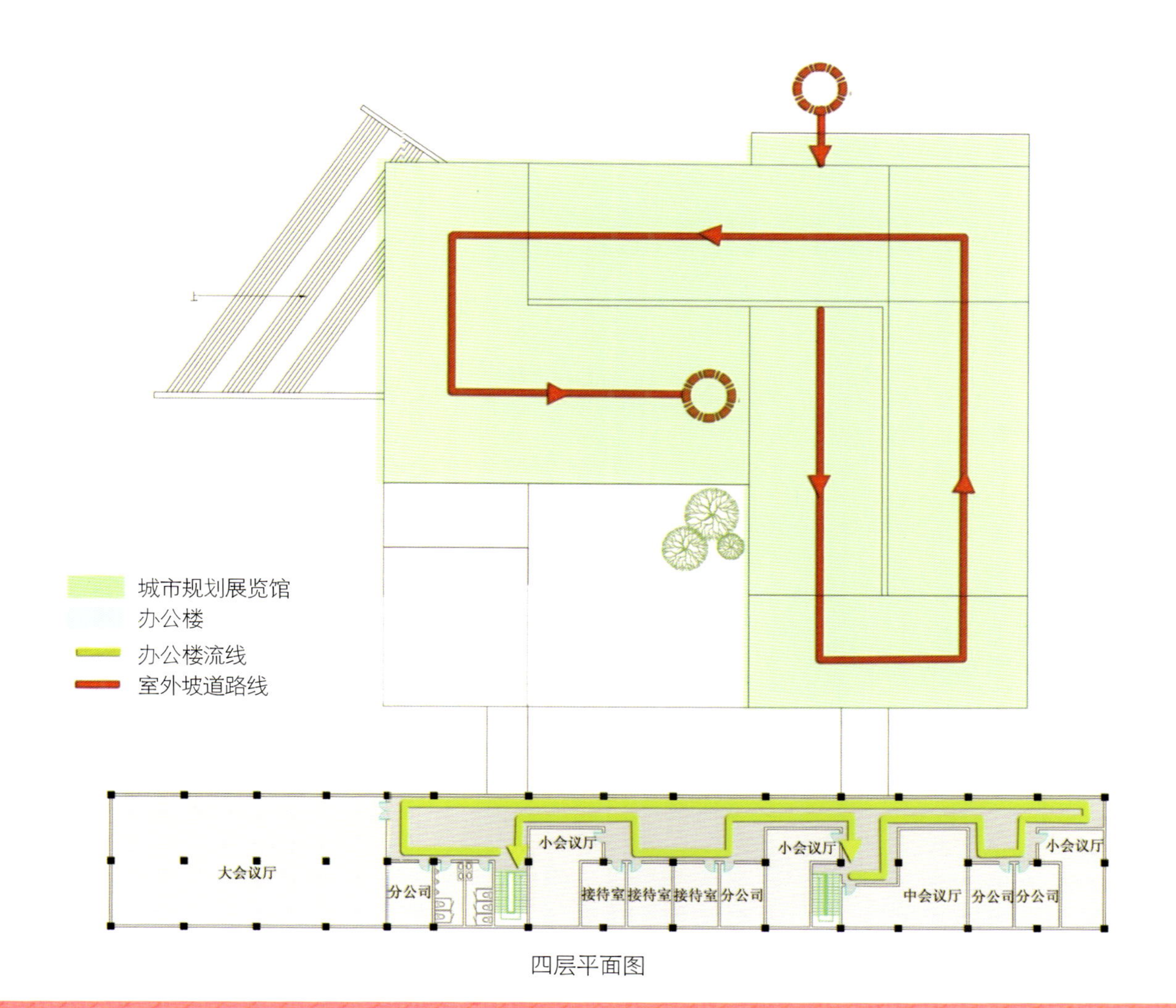
城市规划展览馆
办公楼
办公楼流线
室外坡道路线
大会议厅
分公司
小会议厅
接待室
接待室
接待室
分公司
小会议厅
中会议厅
分公司
分公司
小会议厅
四层平面图

长沙梅溪湖会展中心

工程档案

建筑设计：华南理工大学建筑设计研究院
项目地址：湖南长沙
用地面积：241400m²
地上建筑面积：245000m²
地下建筑面积：80000m²

设计理念

设计从“节庆的彩带”得到启发，并进行抽象，其螺旋体的意念不但暗示生命力的延续与传承，更赋予建筑以无穷的活力。她轻盈而静谧地浮在湖边，热烈地把红色的喜悦赠予来宾；她又气势磅礴，给人以视觉上强大的冲击力；她如一条巨龙，昂首于梅溪湖畔，见证长沙的发展与强大。

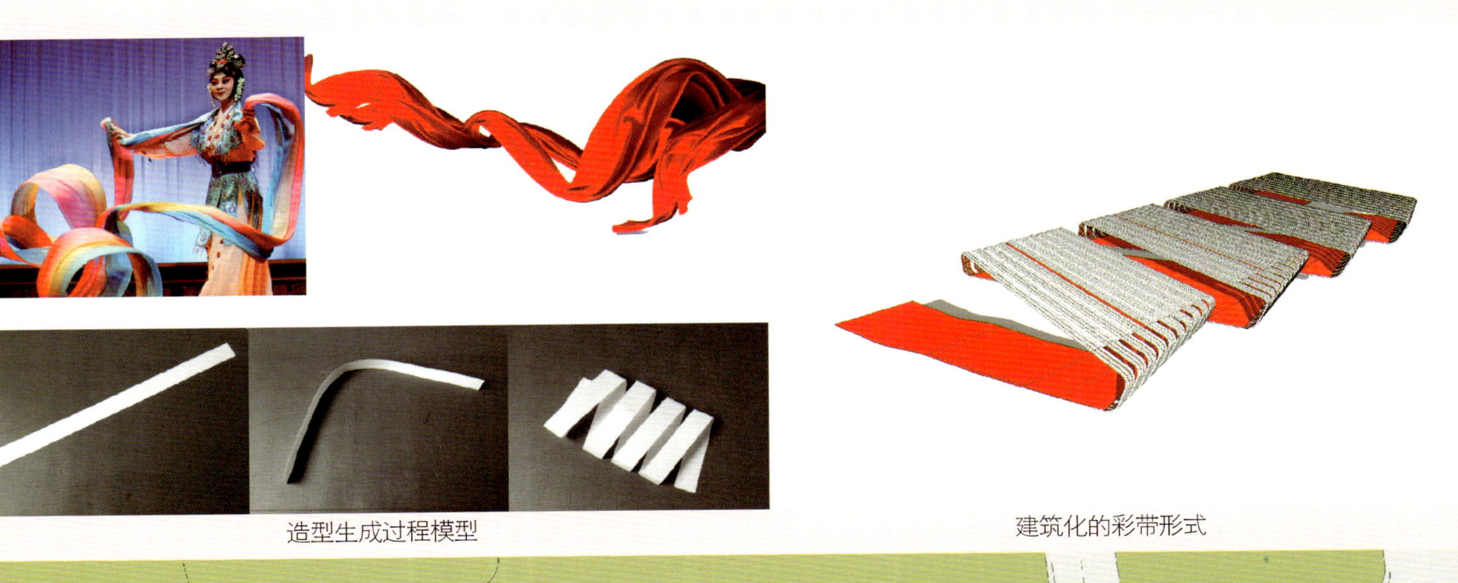

造型生成过程模型

建筑化的彩带形式

会展中心总平面图

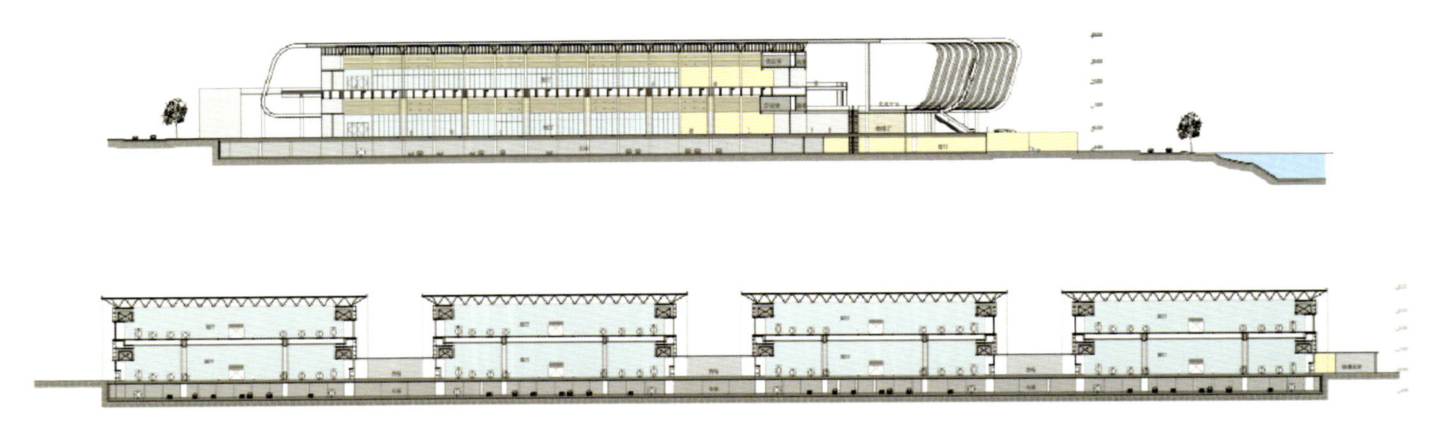

会展中心展厅剖面图

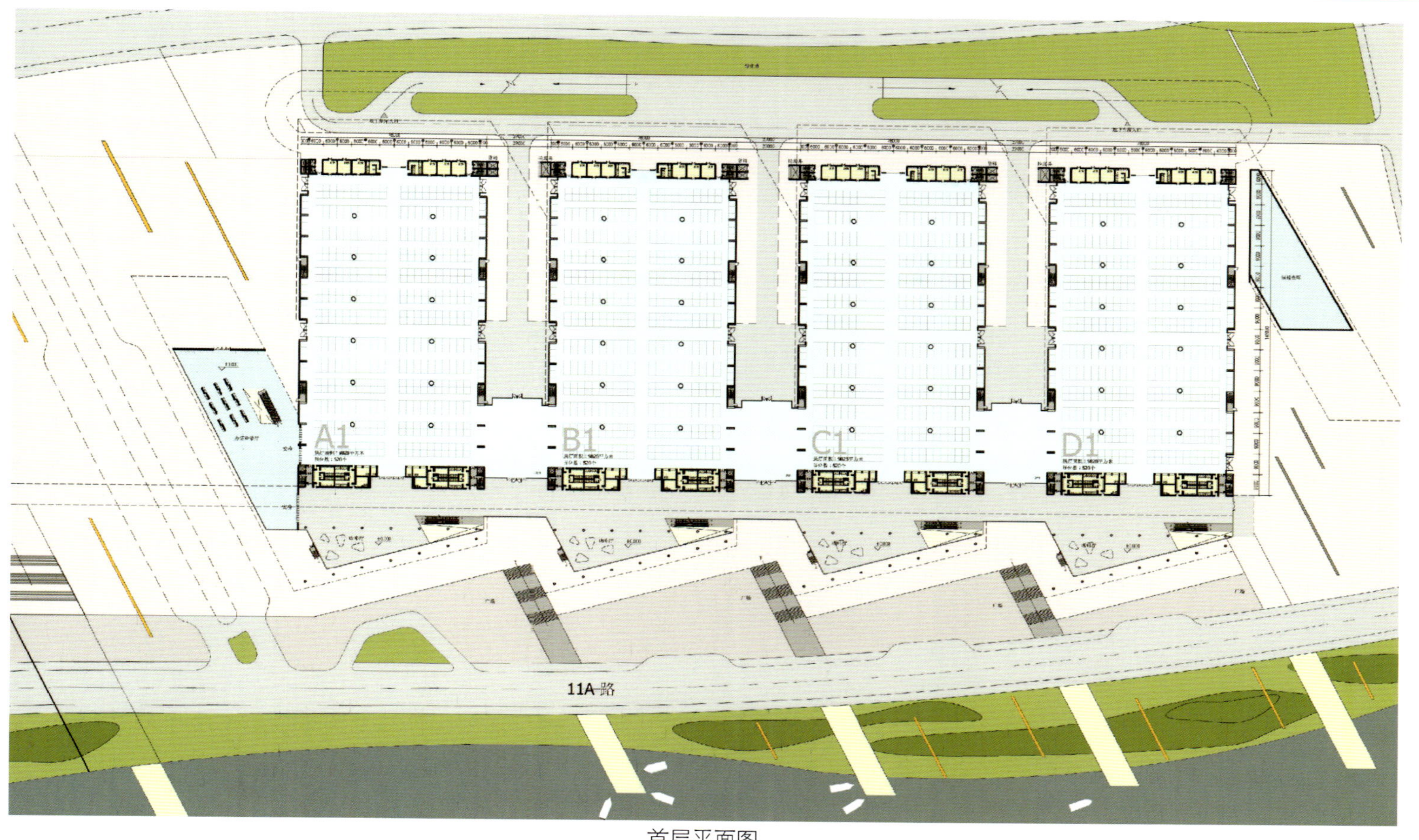

首层平面图

会展中心区

首层设在 44m 标高上，位于基地东部，集中布置，各场馆独立布置，两展厅之间以 27 米宽的货场分开，可独立布展，也可扩大为大型展厅，会展中心区利用场地高差关系，与梅溪湖路、A11 路与湖面取得良好的关系。

商业综合区

位于用地西侧，依托会展广场、地铁、会展中心，与酒店、办公楼组成区域商业综合体，是本区域的最重要高档商业区。

广场区

作为参展人流的主要交通广场，位于 44m 标高处，是集举行典礼、疏导人流、室外展场的综合场地，它高出梅溪湖路，是项目立交式交通组织方式的重要区域。

景观区

会展中心用地以南的梅溪湖畔与节庆岛之间的区域是一个完整的景观空间，作为一条完整的亲水休闲区，与会展广场形成互动关系。会展中心与滨湖景区可以便捷地联系，是整个会展中心景观区的延续和扩展。

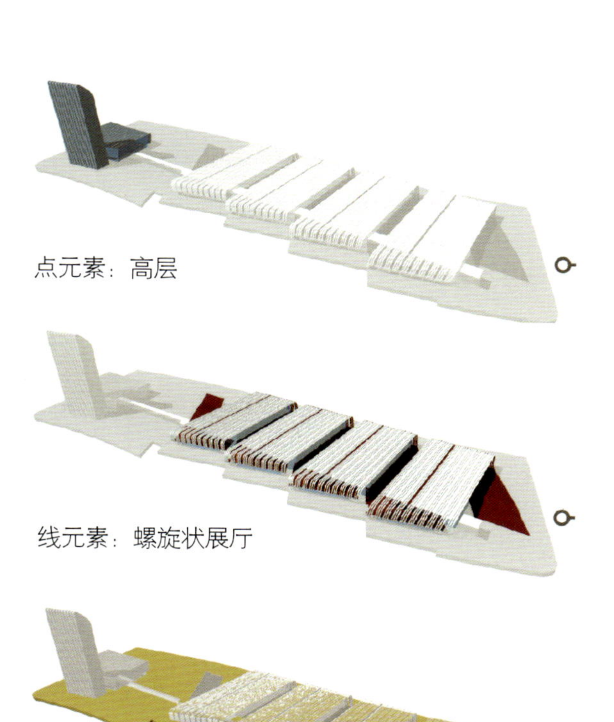

点元素：高层

线元素：螺旋状展厅

面元素：广场平台

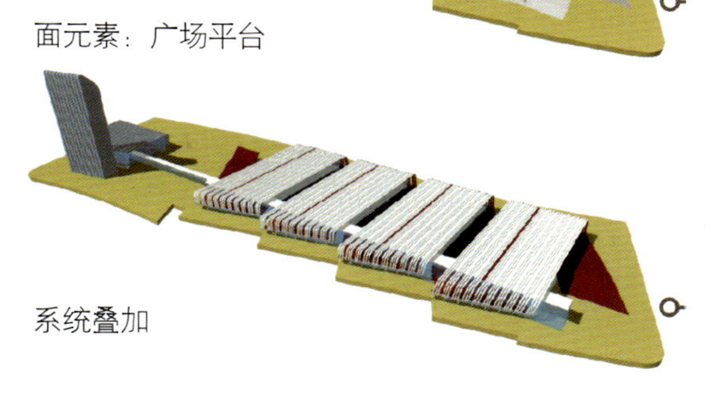

系统叠加

总体空间逻辑

点：由办公、酒店与商业组成的商业区延续了螺旋状会展中心的造型单元，在广场的另一侧以点的形式重新构成整体的综合建筑。

线：东西的会展中心以螺旋状的造型单元从东向西不断复制，形成线状体型，其屋面旋转所确定的方向使整个建筑乃至整个区域都产生明确的方向性。

面：高出梅溪湖大道 3m 的大型广场，是“彩带”悬浮的平台，是解决人行交通的主要广场。广场的抬高，把建筑的体形烘托地更加纯粹、干净。

景观设计

原则：利用用地周边的远山为背景，对现有湖面与滨湖区域进行适度的改造，从而打造一个生态的、与城市共生的会展中心后花园。

强调景观与建筑的结合，与建筑主体形态相结合，采用强烈的过渡感，并使这种过渡感与方向性贯穿整个项目，穿越湖面，融化在岛上、水中，化成点点繁星。赋予广场景观流畅大方。

强调生态的景观园林设计，A11 路以南为滨湖区，与节庆岛、湖面成为会展中心景观的延伸，是会展中心的后花园，设计中强调景观的生态性与可参与性。

• 生态性：最大限度地保持原有水岸的形态，通过对局部水岸的改造，把滨湖区、节庆岛改造成自由的生态公园、减少人工痕迹。

• 可参与性：利用广场上延伸的直线，跨越湖面，形成桥，形成径，把广场的人行交通延续到水岸，扩展至岛上。在岛上设置节庆广场、滨水咖啡区与休闲码头区，使之成为长沙市民的休闲新景点。

新疆国际会展中心

工程档案

建筑设计：中信建筑设计研究总院有限公司
项目地址：新疆乌鲁木齐
建筑面积：200000m²

设计理念

新疆国际会展中心位于新疆乌鲁木齐市水磨沟红光山片区，项目建设用地约70hm²，总建设规模20万m²，共分两期，其中一期建设面积11万m²。

设计构思采用抽象隐喻体现地域特色。立面造型构思取意“明月出天山”山上升起，苍茫的天山横埂在西域大地，皓洁的明月遥挂在天边，衬托出“明月出天山”的意境，构成了一幅新世纪发展升腾的图案。

新疆有其独特的生态系统，城市的介入已经对这片生态系统造成了很大的破坏，在建筑设计中应当尊重自然环境，维护原有生态系统，才能实现建筑与环境的可持续发展。

节能环保低技术手段：通过分析建筑各性能参数达到节能环保的目的；高技术手段：通过新材料、高科技达到节能环保的目的。

当代中国建筑方案集成2
文化

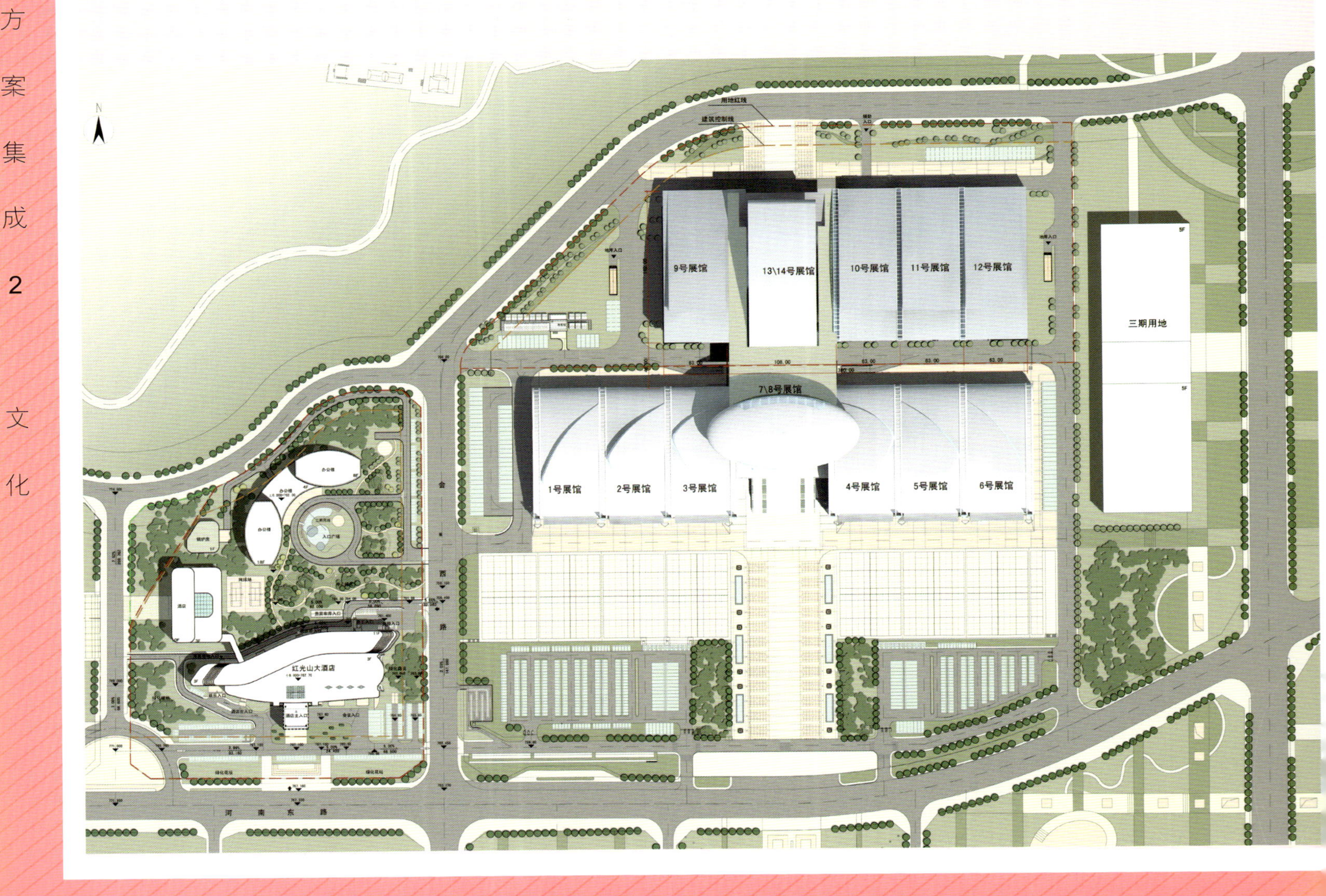

设计特色

技术创新——在整个建筑设计过程中，作为会议中心的“明月”部分是整个设计过程的亮点也是难点。如何保证该部分的设计建成效果是设计团队考虑最多的问题。在施工图及深化设计的过程中，我们运用三维设计软件对建造进行了计算机模拟，在模拟过程中发现问题并前期干预解决。为充分表现“明月”的光洁，设计中还大胆运用双曲面蜂窝铝板和玻璃，采用专业工厂加工制造、现场拼装的施工方式，保证了安装零误差。

展厅设备能源带——该方案摒弃了传统大空间惯用的空调形式，巧妙的利用展厅之间的隔断设施设置能源设备带，合理的将空调、电力、消防的设备管线布置其中，既优化了展厅内部空间，做到了整个展厅内部无障碍物，又完美的解决了设备需求。

地下综合管廊——地下综合管廊系统是新疆国际会展设计中的一大特色。该系统将展厅所需综合管线布置于地下，涵盖消防、电力、空调、给排水等，即方便维护管理，同时又为将来的发展预留了充足的空间，是可持续发展理念的具体体现。

功能布局

规划建筑场地呈中轴对称布置，中间为开幕式广场，供展览开幕及庆典使用。两侧分别为停车场及室外展场，停车场地设置在城市道路侧，然后布置室外展场与展馆建筑。这样布置即保证了整个建筑使用流线的合理性，又同时为建筑与城市之间保留了足够的缓冲空间，避免大体量建筑对城市的压迫感。

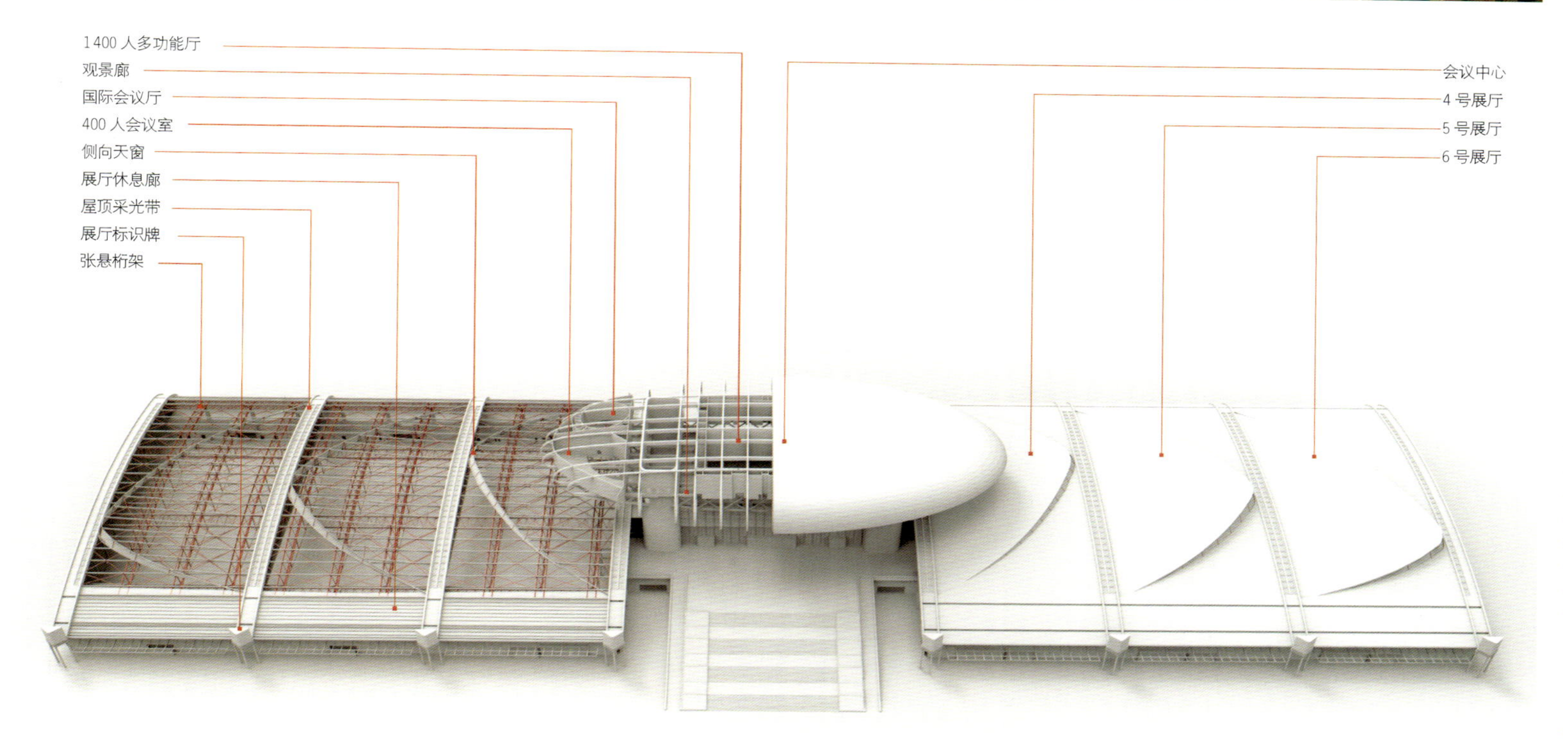

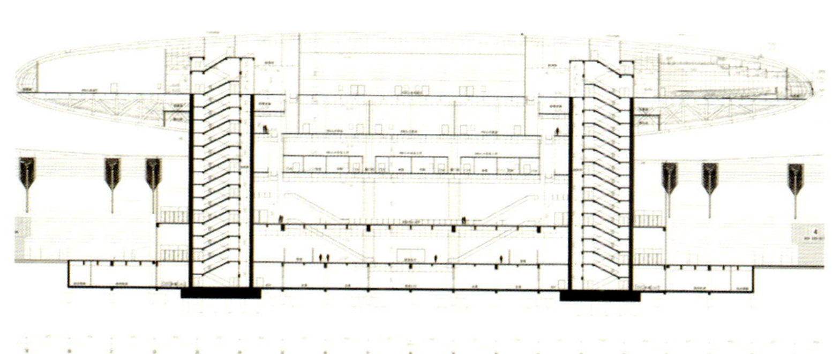

1-1 剖面图 1:150

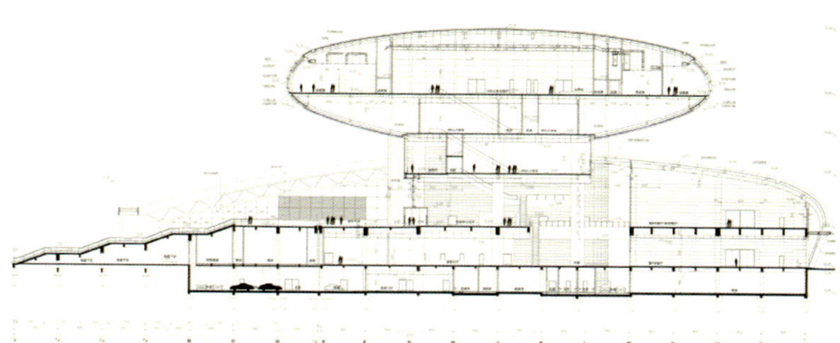

3-3 剖面图 1:150

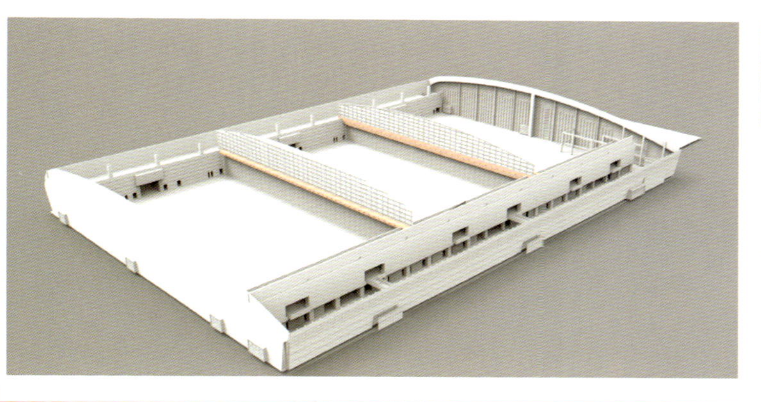

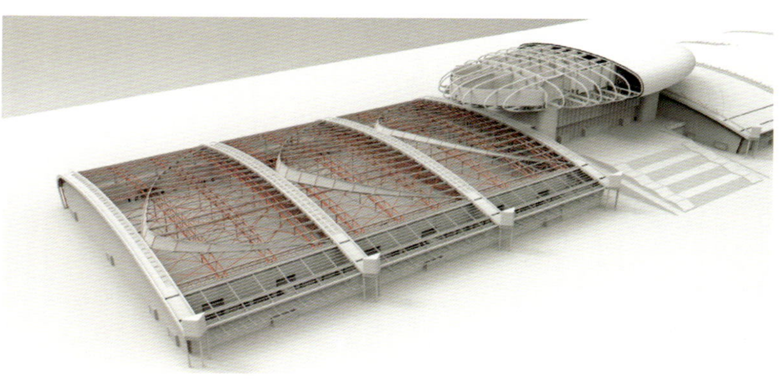

永定河生态文化新区规划展示中心

工程档案

建筑设计：清华大学建筑设计研究院
项目地址：北京丰台区
建筑面积：8000m²

项目概况

永定河生态文化展示中心位于北京市丰台区永定河畔，是2013年中国北京园博会的重要组成部分。北京提出建设世界城市目标，丰台区定位为生态文明中心。永定河作为北京母亲河，借举办园博会契机，规划建设生态走廊，有效改善丰台乃至京西生态环境。

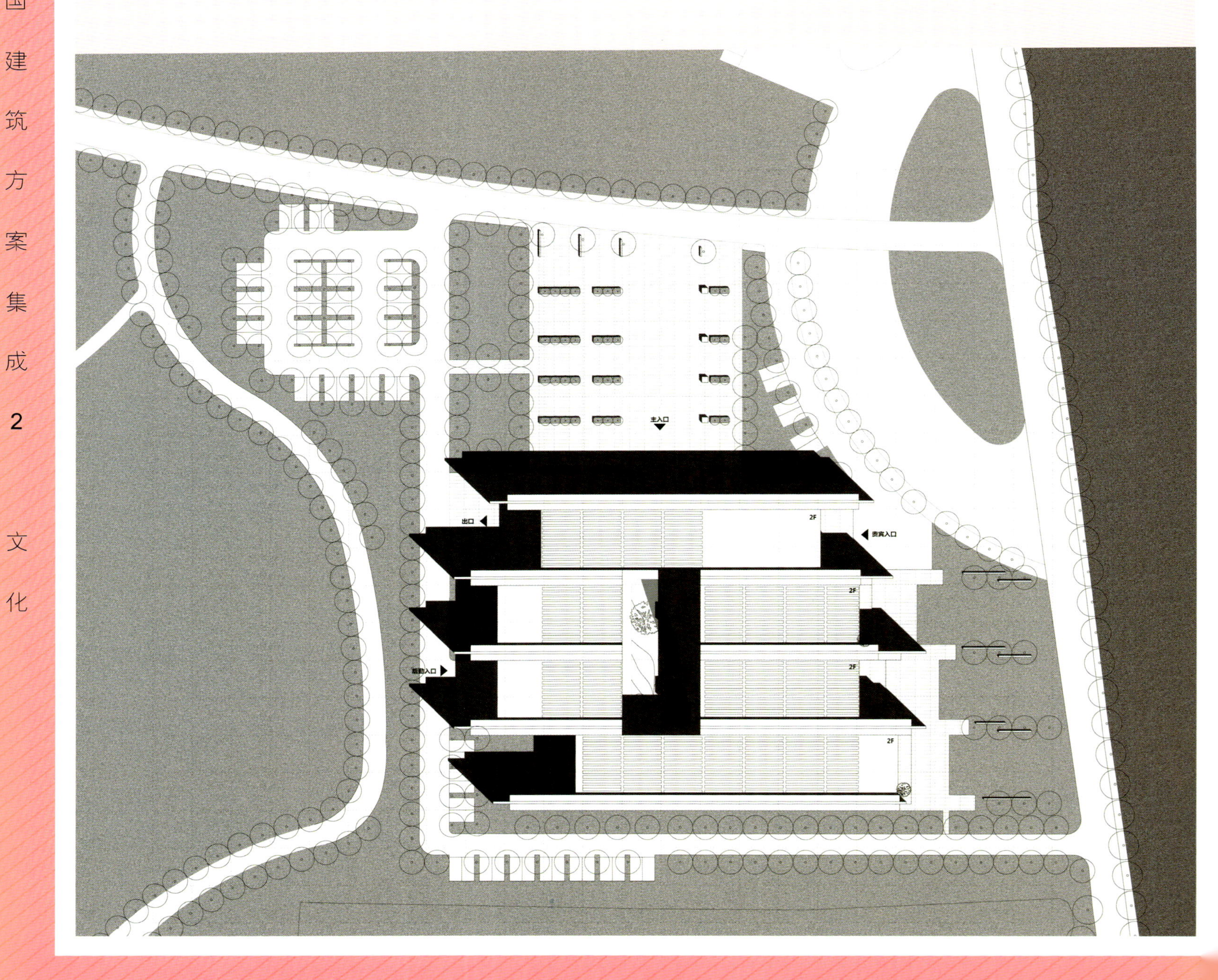

设计理念

提出“绿中之绿”概念，即生态走廊绿地中的绿色生态展示中心。以垂直河面的五面厚墙为建筑原型，厚墙内汇集了多种绿色生态技术、设备、交通等辅助服务功能，厚墙间为展示空间，实现技术与艺术的统一。建筑采用钢结构，有效缩短建设工期。外墙材料与室外防腐木板与陶土板，自然环保，质感宜人。

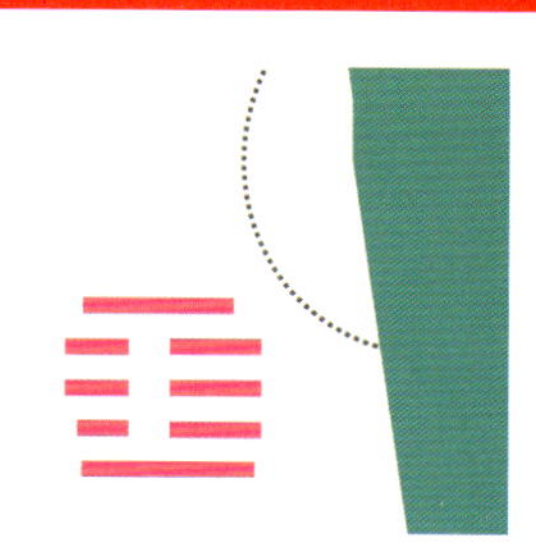

“墙”是形成中国传统空间的重要元素。我们设计与永定河垂直的五面厚墙，在形成建筑鲜明个性的同时，墙内亦汇集了众多节能、设备、交通、辅助等功能。实现技术与艺术的统一。

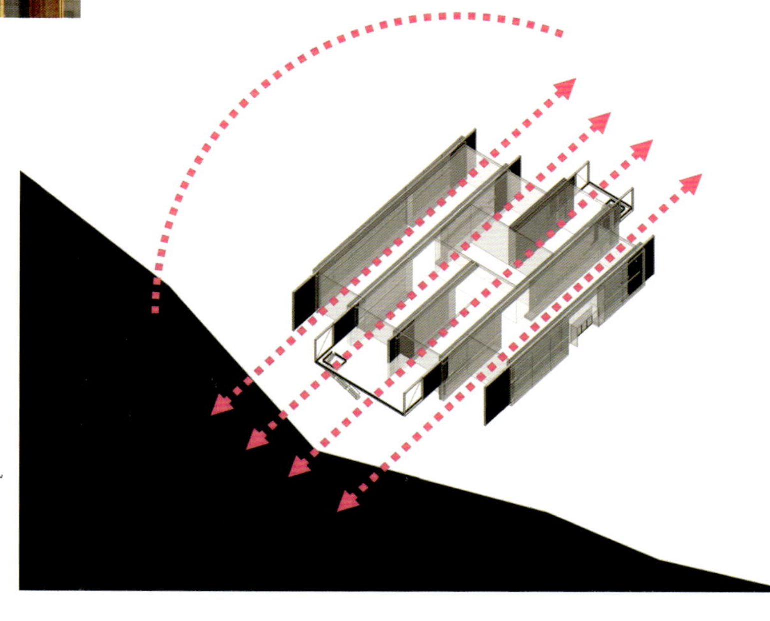

作物种植　在建筑墙面设钢格构板及和植槽，用于种植

雨水收集　在建筑墙内设雨水收集装置，用于冲洗马桶

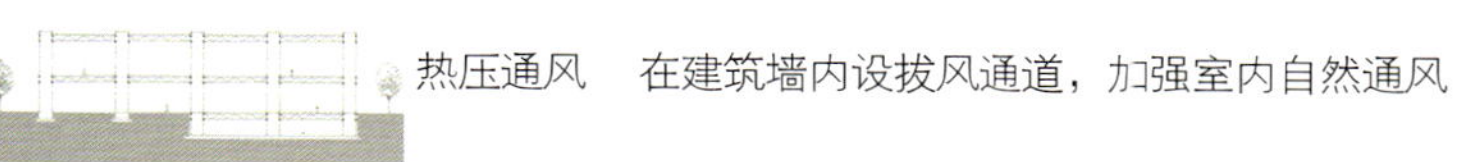

热压通风　在建筑墙内设拔风通道，加强室内自然通风

地道通风　在建筑墙内及土壤内设通风道，夏季提供冷风

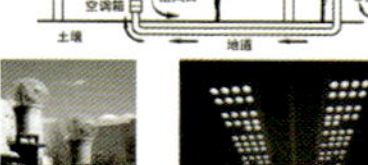

自然采光　在建筑墙内设光导管，为室内提供自然采光

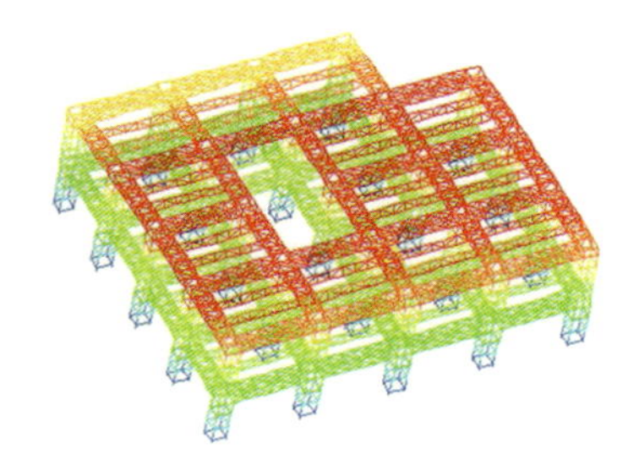

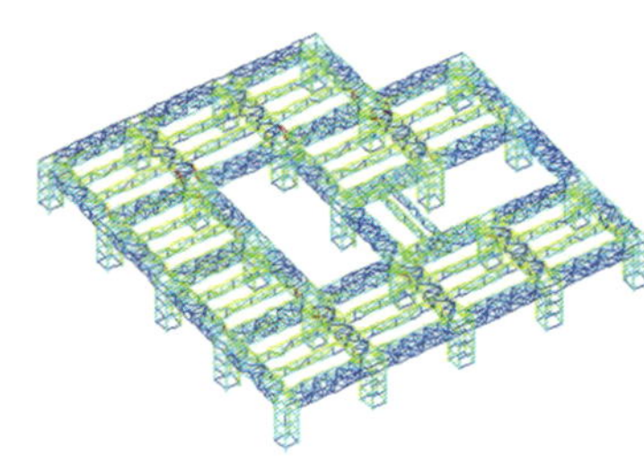

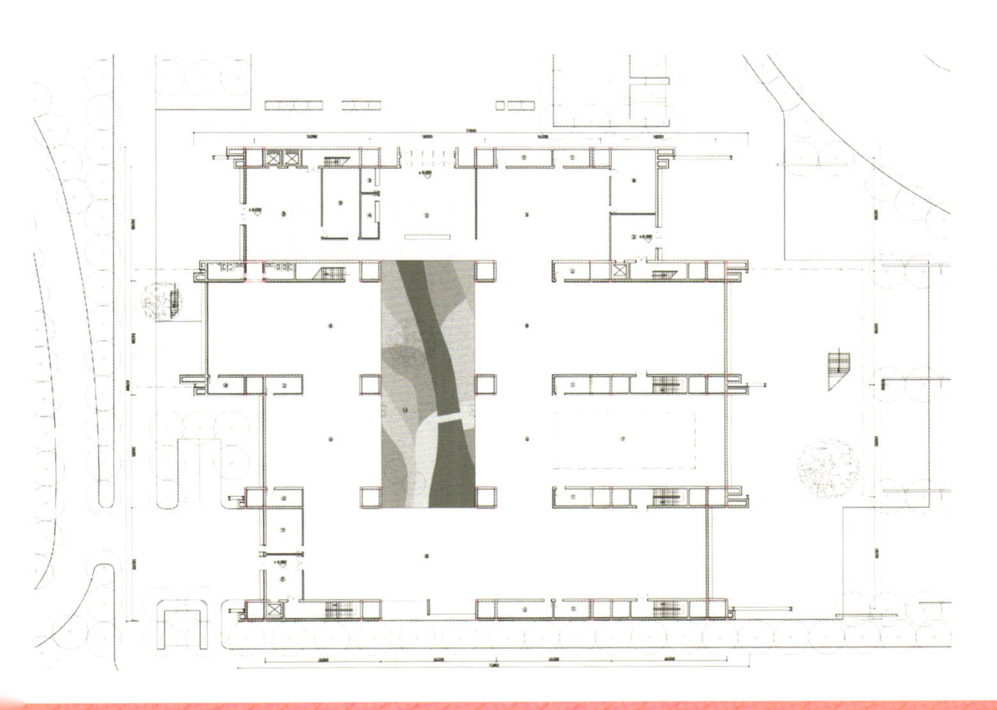

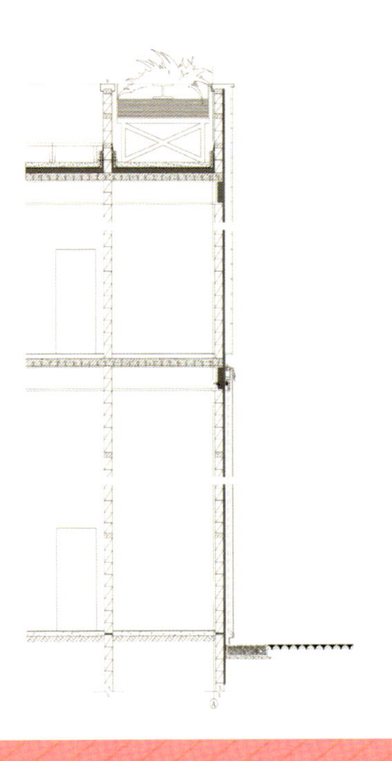

郑州市城市规划展览馆

工程档案

建筑设计：华南理工大学建筑设计研究院
项目地址：河南郑州
建筑面积：51275m²
占地面积：41398m²

设计理念

城市客厅——层架空结合文化附属设施与下沉庭院，为公众创造开放的城市活动场所。

景观建筑——架空保持了城市公园完整性，建筑以指状渗透的形式与公园接壤，美景渗入建筑实现两者的相融共生。

复合观展——穿插于建筑内部的立体庭院为观展营造丰富的空间层次，提供多样的空间体验。

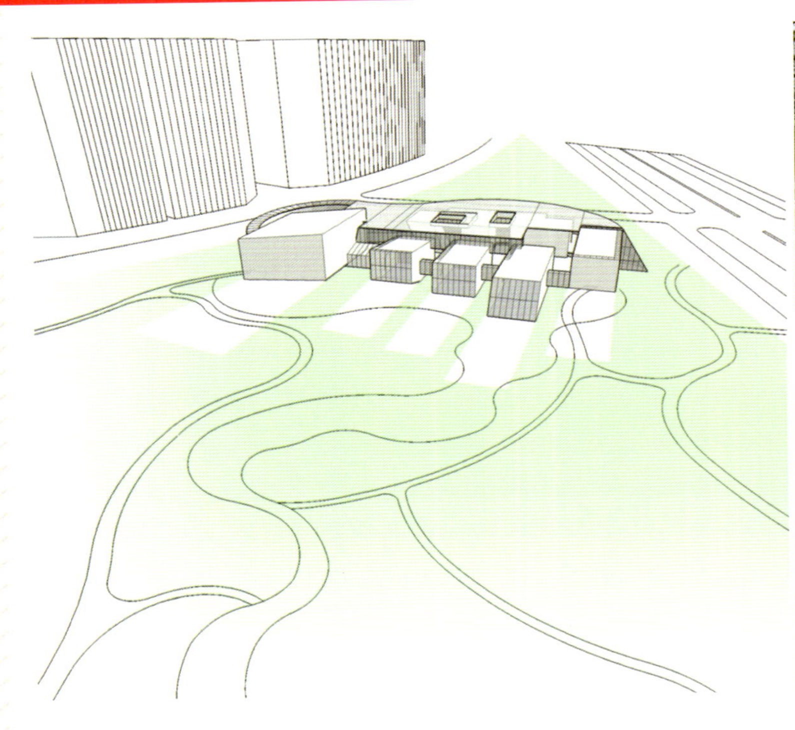

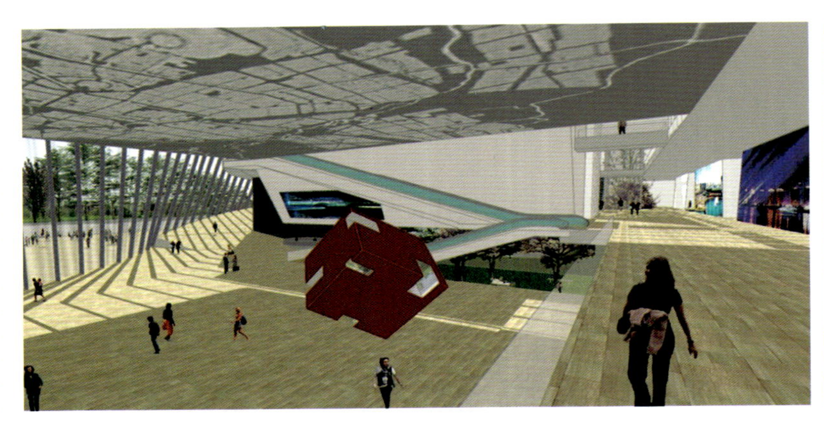

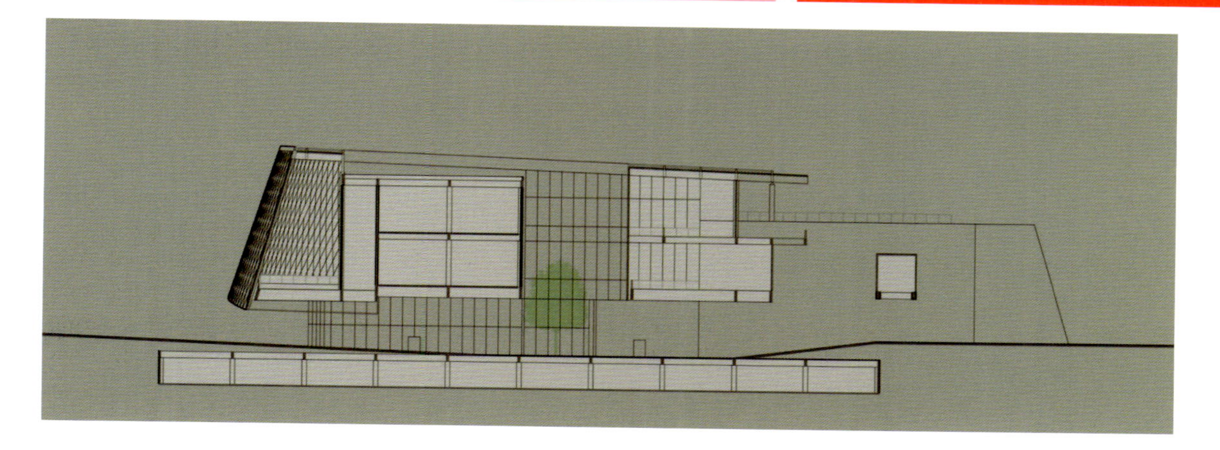

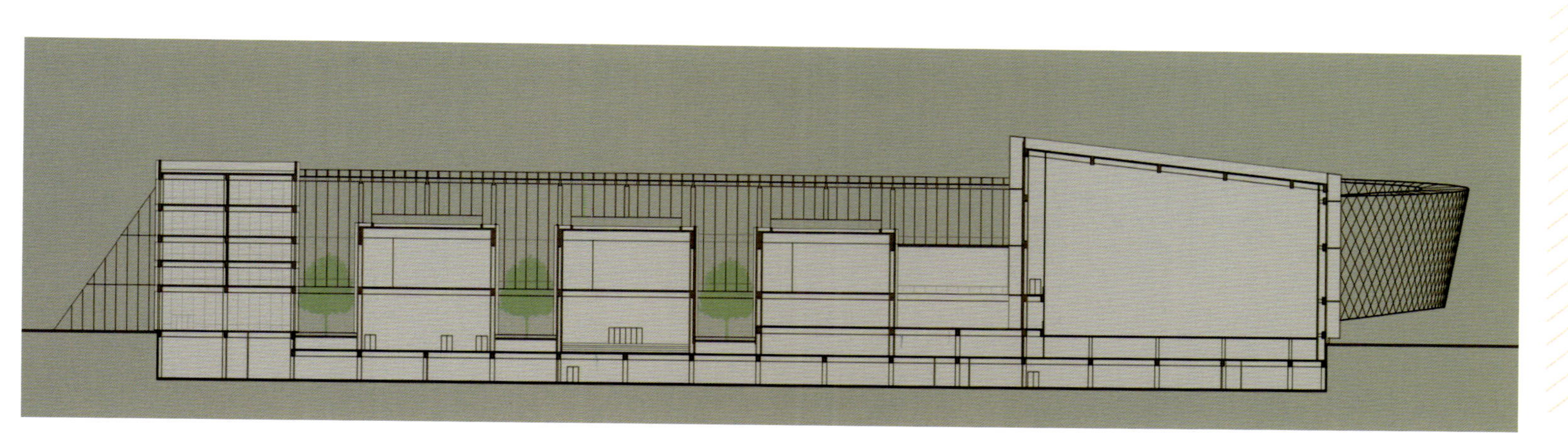

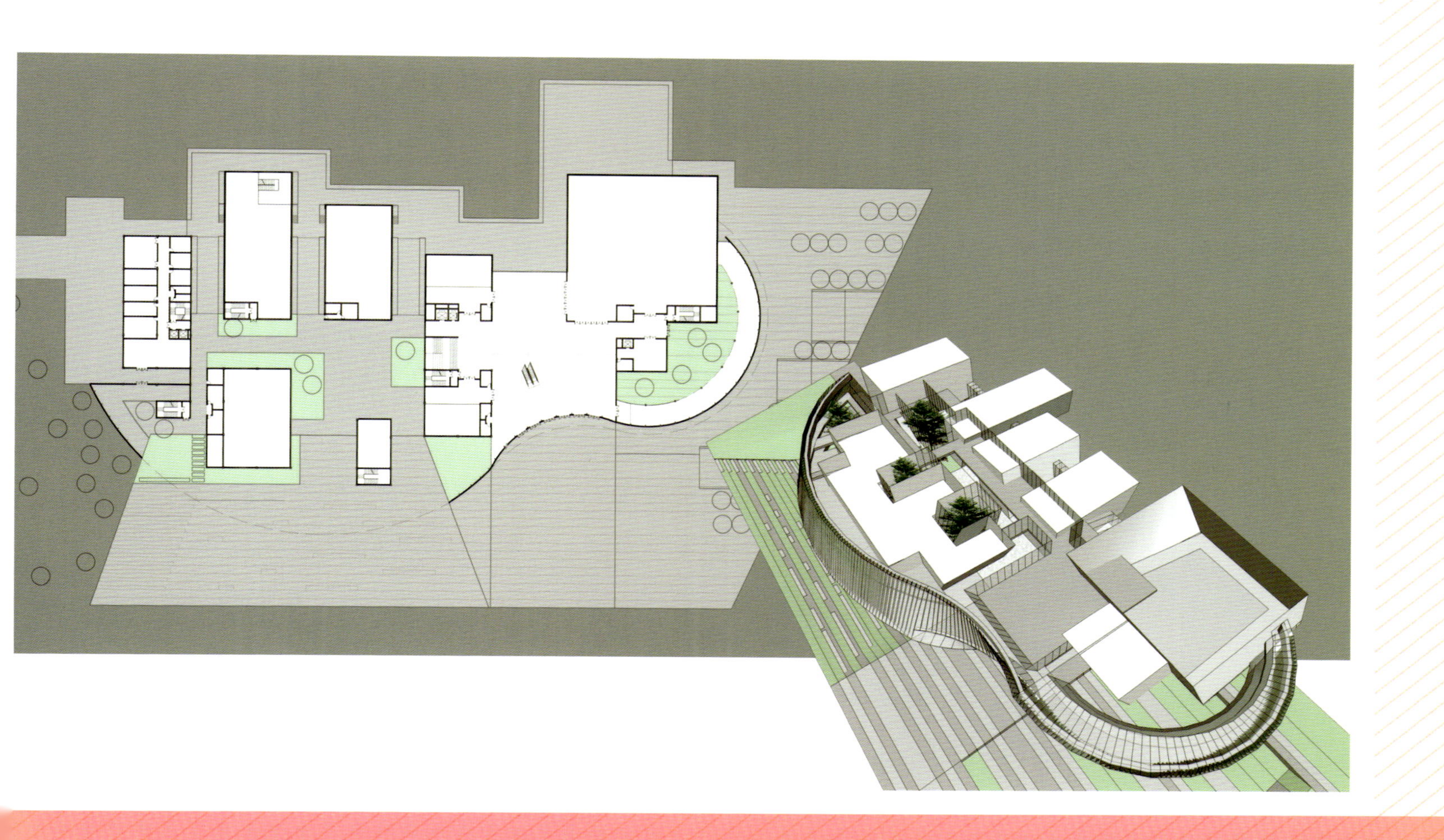

中国工艺美术馆及非物质文化遗产展览馆

工程档案

建筑设计：华南理工大学建筑设计研究院
项目地址：北京市
建筑面积：88000m²
占地面积：24913.6m²

设计理念

构思取意于博古架、多宝盒，西面的博古架体量相对通透、开放，强调层次与进深，适于承载活态展示；东面体量相对闭实，适于承载静态展示。展架式的台阶、平台、连桥、扶梯穿插于虚实博古架之间，把人的活动与静态、活态展示并置重叠，大、中、小空间有机结合，形成三维立体的博古架空间模式，创造丰富而独特的参观体验。整体建筑如同一个展示珍宝、创造互动的巨构装置与开放容器。

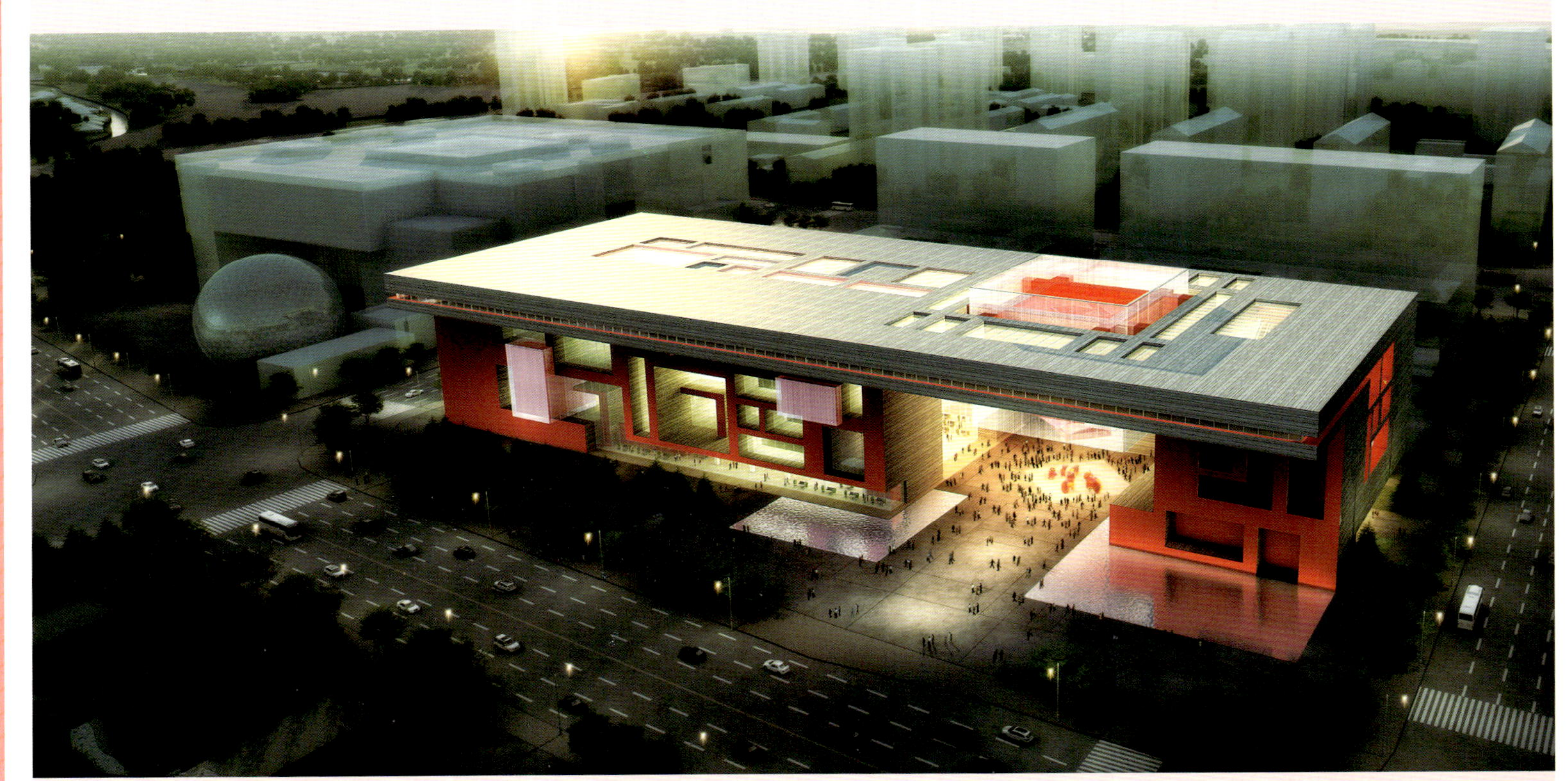

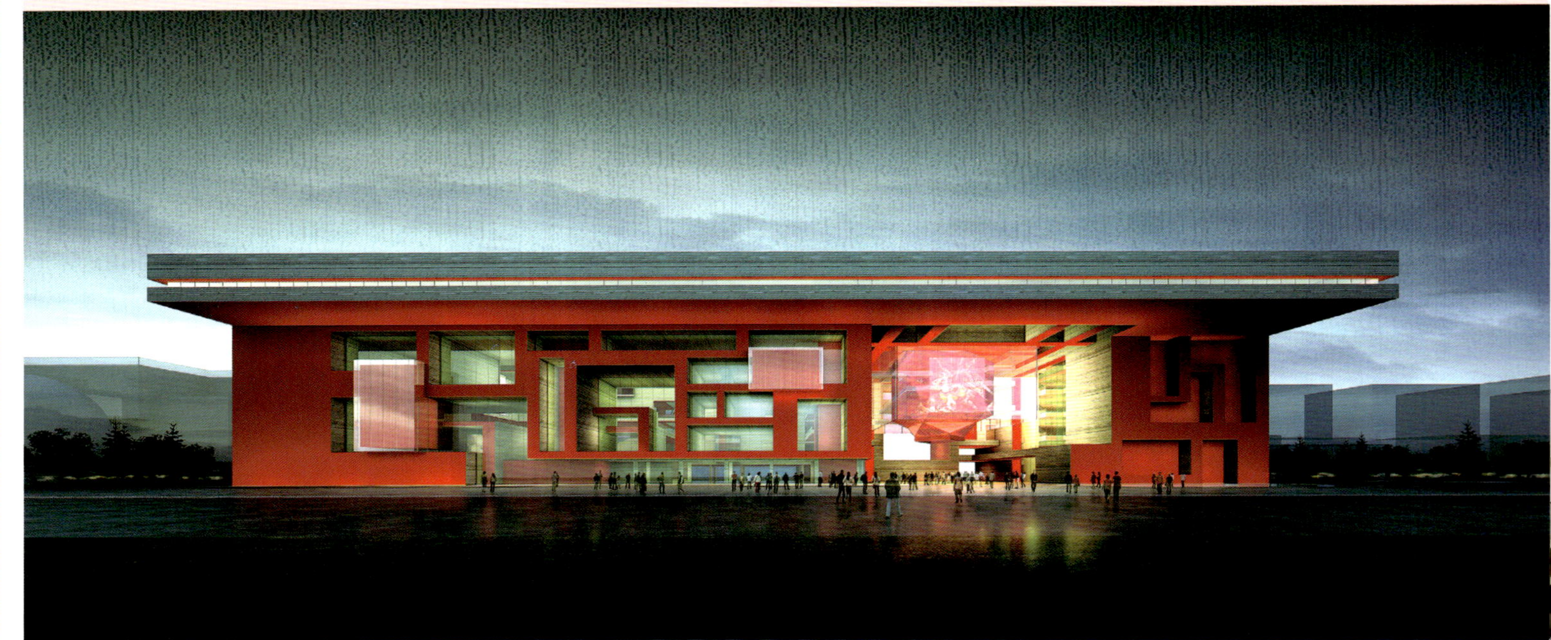

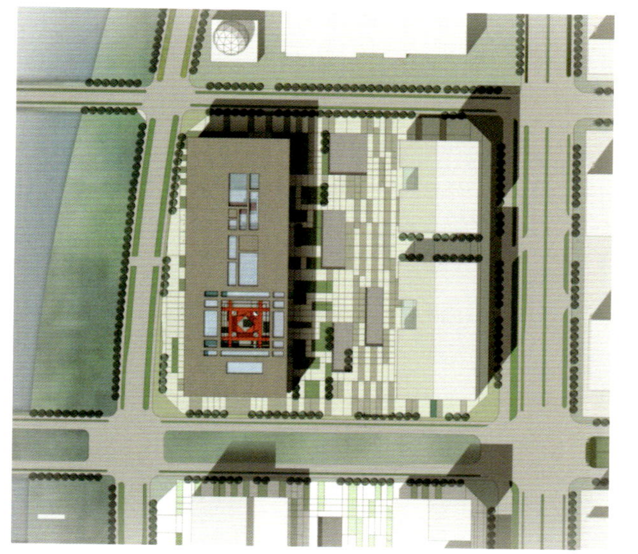

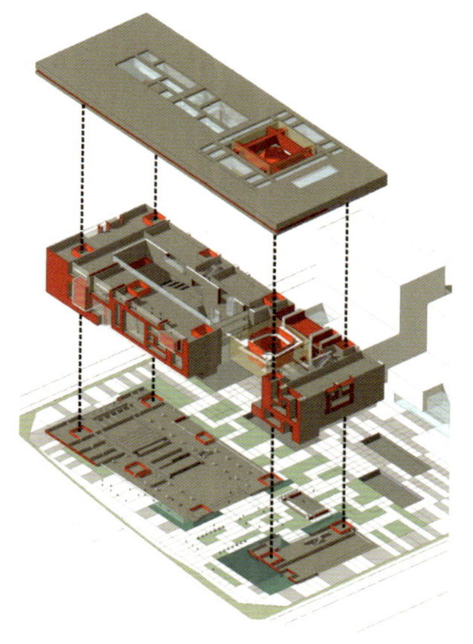

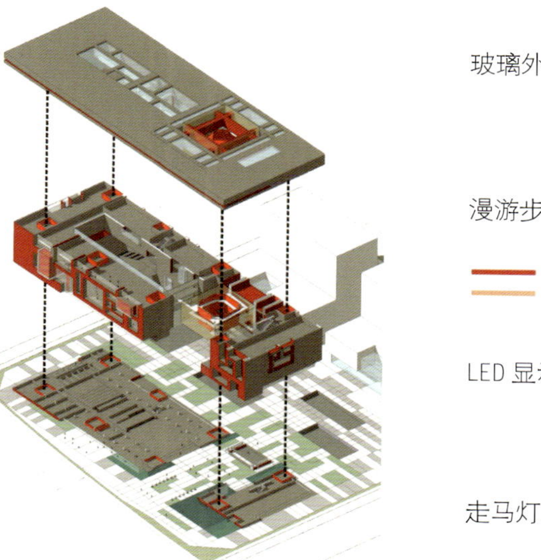

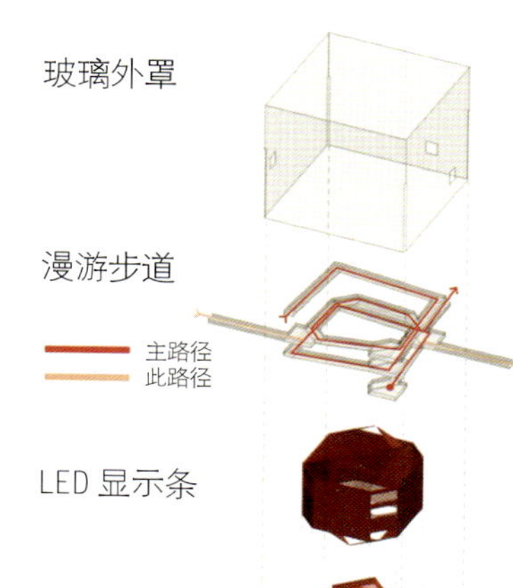

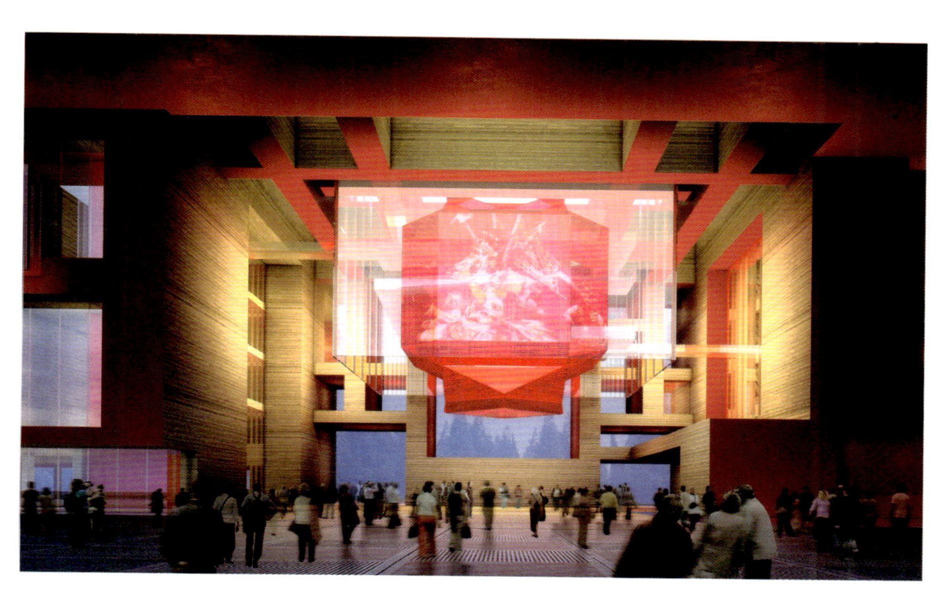

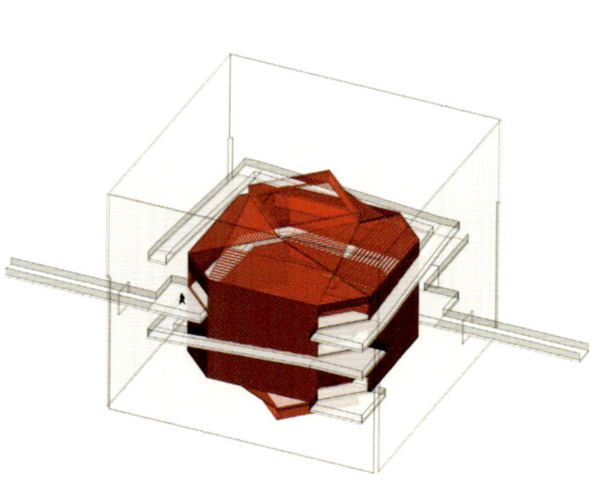

LED 显示示意图

走马灯流线

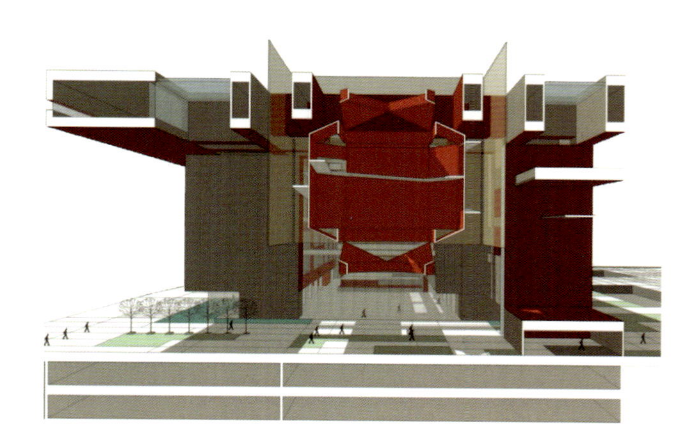

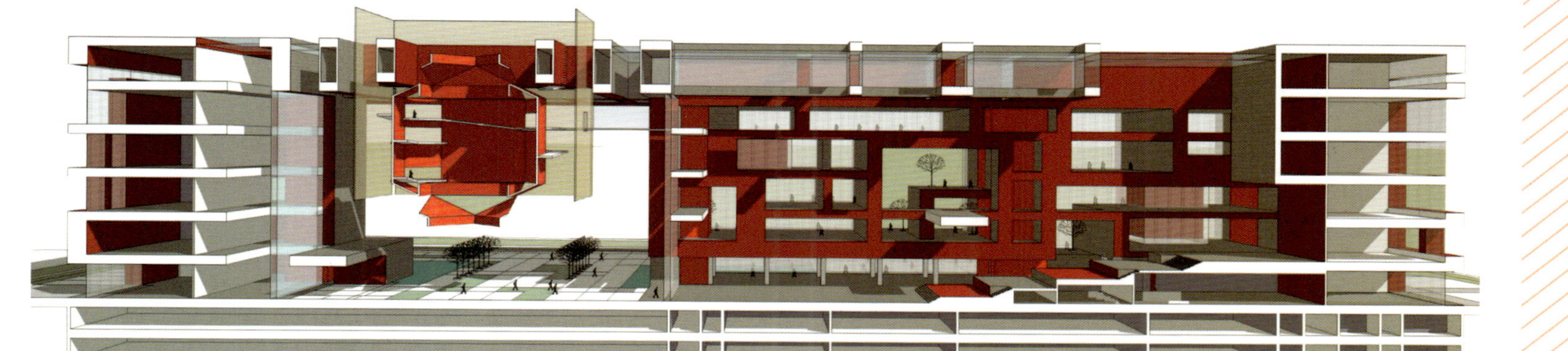

宁夏工人文化宫

工程档案

建筑设计：宁夏建筑设计研究院有限公司
项目地址：宁夏银川
建筑面积：32980m²
用地面积：26700m²

项目概况

宁夏工人文化宫综合办公楼位于银川市新区和老区主干道的交汇处，主要功能是为全区工会组织提供一个文艺活动、体育活动的场所，同时为宁夏总工会、妇联、团委提供办公场所。在建筑设计中运用伊斯兰图案中简洁现代的元素，与建筑功能完美地结合于一体，建筑空间既完整而简洁，同时又具有现代的地方文化特性。

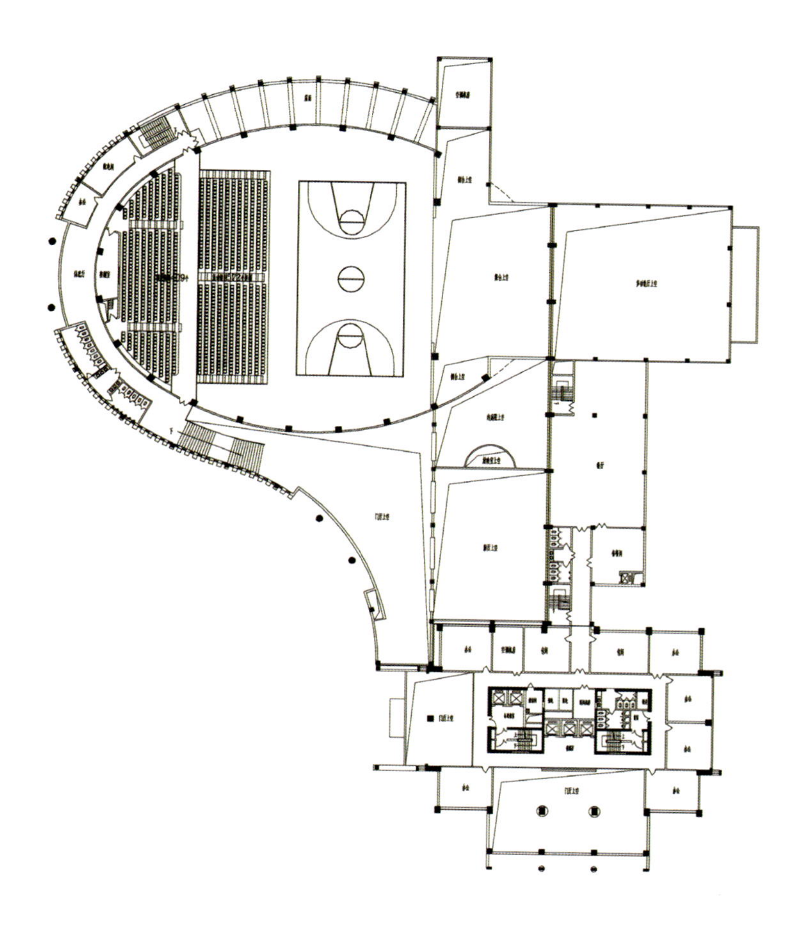

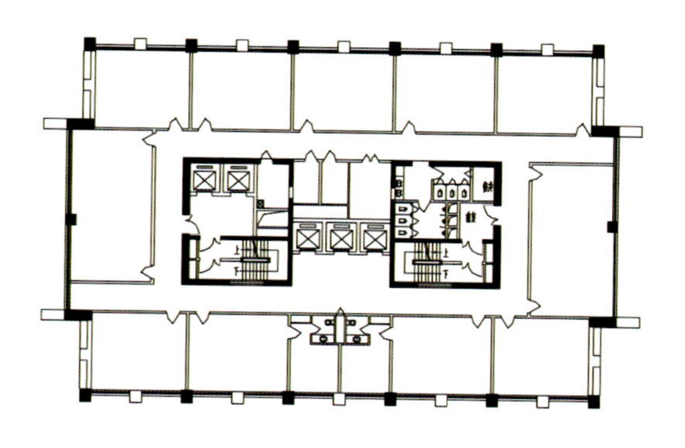

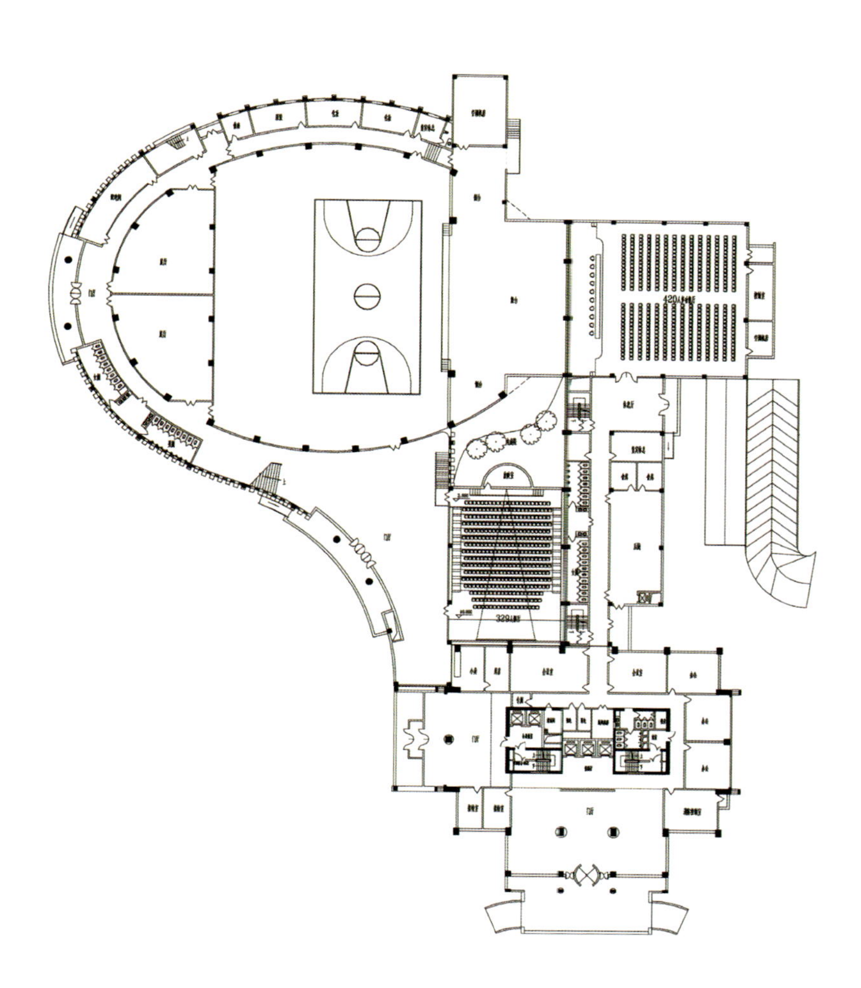

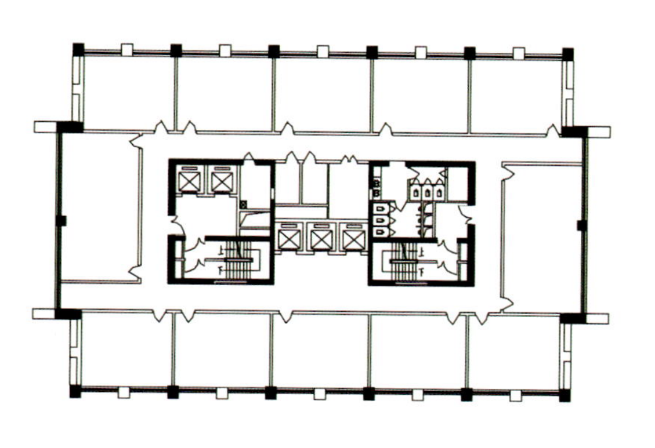

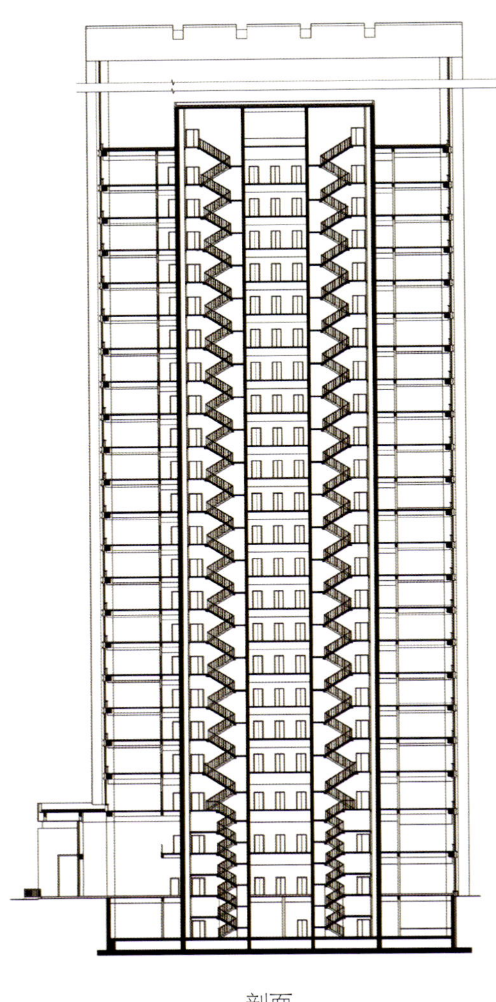

剖面

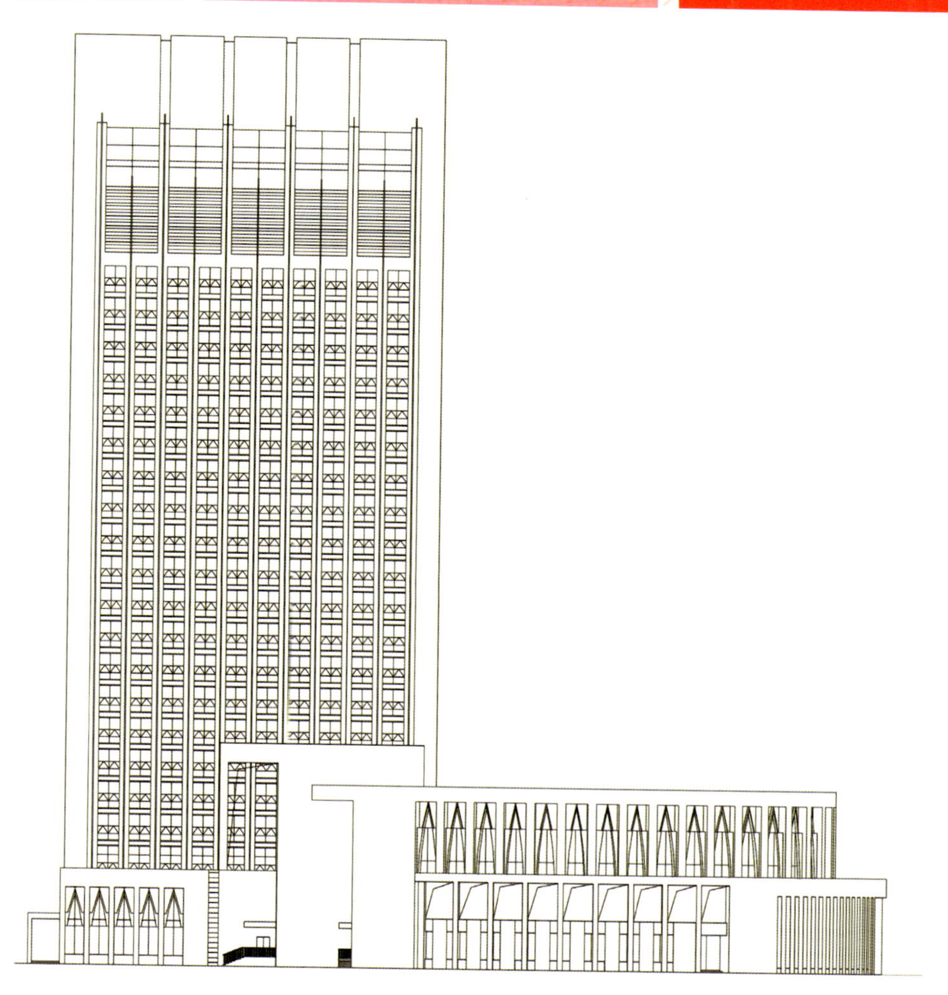

立面 1

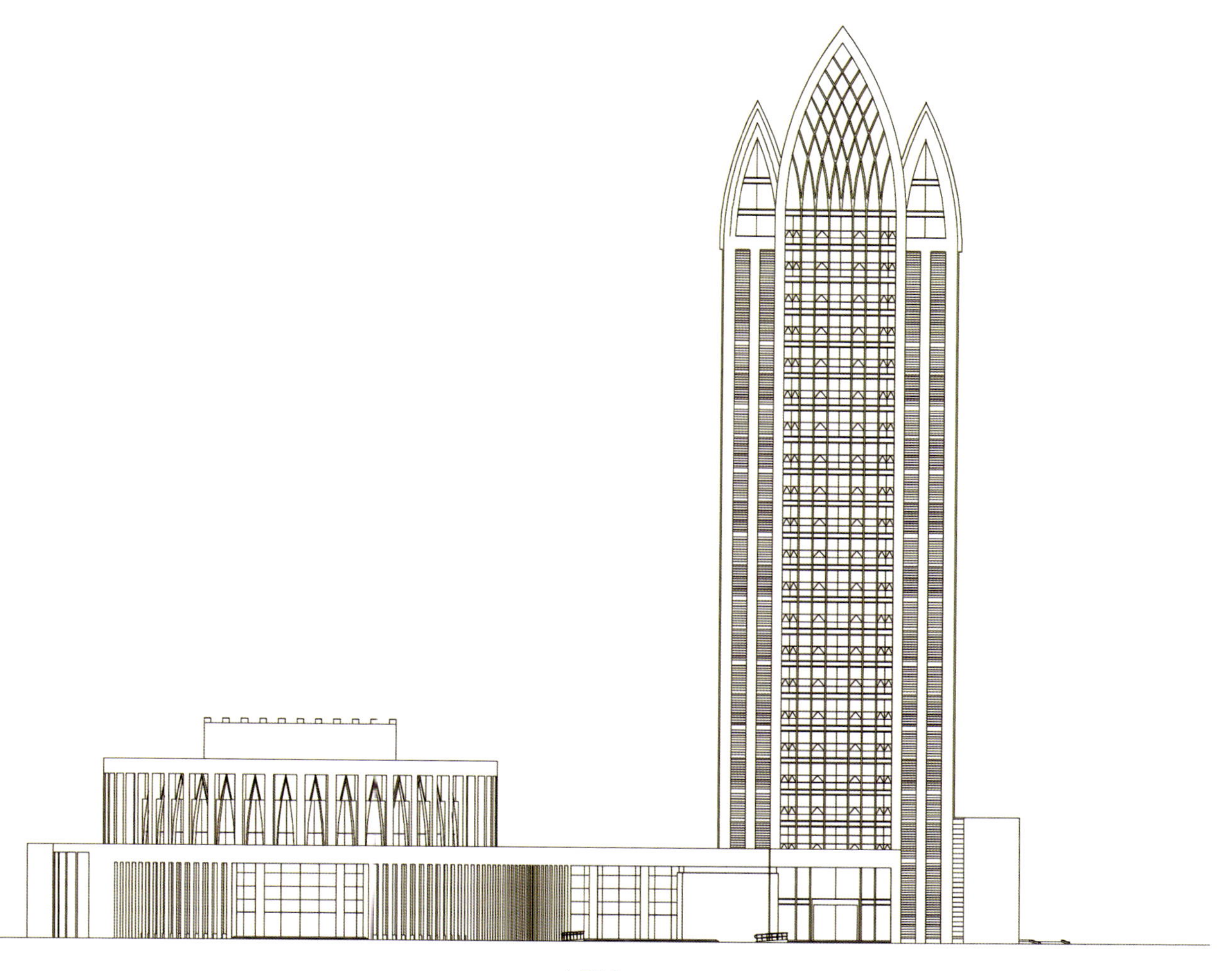

立面 2

广州国际体育演艺中心

工程档案

建筑设计：广州市设计院
项目地址：广东广州
用地面积：65430m²
建筑面积：130312.8m²

项目概况

广州国际体育演艺中心位于广州萝岗区中心区，是继北京五棵松体育馆、上海世博演艺中心之后全国第三个集体育、演艺活动为一体的大型综合场馆项目。本项目以环境的可持续发展作为设计目标，采用了如透水地面、雨水收集系统、新型节能材料等绿色建筑设计手段，通过了绿色建筑设计标识二星级的评定。

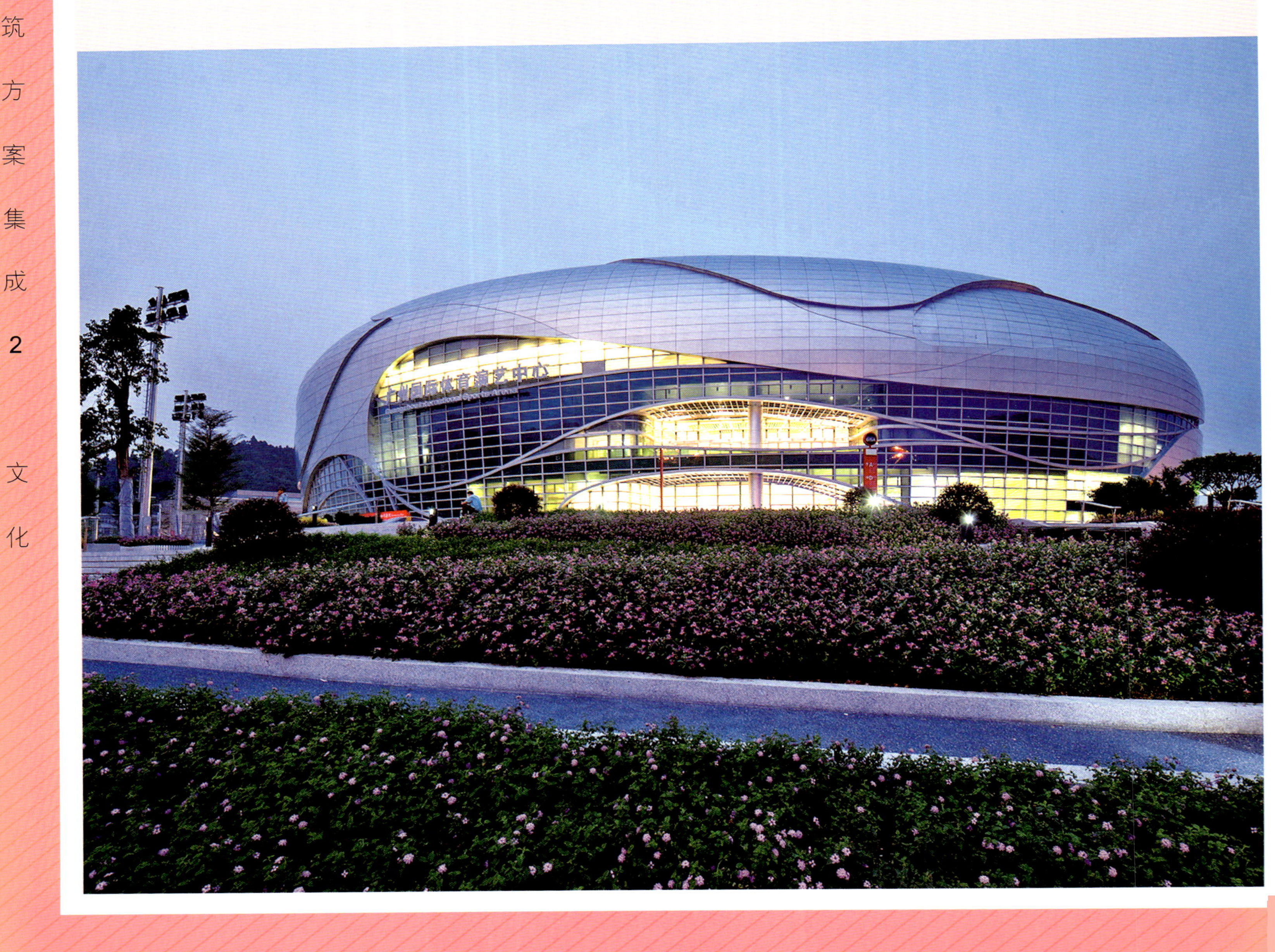

广州国际体育演艺中心

广州国际体育演艺中心

广州国际体育演艺中心
Guangzhou International Sports Arena

GISA

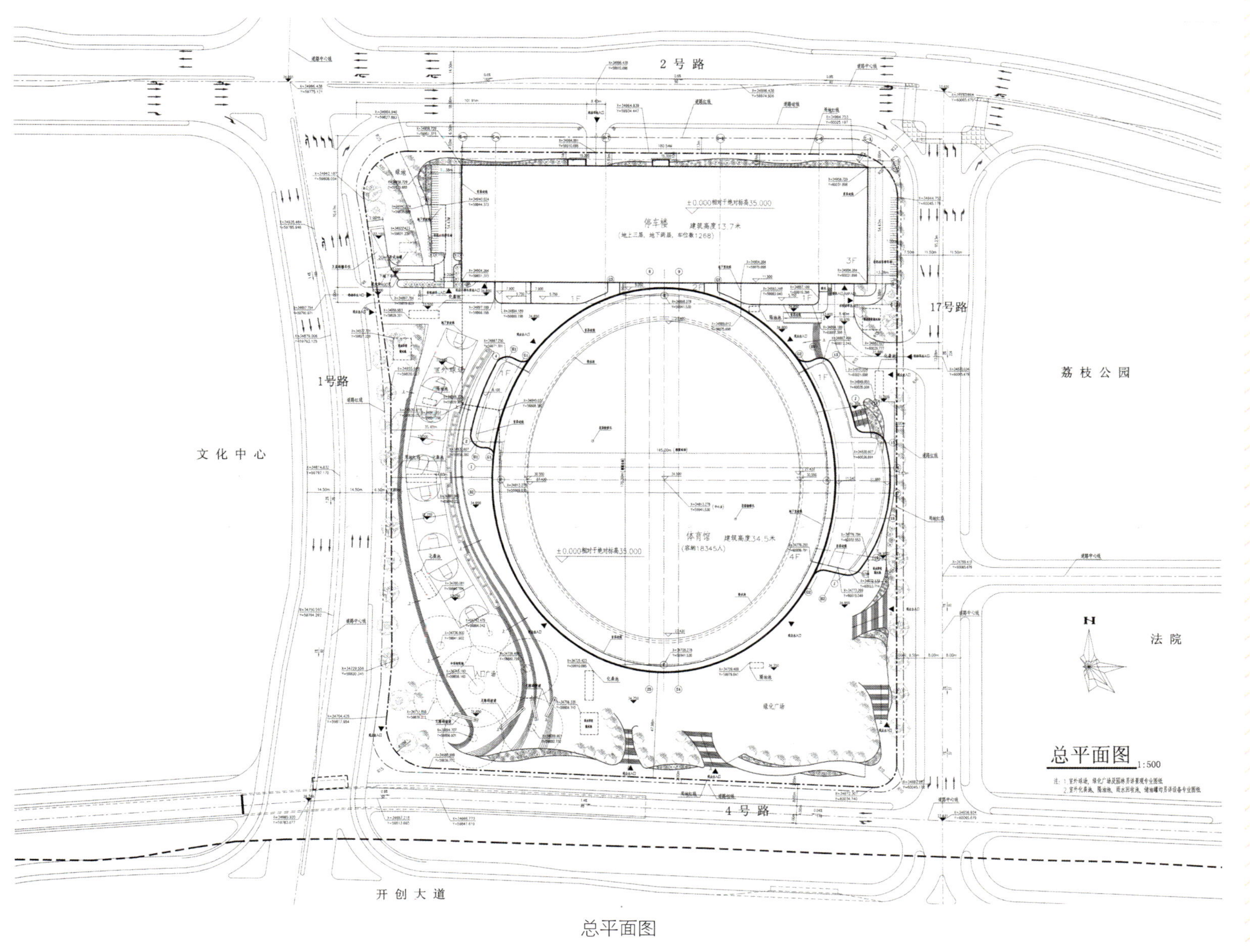

总平面图

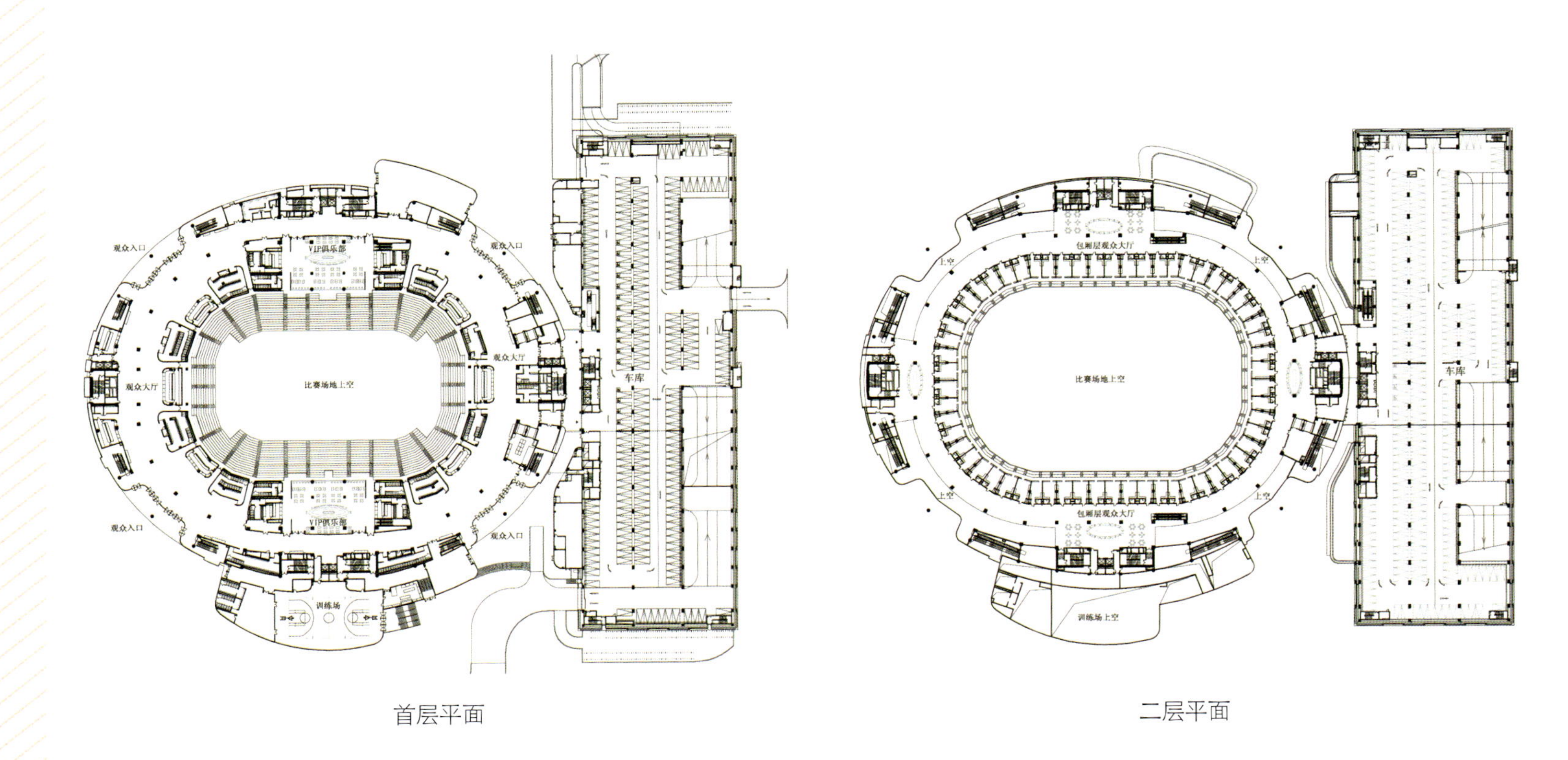

首层平面　　二层平面

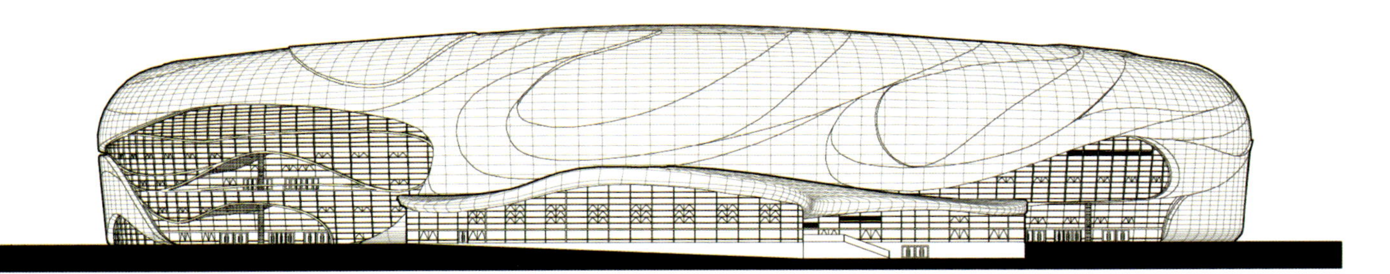

东立面

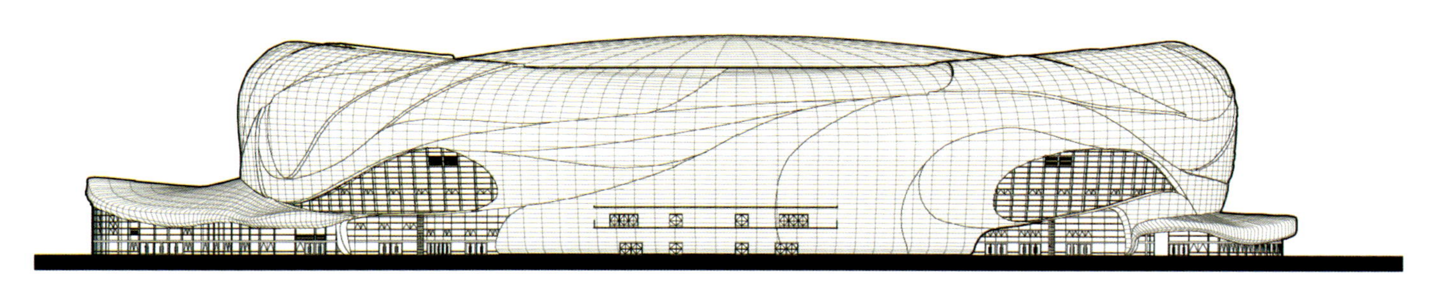

北立面

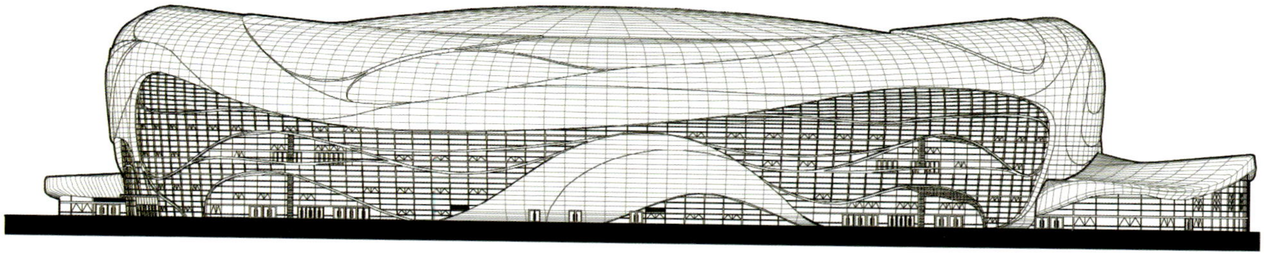

南立面

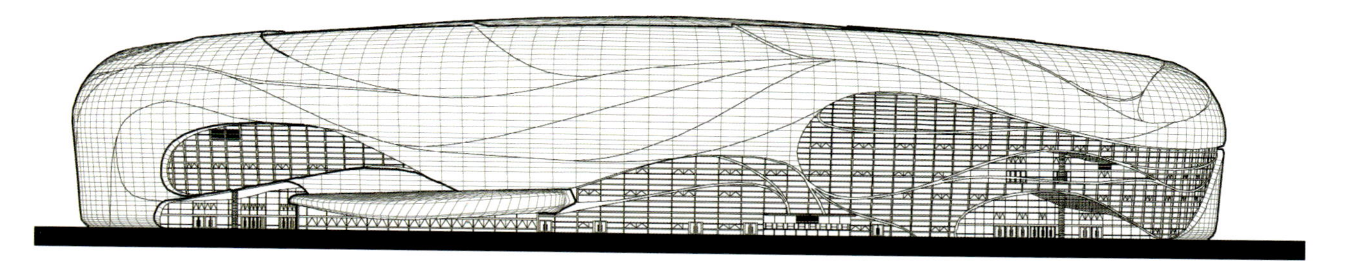

西立面

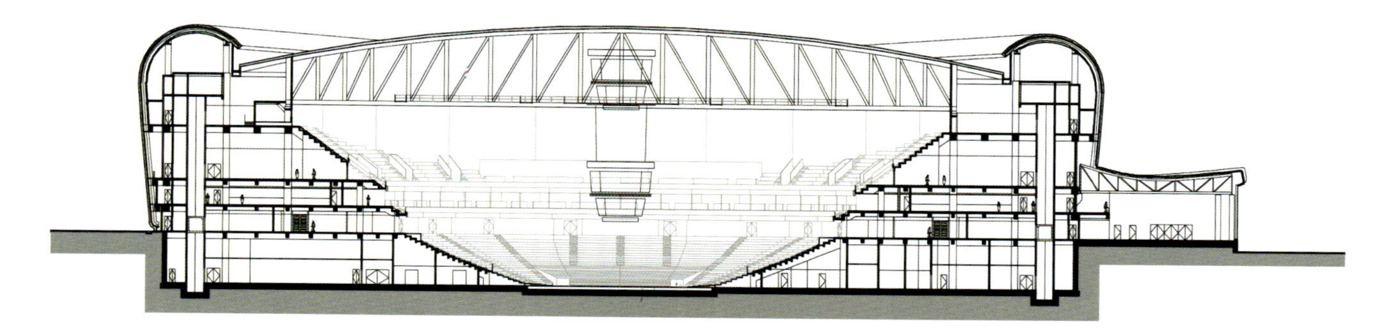

1-1 剖面

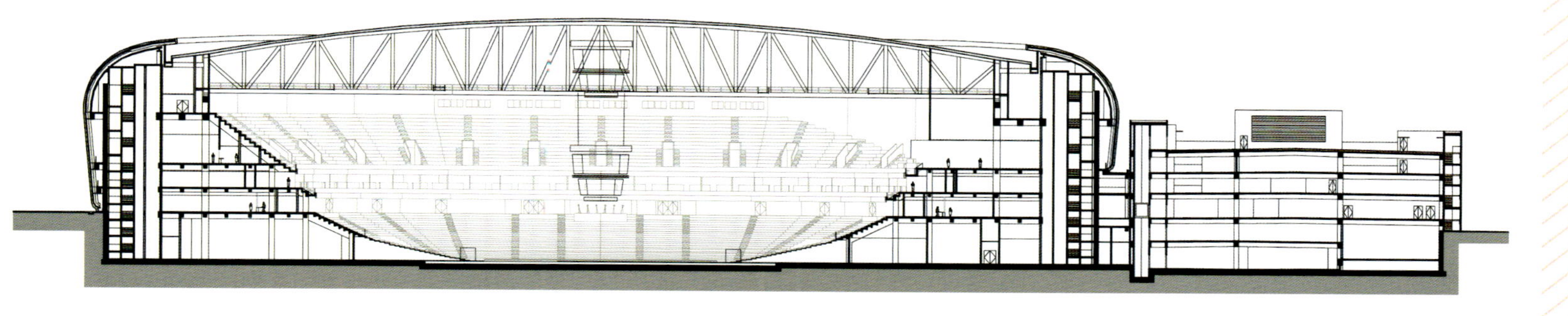

2-2 剖面

深圳南山文化（美术）馆

工程档案

建筑设计：华阳国际设计集团
项目地址：广东深圳
用地面积：6100m²
建筑面积：28000m²
容 积 率：3.1
建筑高度：40m

项目概况

南山文化艺术馆是深圳当代文化消费的重要一员，其诞生之初，即具有至少三重内在的意蕴：形式，取“山”，柔和葱茏，是景致人工抽象的自身镜像，故为“山之茂”；内容，载“文”，广博多元，是文化艺术交流碰撞的交易平台，故为“艺之贸”；创造，由“人”，虚怀若谷，是我们修养漫游的精神样态，故为“人之貌”。建筑虽不大不高，但得其内在，以成为一座不容小觑的人文山峦。

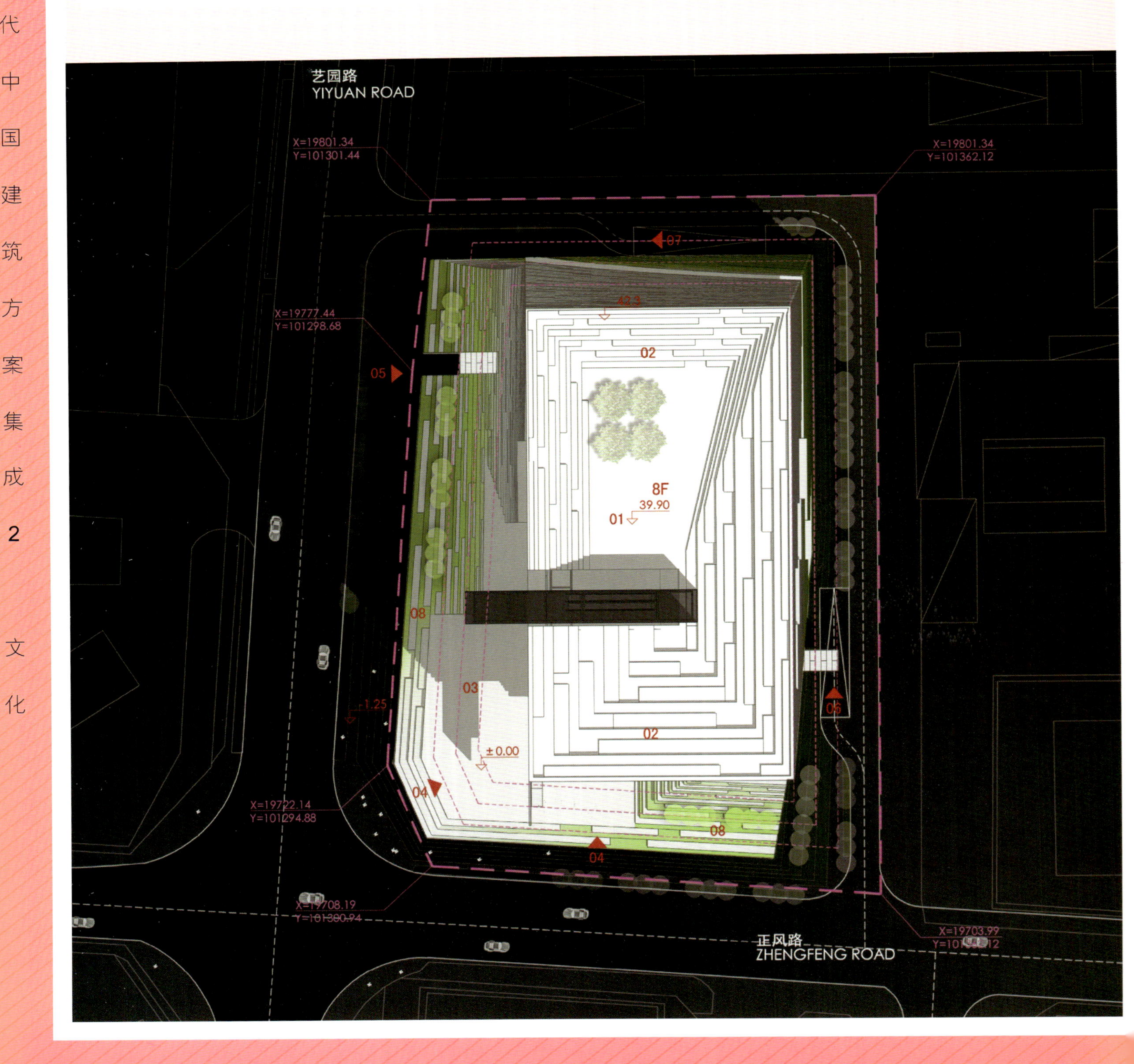

展览
门厅
屋顶展台（舞台）
艺术沙龙
商店
小剧场
摄影辅导厅
乐队辅导厅
录音棚
合唱辅导厅
舞蹈辅导厅
戏剧辅导厅
美术指导厅 / 创作室
办公
讲座厅
仓库 & 地下停车

太仓市文化中心

工程档案

建筑设计：上海华东发展城建设计(集团)有限公司
项目地址：江苏省苏州市太仓市

设计定位

强调建筑与区域环境的融合，极力为建筑物赋予人性和文化特征，展现自然的、“小、轻、细、雅”的文化江南。体现传统文化与文化建筑在精神层面上的一致。在建筑手法上，注重体现现代建筑空间的典雅氛围，又通过丰富的细节表现人文的关怀，这就是文化艺术中心的实际宗旨。

设计意向

小——采取消隐的手法以减小建筑体量。主体大剧院被包含在东西长70m，南北宽64m，高度为23m的“玻璃体”内，全玻璃的表皮若化了建筑体量的视觉冲击；而文化馆与其他附属用房隐退于倾斜的绿化屋面之下，文化馆的入口门厅的“小玻璃体”探出草地，给人以空间提示，体现建筑形体的一主一辅，一进一退的丰富变化。

轻——文化中心的东立面作为建筑的主立面，宽64m，高23m，沿弧线轻盈展开的索网幕墙形似徐徐拉开的大幕，又仿佛注满跳跃音符与旋律的乐谱，记录着江南丝竹的乐曲悠扬。大剧院东立面将玻璃的轻盈发挥到极致，跨越晶莹表皮，可以看到历史、今天与未来。

细——文化中心的南立面与西立面以石材形成的基座强调了现代文化与传统文化的承接关系。在玻璃幕墙和石材幕墙的肌理中，以平行四边形为母题的图案重复出现，细致而不拘一格的排列方式传达了一充满活力动感的创新精神。

雅——文化艺术中心建筑形体表现出大地景观和建筑景观的优雅结合。夜晚降临，大剧院和文化馆一大一小玻璃体镶嵌在起伏和倾斜的绿地漫坡上，明亮与朦胧的光芒交织，建筑自己在慢慢表述着江南文化的和谐婉约的讯息。

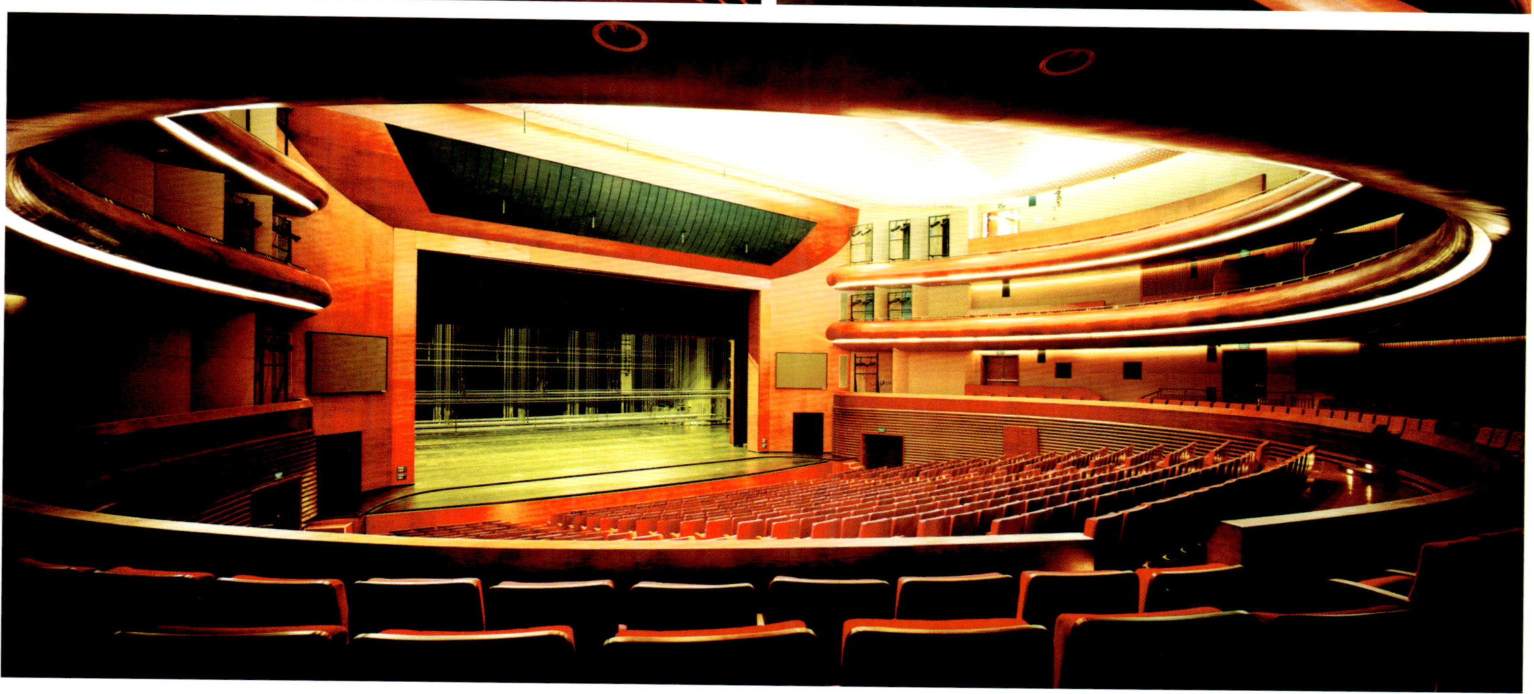

室内营造

文化艺术中心的剧院前厅体现着一种内在的情感与精神，空间性格塑造延续了文化中心外部建筑平静、含蓄，而形体的塑造和色彩的表现被融入到丰富的情感之中，增强了室内空间的戏剧性。色彩以中央形体金与红、吊顶乳白、地面灰黑为主要基调。

整个大厅的吊顶采用 GRG 板无缝拼接，由中央向四周发散，将室外的光线顺曲线导入室内。乳白色的吊顶犹如青衣水袖舞动在空中。大厅的中央是观众厅巨大的体量，被一层金色的编织网包覆着，半遮半掩，犹如装满稻谷的“金太仓”，也暗示着历史传承的文化宝库和精神衣钵。

大剧院门厅南北网格幕墙的特意采用中空水釉玻璃，编织成梦幻纱幔。晴日，乳白色的漫射光线投射进来，大大弱化了建筑南侧市政道路上流动的车流和北侧擎天巨人般的政府办公大楼的影像对于剧场氛围的干扰，净化了空气中的躁动气息，平静了人们的纷乱思绪；转身回望，穿过东侧自顶倾泄而下的玻璃索网幕墙，只有室外广场的绿意映入眼帘。

文化馆的室内空间表达了一种轻松交流的场所感，空间内的透视线的平行和交错表达了现代和传统之间的传承意念。植被覆盖下的文化馆，室内吊顶随视线缓缓而升起，透过天窗的几数光线跳跃于眼前，仿佛承载着文化与心灵的寄托。

技术实现

文化艺术中心的细部设计中着重研究材料的视觉尺度与材料可实施特性的关系，同时还关注建筑细部设计的艺术性和条理性。

文化艺术中心东立面为索网点式玻璃幕墙，玻璃尺寸的划分是在平面 8100mm 柱网和 4500mm 基本层高的模数基础上，每块玻璃宽和高为 2025mm 和 1500mm（12mm 超白 Low-e+12A+10mm 中空钢化玻璃），整片索幕墙面积约为 1300m²，呈近似内凹弧面。为提高东立面幕墙的视觉通达性和艺术感染力，特别采用 Low-e 中空超白玻璃，使其在透明度和色彩上区别于其他立面的幕墙。同时，将中国工尺谱中的音名上、尺、工、凡、六、五、乙和音乐简谱交叉编排印刷在每一块玻璃上，以展示中国传统艺术与西方近现代艺术的异曲同工，又犹若展示天籁之音的乐章从天而降。

大剧院南北立面斜网格明框玻璃幕墙的设计思路是表现一种编织的手法，并求得与东立面悬索幕墙的差异感，实现在室内外不同的空间感受。其基本玻璃单元为 4935mmx1846mm 的平行四边形，与地面夹角为 65.78°。此处幕墙玻璃选用 Low-e 中空水釉玻璃，水釉的特殊功能在于不仅使外部刺眼的光线在室内形成柔和的漫反射光，同时外部的影像还可以模糊而遥远的呈现在视野中，形成梦幻的感觉，使之不同于一般满釉闭塞和印刷图案而带来的视觉干扰。

文化艺术中心南立面和西立面的石材幕墙设计中，出于对建筑整体风格的延续，采用开缝式和背栓式的幕墙体系，以 1350mmx500mmx25mm 和倾斜角为 65.78。的平行四边形石材作为标准石材单元。这样设计的结果使得原本生硬厚重的石材表面，变得富于表情和变化，同时石材分格的倾角与玻璃幕墙分格的倾角取得一致，彼此相互呼应。石材的细部线脚如机器雕琢一般精细，而整面石材幕墙的肌理则表现出编织感的特有韵味。

太仓市文化艺术中心的设计以清新平和的姿态展示给这座江南水城，将历史与现代，传统与创新，艺术与技术自然连接，犹如丝竹的语音回荡，昆曲的水袖飘洒。

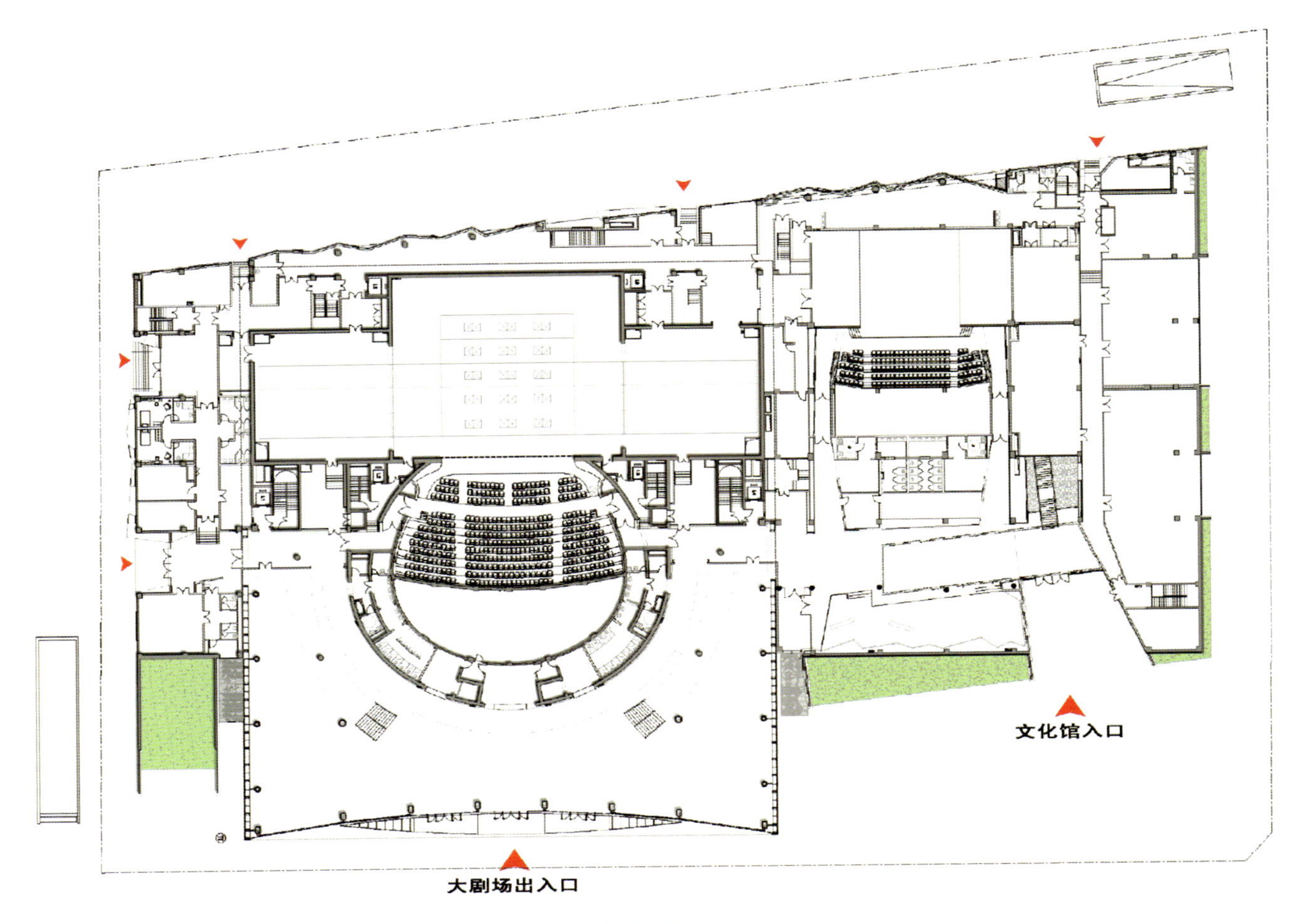

首层平面图

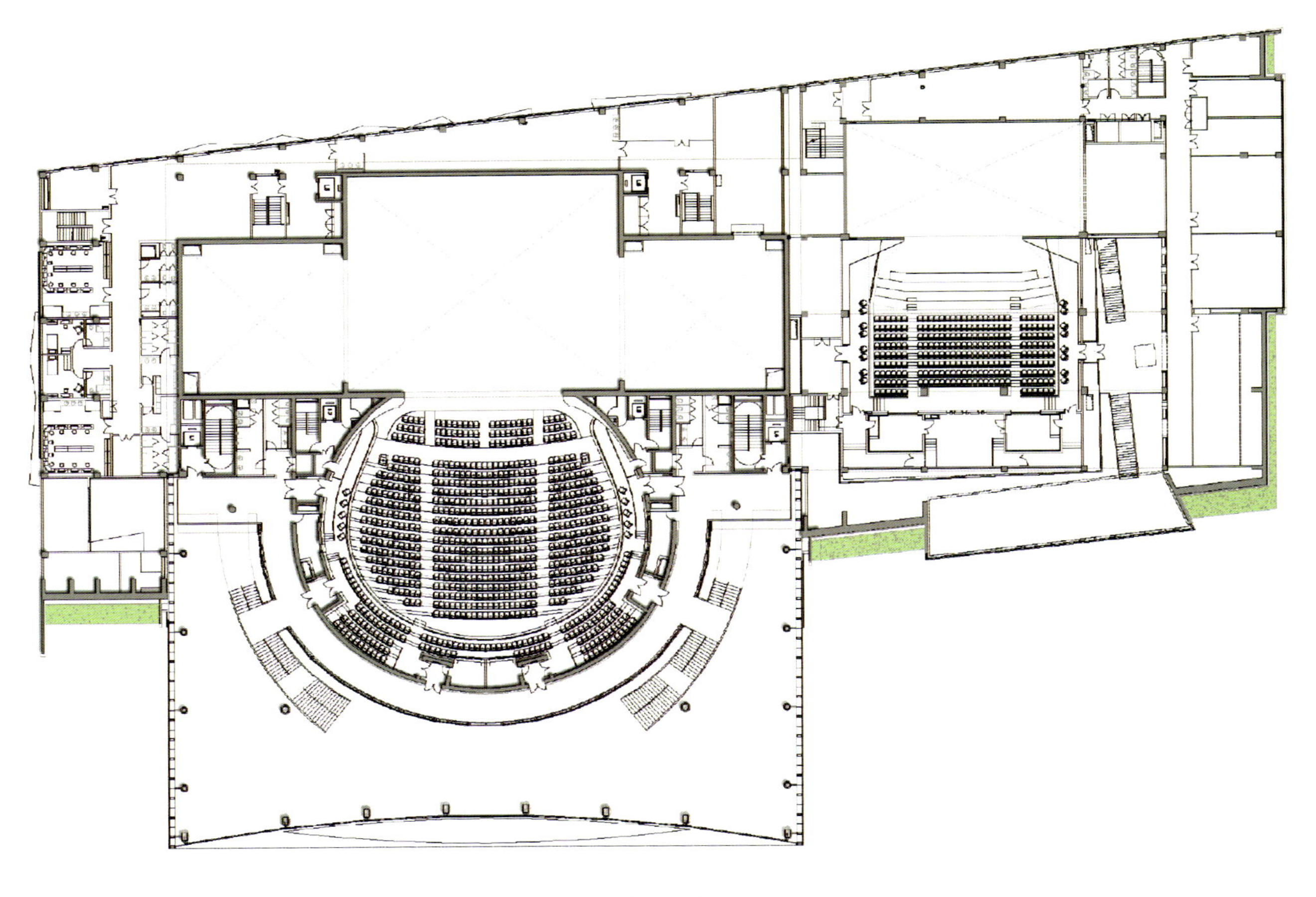

二层平面图

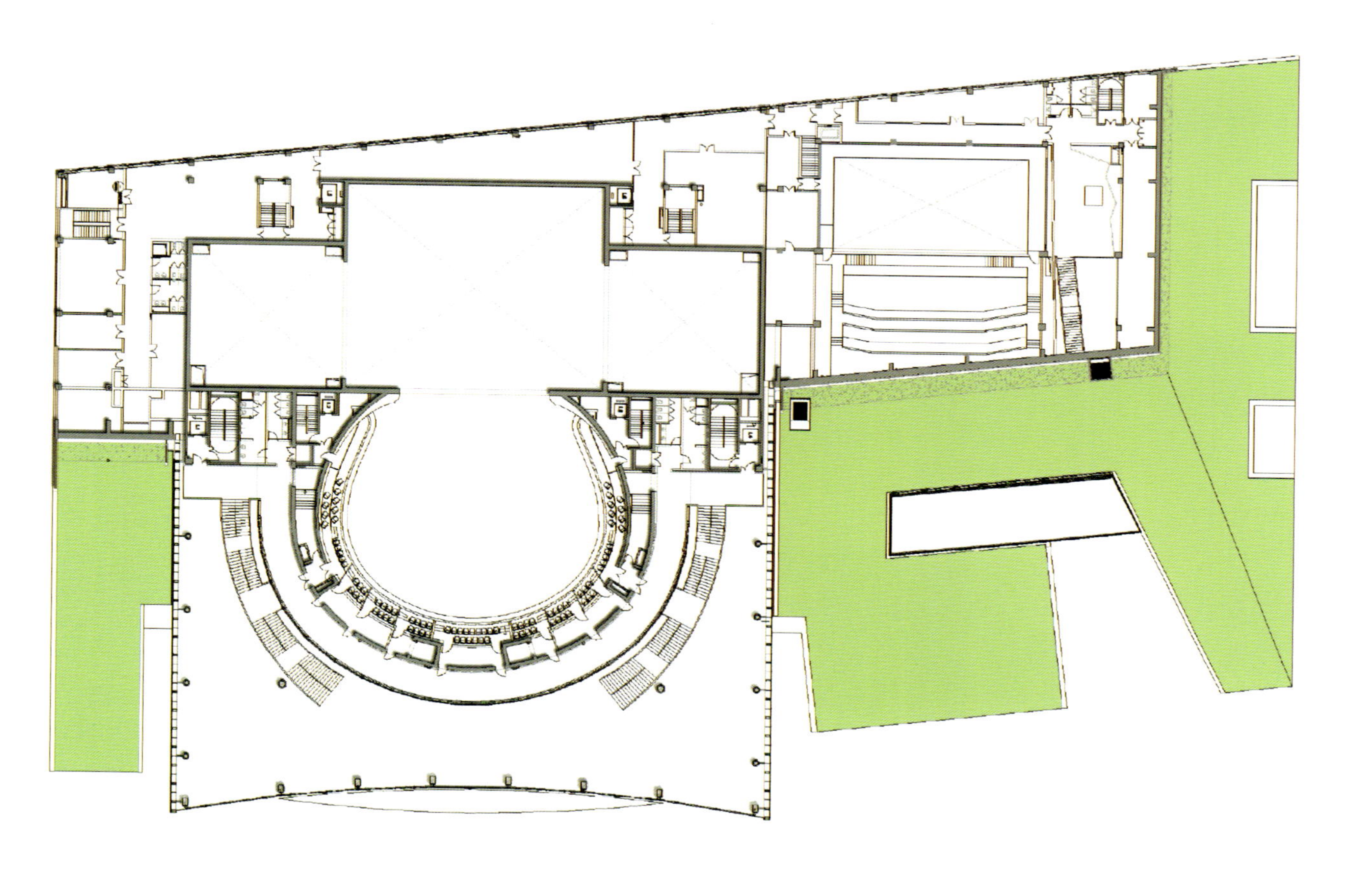

三层平面图

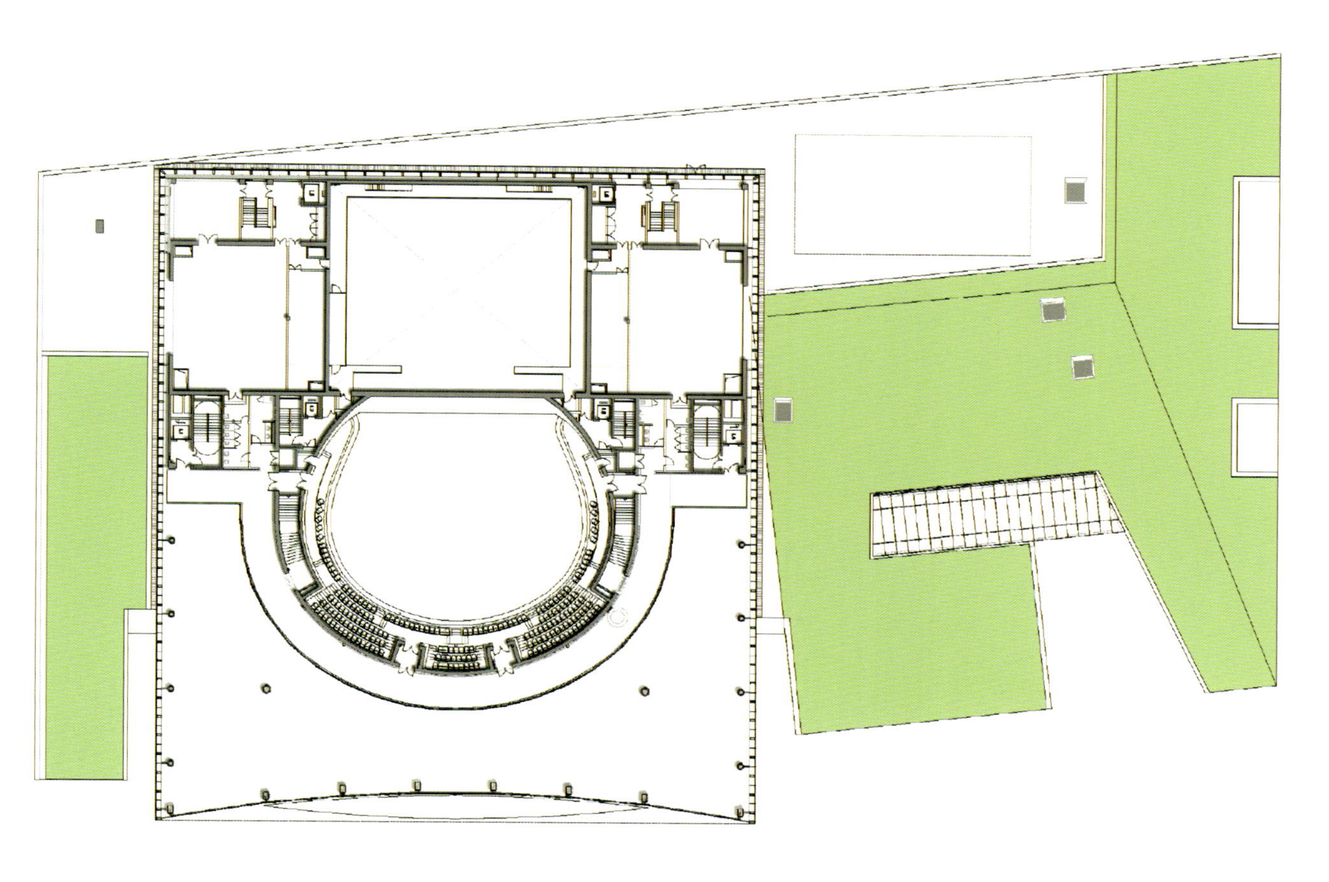

四层平面图

清远四馆合一建筑项目

工程档案

建筑设计：华南理工大学建筑设计研究院
项目地址：广东清远
建筑面积：约 80000m²

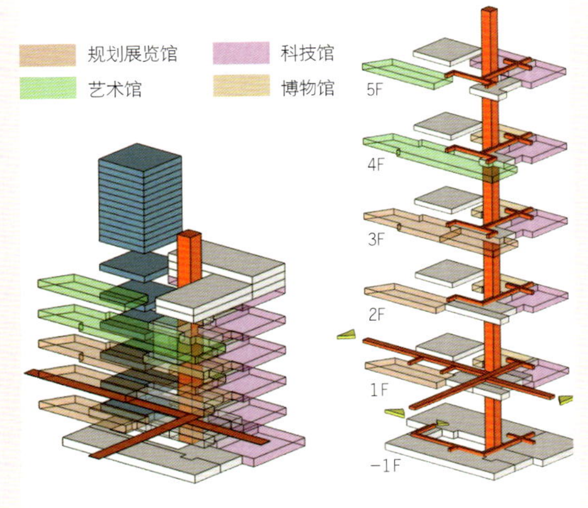

参观流线分析

设计特色

传承历史、迎接未来是是“四馆合一”项目需要具备的深刻内涵和重要意义。因此方案构思将“历史之门，时代之窗”的意念通过建筑体块之间的叠加、穿插和悬挑等立体构成的手法抽象地进行提炼，结合建筑虚与实的空间组合方式，形成强烈的视觉冲击力。同时利用深色石材和通透玻璃的对比效果，将传统与现代相互碰撞的隐喻意念充分地诠释出来。

1. 功能布局——水平展开与竖向叠加相结合

本方案利用岭南地区气候特征，合理组织各功能用房与庭院环境，使得室内外空间可以交融流通，有利于博览性空间内外置换。设计中，结合地形，设计地下展馆，巧妙解决高差问题。

2. 平面布置——开放流动的公共文化殿堂

平面布置上，各功能用房围绕内外庭院展开。各馆既围绕室内中庭相对独立，又具有各自的参观流线，为参观人员提供了多种方式的浏览路线。

3. 参观流线——以中庭为纽带呈水平及竖向展开

整个中庭为 U 型内庭，西面大玻璃幕墙通向少年宫和文化广场，可以将周边的环境纳入建筑中。水平方向以廊道为主，倚靠廊道还可以俯视庭院展品，丰富观览视角的多样性。垂直方向乘坐观光电梯直上。

4. 立体化、多层次的园林及空中展厅——形成多层次立体化园林及展览空间

集约式发展的优点在于节地及空间紧凑，同时能形成多层次的立体空间。本方案设计有地下、地上及空中三个层次的绿化庭院及室外展示空间，能给参观者提供多层次的空间感受。

5. 立面造型——城市雕塑之古典与现代的结合、技术与艺术的结合

造型设计采用采用体块间的组合与虚实搭配，石材与玻璃和钢的组合，强调一种力量感。灰色的石材墙身突显文化品位和历史的重量感，玻璃的轻巧又体现了现代技术的轻快与细致。整体造型大器、现代，又不失文化建筑的典雅与庄重。

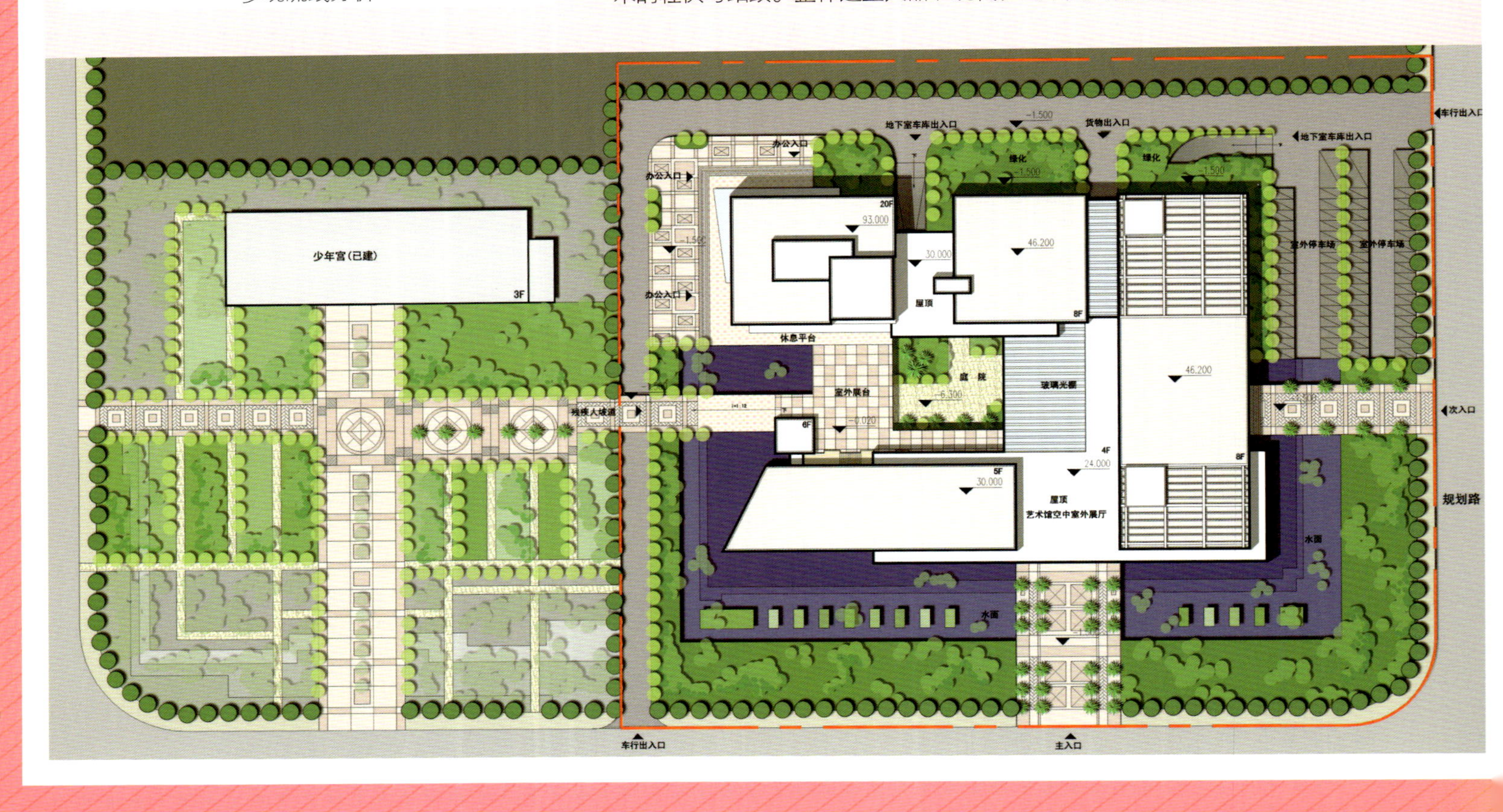

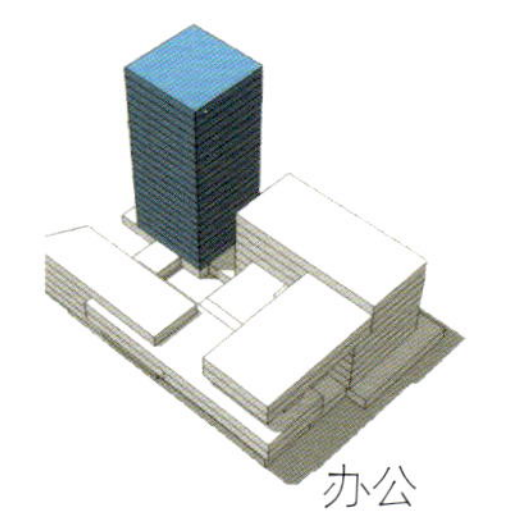
办公

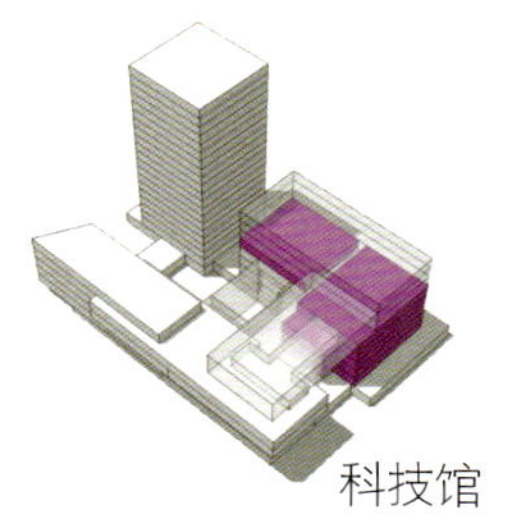
科技馆

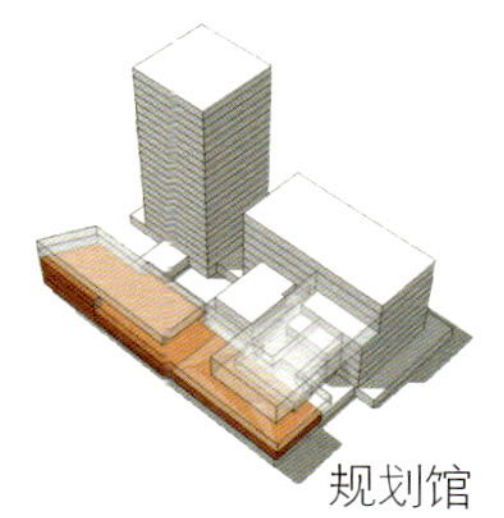
规划馆

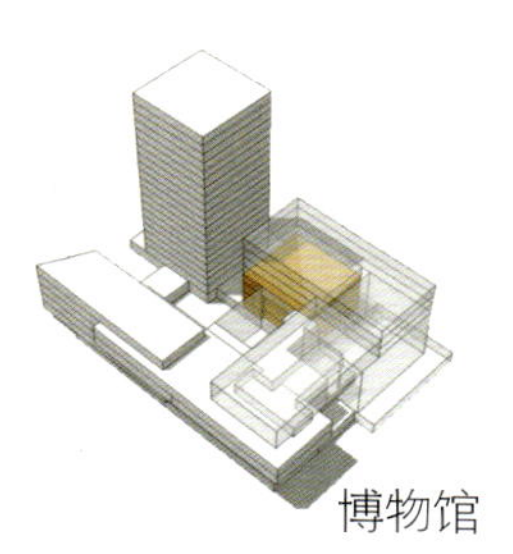
博物馆

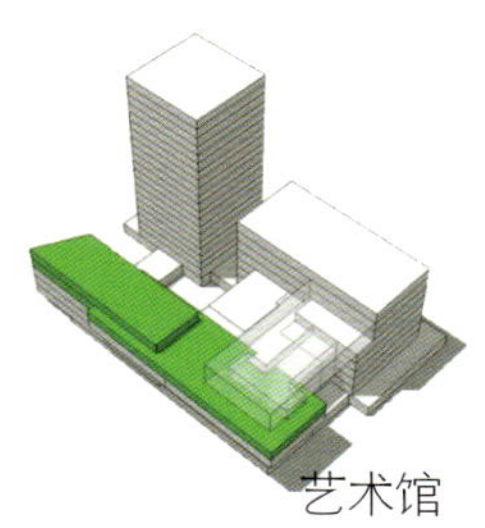
艺术馆

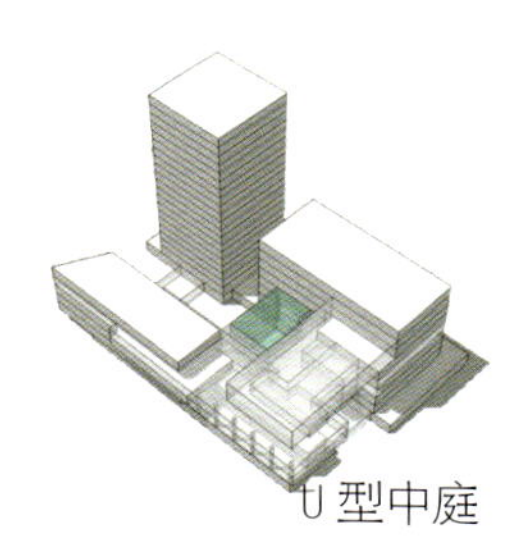
U 型中庭

皇康市文体中心

工程档案

建筑设计：中旭建筑设计有限责任公司
项目地址：新疆阜康
占地面积：137502m²
建筑面积：40000m²

项目概况

文博中心通过街巷、院落和室内中庭形成内向围合空间，表达新疆当地高台建筑群体的形态特点，有利于自然通风，达到节能的作用。体育中心结合各种不同功能空间净高需要，以高低错落的屋顶表达天山层峦叠嶂之神韵。

文博馆效果图

文博中心

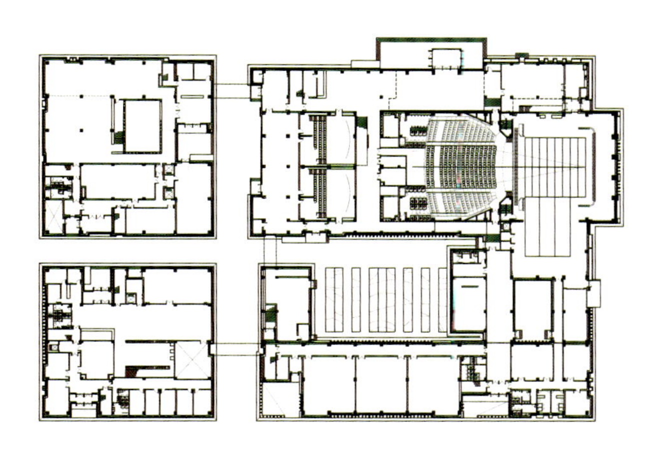

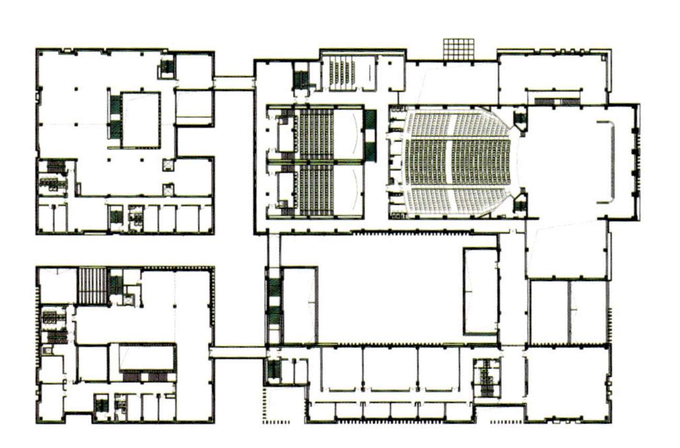

平面图

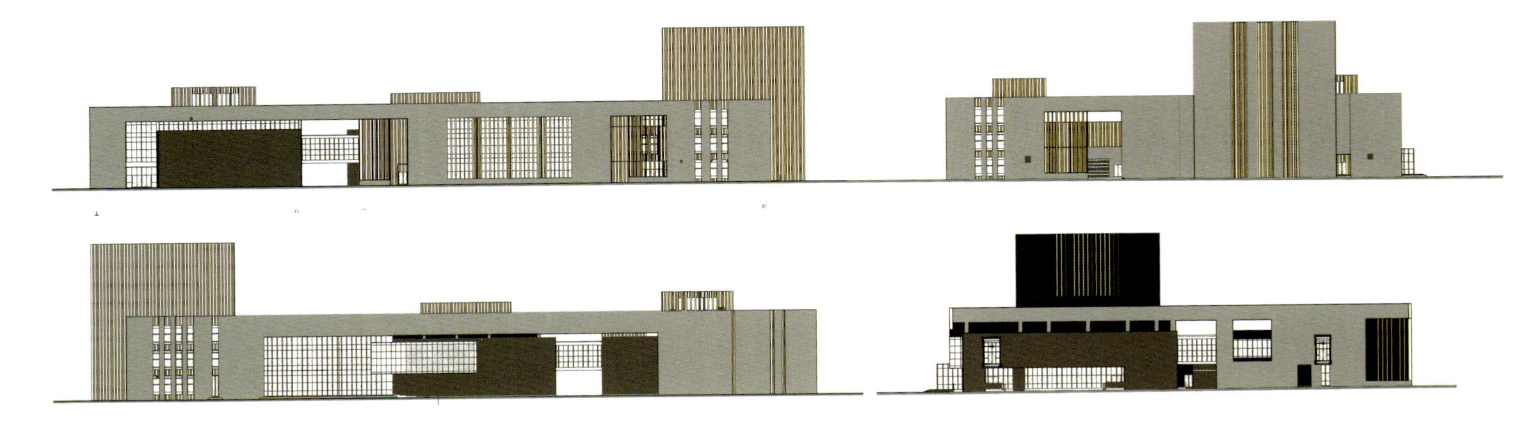

立面图

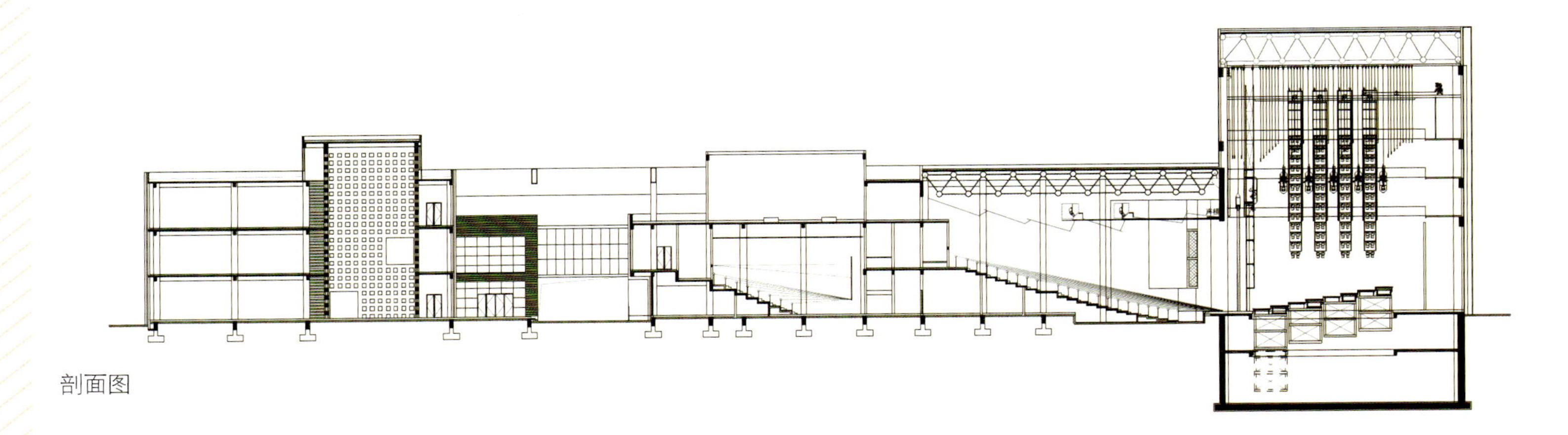

剖面图

体育馆

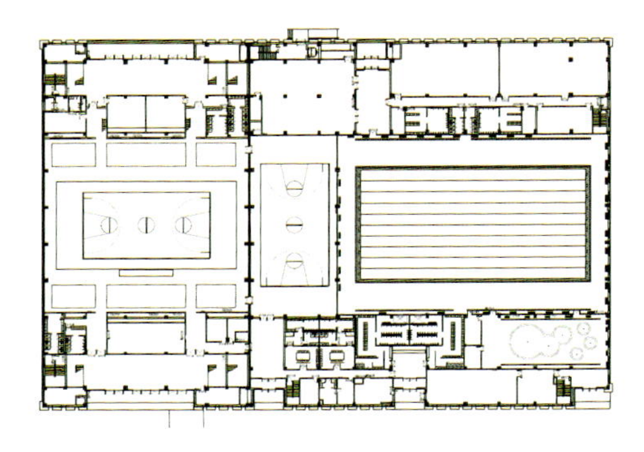

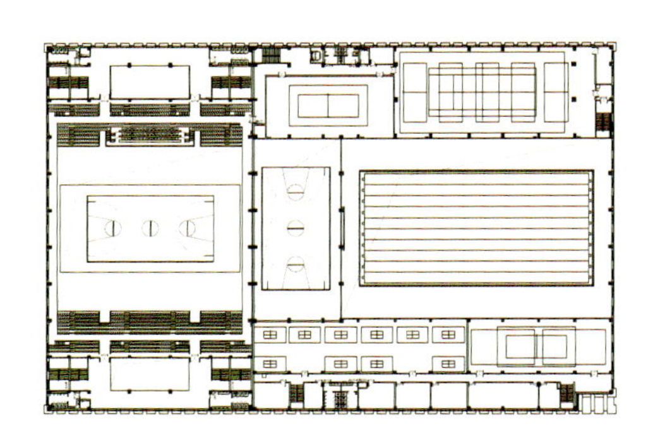

平面图

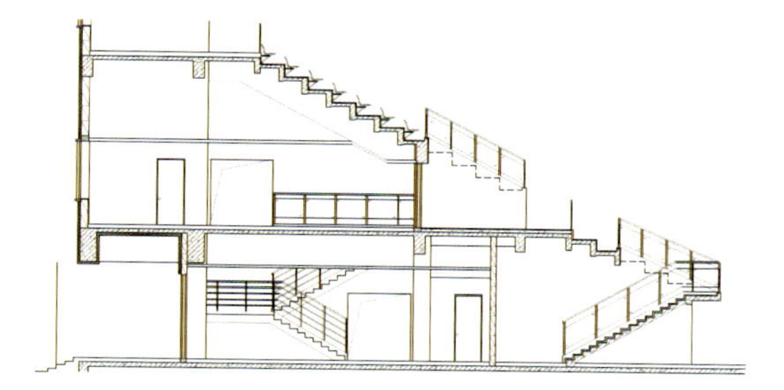

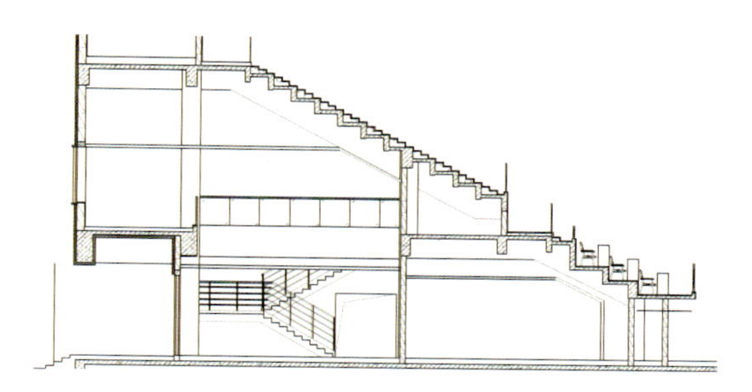

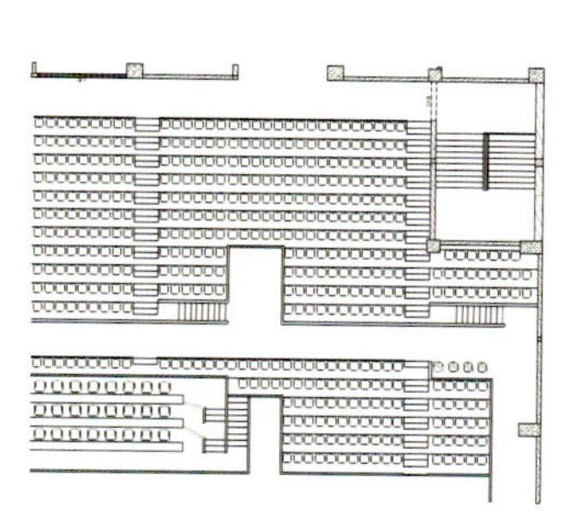

看台详图

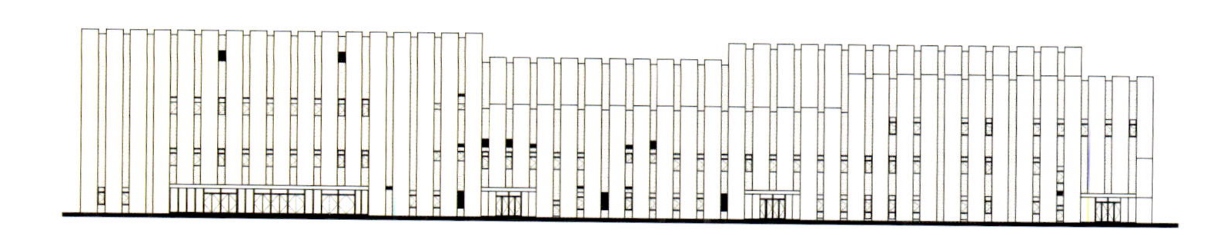

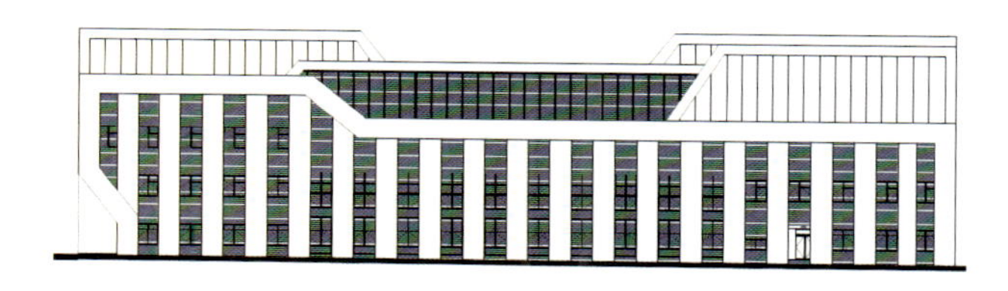

立面图

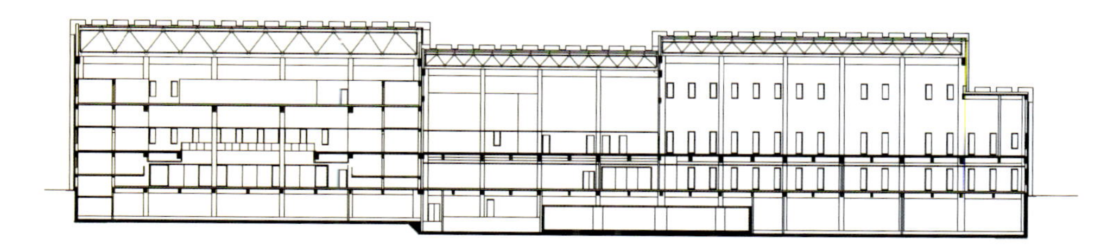

剖面图

辛亥革命馆

工程档案

建筑设计：中信建筑设计研究总院有限公司
项目地址：湖北武汉
建筑面积：22000m²

项目概况

辛亥革命博物馆以纪念辛亥革命 100 周年为契机，致力于将之建设成为武汉市文化历史展示和精神文明建设的重要基地。博物馆将建设成为一个集历史展示、学术交流、科研办公和综合服务等功能于一体的具有鲜明时代特征和武汉人文蕴涵的博物馆。

该项目用地范围在现有辛亥革命博物馆（红楼）用地以南，北靠彭刘杨路、西临体育街、南至紫阳路、东抵楚善街。是武昌旧城范围的几何中心位置，用地规模约 14.6hm²。

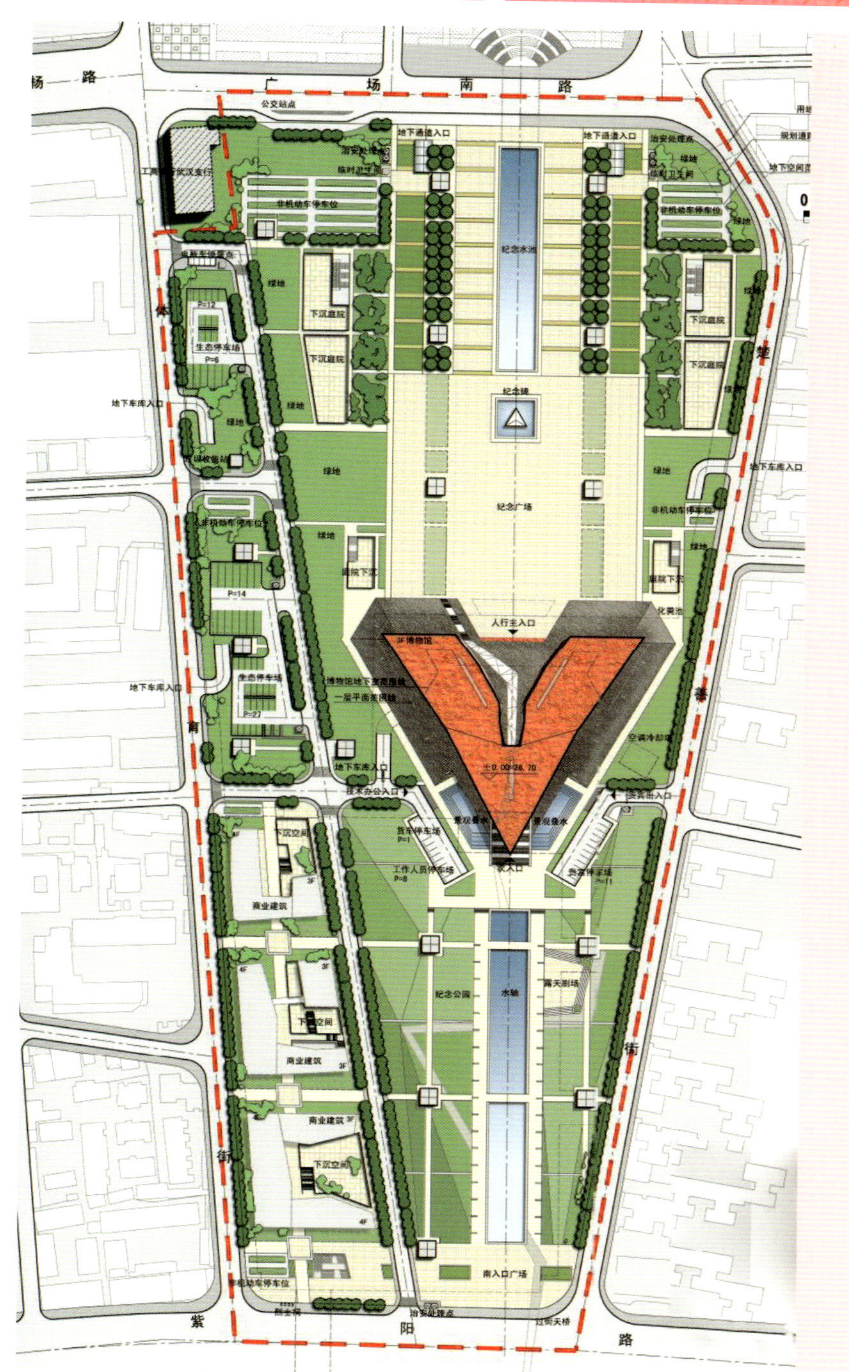

设计理念

辛亥革命博物馆（新馆）是一个历史主题鲜明、反映辛亥革命全过程的历史纪念馆。因此，总体设计以弘扬“求新求变、勇立潮头、敢为人先”的首义精神为主线，强调纪念氛围的营造，追求庄严肃穆的空间形象。

建筑设计以“勇立潮头、敢为人先、求新求变”为核心的首义精神为构思重点，“大象无形，大音希声”，强调整体环境和氛围的创造。同时处理好与旧馆（红楼）以及周边城市环境的关系，实现与整个武昌老城区的景观相和谐，突出场所精神和意境的创造。

建筑色彩采用红色为基调，既体现了楚文化的特色，又与红楼的色彩协调统一。缓坡台阶则以黑色为基调，红、黑两色的相互映衬，是楚文化中“漆器”的两种主色调的浪漫交织，将楚国的艺术与建筑结合起来。

总平面布局

首义南轴线主体宽度为 90m。在北端面向博物馆逐步呈喇叭口形态扩大轴线的宽度到约 124m。这种设计不仅与博物馆的三角形形态相协调，给博物馆建筑以最大的观赏面和展示面，而且保留了基地与蛇山重要景点的景观视廊联系，形成了“轴线——黄鹤楼”、“轴线——蛇山炮台”两条景观视廊。景观视廊保证视线的通达，使人与景观保持良好的视觉联系。同时“景观视廊与开敞空间的组织有助于加强城市主要景点与最佳观赏点的有机联系，为城市空间赋予层次感和特色感。”

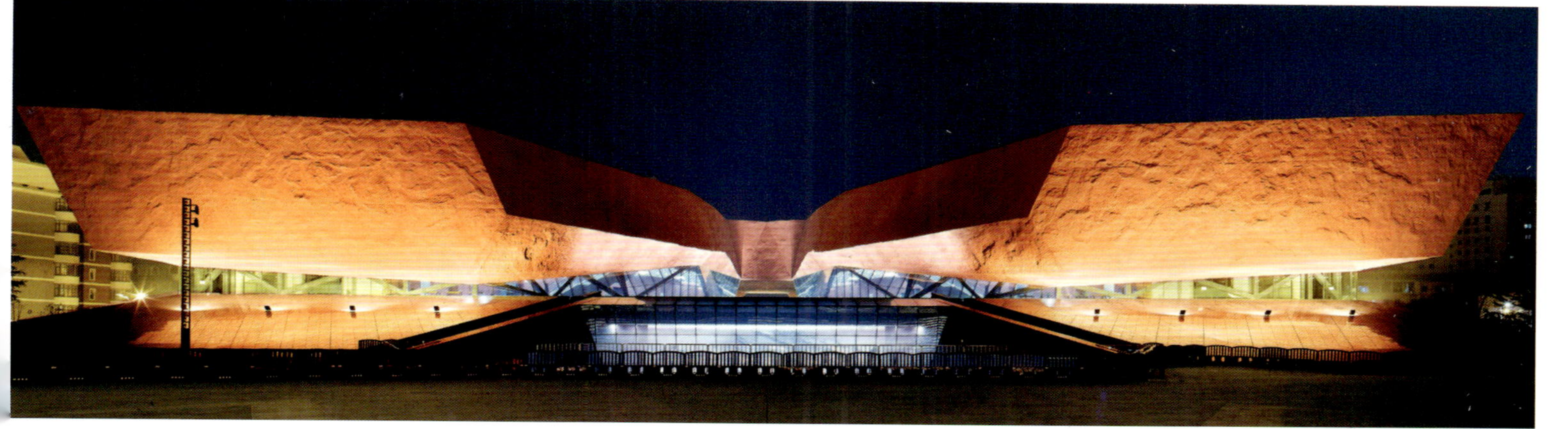

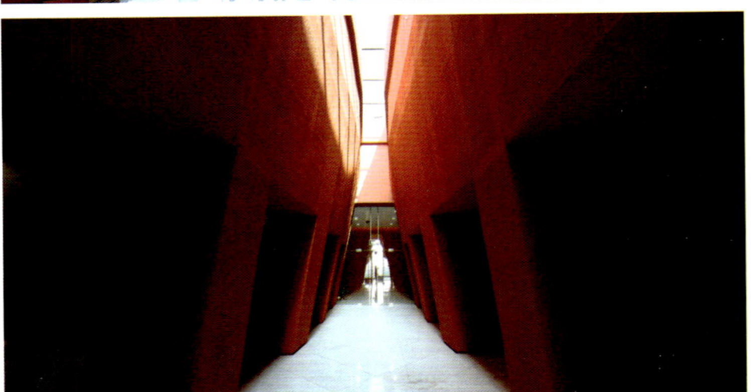

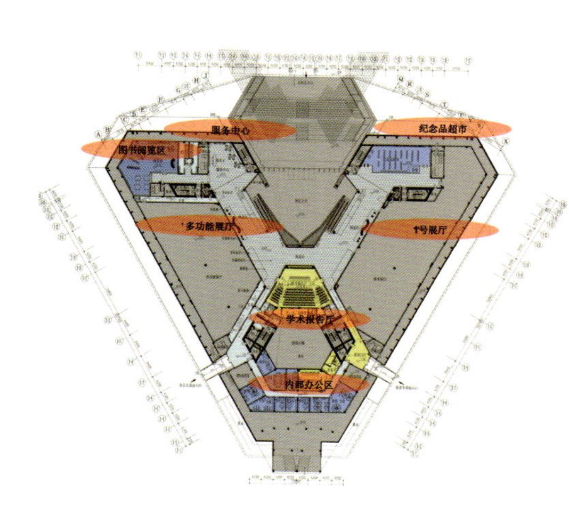
服务中心
纪念品超市
图书阅览区
多功能展厅
1号展厅
学术报告厅
内部办公区

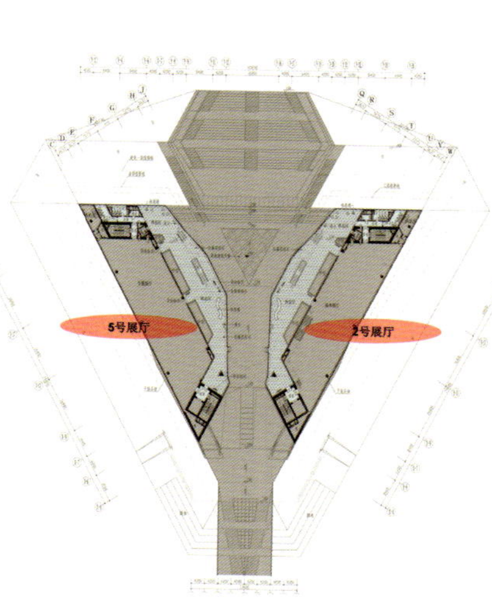
5号展厅
2号展厅

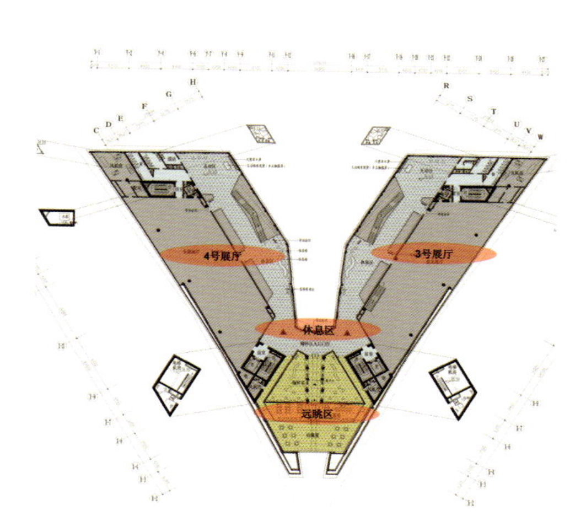
4号展厅
3号展厅
休息区
远眺区

建筑剖面↓

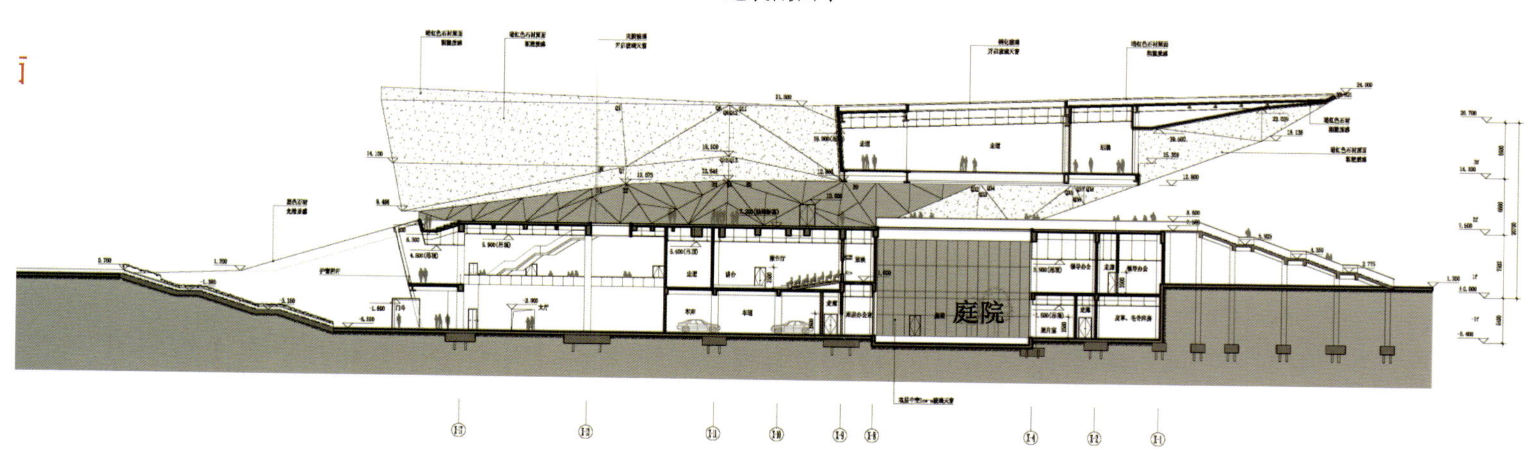
庭院

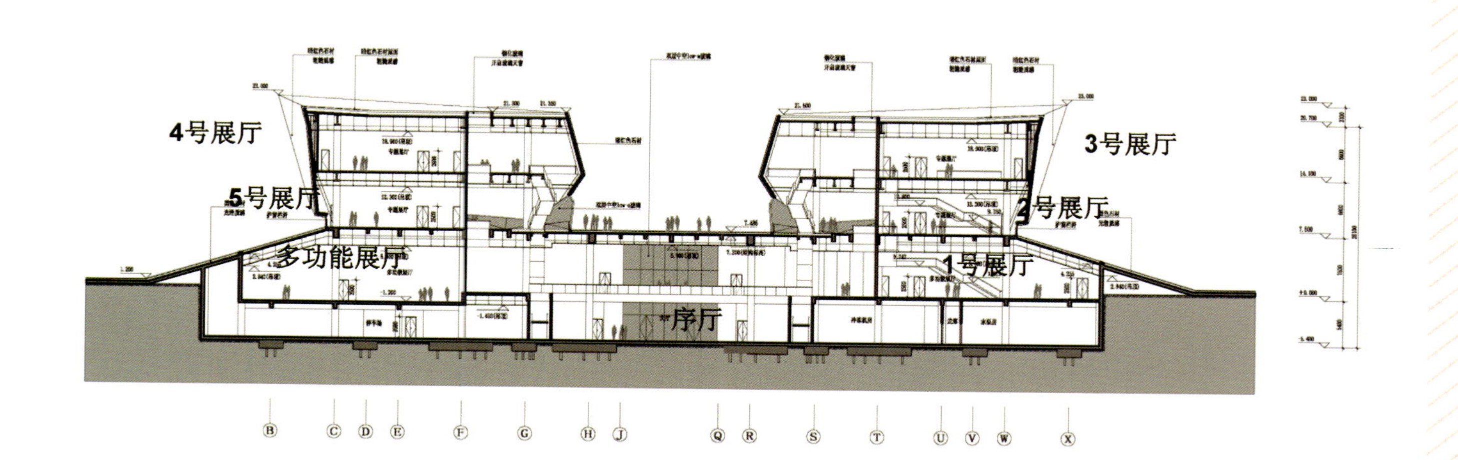
4号展厅
3号展厅
5号展厅
2号展厅
多功能展厅
1号展厅
序厅

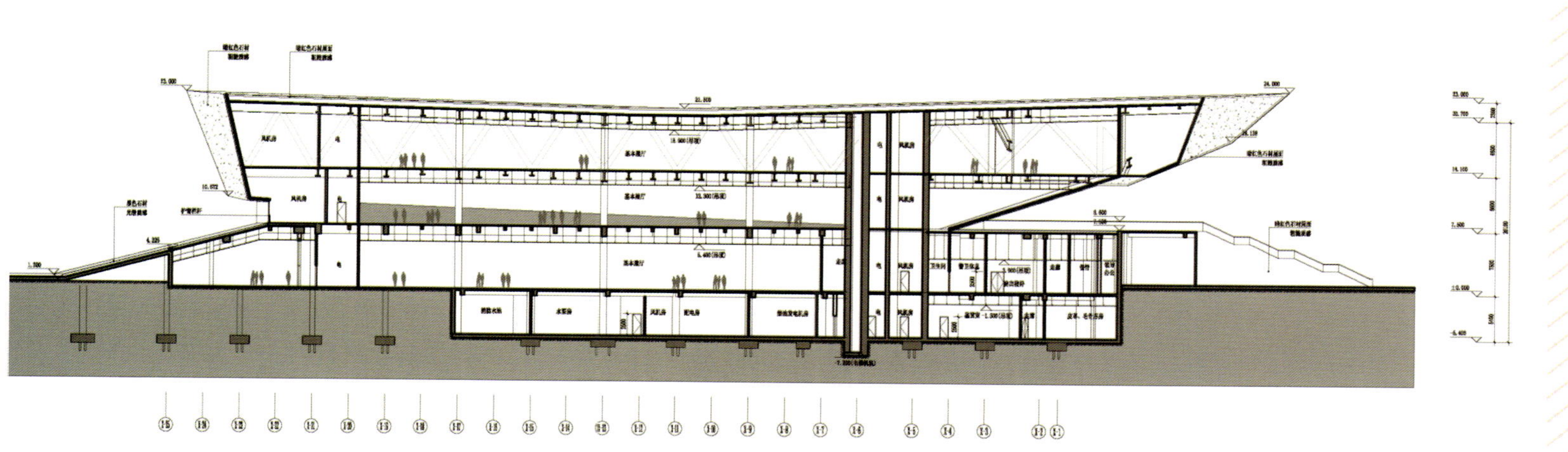

黑龙江农垦总局文化中心

工程档案

建筑设计：同济大学建筑设计研究院
项目地址：黑龙江省哈尔滨市
建筑面积：45000m²
建筑功能：大剧院、博物馆、版画院、图书馆、多功能剧场

项目概况

博物馆位于基地东北侧，盘旋向上的圆型体量在道路转角处作为视觉焦点，与城市道路形成良好关系大剧院位于基地西南侧，主要入口广场位于基地东南侧．远离城市快速干道．有效减少大量人流疏散对城市交通产生的压力，图书馆、版画院、数字影院等功能形成的带形体量将大剧院与博物馆有机串联，形成完整统一的建筑形象。

图书馆入口设置在较为安静的基地北侧，30m 宽的城市绿带将其与道路隔开。博物馆、大剧院、数字影厅的入口分别设置在基地东面，各自分开互不干扰，西侧设有驻团办公排练入口和临时货运入口，南侧设置音乐厅入口，文化大厦前设有 53 个地面停车位，与基地东侧绿化带结合布置设置内部车行道，并与建筑东侧的硬质广场共同形成消防环道以满足消防要求。

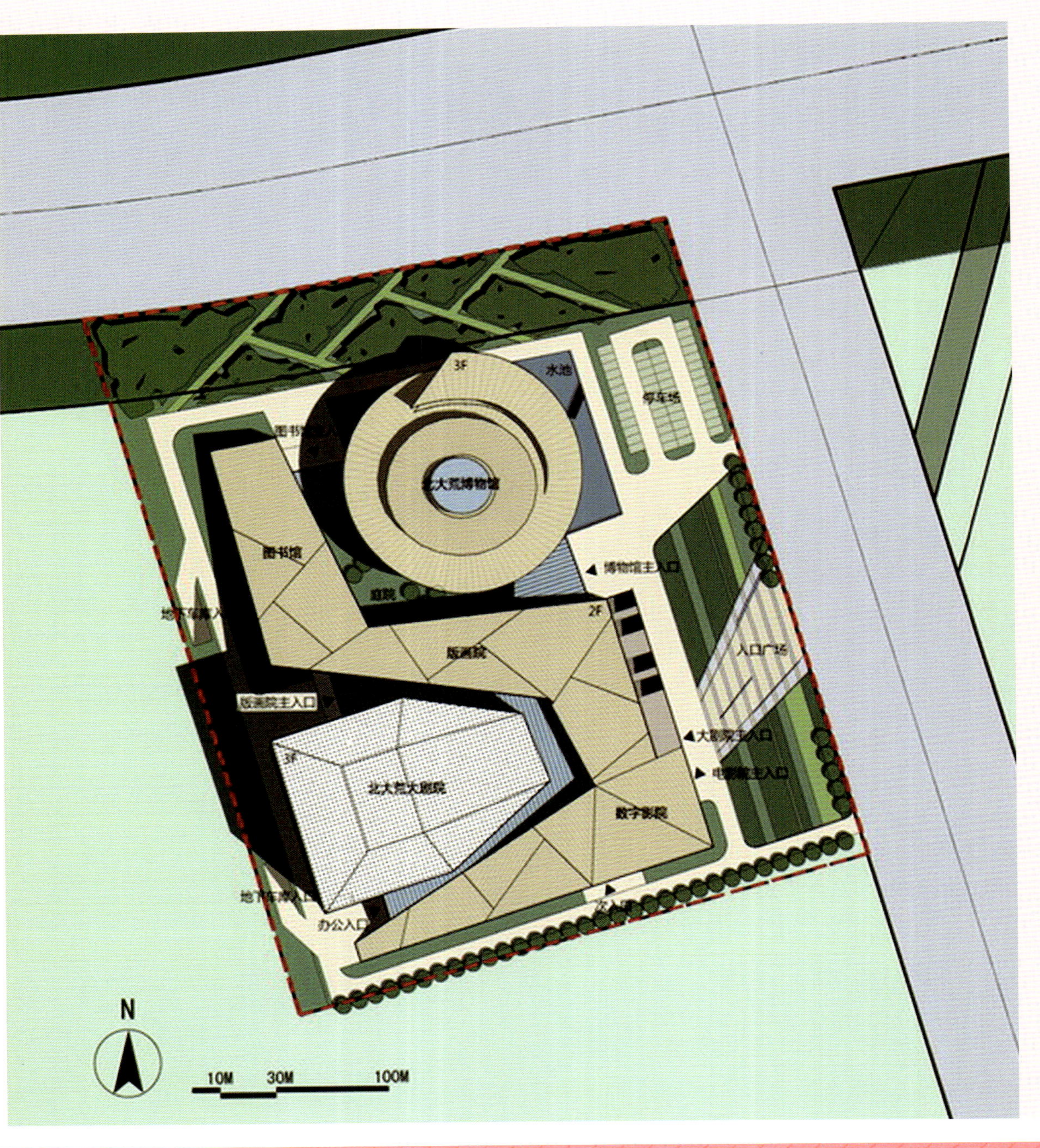

建筑造型与材质

建筑形态由一条从地面缓缓升起的坡遵串联起大剧院与博物馆两个体量。整个建筑好似由黑土中生长出来。倾斜的墙体经过岁月的凿刻展示着北大荒人．开拓的历程立面材料的选择我们提出两种构想：一、大剧院采用米白色穿孔网板，简洁明快体现公共性与强烈的现代感其他部分整体采用色彩斑驳的米黄色石材幕墙，简洁素雅，体现出浓郁的人文气质；二、图书馆、版画院采用北方地区常见的毛石饰面，配以随机深凿的窗洞，厚重而大气，极具地域文化特征。

黑龙江农垦文化中心

交通分析

城市主要干道
主要出入口
车行出入口

基地入口与外部交通

基地北临长江路，东临规划路。主要入口广场位于基地东侧中部，远离城市快速干道，在主入口的南北两侧没有机动车出入口。

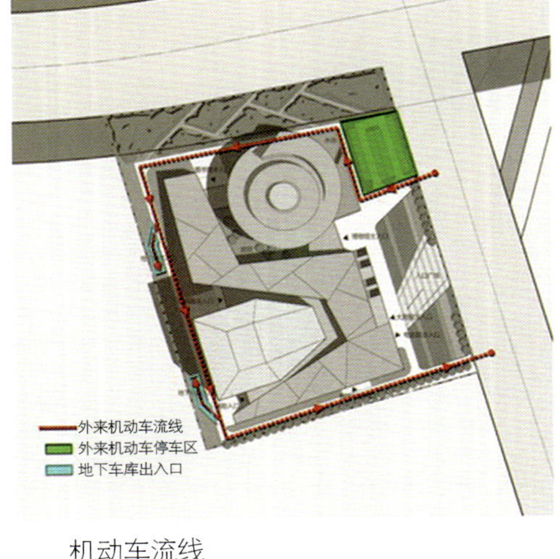

机动车流线

基地内设有两个机动车出入口，北侧出入口没有地面停车场，内部设有环道。在建筑的西侧设有眄个地下车库出入口，可以与西侧的商务中心共享基建设施。

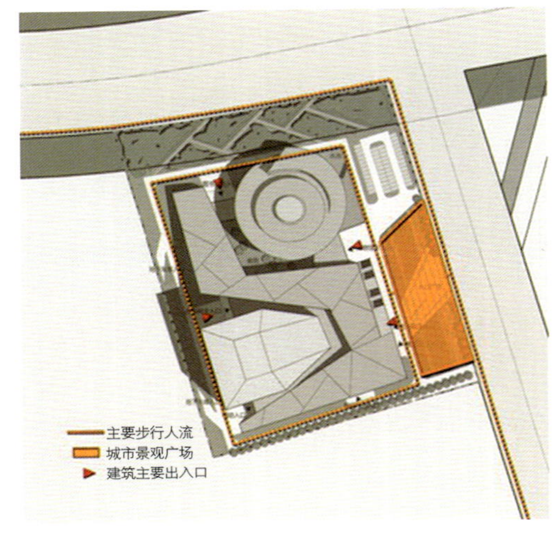

步行流线

步行的人们可以由东侧的主要入口广场进入，然后通过内部环路到达建筑各级出入口。

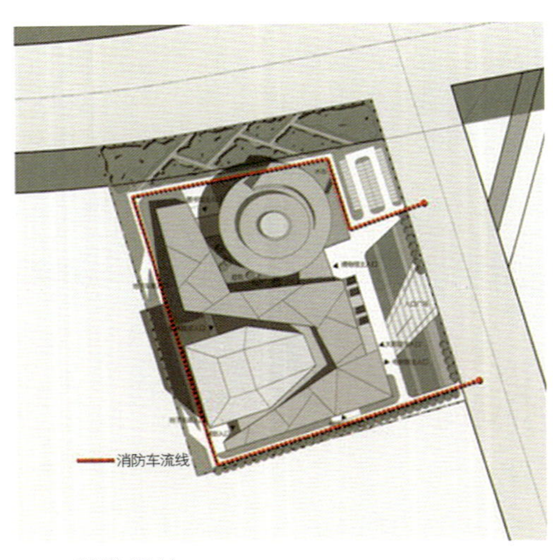

消防设计

利用用地内部的道路、场地形成净宽不小于 4m 的消防环道并满足 12m 的转弯半径。

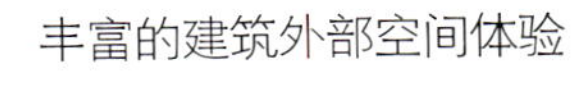

丰富的建筑外部空间体验

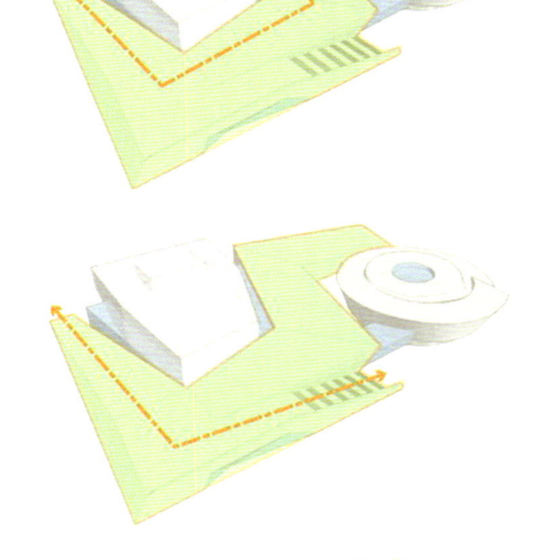

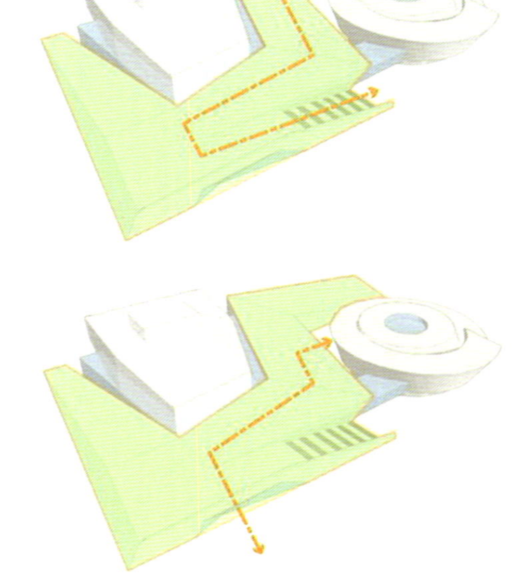

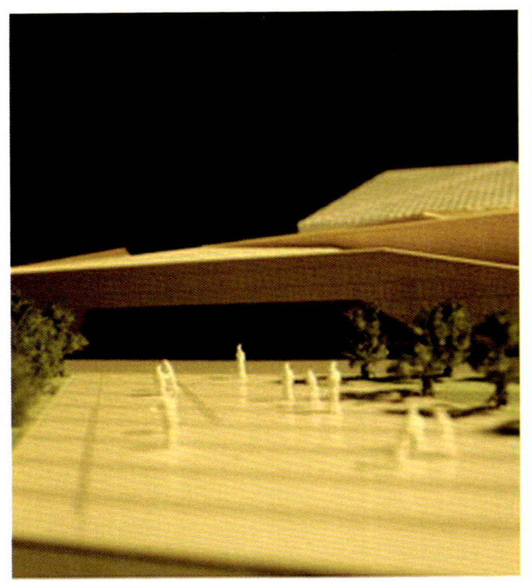

开阔的入口广场空间

纪念性

私密的内院空间

一体化设计

1. 集多种功能于一身的一体化设计

设计集大剧院、博物馆、图书馆、版画院、数字影厅于一身，通过对多种功能、流线、空间设计的整合形成一体化的设计。通过各功能之间公共空间的串联形成相对独立又可连通的集约布局，同时满足恶劣天气影响下，使用者可以通过室内的共享交通空间到达各个功能分区。

2. 纪念性流线与多样化外部空间一体化设计

我们在设计中将屋顶流线定义为一种场景还原，一条纪念流线。通过从地面缓缓升起的坡道引导人们走进这一场景，通过屋顶纵横交织农田一般的肌理和仿似地壳中裂起的坚石，将这段开拓垦荒的历程抽象化的还原，让行走在其中的人们身临其境的体验“面朝黄土背朝天”艰辛开拓的历程。

平面功能布局

1. 北大荒大剧院

大剧院位于建筑的南部，观众厅入口位于基地东南面，驻团办公及排练人员入口位于西南一侧驻团办公排练结合剧院布置在2-4层大剧院主舞台层高30m。观众厅层高23m。驻团办公层高4.5m。排练厅两层通高360座多功能剧场位于一层南面，与大剧院共享后台准备区，采用可升降设计，两层通高，兼具排练厅功能，自身拥有单独的入口门厅并与咖啡厅巧妙结合建筑通过外部形体的穿插咬接，巧妙的将天光引入大剧院公共空间（大厅），解决采光通风的同时通过光线的引导将空间进行界定，创造出高品质的公共空间。

数字影厅布置在大剧院入口上方，共设置三个110座影厅和一个200座影厅，影厅层高9m. －层单独设置出入口门厅，能够做到单独管理运营入口处通过电梯将人流引入二层，影院内部入场流线与散场流线分开设置，便于管理。

2. 北大荒博物馆

博物馆位于建筑的东面，呈圆形体量，入口面向基地东侧三层通高的中庭空间是整个北大荒博物馆的一大亮点，上升的坡道盘旋交错，开敞灵动的空间内引入天光照明，成为整个建筑的点睛之笔博物馆内部层高6m。共有三层：一层布置有服务台、纪念品商店、临时展厅以及专题展厅二层、三层布置有专题展厅以及办公室等辅助空间。

3. 农垦总局图书馆、北大荒版画院

图书馆与版画院位于建筑的西北部，各自有独立出入口，层高6m。整体呈“L"形布局，面向内院采光，创造出幽静、雅致的内部空间同时设计通过缓缓升起的坡道引导，将其曲折的屋顶外部空间设计成为极具教育性与纪念性的广场延伸，亦可结合博物馆作为外部临展空间使用。

南山文体中心

工程档案

建筑设计：中建国际（深圳）设计顾问有限公司
项目地址：深圳南山
用地面积：39586.98m²
建筑面积：78792.78m²
容积率：0.98

项目概况

文体中心位于南山区中部，邻近南山区政府与荔香公园，处于深南大道以南，桃园路以北，南山大道以西，南新路以东，占地近19hm²。南邻区图书馆和待建区艺术博览馆，由南头街、常兴路、南山大道与红花路四条道路围合而成。

该项目核心区用地总面积39586.98m²，依据规划对于现状用地内建筑不予保留。规划建设的核心区由南山剧院、南山体育馆、南山游泳馆及城市公共广场四个部分构成。各项目用地构成及设计要求如下：总用地：39586.98m²，其中：南山剧院用地：7878.4m²；体育馆用地：9548.11m²；游泳馆用地：7680.49m²；中心广场用地：14479.98m²。

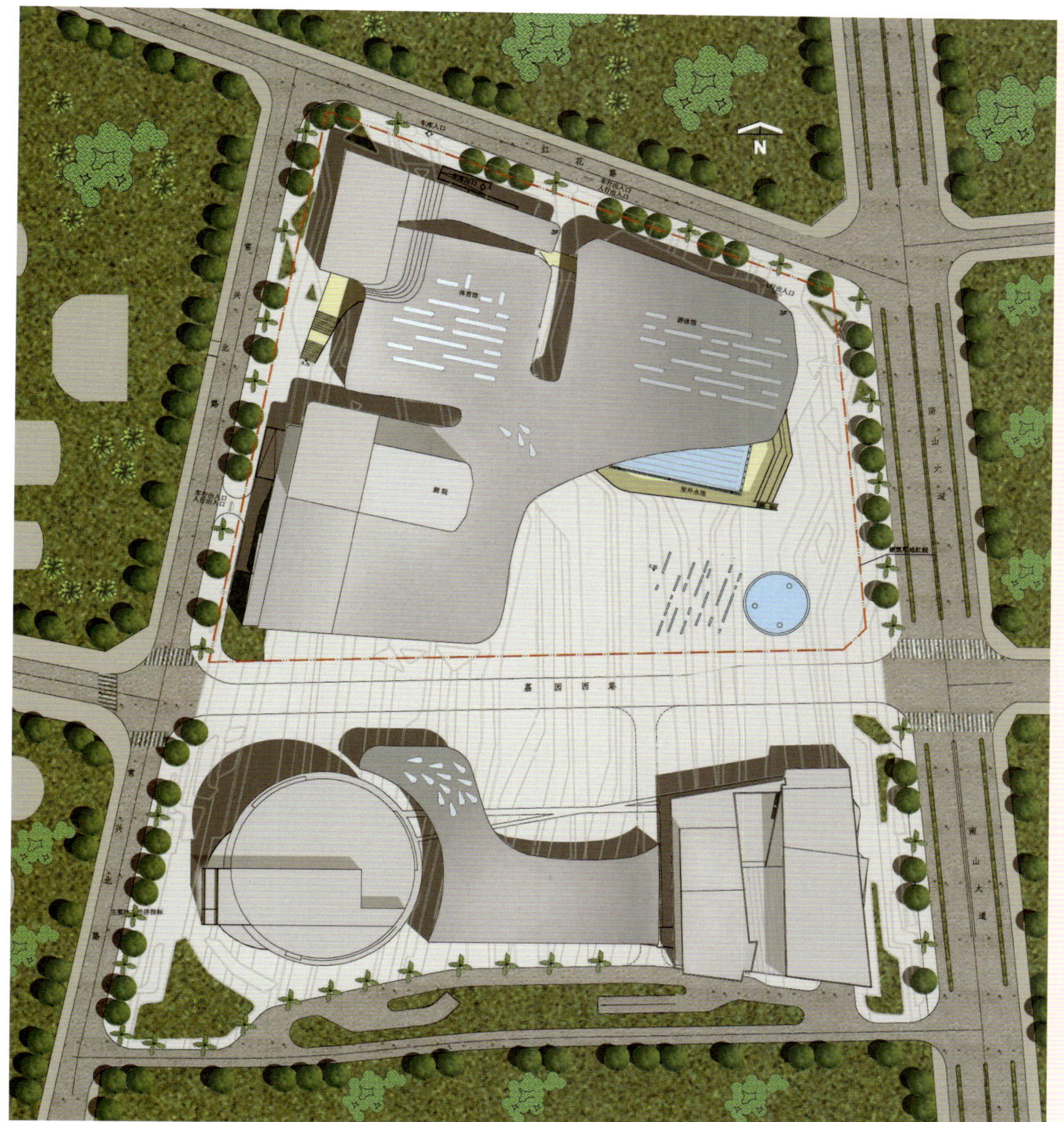

设计理念

在设计构思上，形容为漂浮的原石：一个最大程度释放广场活力的城市雕塑。在当今中国城市，正在以超乎寻常的速度和变化进行着巨大的变革。城市发展的高速度和高密度直接导致了城市中公共空间场所缺失与匮乏。作为深圳城市公共场所的更新设计，我们提出一个新的典范，通过彻底解放地面空间，激发城市活力。

功能布局

在功能布局上采用前厅加后室的格局。前厅面向广场，作为城市形象面，是群众的主要出入口和集散地。后室为辅助部分，并设置办公、媒体，运动员等后勤出入口，结合红花路与常新路上机动车出入口，达到合理分区。竖向上，底部为公共活动区，各种活动在此层展开；而上部为观众区，结合戏剧性的进入口方式，加强交流互动。水平向，场馆内分为大空间场馆区和其辅助配套区两大区域，分别拥有各自的垂直交通，以中部共享空间连接，既减小了建筑的进深，又可达到自然的空气循环效果。

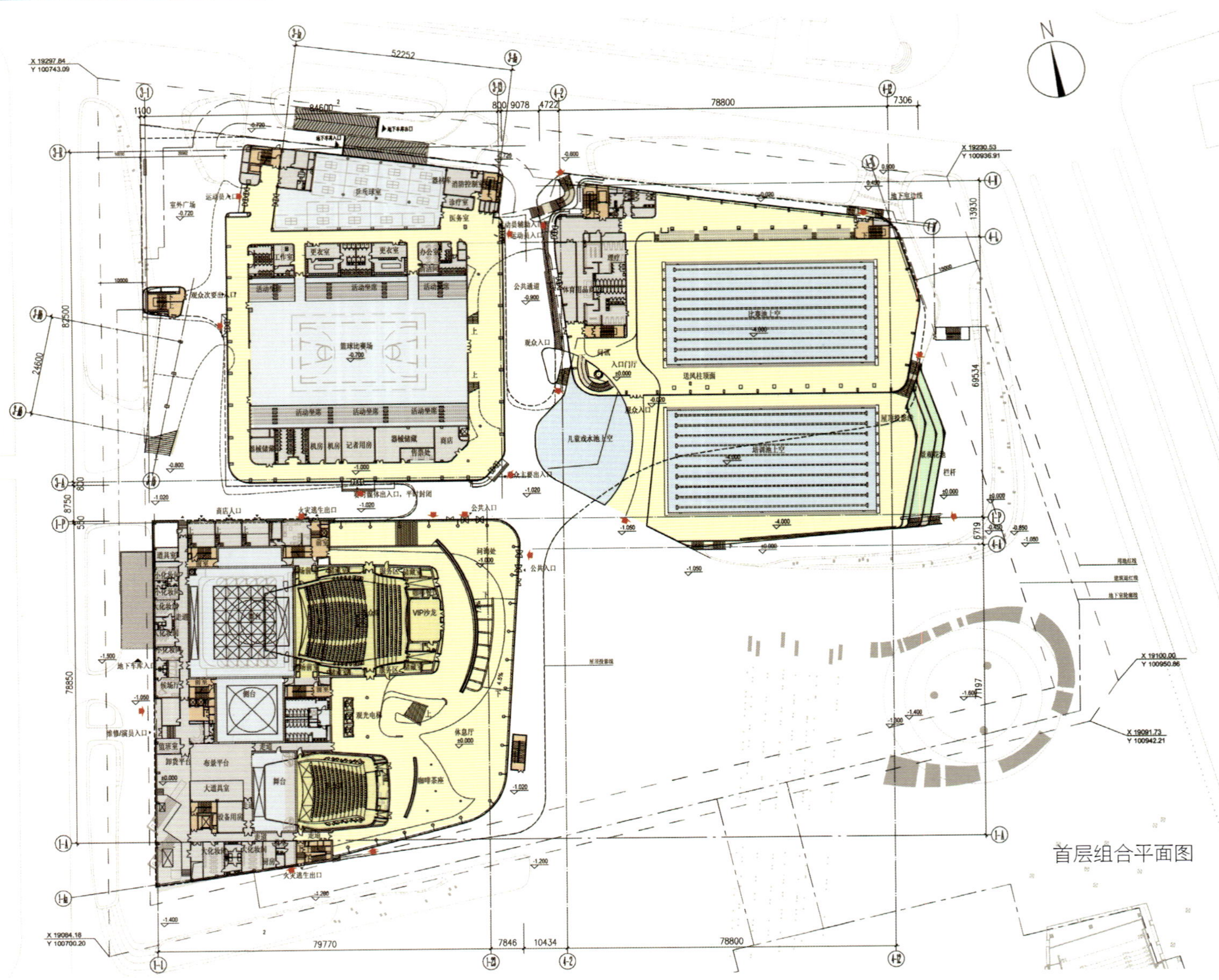
N
52252
78800
篮球比赛场
活动坐席
更衣室
办公室
观众入口
比赛池上空
培训池上空
儿童戏水池上空
公共入口
商店入口
VIP沙龙
舞台
休息厅
咖啡茶座
布景平台
大道具室
79770
7846
10434
78800

首层组合平面图

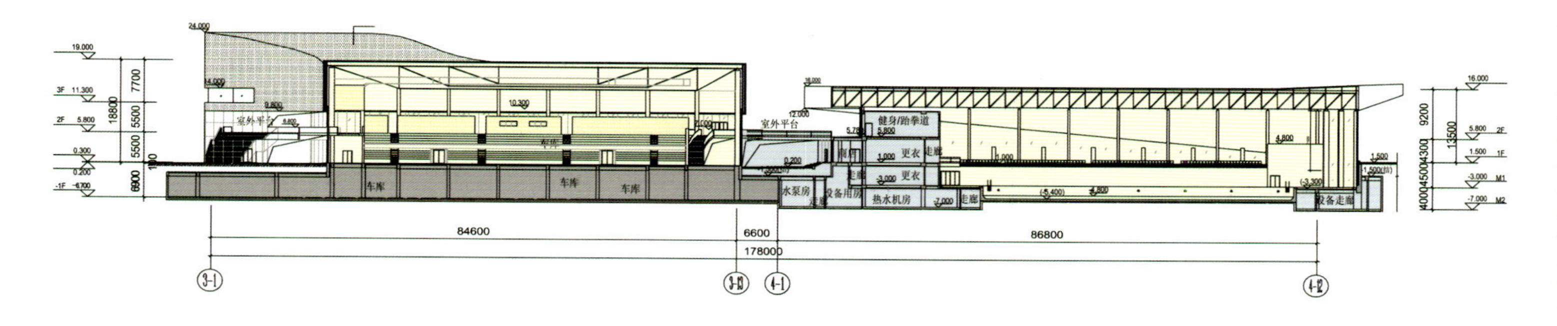

1-1 剖面图

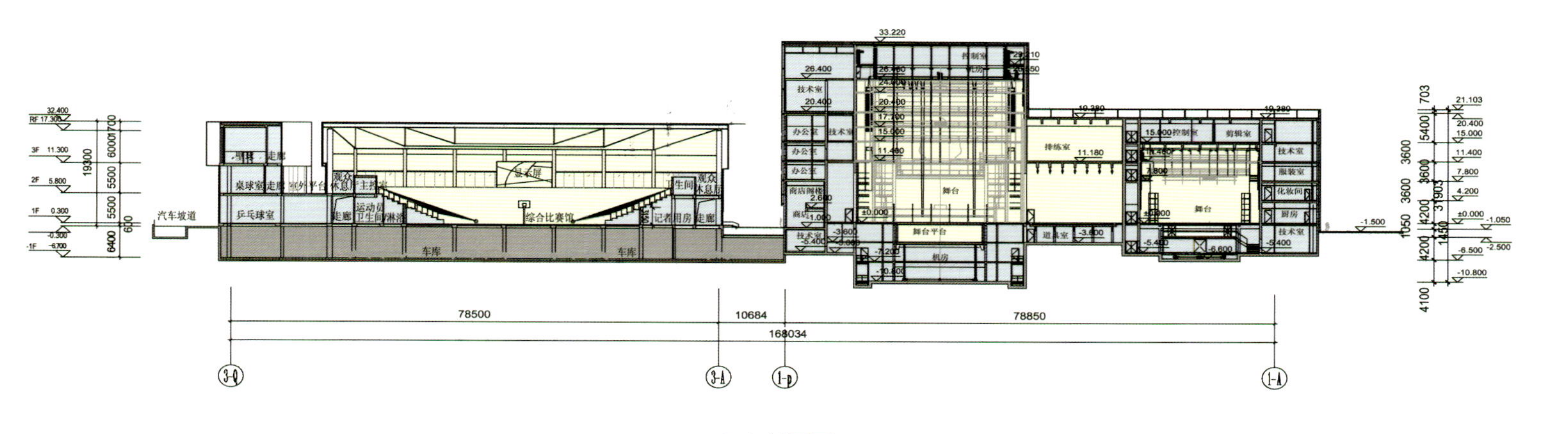

2-2 剖面图

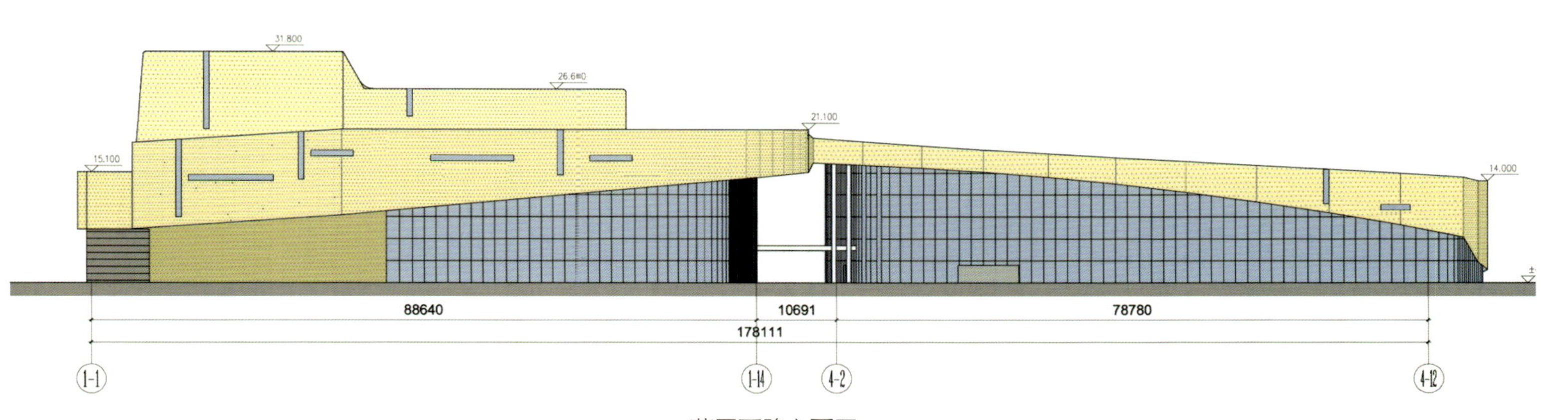

荔园西路立面图

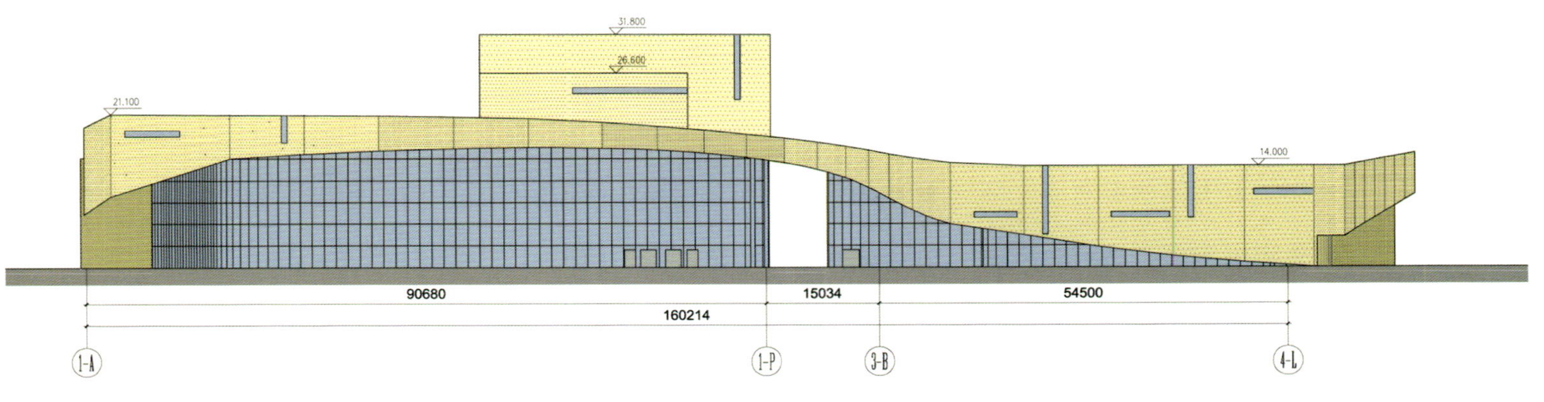

南山大道立面图

日照岚山文化中心

工程档案

建筑设计：清华大学建筑设计研究院
项目地址：山东日照
建筑面积：49000m²
建筑高度：24m

项目概况

本项目位于山东日照市岚山区，岚山旧址为安东卫城，始建于明代，为抵抗倭寇驻军所用。安东卫与天津卫、威海卫、凌山卫并称中国古代四大卫城。岚山背依阿掖山，面朝大海，环境优势明显。岚山规划有从行政中心至大海的城市轴线，文化中心位于城市轴线转折节点之上，对构成城市景观序列置关重要。

山
行政中心
安东卫古城
文化中心
海

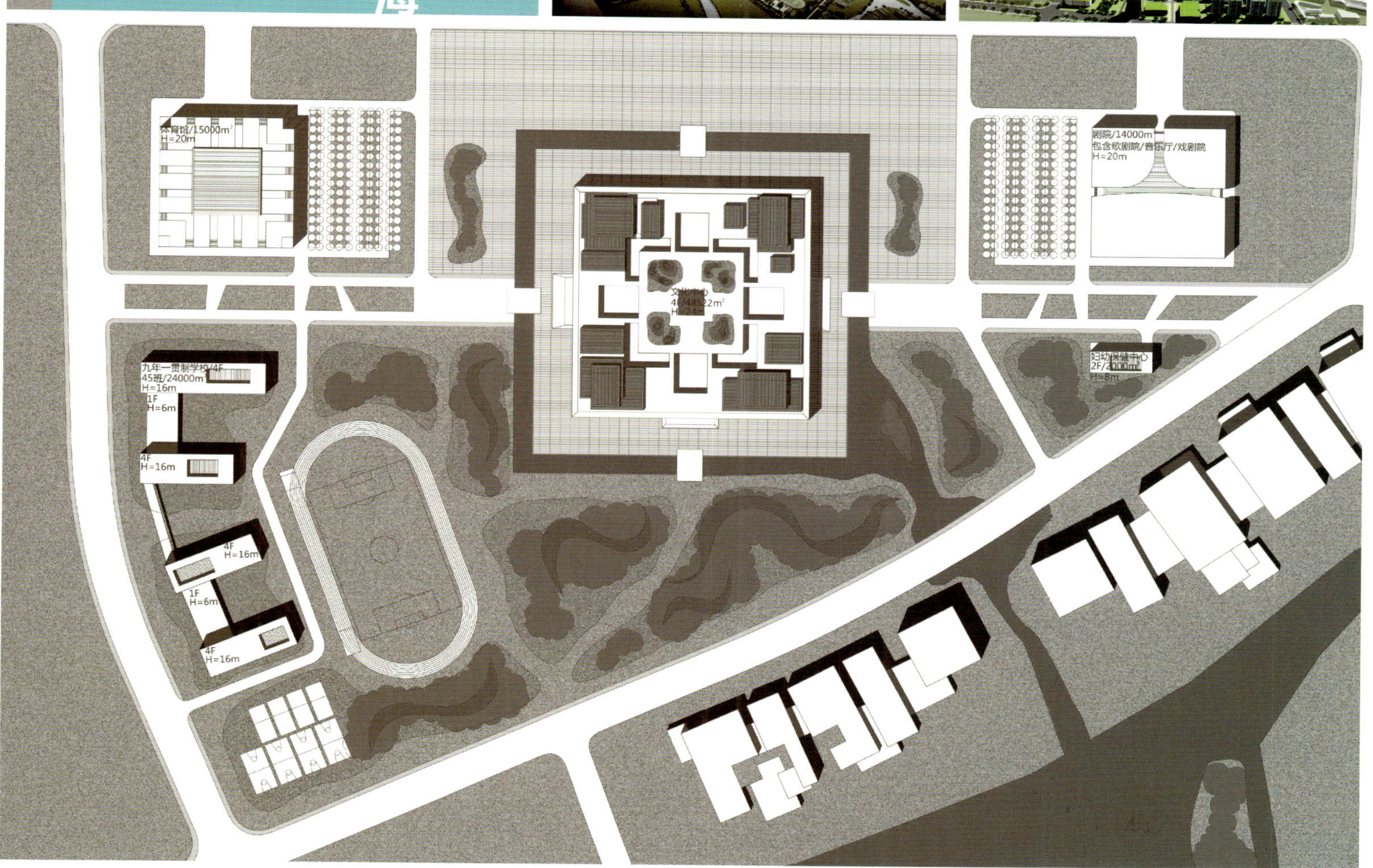
体育馆/15000m²
H=20m
剧院/14000m²
包含歌剧院/音乐厅/戏剧院
H=20m
九年一贯制学校/4F
45班/24000m²
H=16m
1F
H=6m
4F
H=16m
4F
H=16m
1F
H=6m
4F
H=16m
H=8m

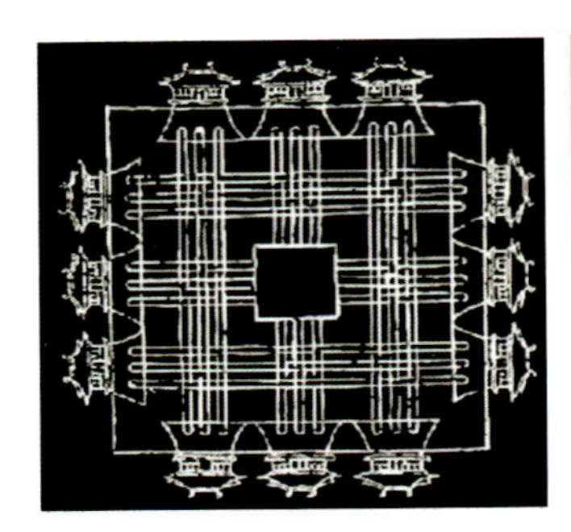

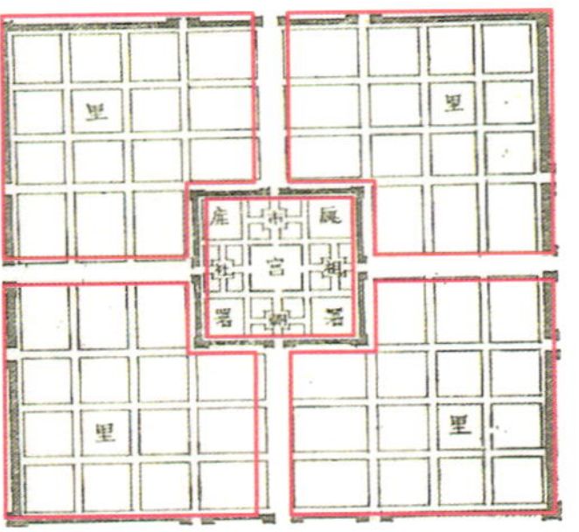

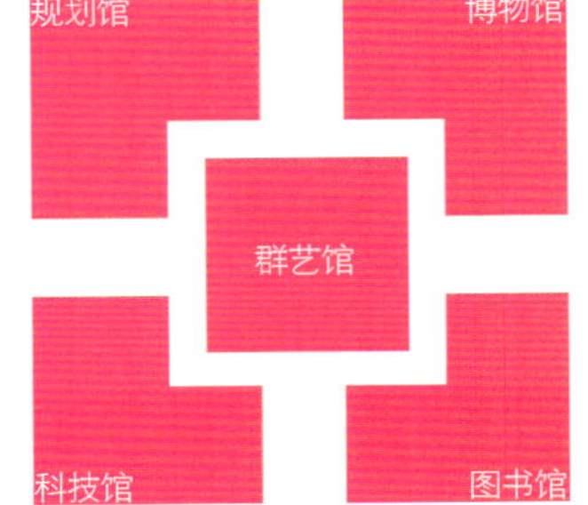

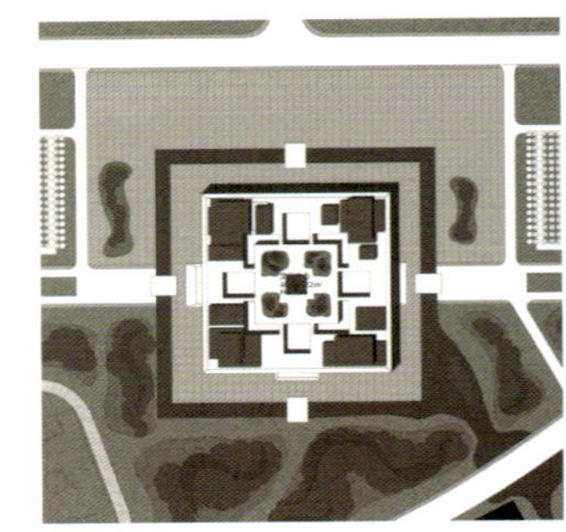

找寻岚山城市的文化识别性，是本方案的设计出发点。岚山旧址为安东卫城，方案对卫城原型以当代方式进行诠释，卫城之内是各馆功能空间，卫城之上是对市民开放的城市公共空间，种以绿植，在创造舒适城市环境的同时，亦力图恢复岚山地区城市建设中亟需的文化识别性。

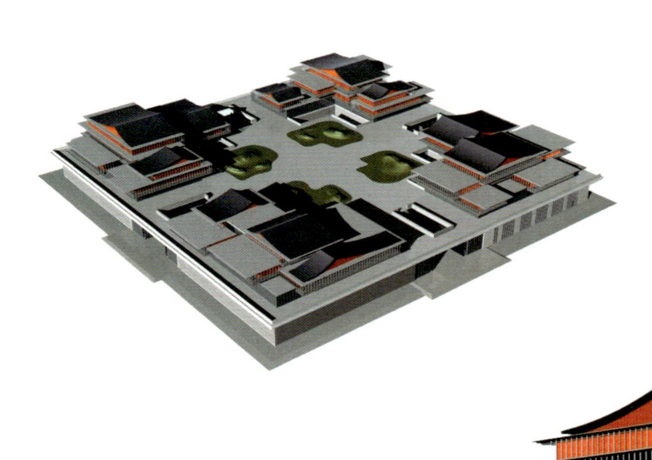

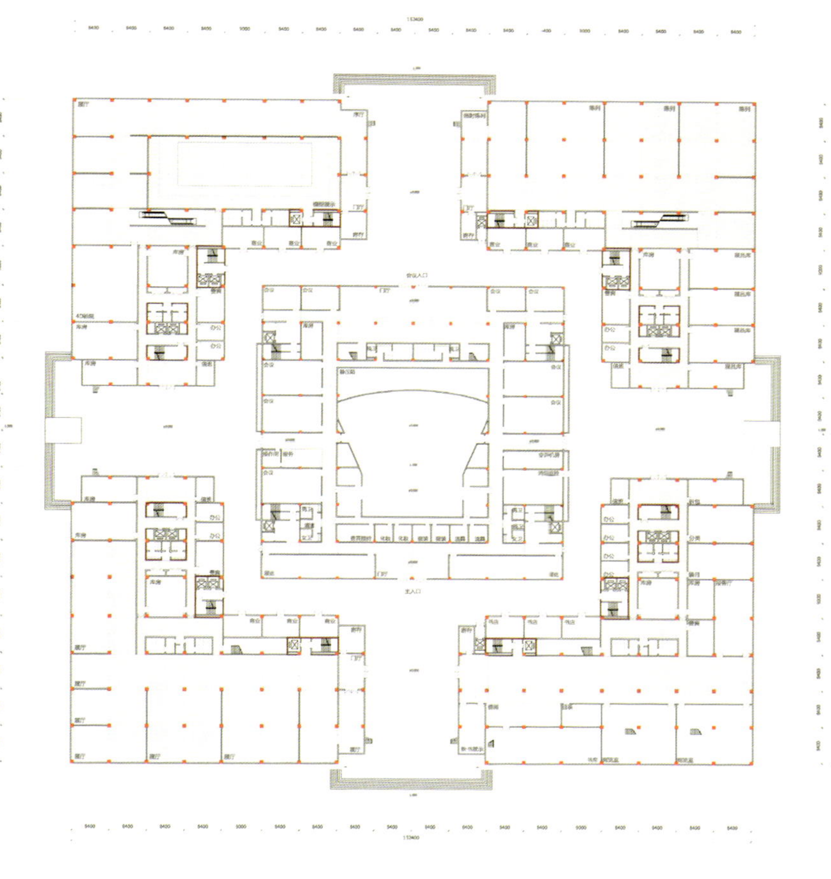

首层平面图

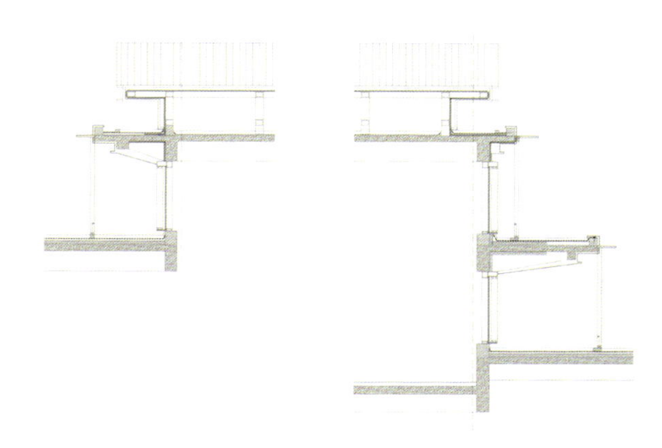

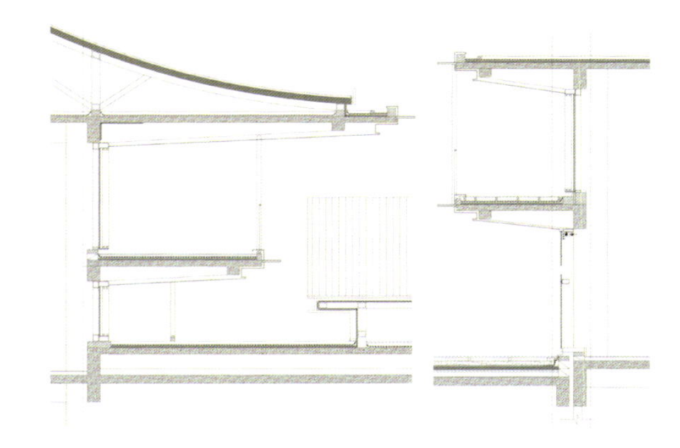

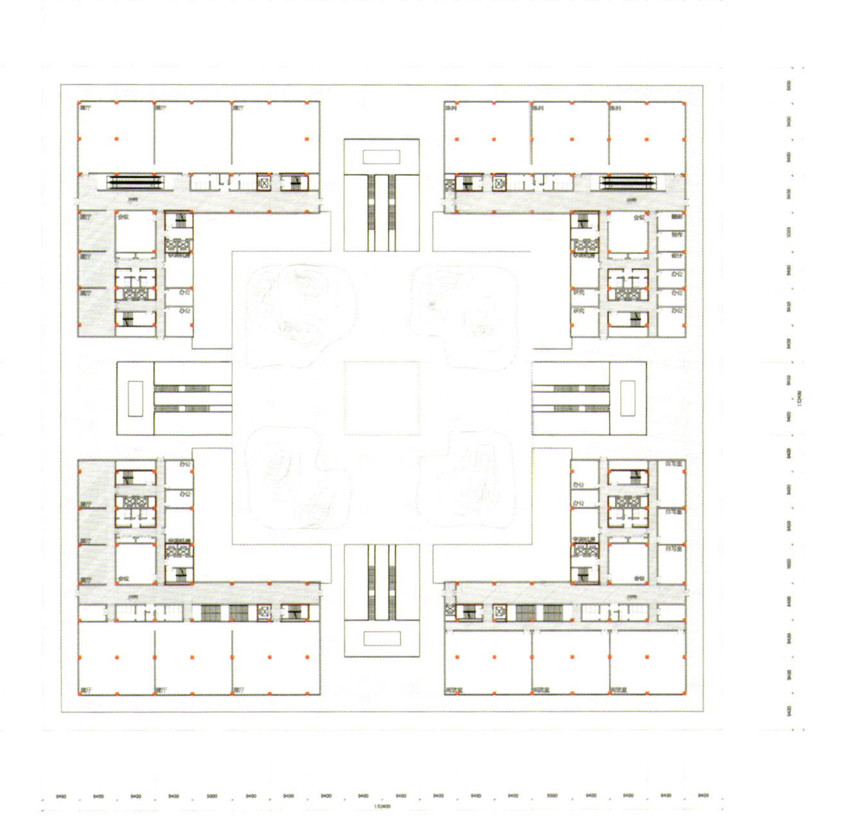

三层平面图

慈溪文化商务区文化艺术中心

工程档案

建筑设计：中建国际（深圳）设计顾问有限公司
项目地址：浙江宁波
建筑面积：149230m²
建筑高度：23.15m
建筑功能：大剧院、科博中心、文化活动中心、体育健身馆

项目概况

项目位于慈溪市规划主城区东北部，文化商务区中心部分，建筑面积为149230m²。慈溪文化核心区是由大剧院、科博中心、文化活动中心、体育健身馆等市级公建项目组成。其中大剧院包括一个1200座剧场、一个400座多功能音乐厅、一个400座艺术剧场；科博中心包括科技馆区、博物馆区两大部分；文化活动中心包括青少年活动用房、群众文化活动及培训辅导用房、妇女活动用房及电影超市等；体育健身馆包括各种室内外活动场地。区域内有大面积的水体、架空广场、滨水休闲平台、屋顶观景平台，中间有中央交通隧道联系南北。

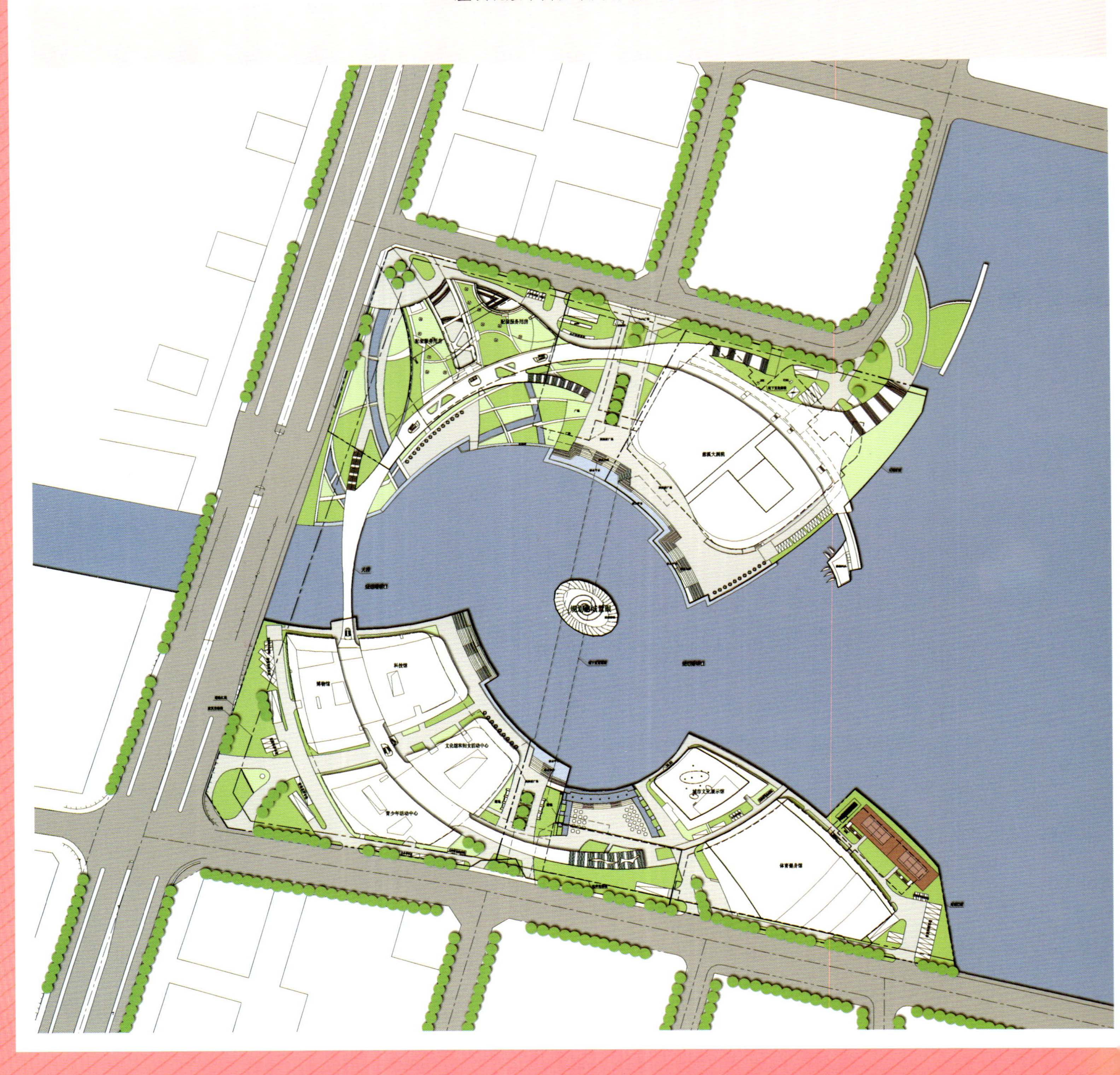

设计理念

秉承城市设计“海上升明月，天涯共此城”的意境，充分考虑慈溪作为青瓷文化发源地的历史渊源，设计由“月”出发，引瓷入月，取慈溪“青瓷文化”之精神，力求雍容之量而去华贵之俗。建筑从空间景观等方面取月球之意，而材料意境等方面，以空间所需塑造形式，力求器形饱满，温润流畅。

城市文化展示馆

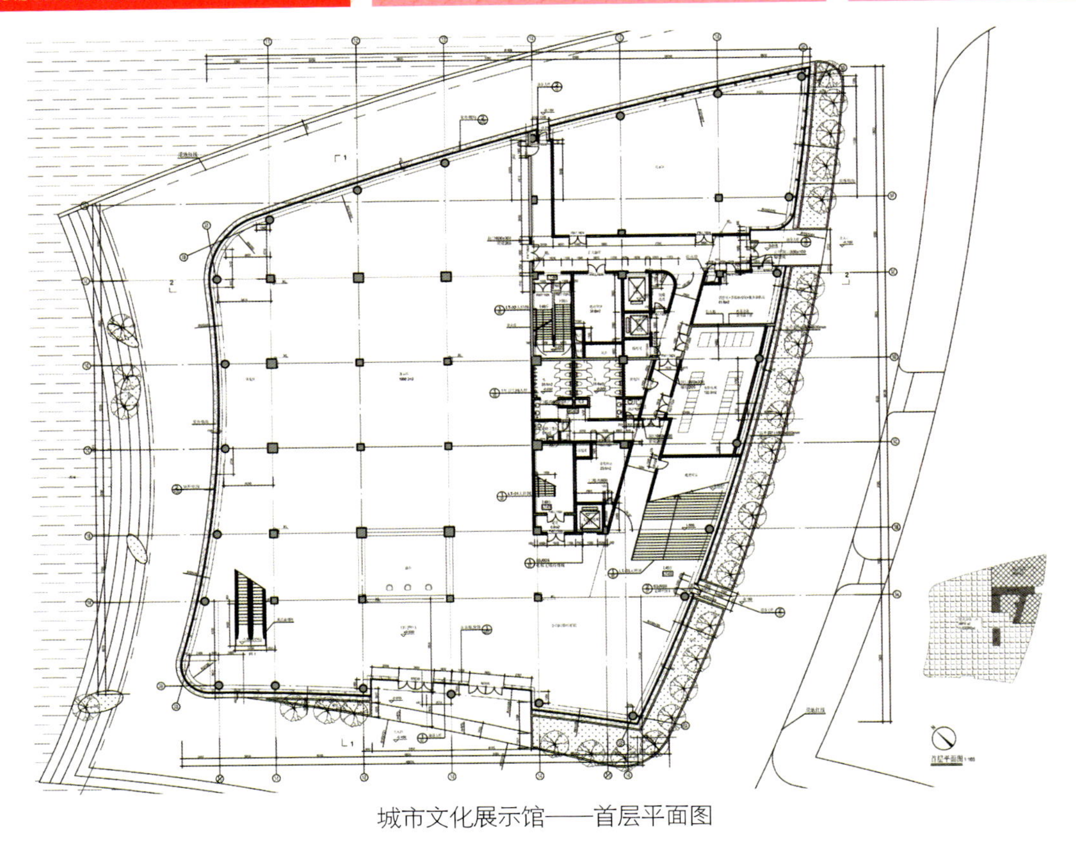

城市文化展示馆——首层平面图

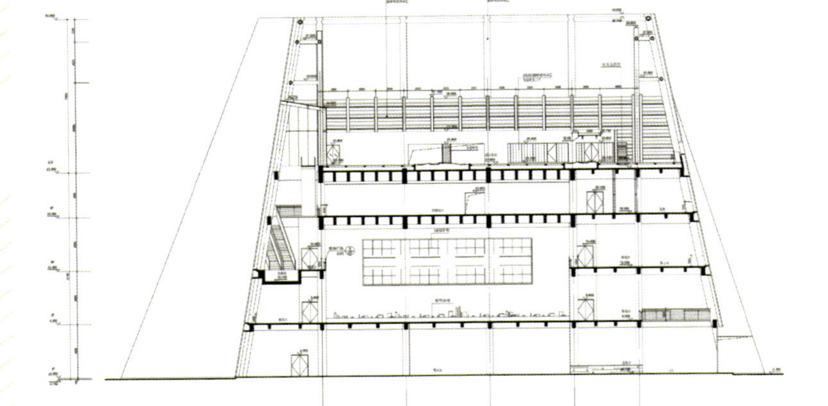

城市文化展示馆——1-1 剖面图

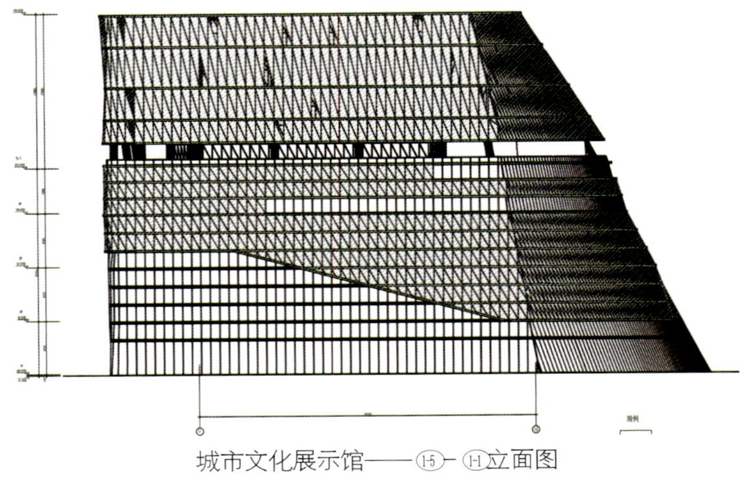

城市文化展示馆——Ⓗ5-Ⓗ1立面图

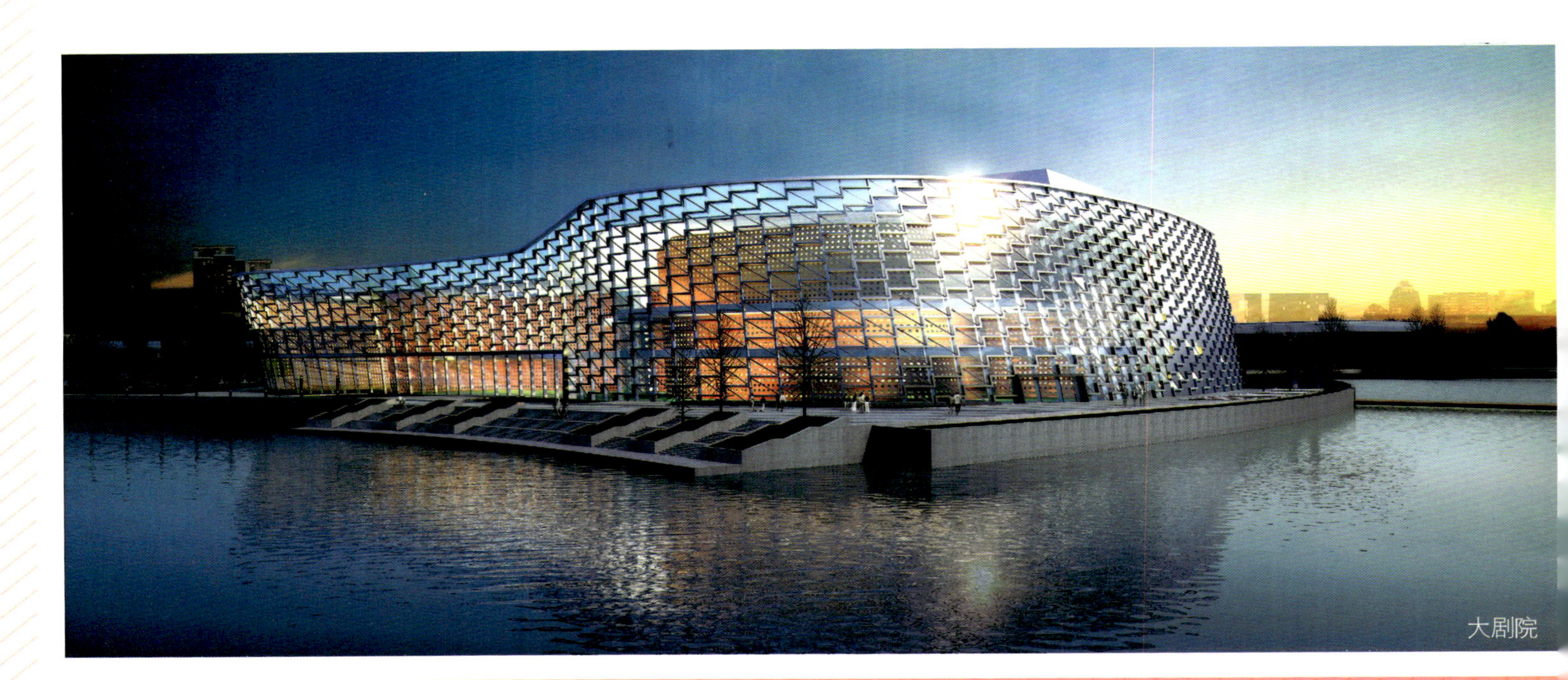

大剧院

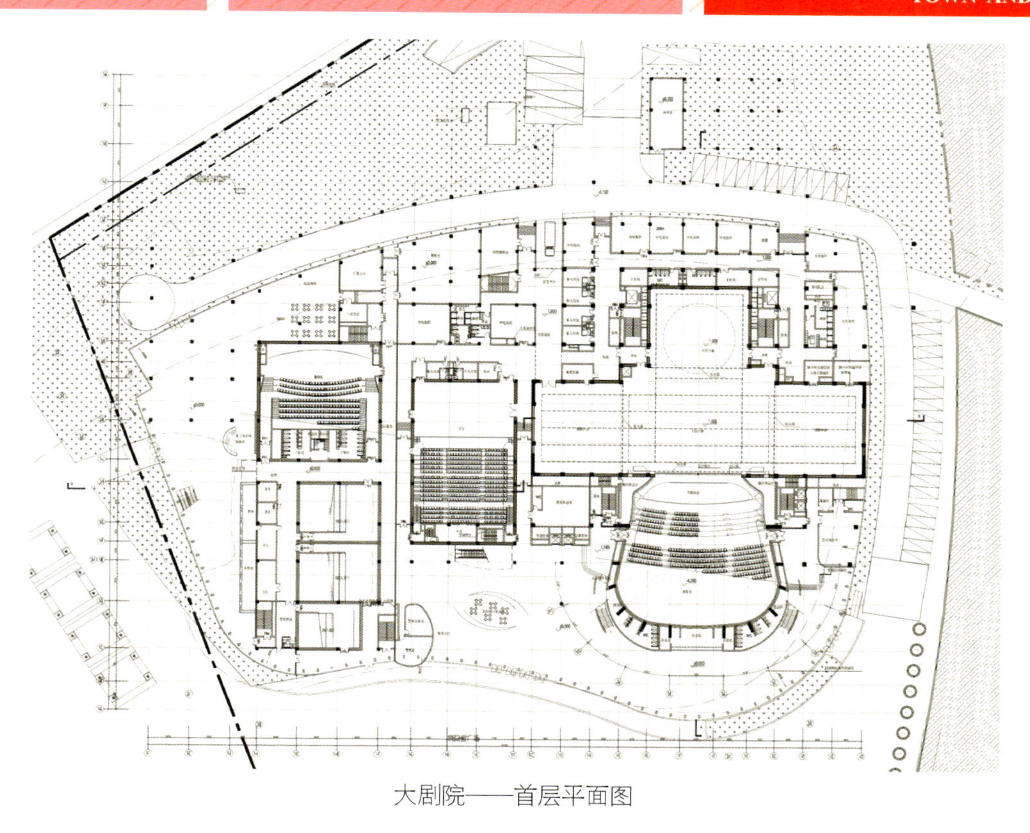

大剧院——首层平面图

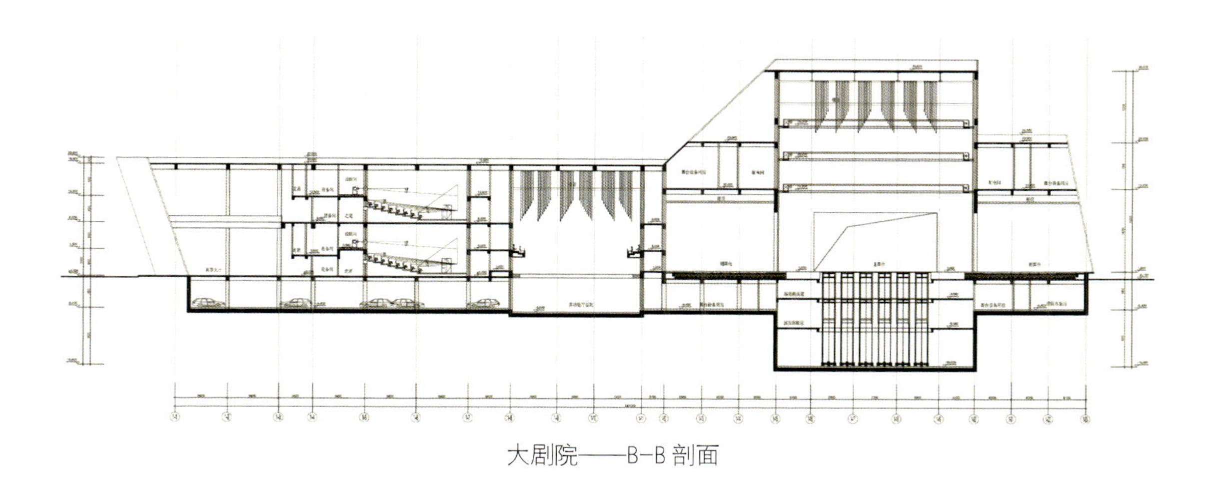

大剧院——B-B 剖面

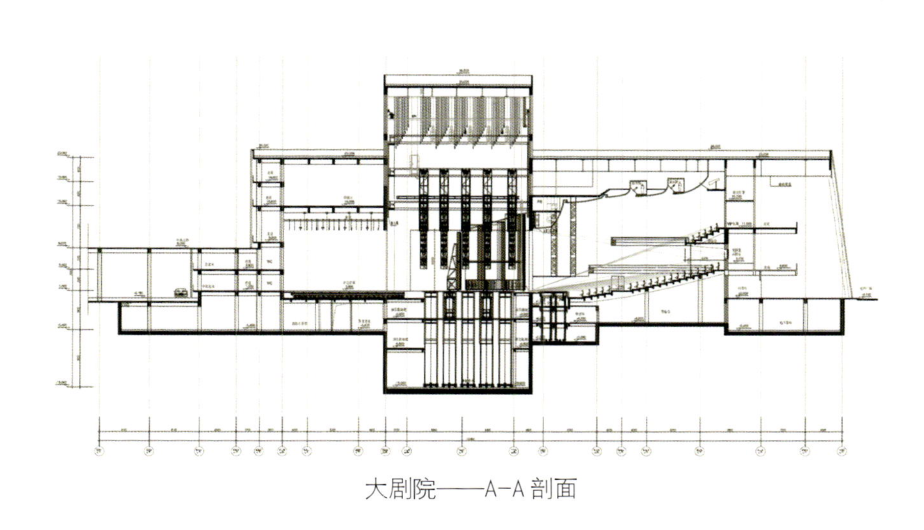

大剧院——A-A 剖面

大剧院——北立面图

大剧院——南立面图

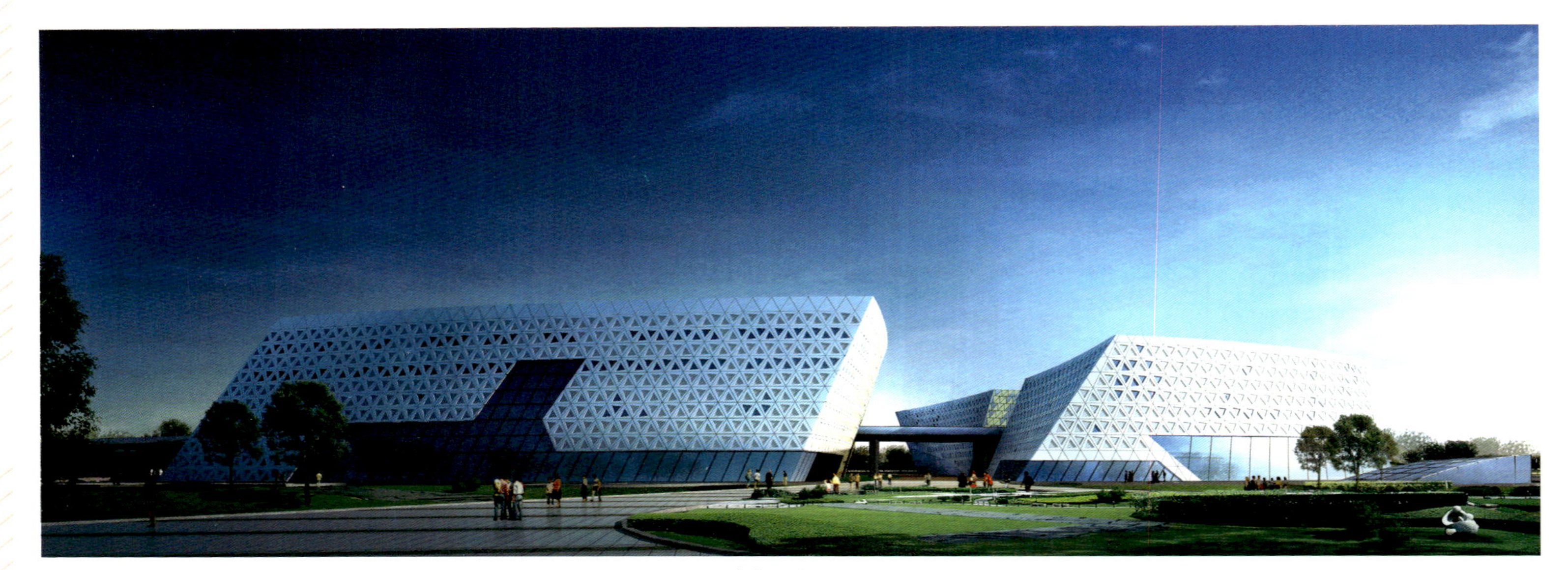

科博文化中心

科博文化中心——首层平面图

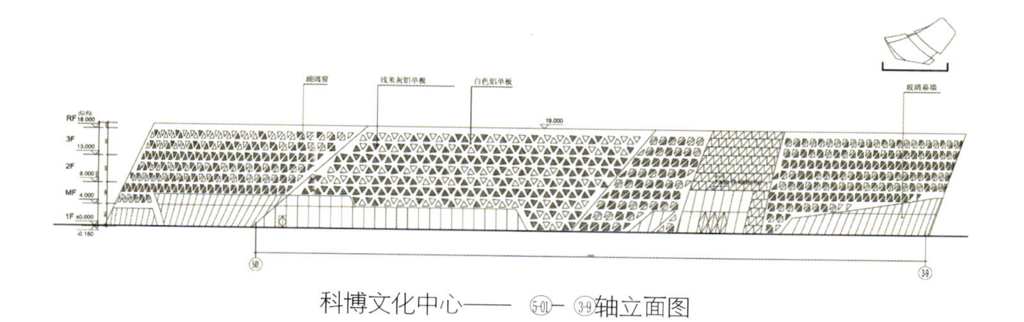

科博文化中心—— 5-01－3-9轴立面图

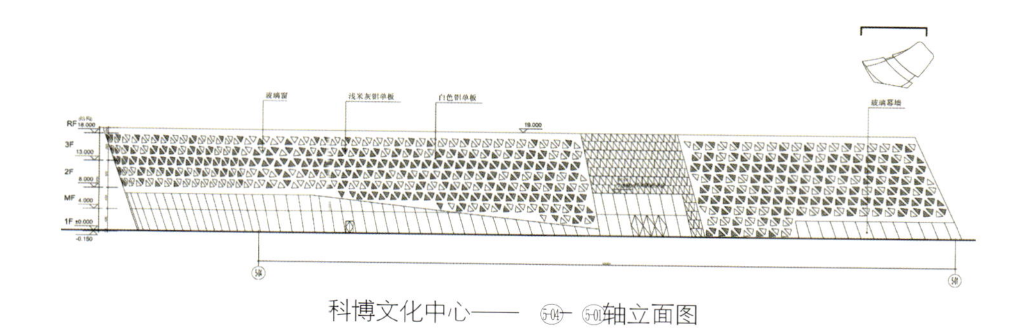

科博文化中心—— 5-04－5-01轴立面图

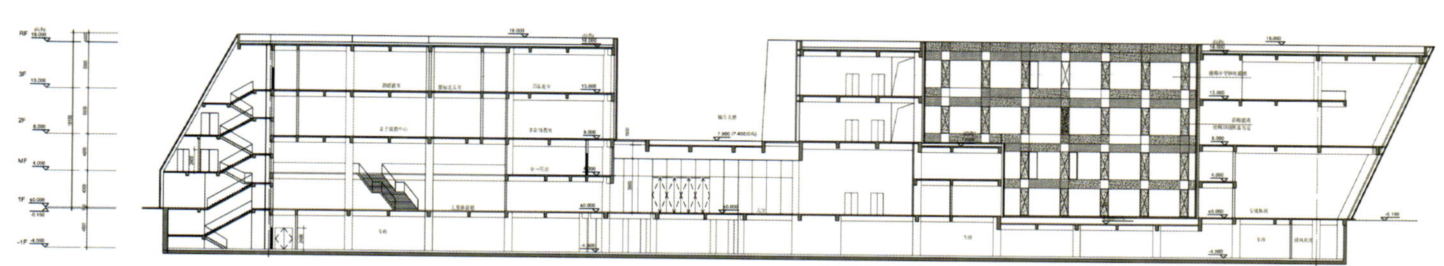

科博文化中心——1-1 剖面图

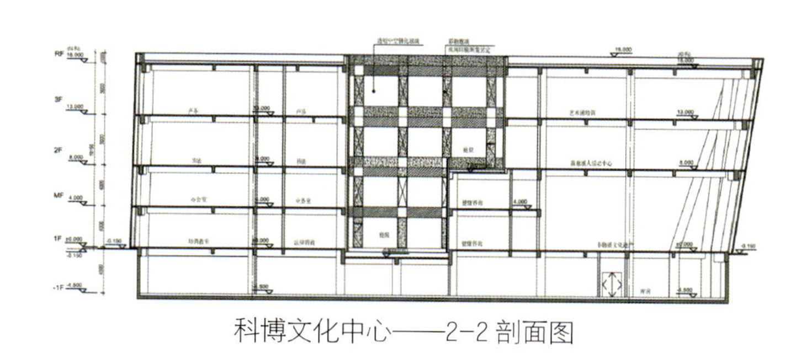

科博文化中心——2-2 剖面图

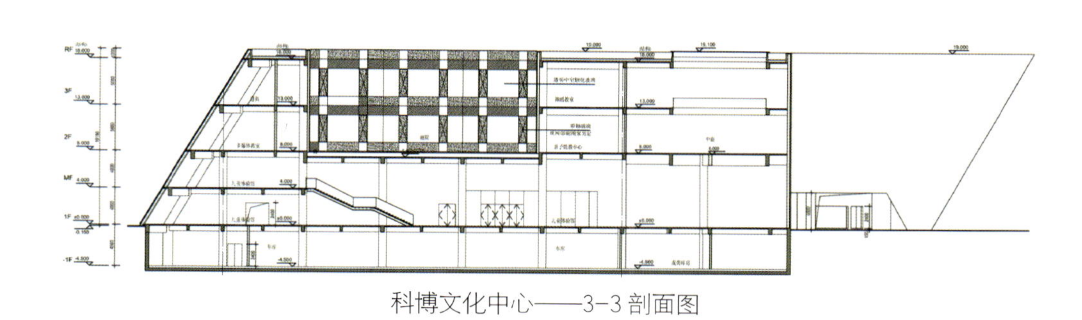

科博文化中心——3-3 剖面图

体育健身馆

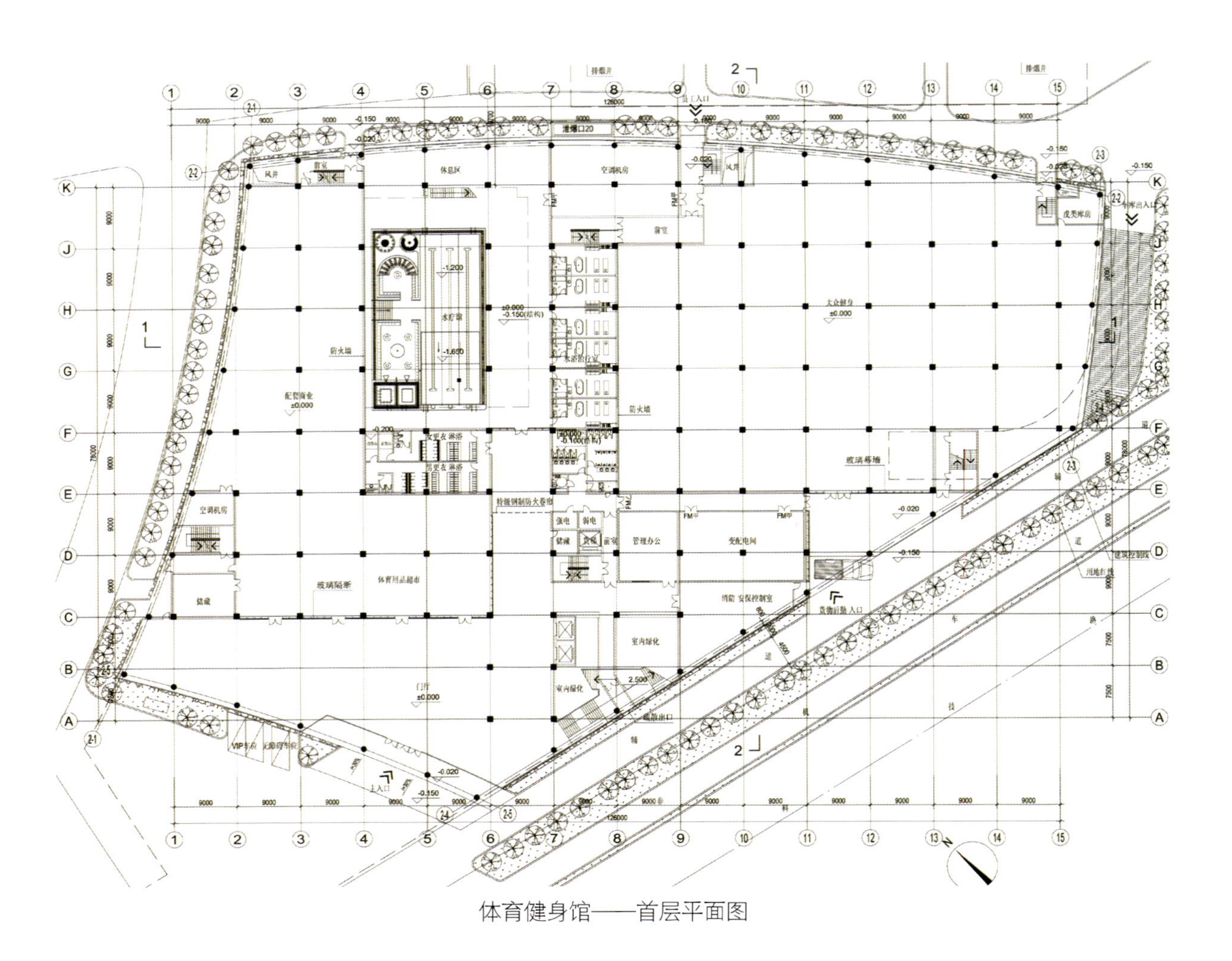

体育健身馆——首层平面图

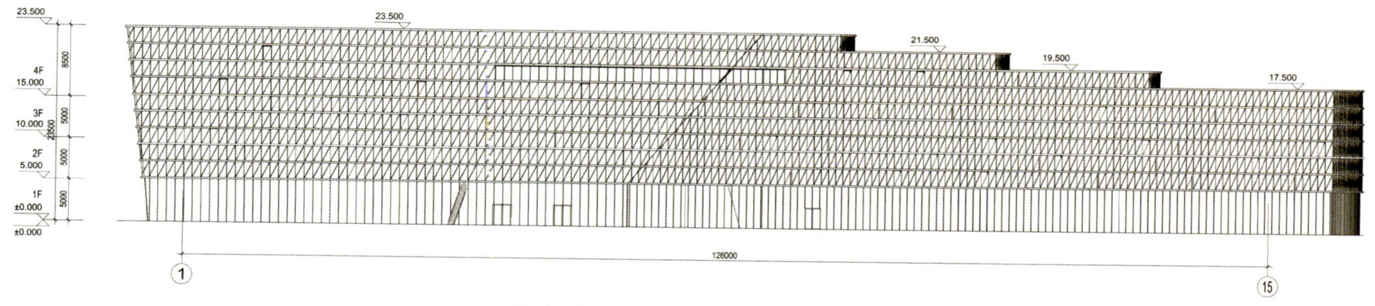

体育健身馆—— ⑮-①轴立面图

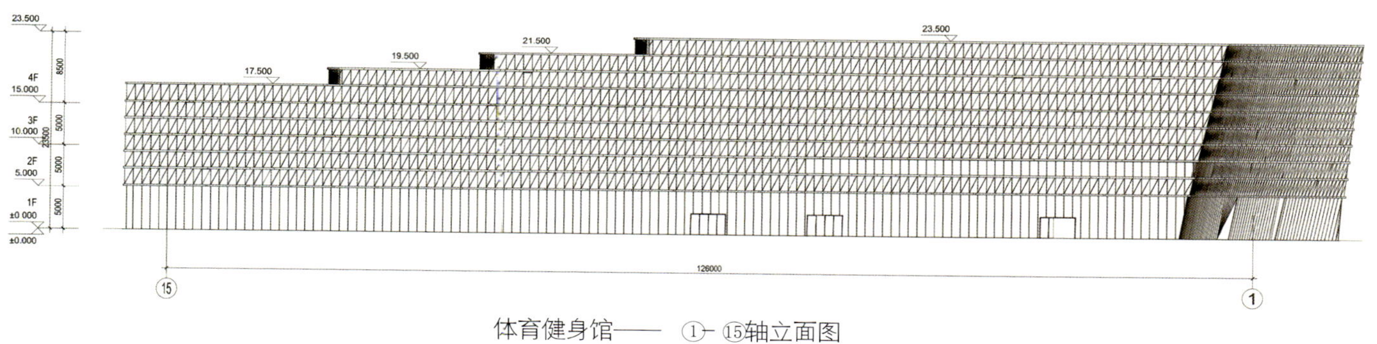

体育健身馆—— ①-⑮轴立面图

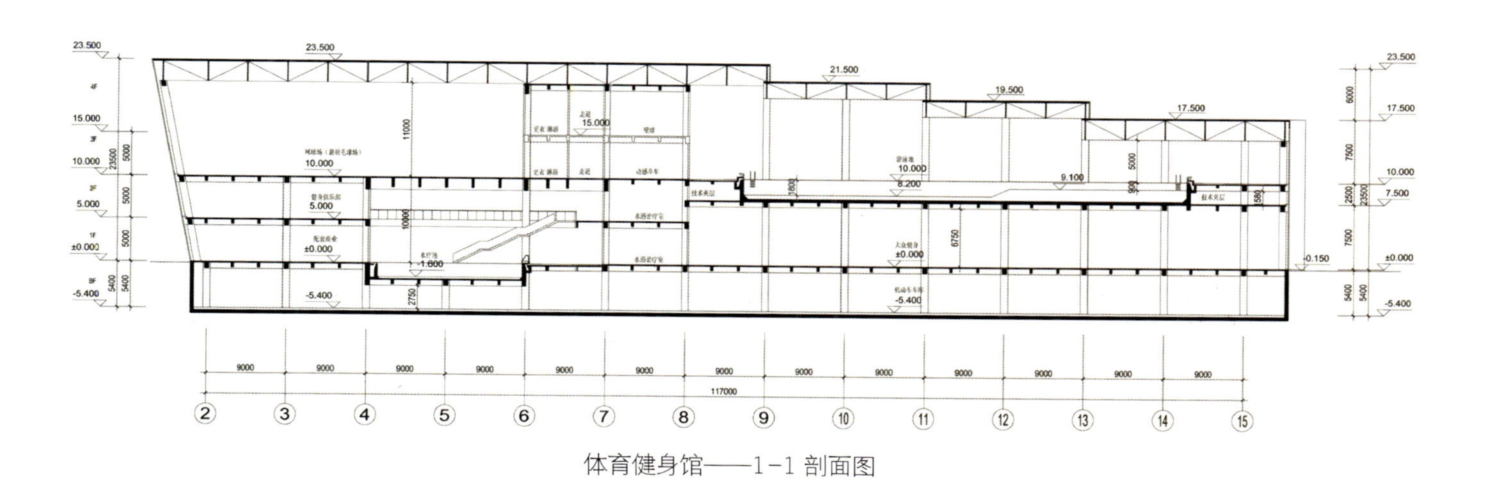

体育健身馆——1-1 剖面图

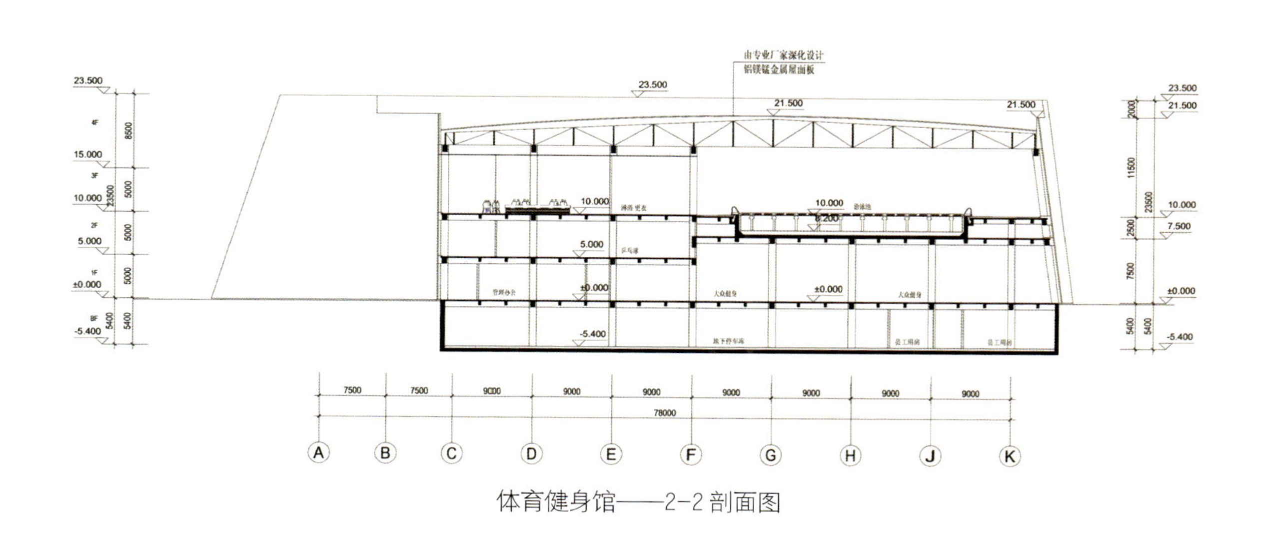

体育健身馆——2-2 剖面图

文化公园

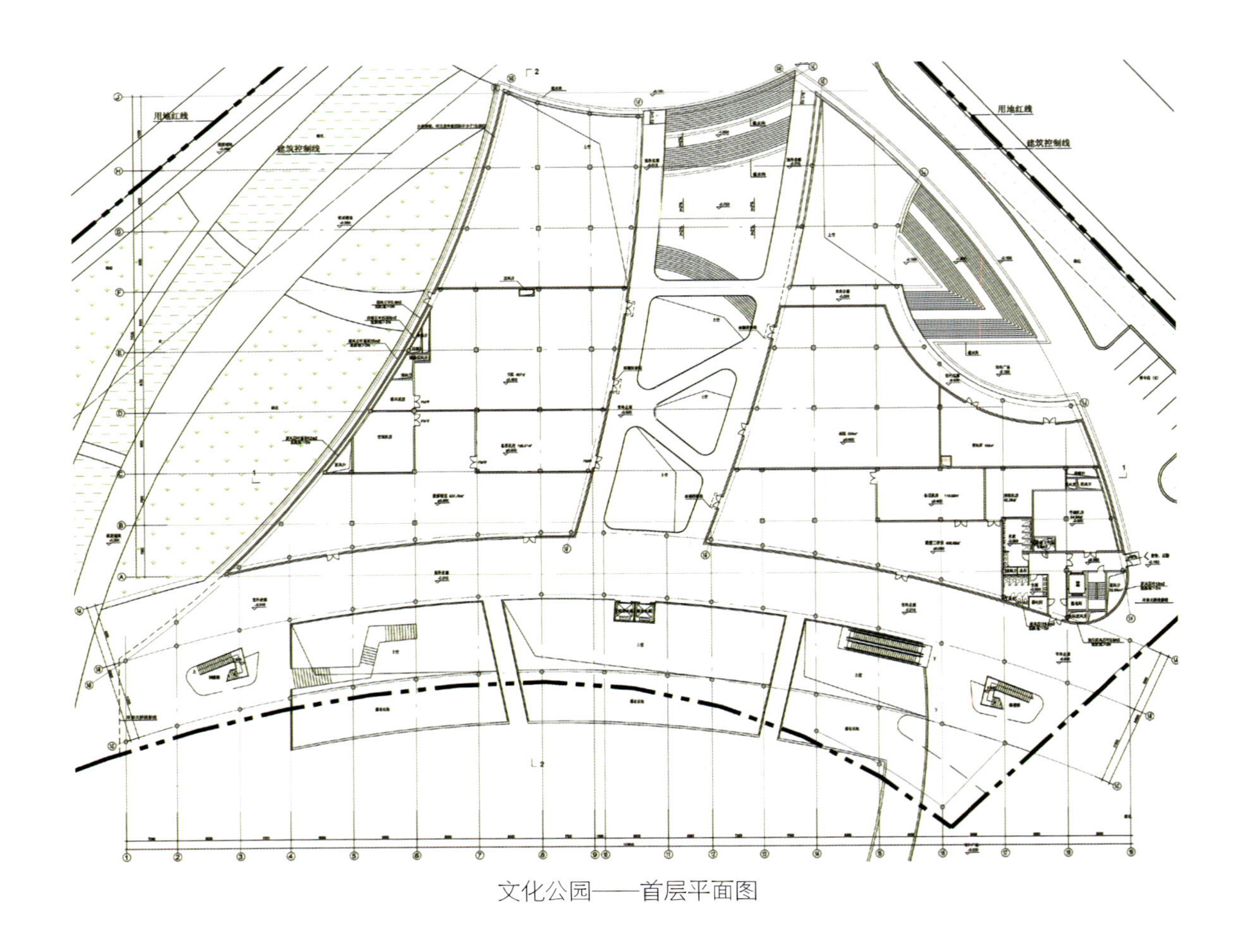

文化公园——首层平面图

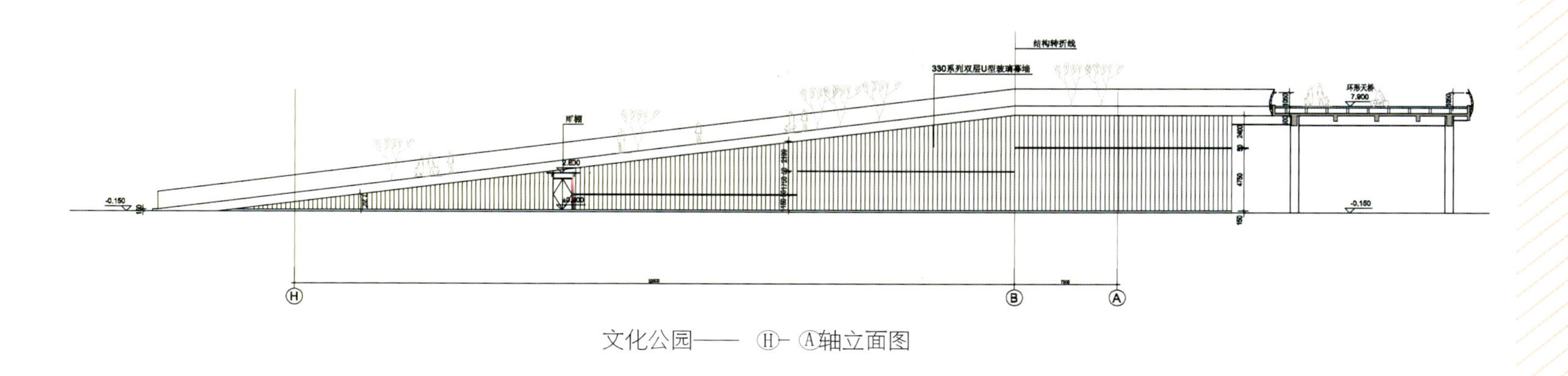

文化公园—— Ⓗ- Ⓐ轴立面图

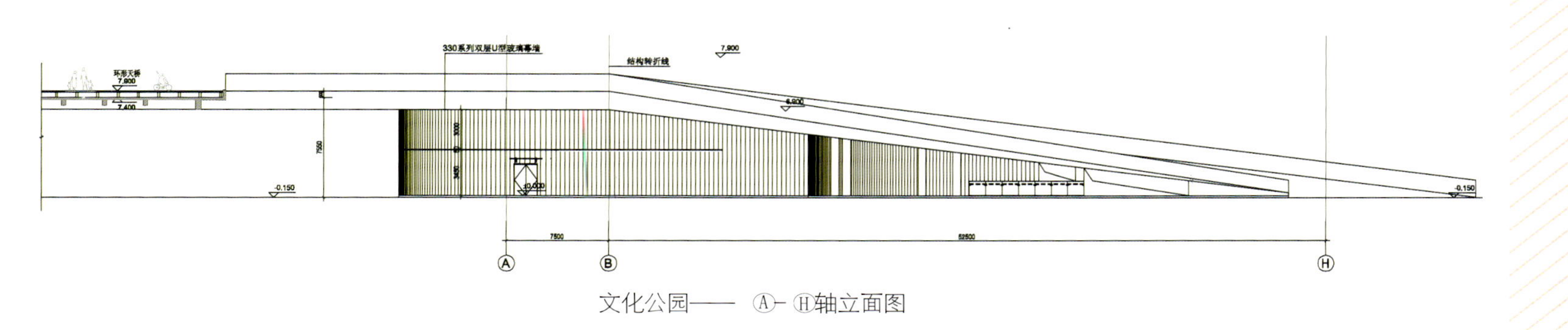

文化公园—— Ⓐ- Ⓗ轴立面图

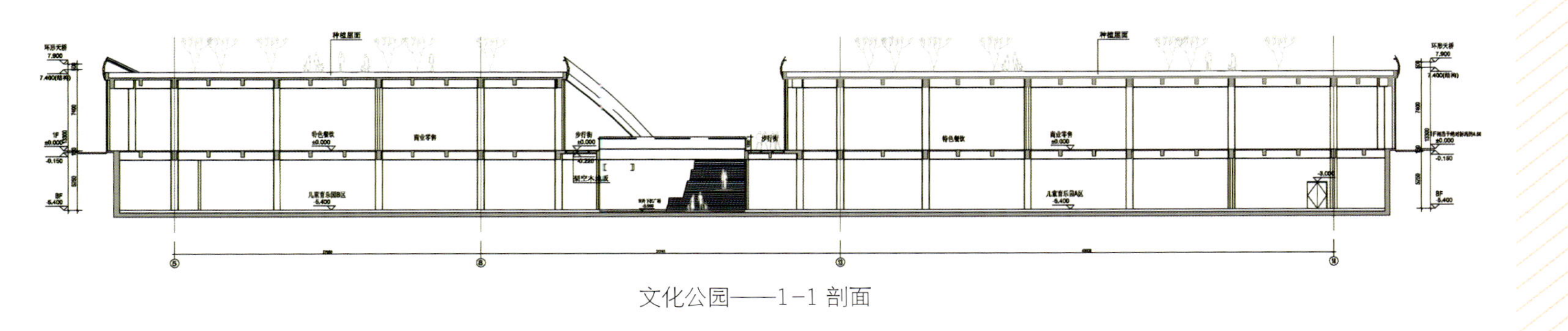

文化公园——1-1 剖面

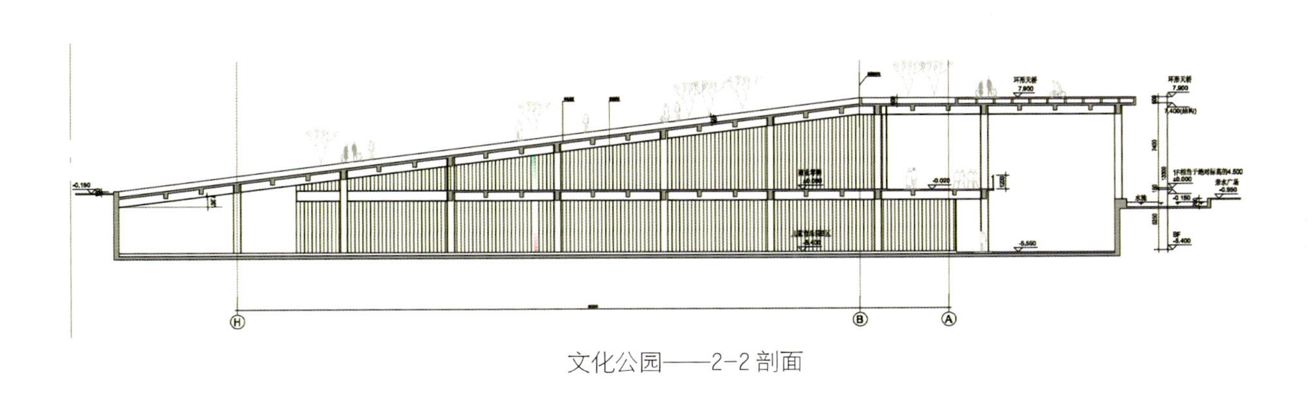

文化公园——2-2 剖面

庆云县文化中心

工程档案

建筑设计：清华大学建筑设计研究院
项目地址：山东德州
用地面积：29900m²
建筑面积：38600m²

项目概况

庆云县文化中心位于山东省德州市庆云县内，北临光明路，与县委县政府隔路相望；西至建设路，东达城市规划路，南接城市市民广场，位置极为重要。项目总用地2.99hm²，东西阔219m，南北深128m，用地方正，坡度平缓。文化中心总建筑面积约3.86万m²，根据功能需要由三栋单体组成，包括科技中心、小剧场及图书馆、小型博物馆。基地南侧即为整个县城最大文化广场。设计既要符合建筑功能的需求，表现出文化建筑的表情，同时也应该保证对周边环境及建筑的控制力。设计选择垂直线条作为贯穿整个建筑群体的统一元素，在不同的建筑个体上采用不同的处理方式：科技中心办公楼为中心主楼，建筑表情以稳重为主，两侧分别为参与性更强的图书馆、博物馆及小剧场，垂直线条在东西立面上跳跃、起伏。

建筑采用灰色石材（鲁灰）通体设计，配合磨光和烧毛等不同表面处理方式，表现细腻的材质变化。节点的设计基于石材的不同处理及搭配，科技中心顶部、主入口、剧场入口柱廊、东西山墙、北侧回廊，通过磨光与烧毛的处理、组合、缝隙调节，形成了丰富、微妙而又统一的建筑效果。

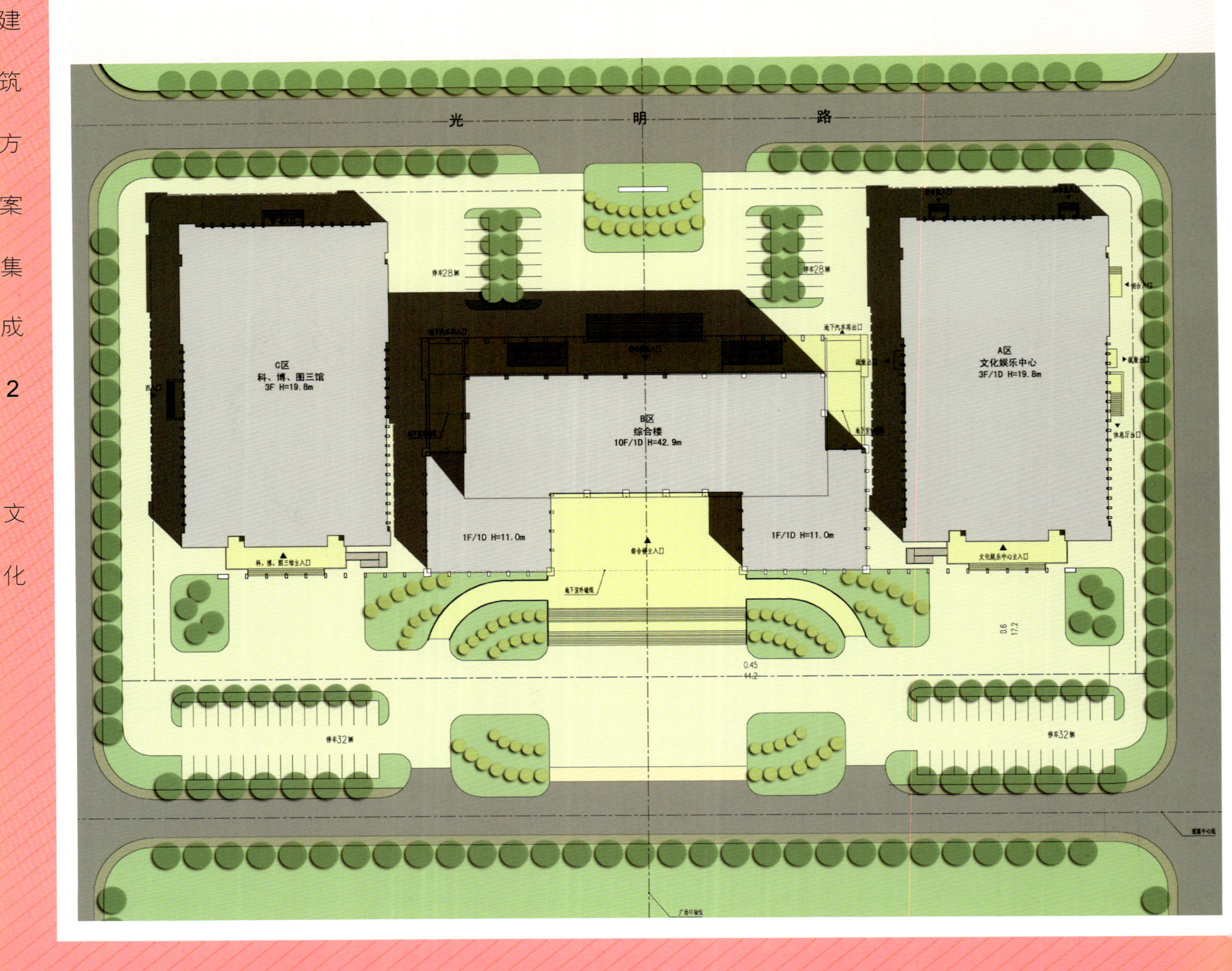

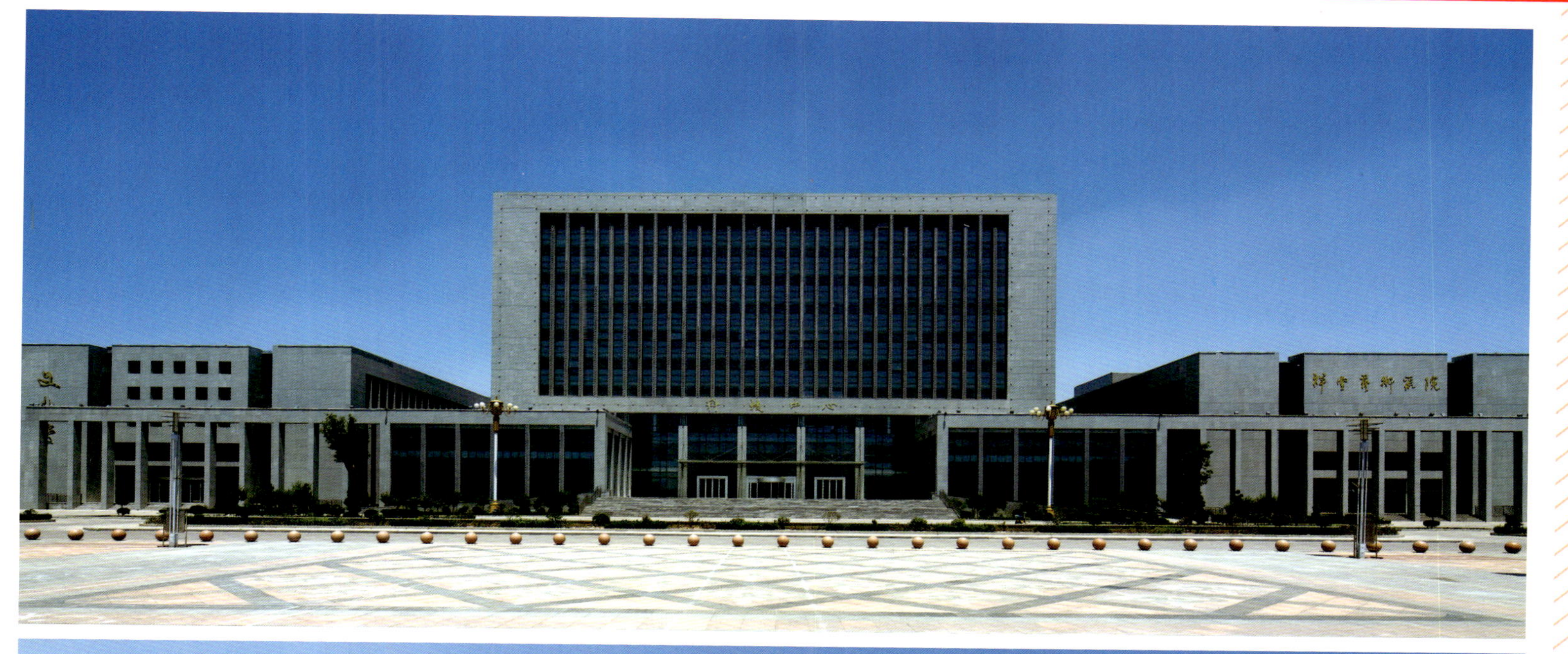

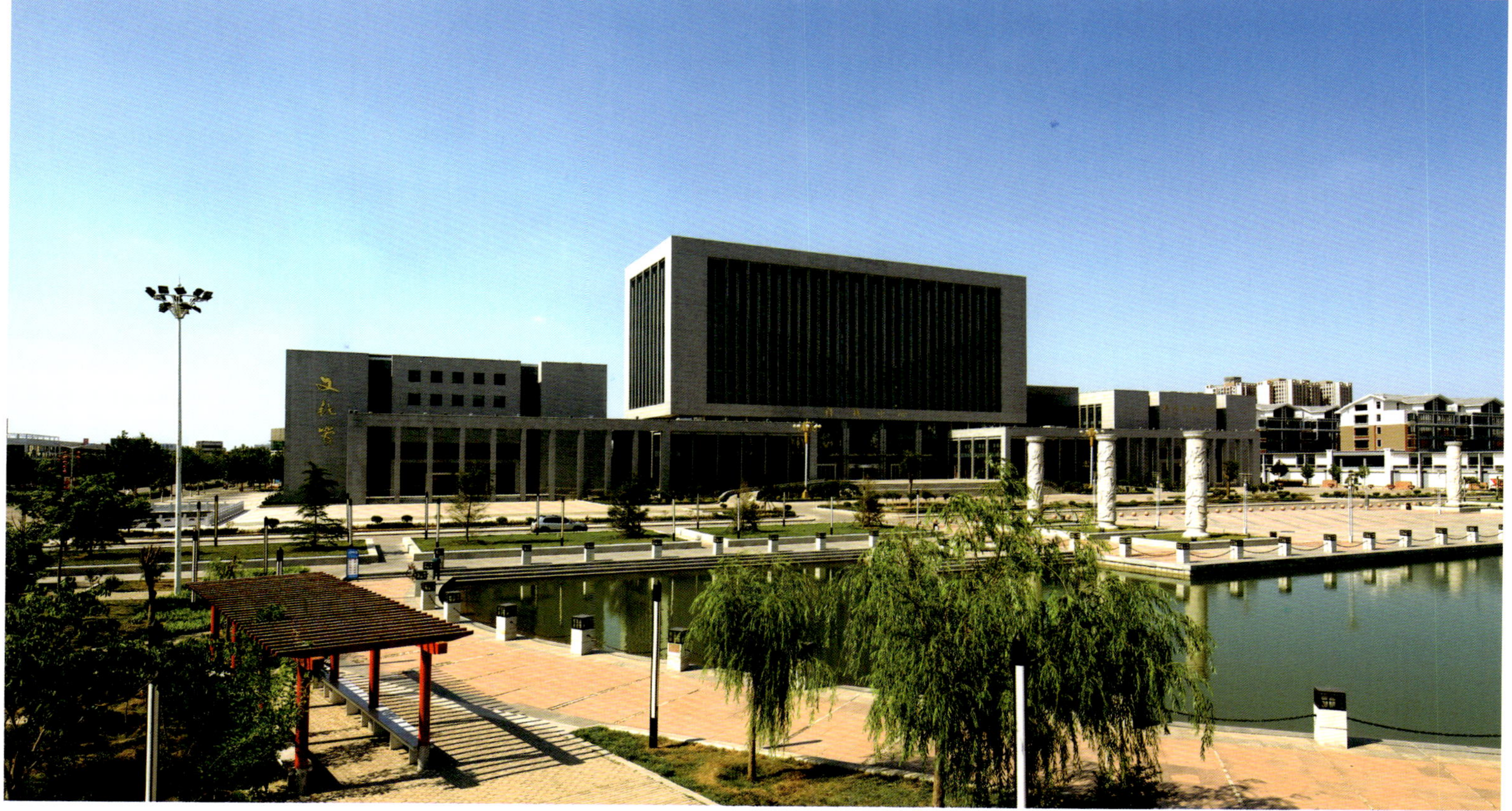

项目特色

项目特色：融入、整合、灵动、纯化

融入场地

设计力图首先融入已有的城市环境并与之发生积极的关系，南侧面宽 200m，进深 400m 的城市广场成为文化中心的主要对话空间。建筑体量控制通过中间高、两侧低的方式形成对于场地的总体控制。科技中心主体达 40m，形成于广场呼应的适宜体量。文化馆与剧场主要檐口低于 20m，与科技中心配合。

整合建筑

文化中心虽由三馆组成，设计在不同立面通过不同方式加以整合。尤其在建筑南侧、科技中心通过群楼框架向东西方向延伸，构成东西两馆入口前空廊。在丰富入口层次的同时，大大加强建筑面向市民广场的整体性。北侧通过建筑体量的前后错动，围合成供内部使用的广场，夕阳下建筑浑然天成。

灵动气质

多种功能的存在，决定了建筑的表情虽统一而又不能单一、乏味。设计通过石材竖向线条的不同处理来展示微妙的气质变化。南侧的城市广场、科技中心所具有的政府职能，决定了建筑的大气、沉稳，竖向线条贯穿东西，前后错落与三馆之间，优雅、经典；东西立面则通过石材线条的错动、倾斜、扭转，与玻璃幕墙反差，呼应建筑作为文化场所，服务市民的灵动气质。

纯化材质

我们选择鲁灰——这一经典的当地石材作为建筑的外墙材料，并在建筑的各个界面得以延续。统一纯化的材质加强了建筑的整体感，统一了建筑大小、前后、高低的体量变化，纯净了建筑、也沉静了建筑。

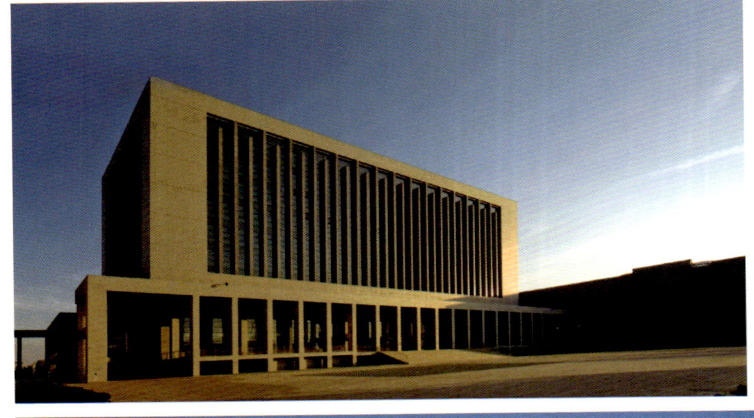

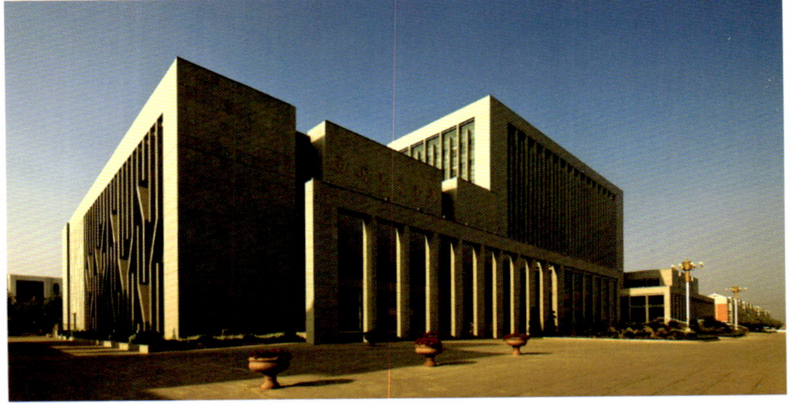

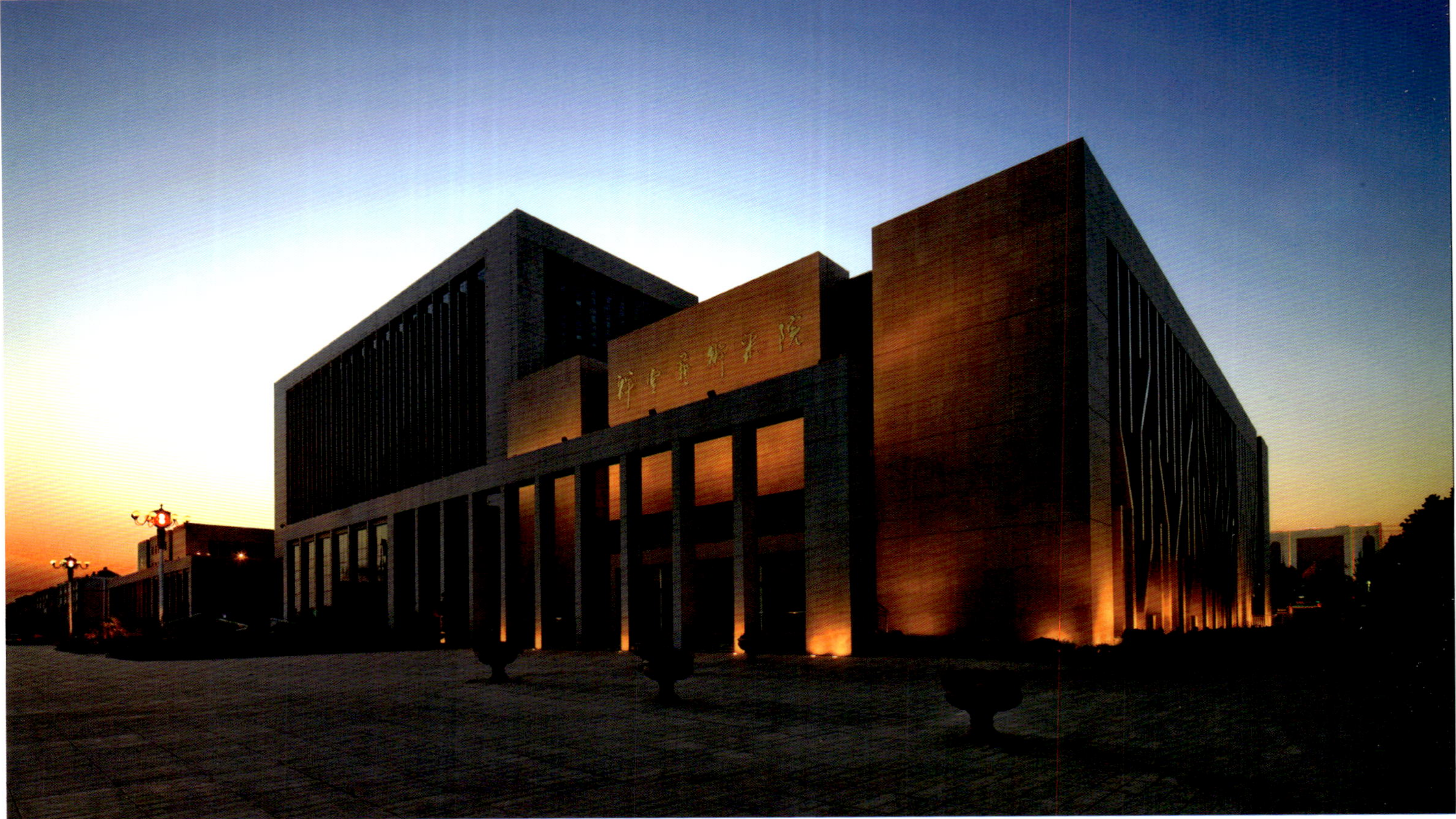

弘扬庆云精神 推进思想解放 为实现全县突破跨越科学发展而努力奋斗

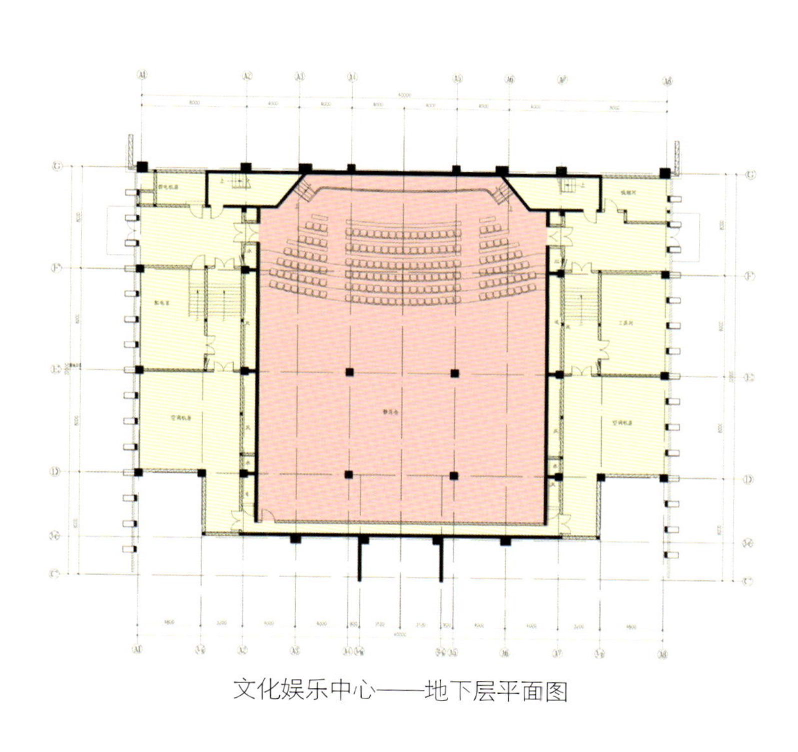

文化娱乐中心——地下层平面图

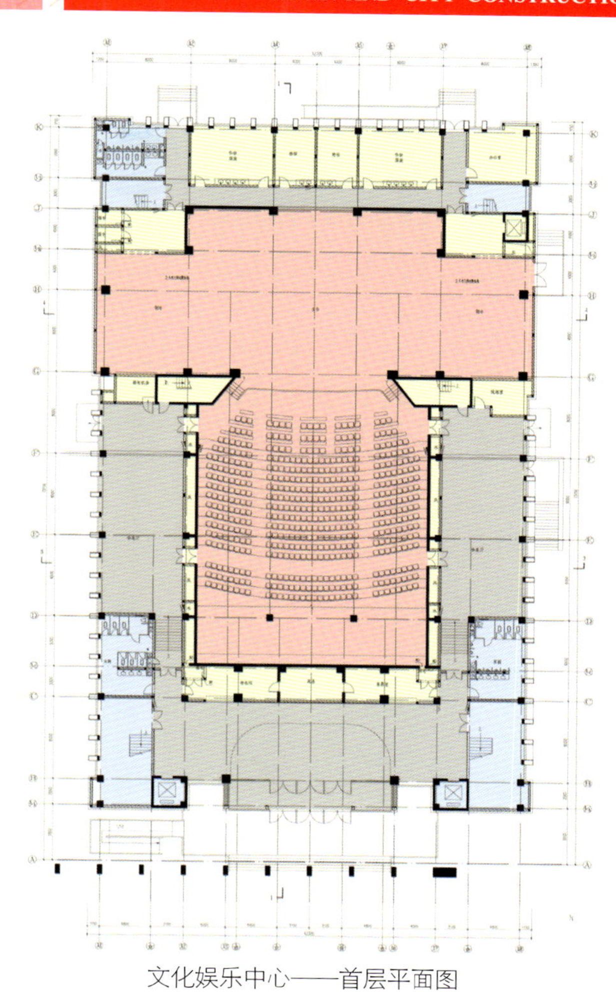

文化娱乐中心——首层平面图

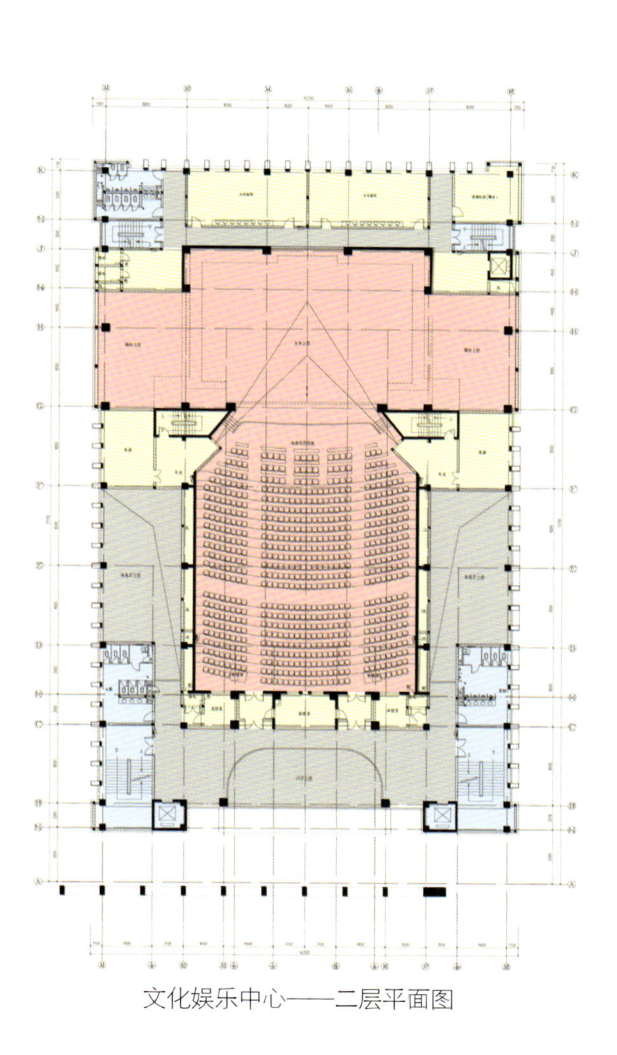

文化娱乐中心——二层平面图

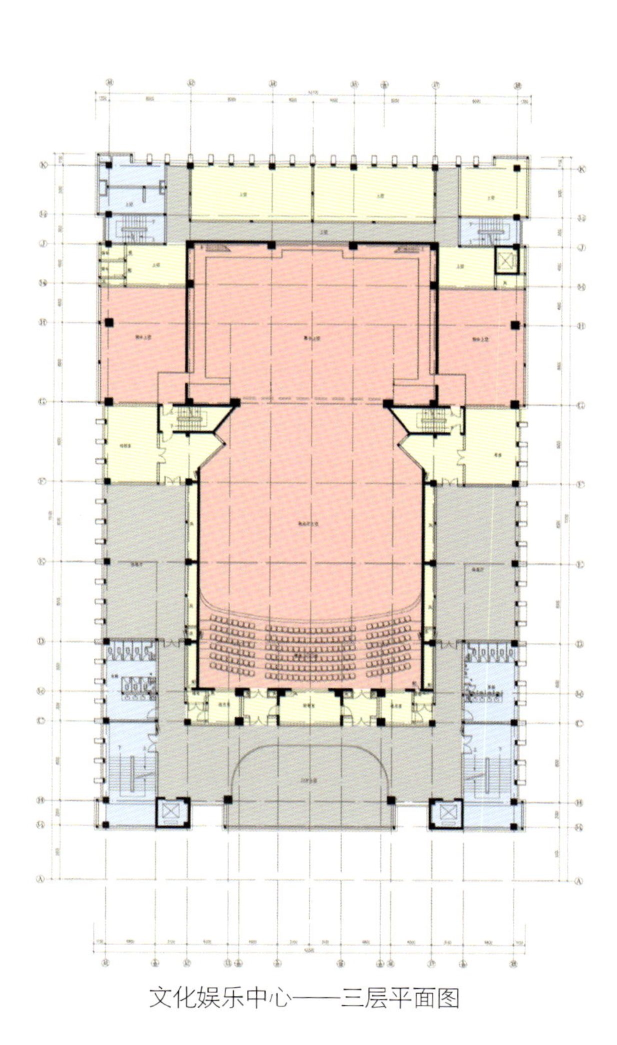

文化娱乐中心——三层平面图

文化娱乐中心——4-4 剖面图

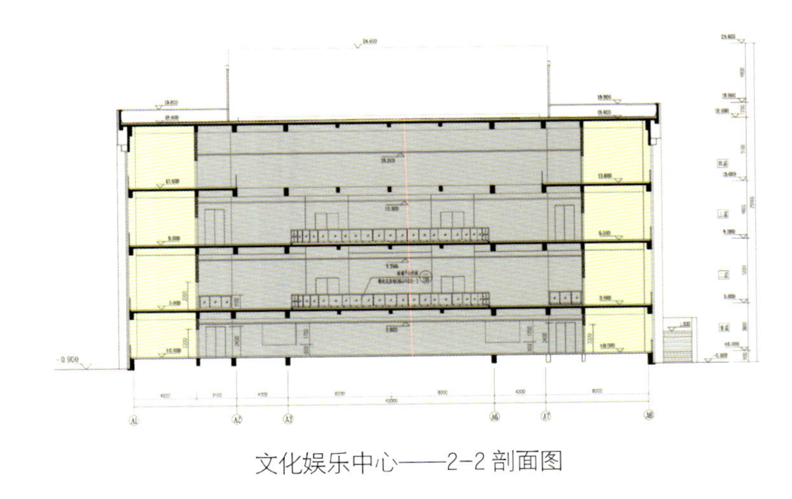

文化娱乐中心——2-2 剖面图

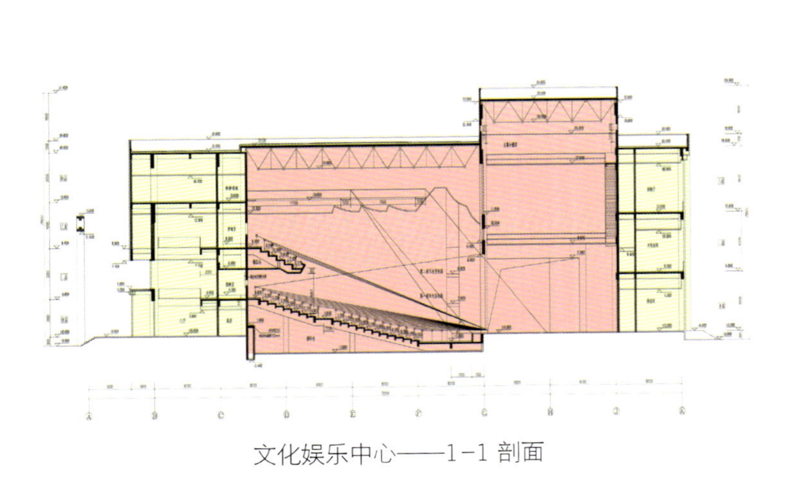

文化娱乐中心——1-1 剖面

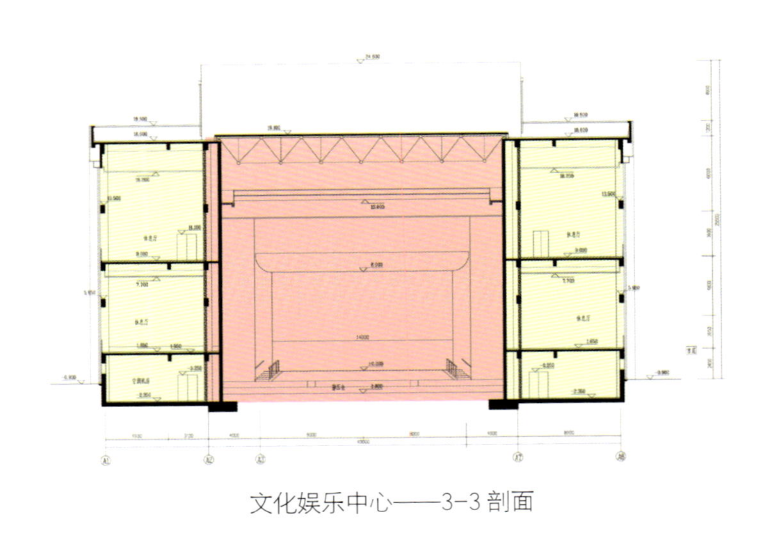

文化娱乐中心——3-3 剖面

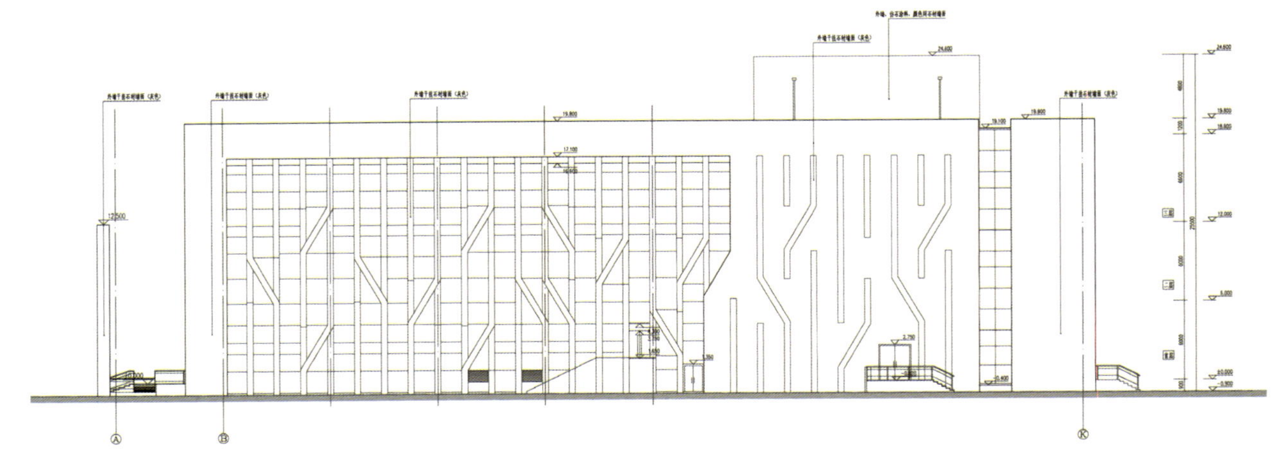

文化娱乐中心——A-K 立面图

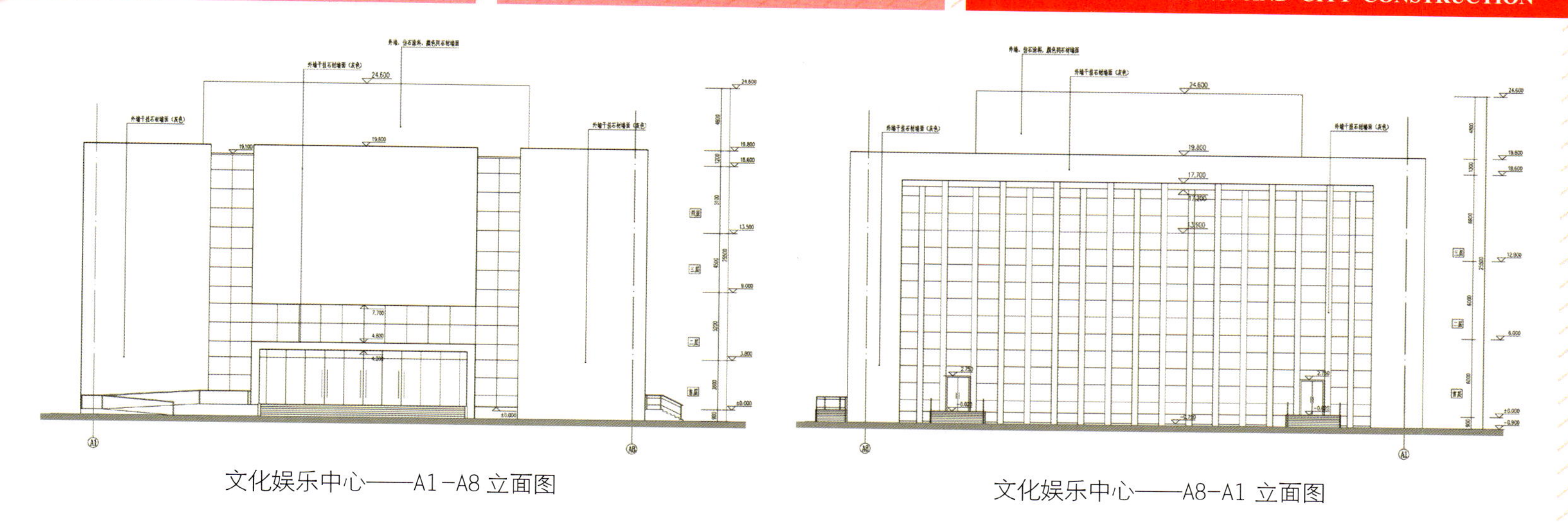

文化娱乐中心——A1-A8 立面图

文化娱乐中心——A8-A1 立面图

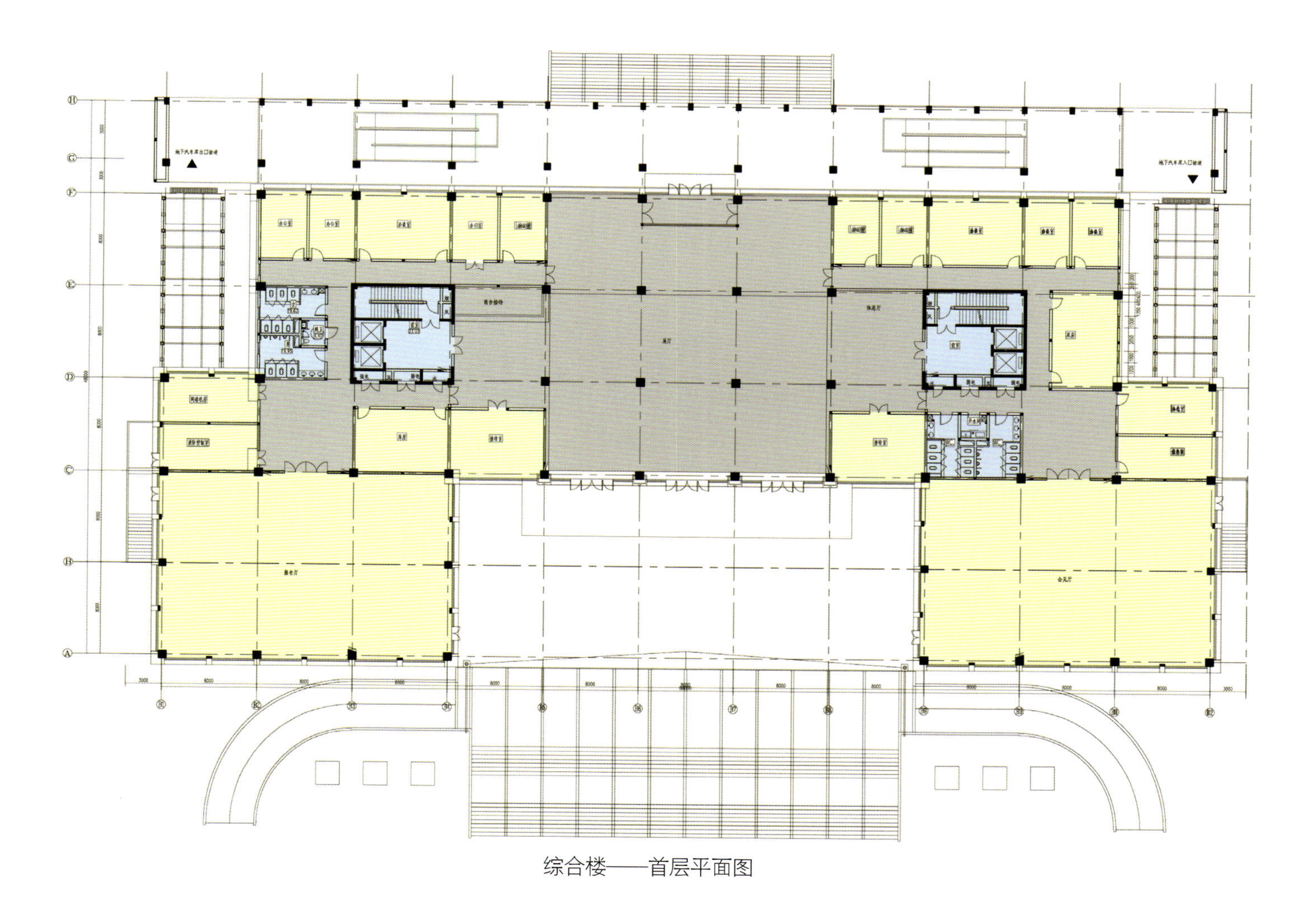

综合楼——首层平面图

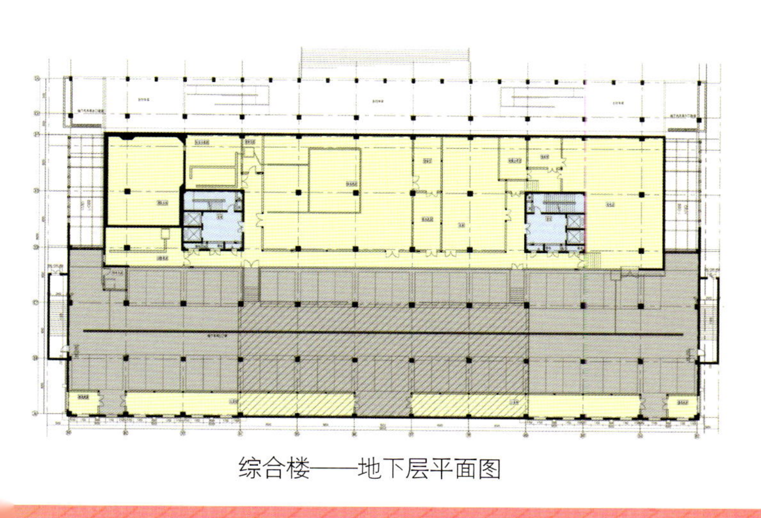

综合楼——地下层平面图

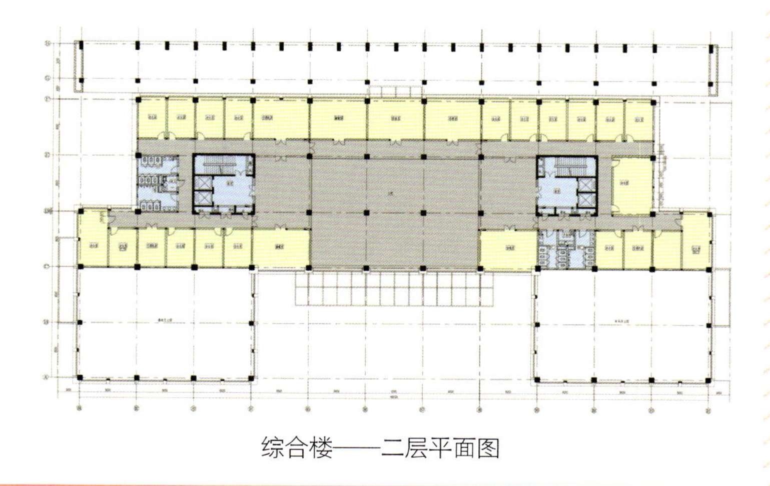

综合楼——二层平面图

综合楼——三层平面图

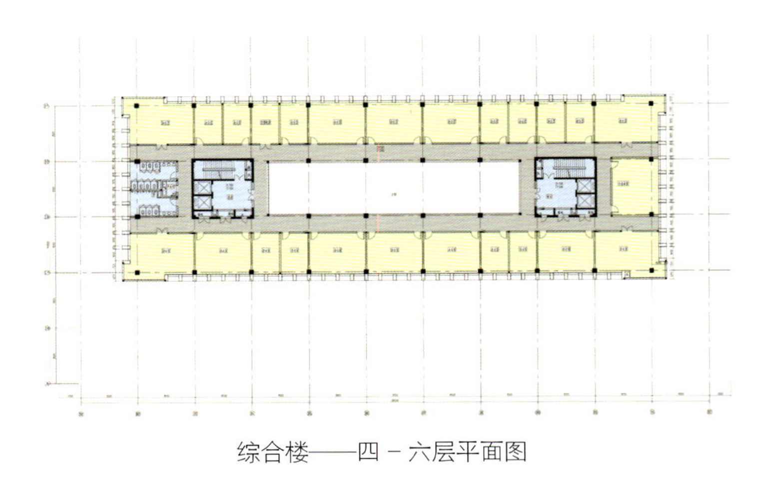

综合楼——四－六层平面图

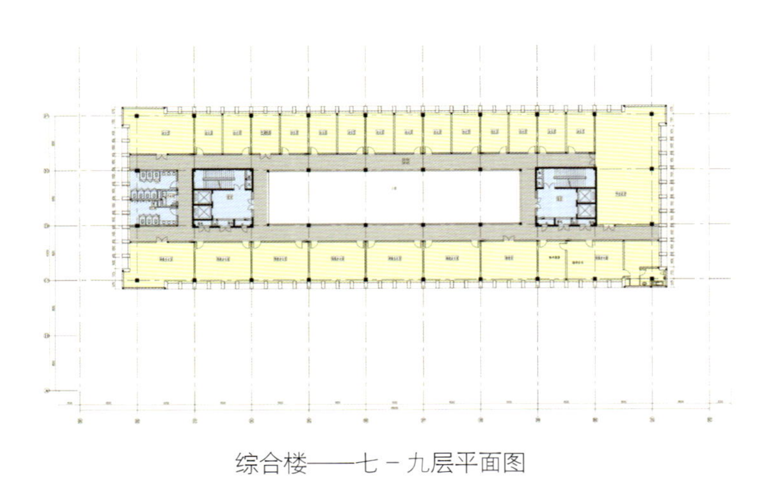

综合楼——七－九层平面图

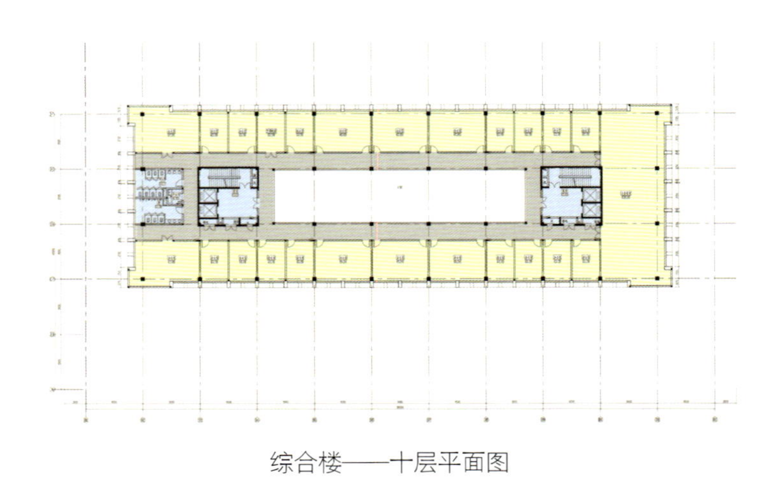

综合楼——十层平面图

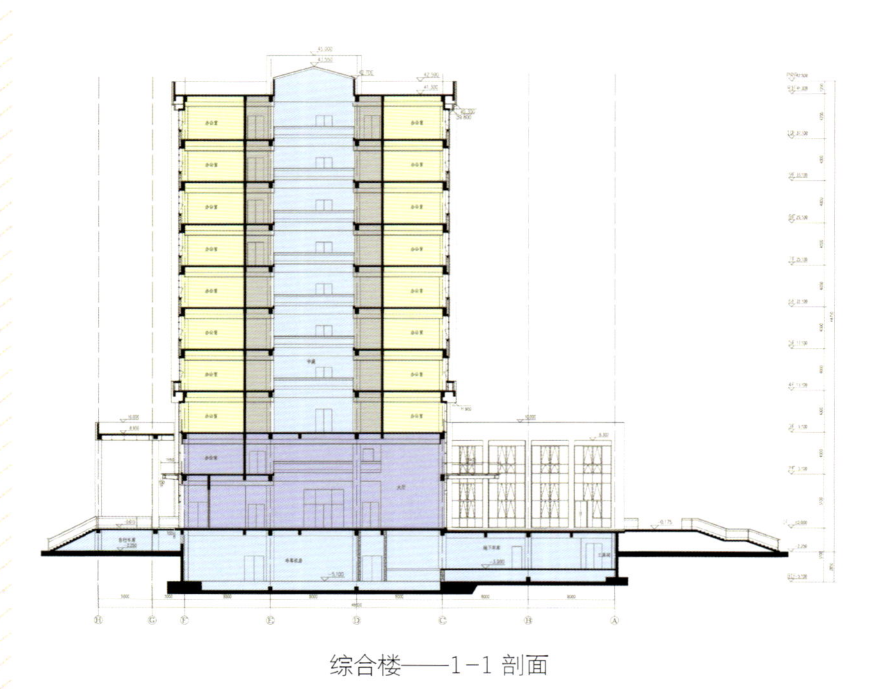

综合楼——1-1 剖面

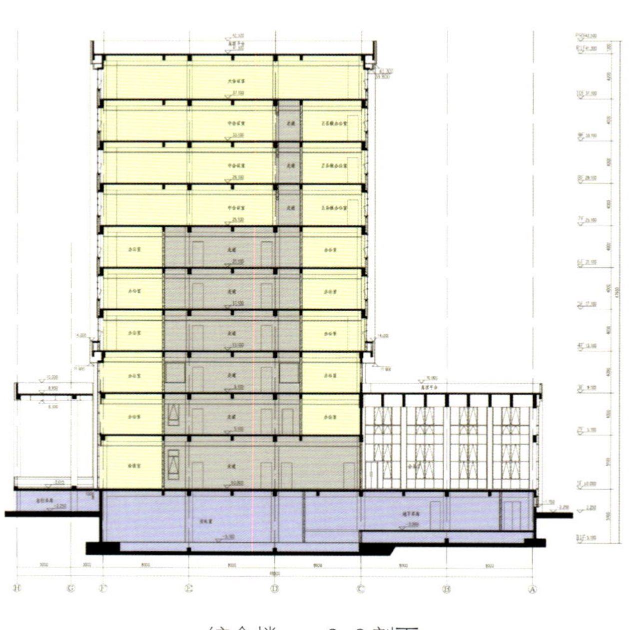

综合楼——2-2 剖面

综合楼——3-3 剖面图

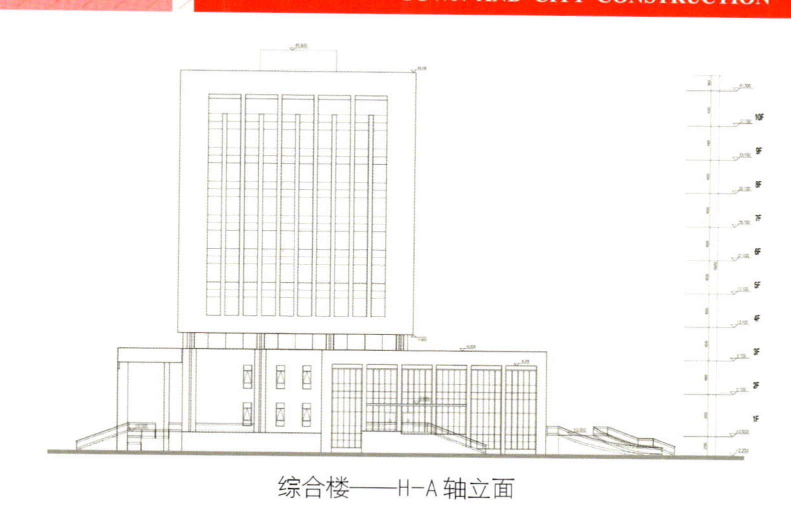

综合楼——H-A 轴立面

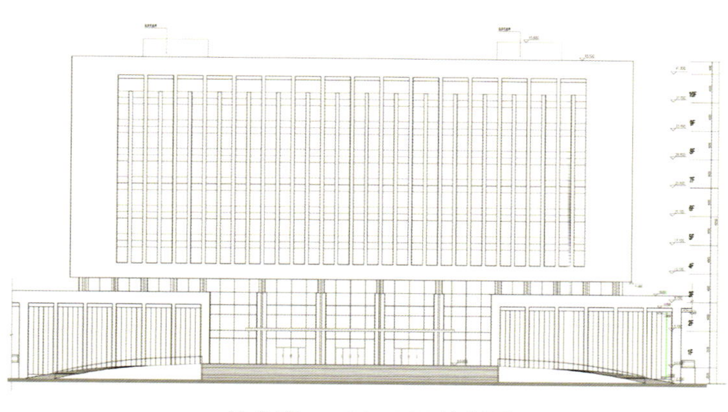

综合楼——B1-B12 轴立面

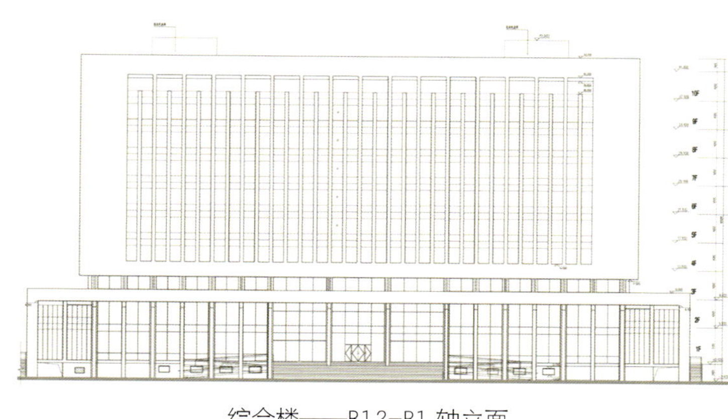

综合楼——B12-B1 轴立面

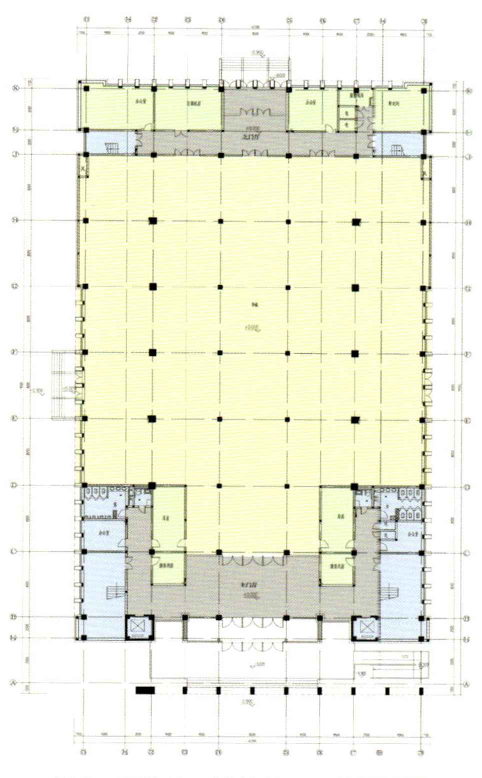

书城、展览馆、博物馆——首层平面

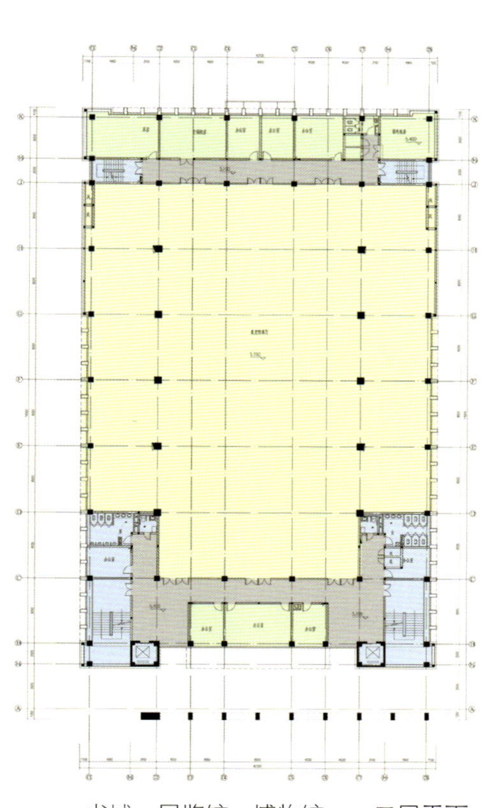

书城、展览馆、博物馆——二层平面

书城、展览馆、博物馆——8.4 标高夹层平面

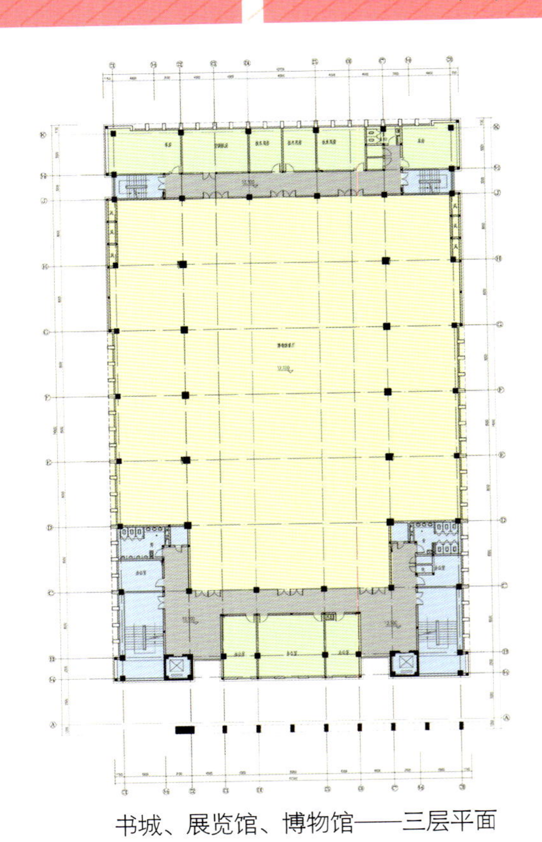

书城、展览馆、博物馆——三层平面

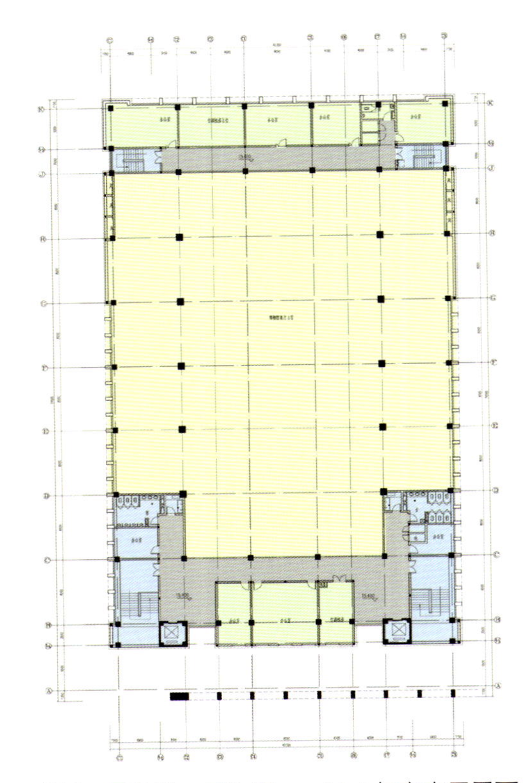

书城、展览馆、博物馆——15.4 标高夹层平面

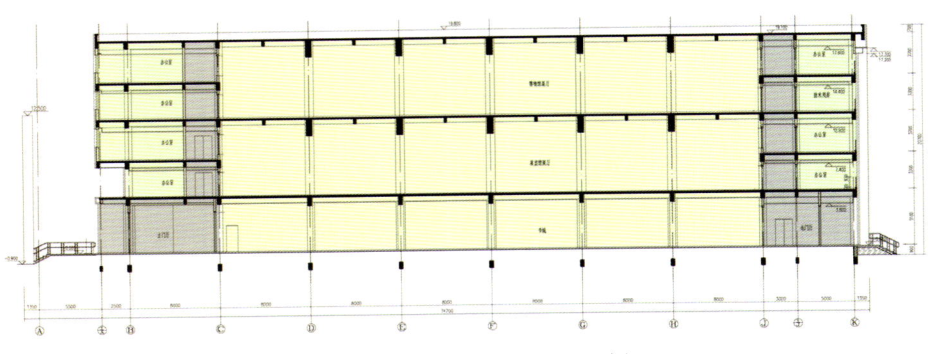

书城、展览馆、博物馆——1-1 剖面图

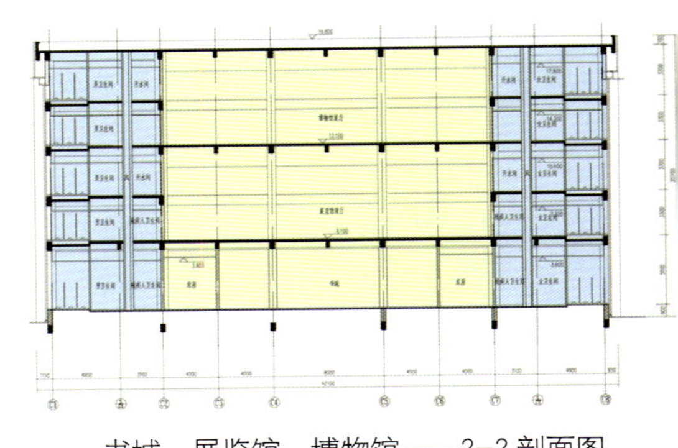

书城、展览馆、博物馆——2-2 剖面图

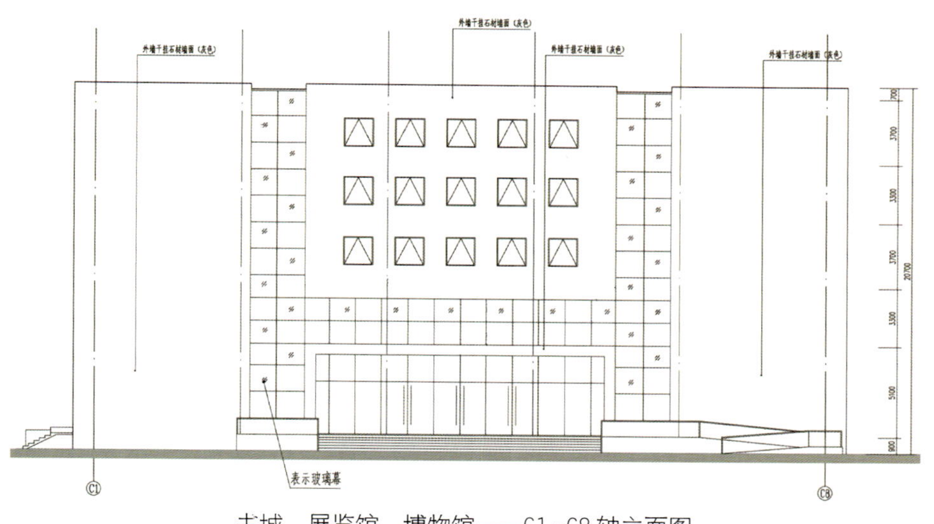

书城、展览馆、博物馆——C1-C8 轴立面图

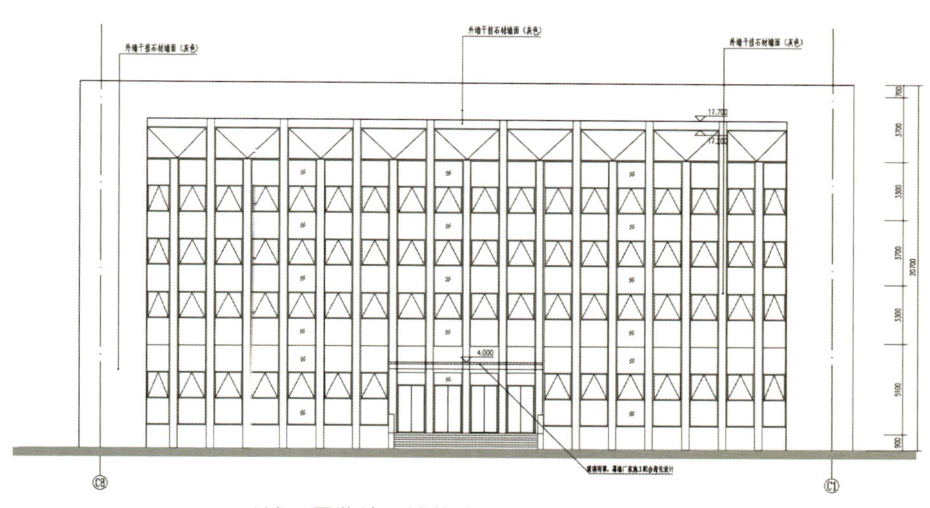

弓城、展览馆、博物馆——C8-C1 轴立面图

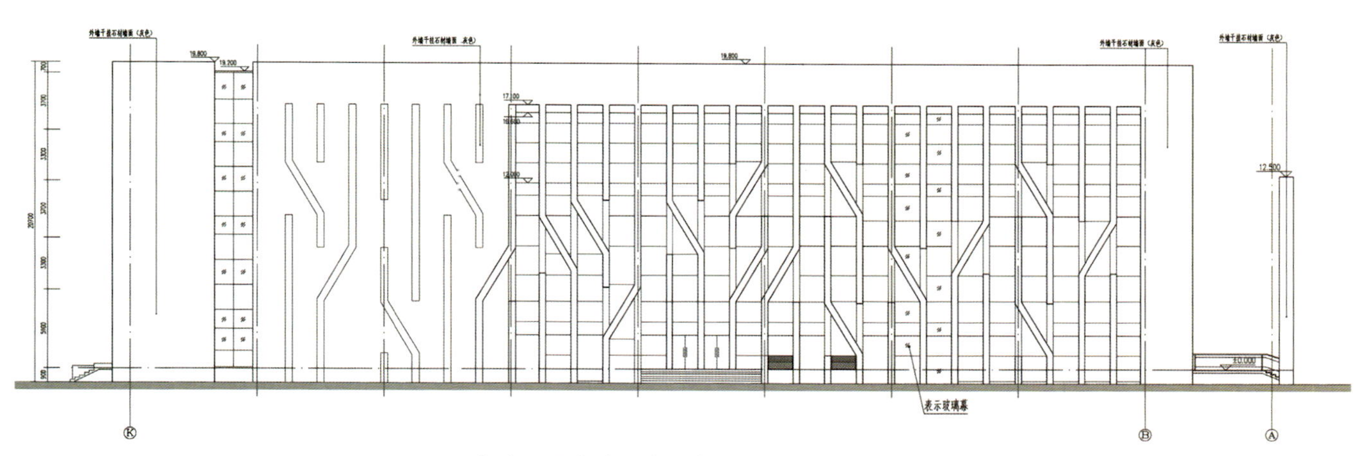

书城、展览馆、博物馆——K-A 轴立面图

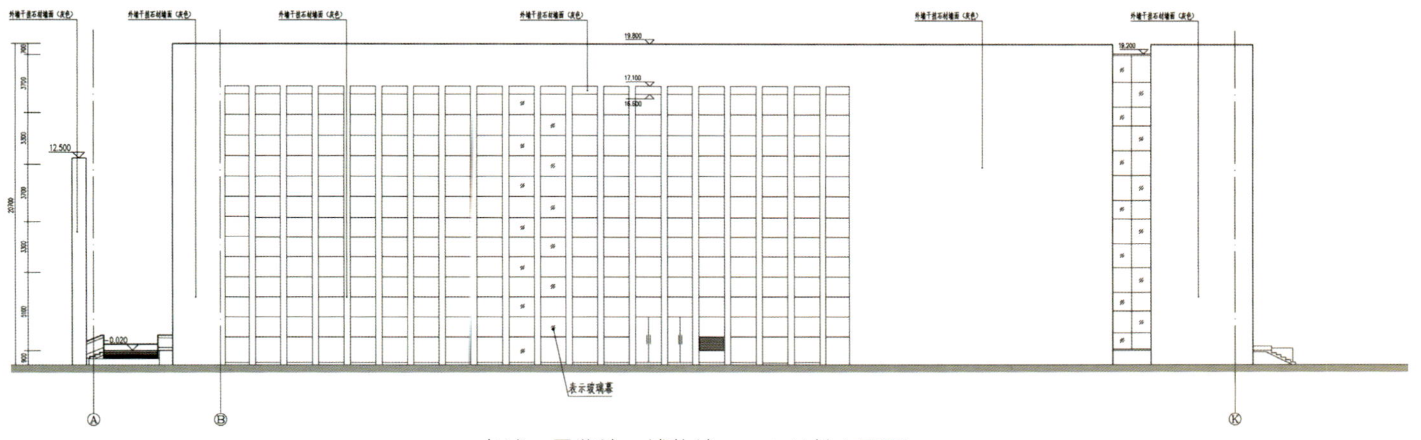

书城、展览馆、博物馆——A-K 轴立面图

烟台文化中心

工程档案

建筑设计：华南理工大学建筑设计研究院
　　　　　烟台市建筑设计研究股份有限公司
项目地址：山东烟台
用地面积：76300m^2
建筑面积：126121m^2
容 积 率：0.88

项目概况

项目位于烟台市芝罘区，北临南大街，南靠西关南街，东沿胜利路，西沿西南河路，基地东侧为历史保护街区所城里，西面和南面为城市住宅用地。总用地面积7.63hm^2。基地呈东西约400m，南北最宽150m的狭长地形。用地大体北低南高，南侧道路标高高出基地标高约3-4m。

烟台市文化中心工程包括大剧院、博物馆、群艺馆、京剧院以及青少年宫、书城几大部分，总建筑面积为126121m^2，（其中地下建筑面积59111m^2；地上建筑面积67010m^2）。建筑层数为地上6层，局部地下2层，建筑高度为39.9m。

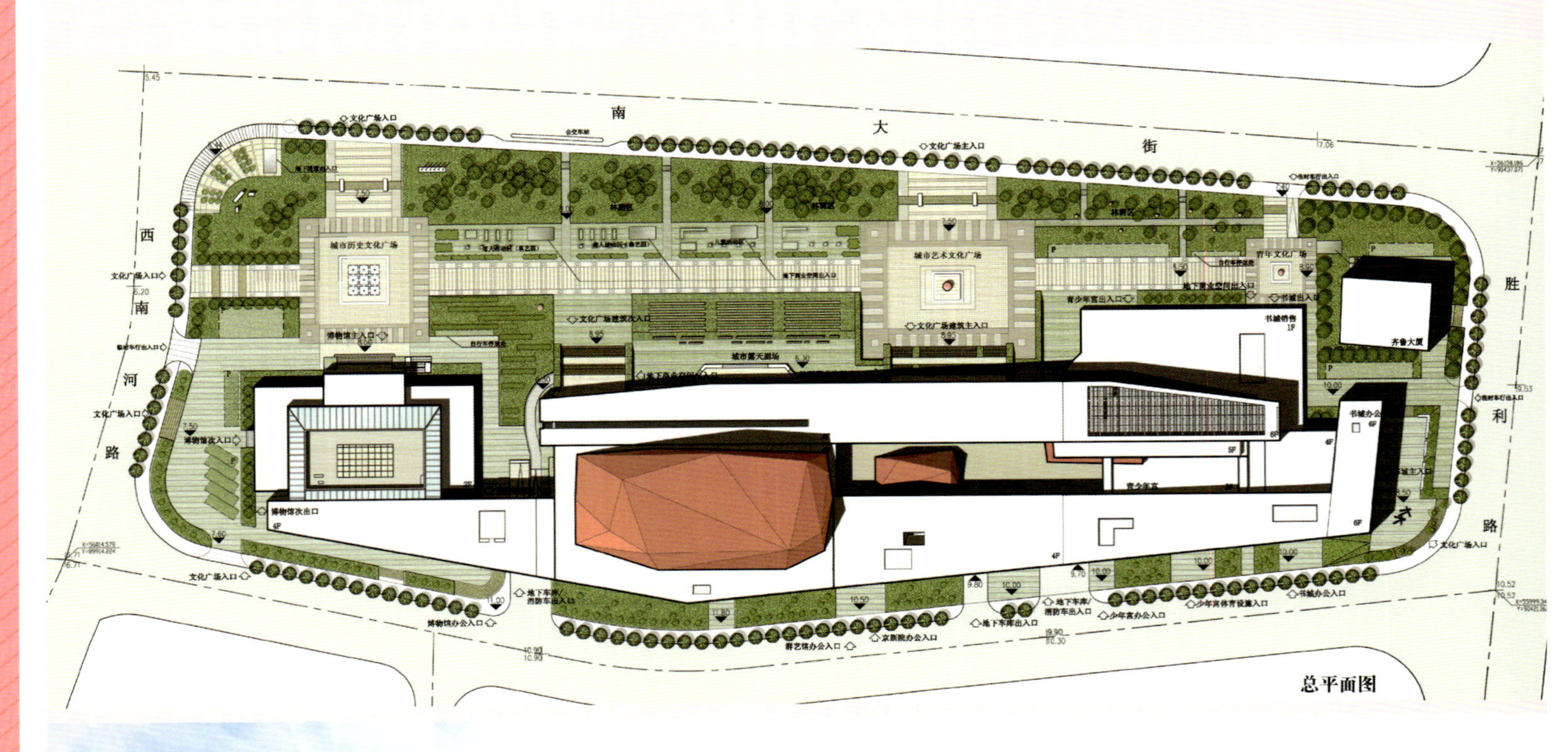

总平面图

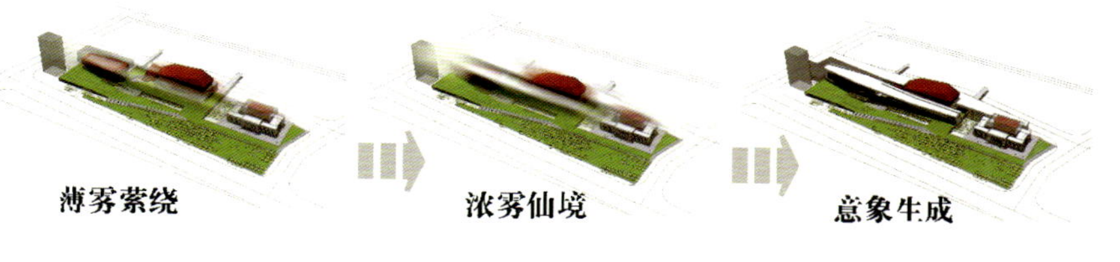

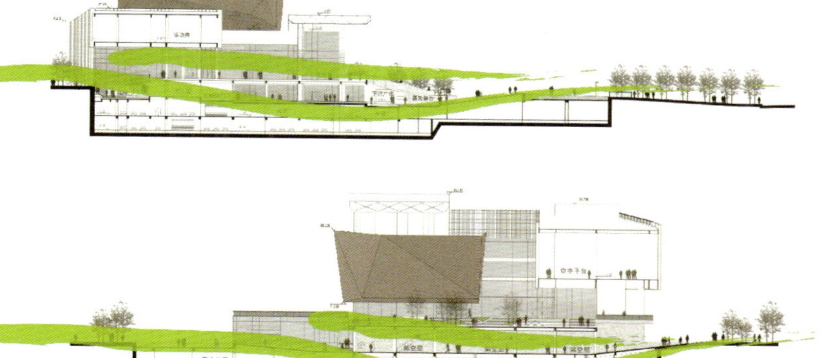

设计理念和设计特点

1. 集约化、整体化设计策略

烟台文化中心在城市中心紧凑的用地上规划建设了一座包含六大功能、十数万平方米的大型文化建筑，它体现了一种前瞻性的集约化土地使用策略，同时文化活动以及建筑的集群效应将进一步凸显其场地的价值，烟台文化广场将呈现一场融合集约化与开放性的文化盛宴。

将六大功能体块通过平台、屋顶、连接体形成一个有机整体，以增加可识别性和标志性，以达成形象鲜明、协调统一的效果。烟台文化中心是一座以不同侧面表现出整体、开放、融合、象征、明晰、承继等品质的建筑。

2. 基于城市的开放空间塑造

开放与通透——北面大面积的市民广场以及在大尺度的水平飘板下的平台都可作为开放的市民空间，不同建筑体量之间自然留空，保持视线的穿透性和满足自然通风采光的要求。

多功能与包容——三块石头以及水平向展开的体量、大气而舒展，在洗练简洁而寓意深刻的形体下包含了丰富、多层次的内外部空间。

对话——现代柱廊与传统柱廊的对话、所城形态与书城局部构成的对话、传统的齐鲁文化装饰在现代建筑中的运用等。

最大程度的广场空间扩展——最大限度的利用基地作为市民活动场地，设置立体广场，将人流引入到建筑的架空平台内，形成不同层次、不同性质的外部空间，增强基地的可穿越性。

地下空间的充分利用——有效拓展地下空间，合理布置设备用房、车库和适当的商业用房。充分解决了实际使用中会出现的种种矛盾，通过不同方向和不同场地标高区分人车流交通，合理安排不同使用不同的门厅和入口。区分不同的广场活动范围和性质。

3. 交汇之海、文化之石——地域性、时代性、文化性意义表达

方案创作的灵感来自于一系列烟台的自然特色和物质文化特征：

包括长岛平流雾、曲折优美的海岸线与沙滩、云遮雾绕的海岛仙山，以及烟台由所城到开放的商埠的历史演变、百年张裕葡萄酒文化、民间艺术和风俗习惯等。将这些抽象的文化符号通过建筑学的手段进行转化，确定了“山海仙境、开放烟台”的总体设计意向，并以“交汇之海、文化之石”为具体的形象特征。

方案分别以博物馆、大剧院（包括京剧院）、青少年宫的建筑体量呈石块状意蕴历史之石、现代之石和未来之石，在一个升起的平台上依序展开，三块体量以水平向舒展而曲折的飘板相连接，形成一种“长平流雾、烟绕云台”的空间意象。

方案中刚劲挺拔的骨架象征着的语文化中大气刚健的人文性格，柱廊则是一种柔化弹性的界面，象一缕薄雾，又似一层面纱，刚柔并济。从南大街由西向东，透过柱廊，整体建筑象一幅徐徐拉开的大幕，逐渐展示在市民面前。

在广场空间及装饰设计方面注重历史文化痕迹的注入，将烟台历史重大事件以及重要历史人物的相关信息与小品、装饰等结合，展示烟台的传统文化特色。

本方案自然美学与人文美学在此处交织为和谐之美，形成充满地域特征、富含文化品位与时代精神的标志性建筑。

4. 经济、实用、美观策略的综合运用

在未采用昂贵的高科技技术和设备的情况下，通过巧妙造型设计和精心的选材，实现了低成本高效的效果。其中，大剧院部分委托保利文化集团统一经营、管理，保利方面评价该剧院为其在国内经营、管理的几十家剧院中规模最适宜、设计最合理、音效最好的剧院之一。

烟台市文化中心不仅是烟台市人民各类文化活动的重要场所，也是展示烟台历史和地域特征的物质载体，是烟台市在现代化进程中走向开放与包容并蓄的文化产物，是一座充满地域特征、富含文化品位与时代精神的新世纪标志性建筑。

南大街购书中心
NANDAJIE BOOKSTORE

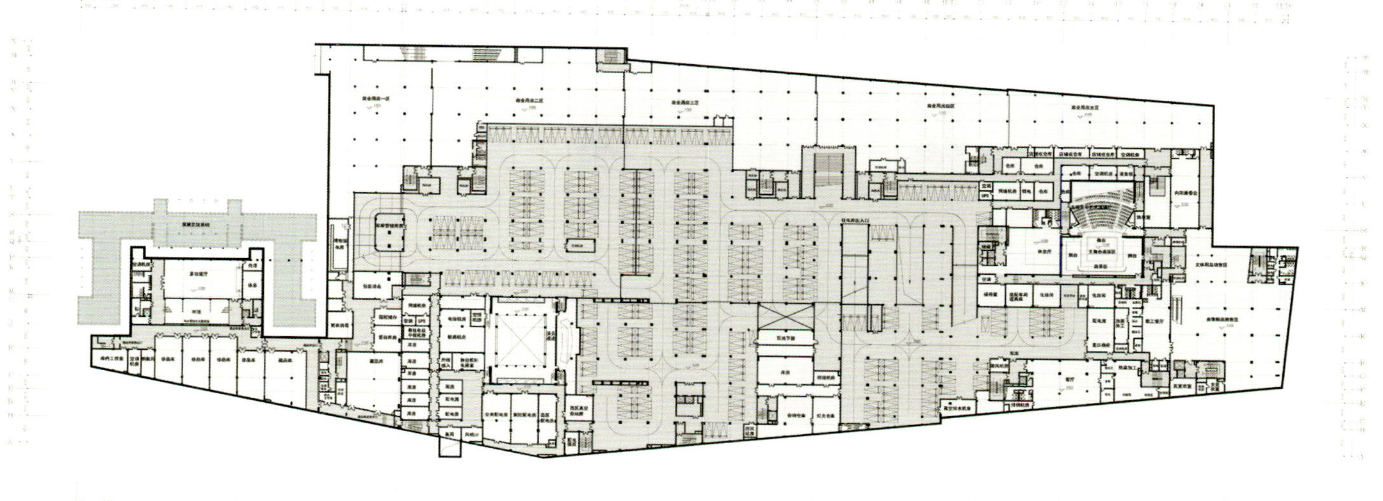

地下室平面图

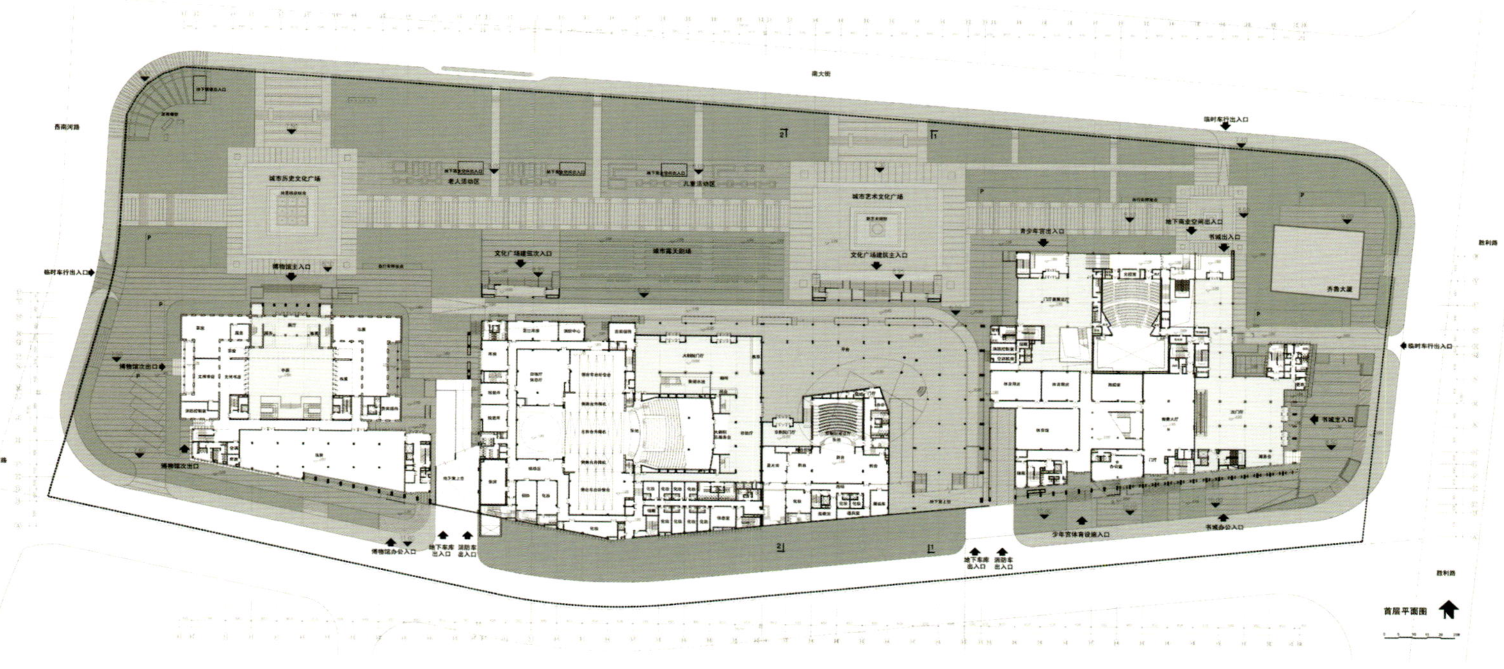

首层平面图

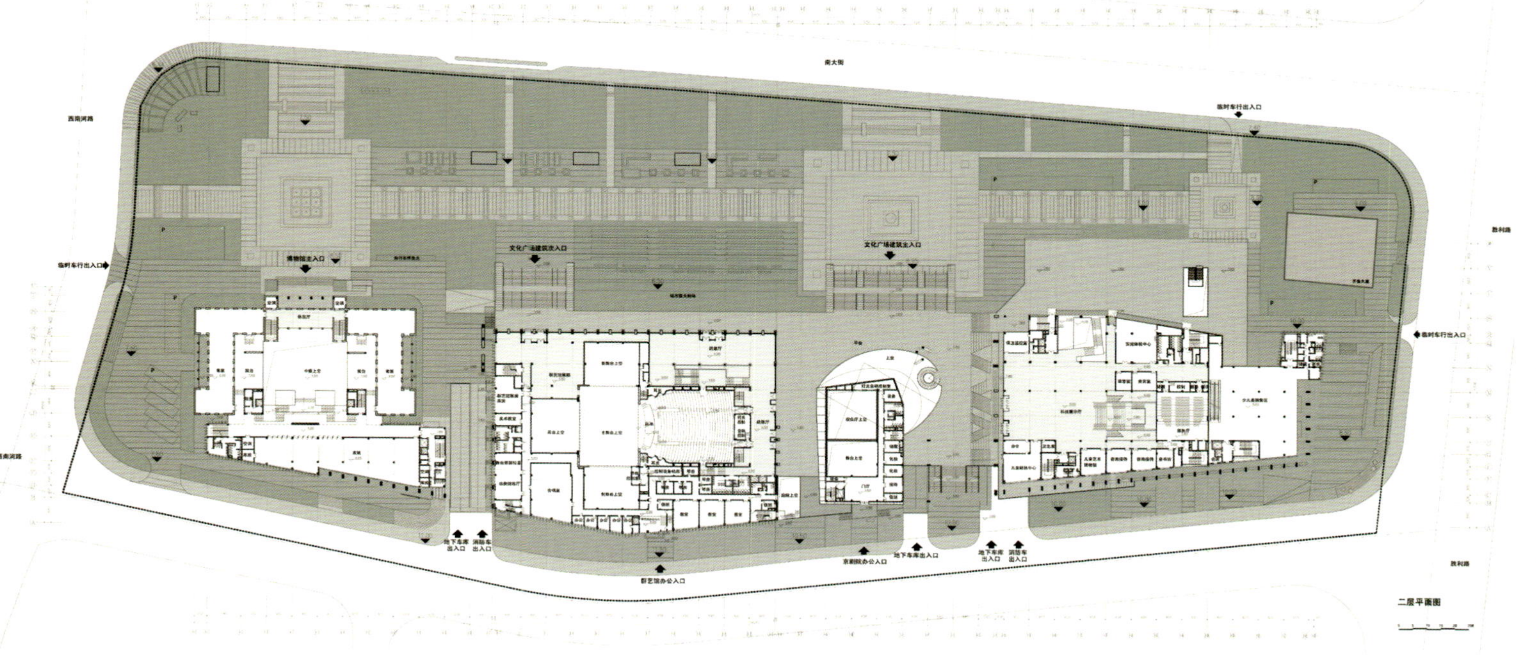

二层平面图

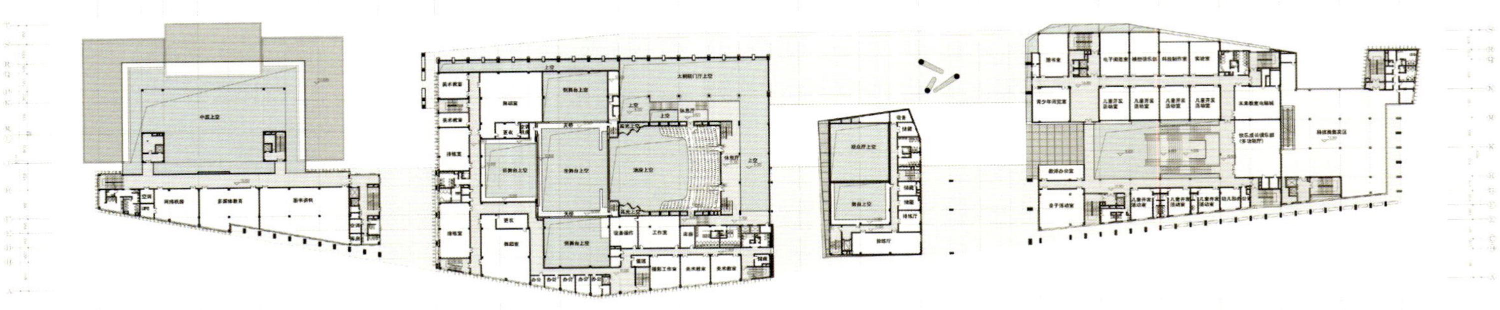

三层平面图

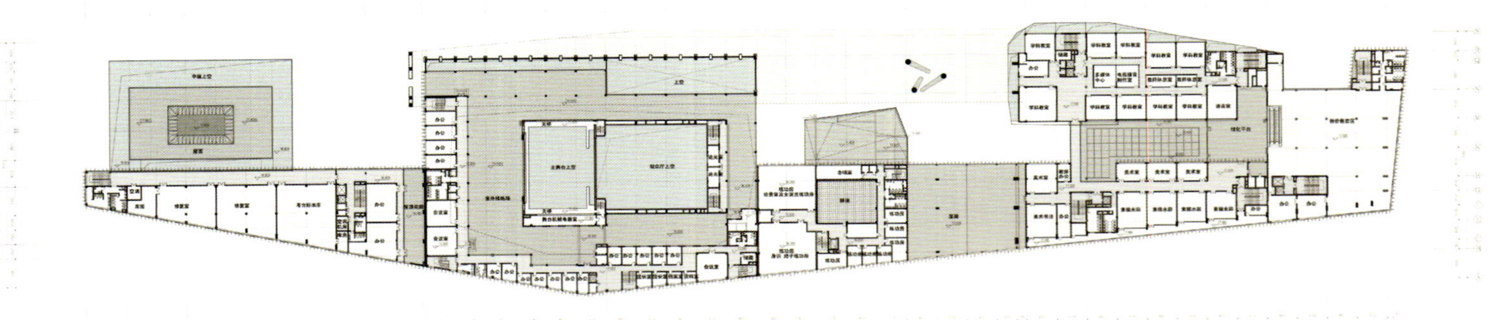

四层平面图

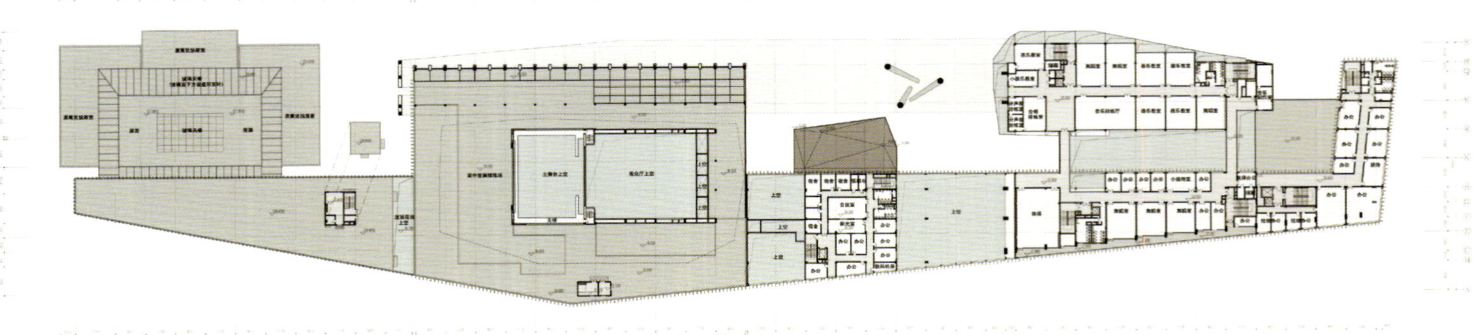

五层平面图

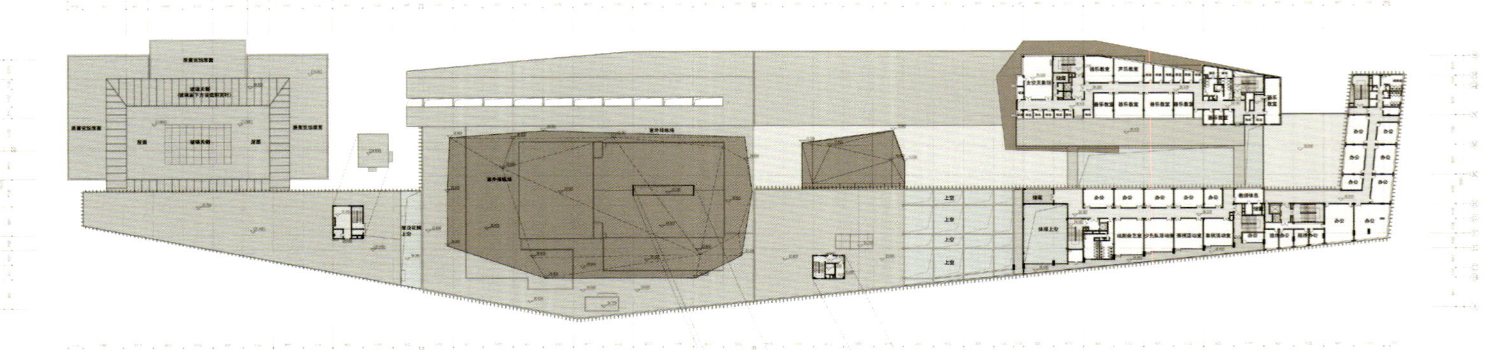

六层平面图

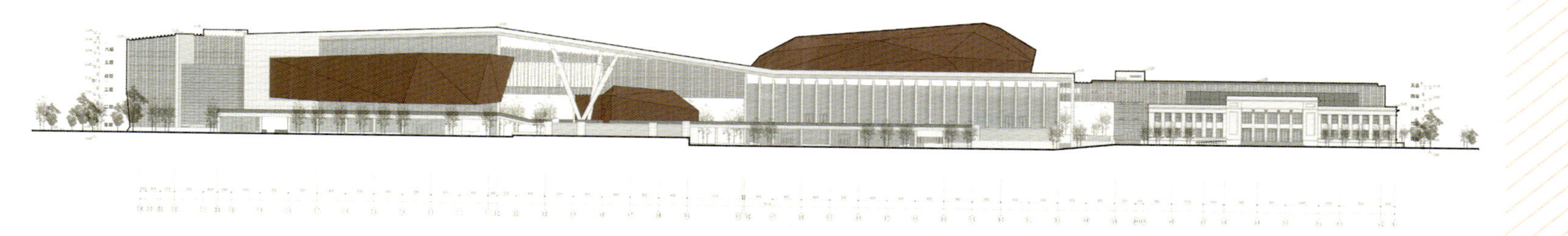

北向立面图

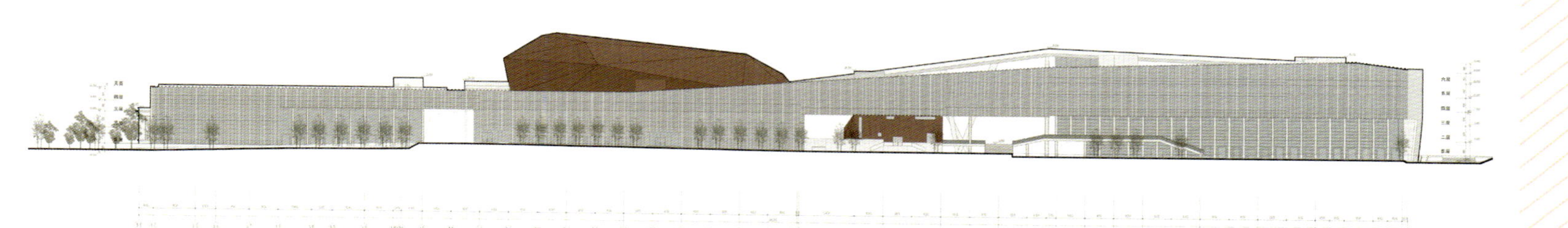

南向立面图

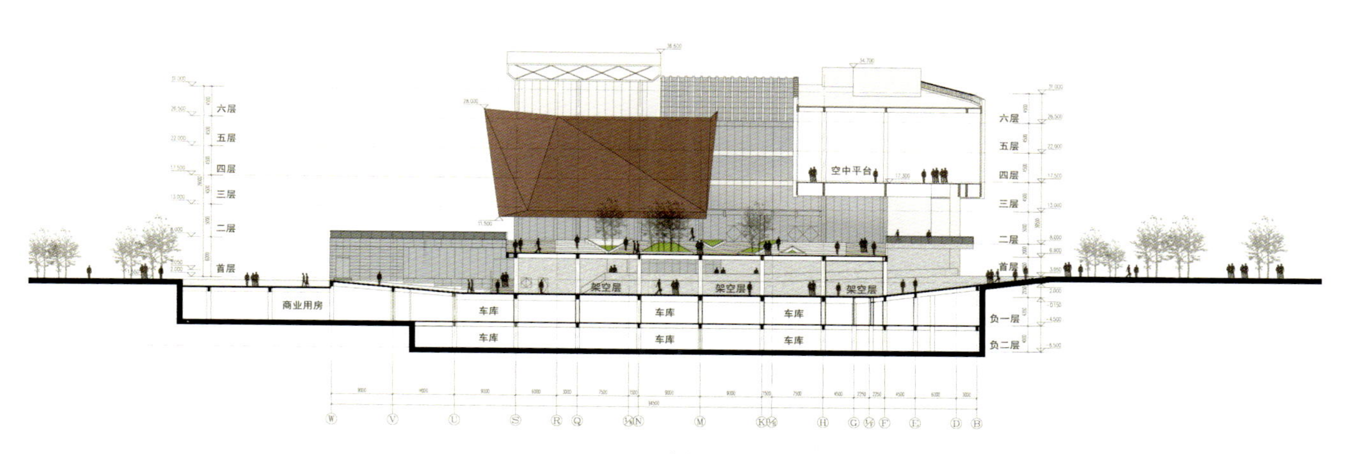

1-1 剖面图

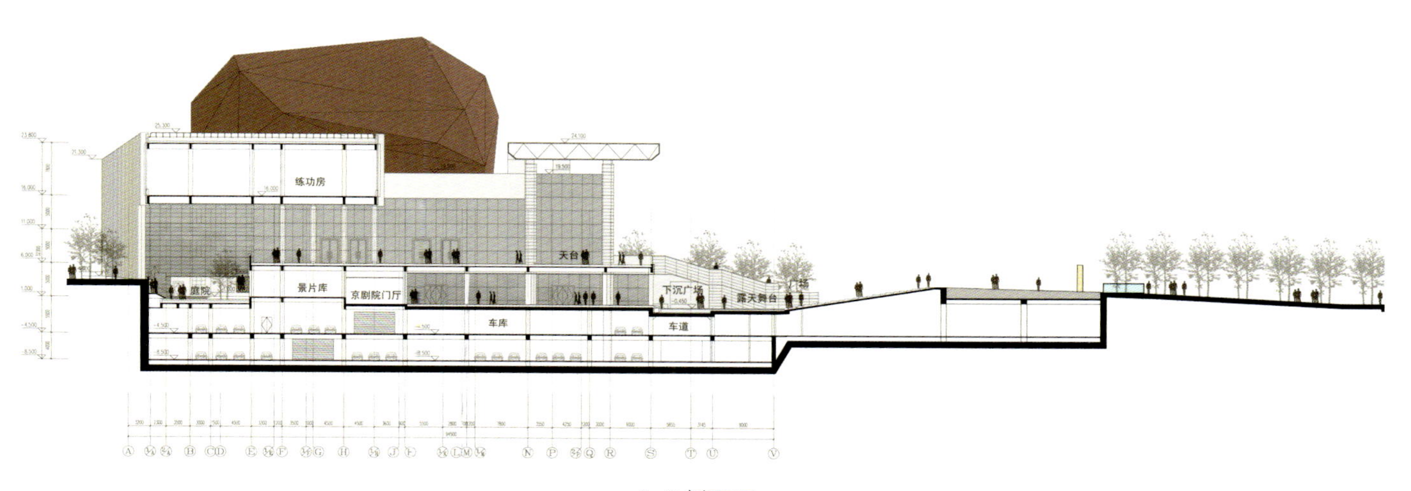

2-2 剖面图

四川遂宁文化中心（歌剧院）

工程档案

建筑设计：华南理工大学建筑设计研究院
项目地址：四川遂宁
建筑面积：约 236000m²

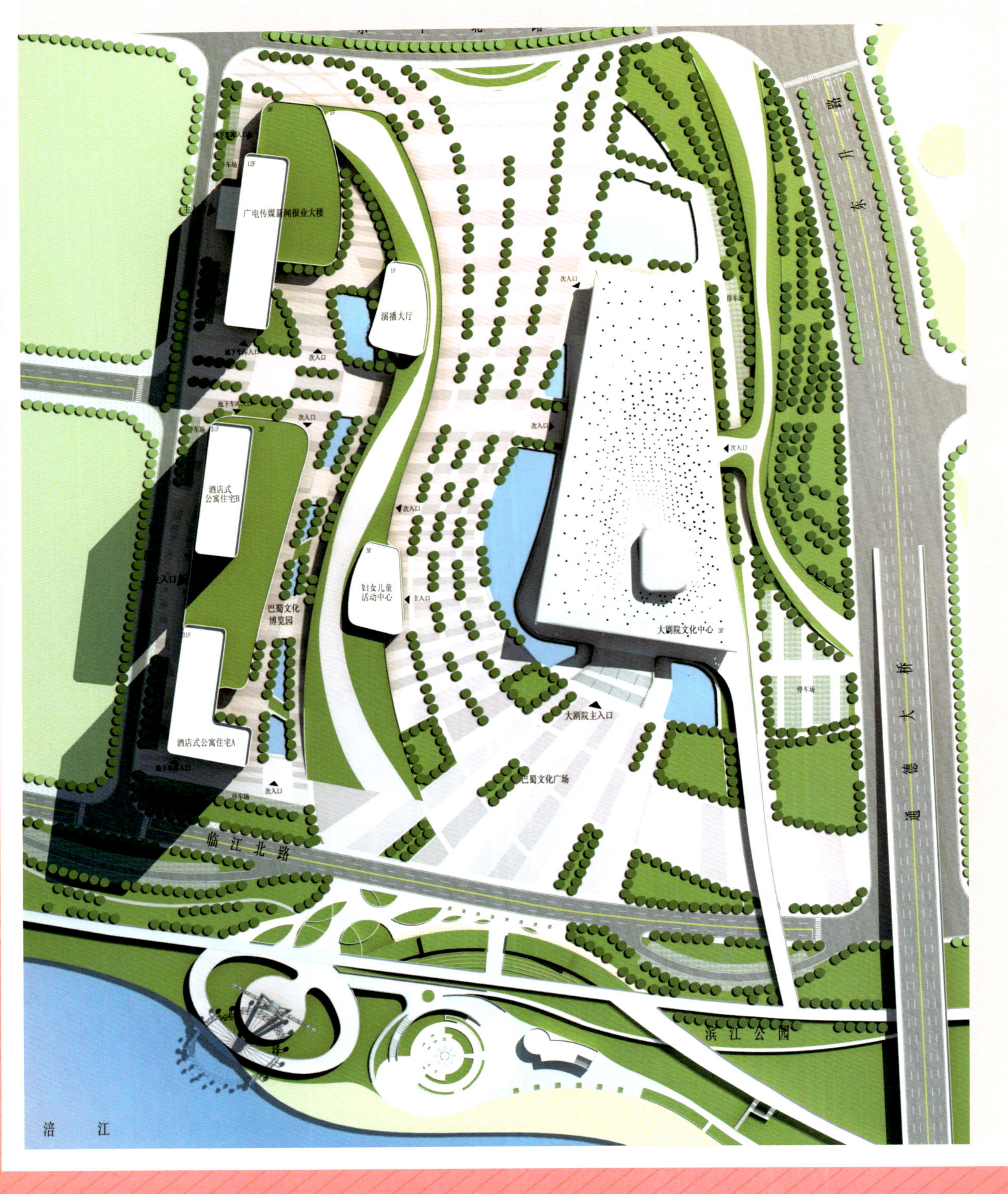

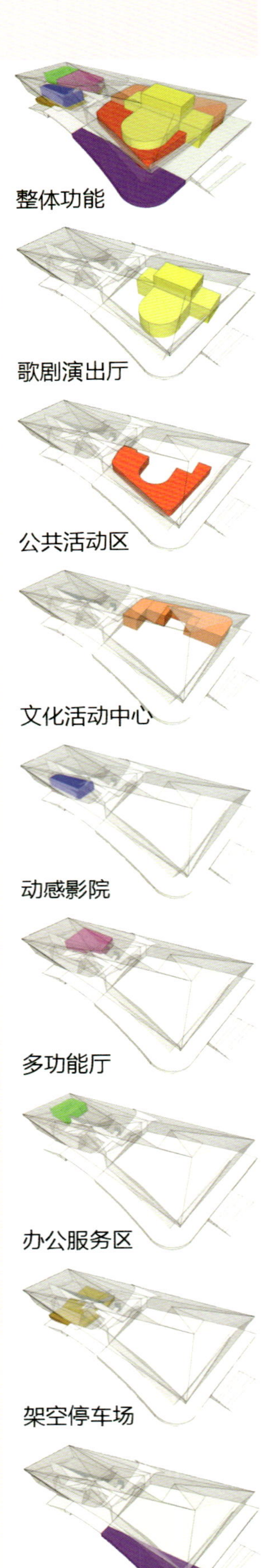

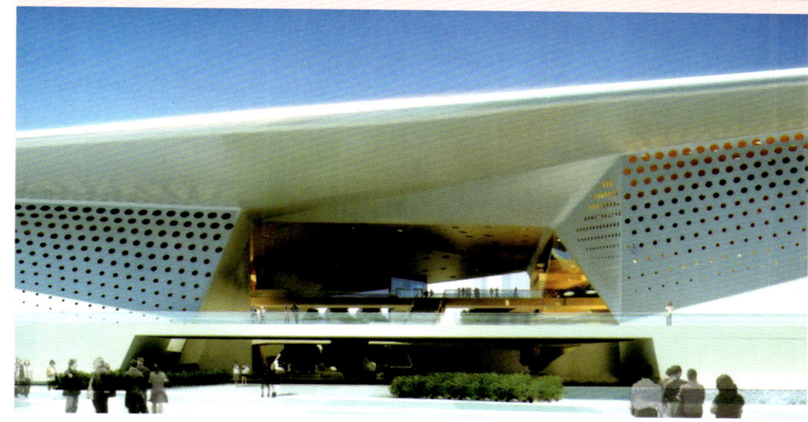

设计特色

1. 大地景观

规划打通了山水之间的视线通廊，并将之巧妙延续至滨江景观带。利用大剧院南面的城市绿化用地，通过塑造地形的起伏变化将绿色公园引入大剧院中，建筑与自然相互辉映、相得益彰。

2. 文化情怀

整体规划充满动感，体现了巴蜀人民热爱生活的天性。中部城市广场的形态抽象了观音的手形与手势，曲线的构图充满着活力。大剧院的建筑表皮，在夜光中如点点繁星，暗喻了佛光普照。

3. 城市客厅

整体设计有机组织了吃、游、购、娱等业态，打造出独具特色的城市客厅效应。大剧院平台与巴蜀文化博览园的步行屋顶的设置提升了市民的观江视线，拉通了与滨江景观带的联系，打造出全天候的文化水岸。公众登临平台眺望江水，旖旎风光尽收眼底。

4. 艺术殿堂

规划创作的多元化生活为城市公众提供了各类的选择，而大剧院建筑带来的文化生活开启了城市艺术殿堂的大门。

5. 现代建筑

以现代建筑设计手法抽象形体意念和视觉感受，结合大剧院对空间和功能的实际要求，成功地塑造了大剧院整体、大气、纯净的形象。结合当地传统的佛教文化，大剧院的规划格局寓意佛手中的一块白玉，晶莹剔透。建筑造型既似大船扬帆起航，又似雄鹰展翅高飞，具有强烈时代特征，体现了遂宁人民满怀希望，乘风破浪追赶新时代步伐的豪情壮志。

6. 低碳环保

建筑设计坚持低碳、绿色、科技的基本原则。总体布局、建筑朝向合理，建筑洞口可以为人的活动区域带来良好的通风。大剧院公共空间采用半室外的灰空间，减少了高额的空调安装和运营费用。建筑双层表皮中的穿孔板可以有效遮阳。同时设计还考虑立面绿化与可再生能源应用的可能性。

天津滨海新区文化中心及美术馆

工程档案

建筑设计：华南理工大学建筑设计研究院
项目地址：天津
用地面积：452000m²
建筑面积：523000m²
美术馆建筑面积：38000m²

设计理念

众脉汇心——以生态、人文、交通、商业“众脉汇心”为设计概念，着重考虑了城市与自然、历史与未来、文化与商业的关系，从多元复合的功能布局、经脉畅顺的交通系统、并置叠合的开放空间、特色鲜明的建筑形态控制、上下融通的地下空间开发等几个方面进行系统规划。

绿脉相承、大地艺术——承接城市设计理念，滨海美术馆设以“绿脉相承、大地艺术”为概念，大地“刻痕”，印画空间线条，其间组织平台、坡道梯级，设置开放的空间场所，在白描空间线图中，吸引公众进入发生各类可能的自创性活动，使美术馆呈现为丰富多彩、交融共享的大地艺术。

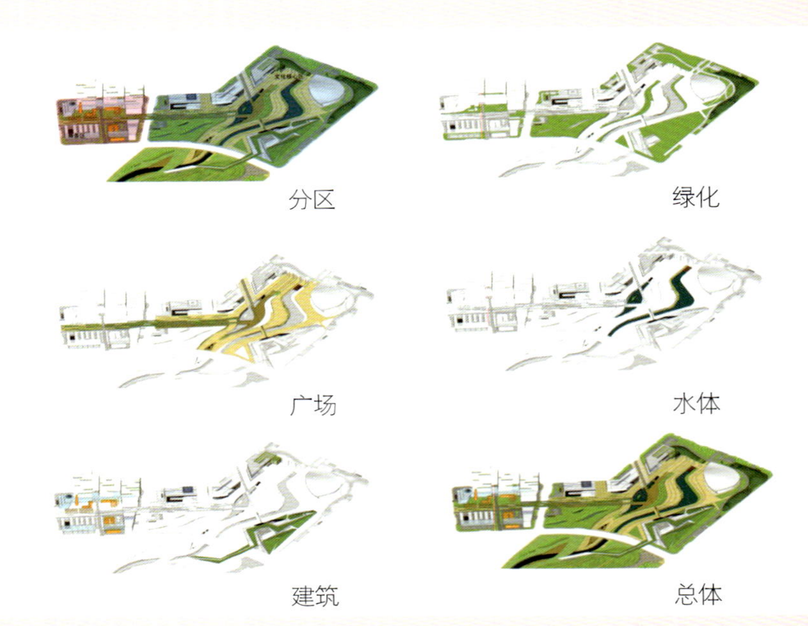

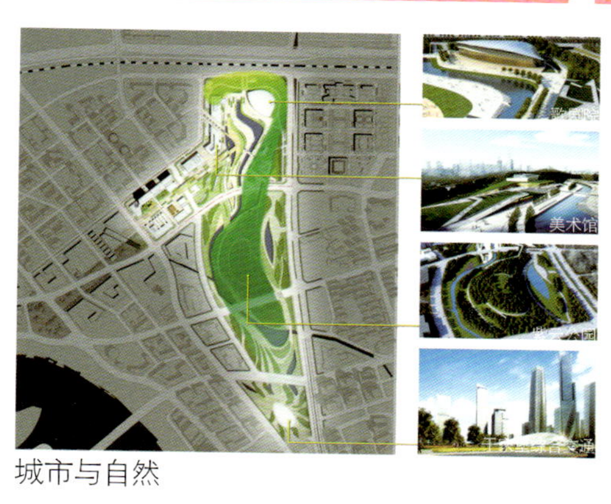

城市与自然

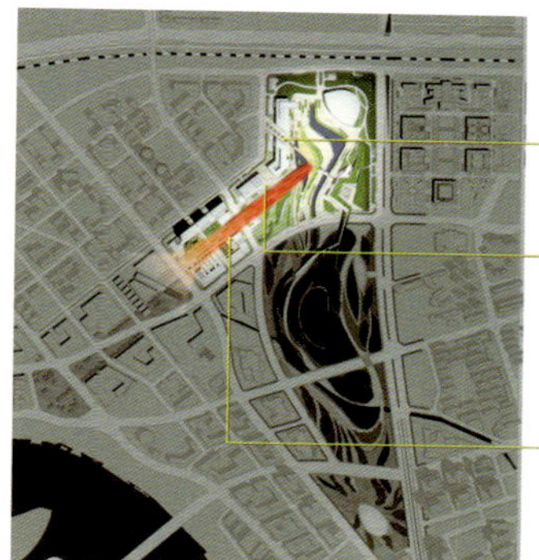

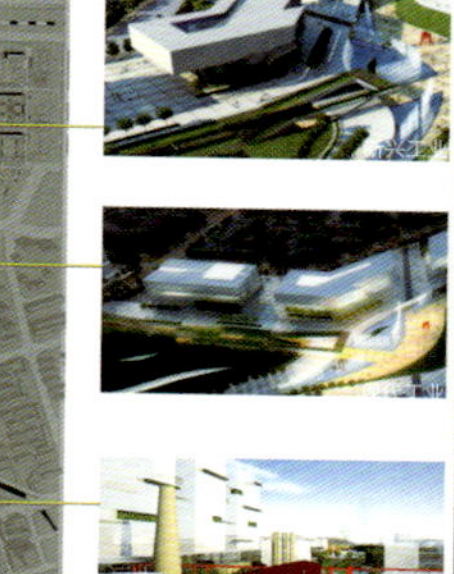

历史与未来

文化与商业

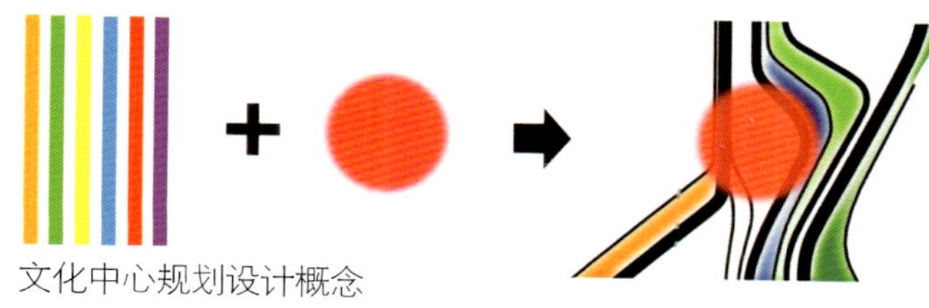

文化中心规划设计概念

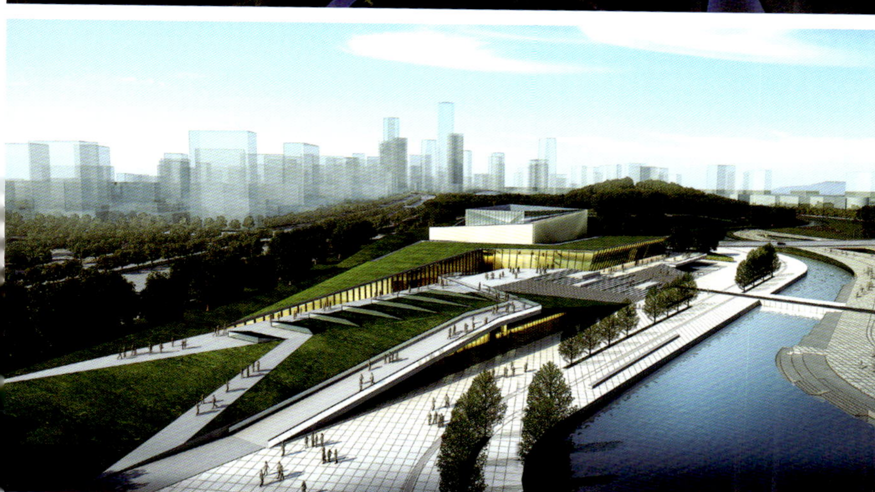

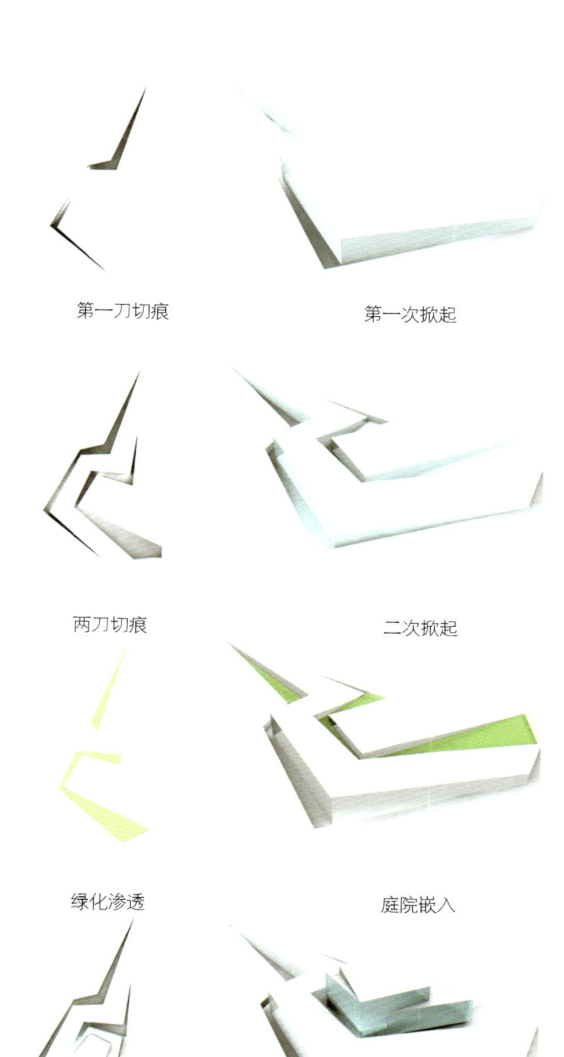

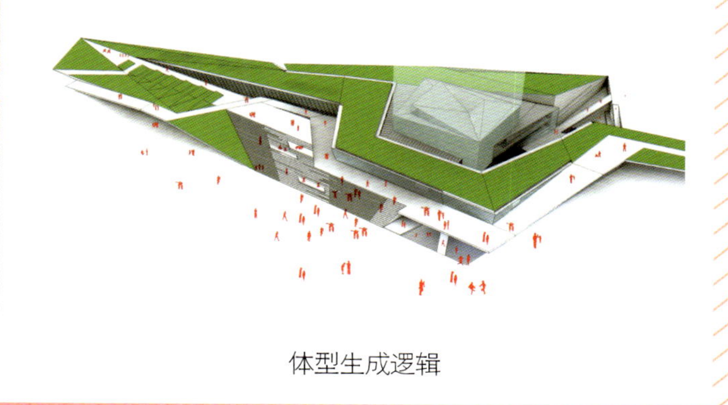

体型生成逻辑